工程建设监理

（第2版）

主　编　田　雷　王　新

副主编　王永利　宋晓惠　陈平平

　　　　张幼鹤

参　编　赵恩亮　邢　彤

北京理工大学出版社

BEIJING INSTITUTE OF TECHNOLOGY PRESS

内 容 提 要

本书按照高等院校人才培养目标以及教育教学改革的需要，依据现行工程建设监理标准规范进行编写。全书共12章，主要内容包括工程建设监理制度、法律法规，监理工程师与监理企业，工程建设监理招标投标与合同管理，工程建设监理组织，工程建设监理规划，建设工程质量控制，建设工程进度控制，建设工程投资控制，建设工程施工合同管理，工程建设监理信息管理，工程建设风险管理和工程建设监理项目管理服务等。

本书可作为高等院校土木工程类相关专业的教材，也可作为函授和自考辅导用书，还可供建筑工程施工现场管理人员工作时参考。

图书在版编目（CIP）数据

工程建设监理 / 田雷，王新主编.—2版.—北京：北京理工大学出版社，2020.12

ISBN 978-7-5682-9344-0

Ⅰ.①工… Ⅱ.①田… ②王… Ⅲ.①建筑工程－施工监理－高等学校－教材 Ⅳ.①TU712

中国版本图书馆CIP数据核字（2020）第253964号

出版发行 / 北京理工大学出版社有限责任公司

社　　址 / 北京市海淀区中关村南大街5号

邮　　编 / 100081

电　　话 /（010）68914775（总编室）

（010）82562903（教材售后服务热线）

（010）68948351（其他图书服务热线）

网　　址 / http://www.bitpress.com.cn

经　　销 / 全国各地新华书店

印　　刷 / 北京紫瑞利印刷有限公司

开　　本 / 787毫米 ×1092毫米 1/16

印　　张 / 18.5

字　　数 / 473千字

版　　次 / 2020年12月第2版 2020年12月第1次印刷

定　　价 / 75.00元

责任编辑 / 多海鹏

文案编辑 / 多海鹏

责任校对 / 周瑞红

责任印制 / 边心超

第2版前言

工程建设监理是指监理单位受项目法人的委托，依据国家批准的工程项目建设文件，有关工程建设的法律、法规和工程建设监理合同及其他工程建设合同，对工程建设实施的监督管理。随着我国建设事业的发展，工程建设监理在工程建设过程中正发挥着越来越重要的作用，也日益受到社会的广泛关注和普遍认可。因此，建立和推行工程建设监理制度是我国基本建设领域的一项重大改革，也是发展社会主义市场经济的必然结果。

本书根据高等院校土木工程类相关专业教学标准和人才培养方案及主干课程教学大纲编写，并严格依据现行工程建设监理法律法规及国家相关标准规范进行编写，且针对工程建设监理过程中常见的问题给出了具体的解决方案，还具有较强的实用性。本书的编写倡导实践性，注重可行性，注意淡化细节，强调对学生综合思维能力的培养，既考虑了教学内容的相互关联性和体系的完整性，又考虑了教学实践的需要，能较好地促进“教”与“学”的良好互动。

为方便教学，本书各章前设置了【知识目标】与【能力目标】，为学生学习和教师教学作了引导；各章后设置了【本章小结】和【思考与练习】，从更深层次给学生以思考、复习的提示，由此构建了“引导—学习—总结—练习”的教学模式。

本次修订根据工程建设监理现行标准规范，结合新技术、新方法的应用，删除了书中部分陈旧的内容，并更新了相关知识，以适应社会的发展、科学的进步，确保本书内容的先进性、实用性。修订时还对本书的整体结构进行了调整，分解了部分章节，从而使本书更符合高等教育教学的要求。

本书由吉林铁道职业技术学院田雷、广西交通职业技术学院王新担任主编，由吉林铁道职业技术学院王永利、吉林省经济管理干部学院宋晓惠、辽源职业技术学院陈平平、张家口职业技术学院张幼鹤担任副主编，吉林省经济管理干部学院赵恩亮、吉林工程职业学院邢彤参与编写。在修订过程中，编者参阅了国内同行多部著作，部分高等院校老师提出了很多宝贵意见供我们参考，在此表示衷心的感谢！对于参与本书第1版编写但未参加本次修订的老师、专家和学者，本版所有修订人员向你们表示敬意，感谢你们对高等教育教学改革所做出的不懈努力，希望你们对本书保持持续关注并多提宝贵意见。

限于编者的学识及专业水平和实践经验，修订后的教材仍难免有疏漏或不妥之处，恳请广大读者指正。

编　者

第 1 版前言

随着我国社会经济飞速发展，建设监理这一新兴行业在建设项目中逐渐被认知和应用。建立和推行建设监理制度是我国基本建设领域的一项重大改革，是发展社会主义市场经济的必然结果。工程建设监理是建设监理单位接收业主的委托和授权，根据国家批准的工程项目建设文件、有关工程建设法规和工程建设监理合同以及工程建设合同所进行的旨在实现项目投资的微观监督管理活动。建设监理得到了社会的普遍认可，监理工作的重要性也越来越被人们所重视，监理工程师在促进、保证工程质量的作业中发挥了重要作用。

本书主要阐述了工程建设监理制度、法律法规,监理工程师与监理企业，工程建设监理业务承接与委托，工程建设监理组织，工程建设监理规划，工程建设质量控制，工程建设进度控制，工程建设投资控制，工程建设监理合同管理、信息管理、风险管理等内容。为更加适合教学使用，本书各章节前设置了【知识目标】与【能力目标】，为学生学习和教师教学做了引导；各章节后设置的【本章小结】以学习重点为框架，对各章节知识进行归纳总结，【思考与练习】以填空题、多选题、简答题的形式，给学生以思考、复习的切入点，从而构建一个“引导—学习—总结—练习”的教学全过程。

本书由吉林铁道职业技术学院田雷、四平职业大学崔静、上海鲁班软件有限公司谈健息担任主编，吉林铁道职业技术学院王永利、吉林省经济管理干部学院宋晓惠、吉林电子信息职业技术学院陶博识担任副主编，吉林电子信息职业技术学院胡威凛、张寰参与编写。具体编写分工为：田雷编写第一章、第九章、第十一章，崔静编写第二章、第八章，谈健息编写第七章，王永利编写第六章，宋晓惠编写第四章，陶博识编写第五章，胡威凛编写第十章，张寰编写第三章。

在编写过程中参阅了大量的文献，在此向这些文献的作者致以诚挚的谢意！由于编写时间仓促，编者的经验和水平有限，书中难免有不妥和错误之处，恳请读者和专家批评指正。

编　者

Contents

目 录

第一章 工程建设监理制度、法律法规

知识目标

了解工程建设监理的概念、范围、性质、作用，工程建设监理现阶段的特点与发展；熟悉工程建设程序、工程建设管理制度及工程建设监理法律法规；掌握工程建设监理的基本方法与步骤。

能力目标

能严格按照工程建设监理的基本方法和步骤进行工程项目监理。

第一节 工程建设监理概述

一、工程建设监理的概念

工程建设监理是指具有相应资质的监理单位受工程项目建设单位的委托，依据国家有关工程建设的法律法规，经建设主管部门批准的工程项目建设文件、工程建设委托监理合同及其他建设工程合同，对工程建设实施的专业化监督管理。

监理单位对工程建设监理的活动是针对一个具体的工程项目展开的，是微观性质的工程建设监督管理；对工程建设参与者的行为进行监控、督导和评价，使建设行为符合国家法律法规的规定，制止建设行为的随意性和盲目性，使建设进度、造价、工程质量按计划实现，确保建设行为的合法性、科学性、合理性和经济性。

工程建设监理的概念包括以下几层含义。

(1)工程建设监理是针对工程项目建设所实施的监督管理活动。工程建设监理的对象是工程项目，包括新建、改建和扩建的各种工程项目。工程建设监理是围绕着工程建设项目开展的，离开了工程建设项目，就谈不上工程建设监理活动。工程建设项目也是界定工程建设监理范围的重要依据。

工程建设监理是直接为工程建设项目提供管理服务的行业，工程监理企业是工程建设项目管理的服务主体，而非建设项目的管理主体。

(2)工程建设监理的行为主体是监理企业。任何监理活动必须有明确的监理“执行者”，也就是必须有行为主体。工程建设监理的行为主体是监理企业。只有监理企业才能按照独立自主的原则，以“公正的第三方”的身份开展工程建设监理活动，非监理企业所进行的监督管理活动一律不能称为工程建设监理。业主的建设项目管理、承包商的施工(设计)项目管理、政府有关部门所实施的工程项目监督管理活动，均不属于工程建设监理的范畴。

工程建设监理与住房城乡建设主管部门的监督管理有本质的区别，后者的行为主体是政府部门，其对工程建设所进行的监督管理是一种强制行为。

(3)工程建设监理实施的前提是业主的委托和授权。《中华人民共和国建筑法》(以下简称《建筑法》)明确规定，实施监理的建设工程，由建设单位委托具有相应资质条件的工程监理企业实施监理，建设单位与监理企业签订委托监理合同。也就是说，工程监理企业只有在取得建设单位的委托和授权后，才能在监理合同规定的范围内开展管理活动。

业主委托这种方式，决定了业主与监理企业的关系是委托与被委托的关系，是授权与被授权的关系，是合同的关系。这种委托和授权方式说明，在实施工程建设监理的过程中，监理工程师的权力主要是由业主的授权转移过来的。

(4)工程建设监理是有明确依据的工程建设管理行为。工程建设监理的实施过程本身就是合同履行的过程。所以，工程建设监理必须严格依据有关法规、合同规定和相关的建设文件来实施。

(5)工程建设监理是微观监督管理活动。工程建设监理是针对具体工程项目开展的，不同于政府进行的行政监督管理。在社会主义市场经济体制下，政府对工程项目进行宏观管理，它的主要功能是通过强制性的立法、执法来规范建筑市场。而工程建设监理更注重的是具体工程项目的实际效益，紧紧围绕着工程项目的投资活动和生产活动进行微观监督管理。

二、工程建设监理的范围

工程建设监理的范围可以分为监理的工程范围和监理的建设阶段范围。

1. 工程范围

建设工程监理范围和规模标准规定

原建设部①根据《建筑法》和国务院公布的《建设工程质量管理条例》对实行强制性监理的工程范围的原则性规定，进一步在《建设工程监理范围和规模标准规定》中对实行强制性监理的工程范围作了具体规定，指出下列工程建设必须实行监理。

(1)国家重点工程建设：依据《国家重点建设项目管理办法》所确定的对国民经济和社会发展有重大影响的骨干项目。

(2)大中型公用事业工程：项目总投资额在 3 000 万元以上的供水、供电、供气、供热等市政工程项目；科技、教育、文化等项目；体育、旅游、商业等项目；卫生、社会福利等项目；其他公用事业项目。

(3)成片开发建设的住宅小区工程：建筑面积在 50 000 m^2 以上的住宅建设工程。

(4)利用外国政府或者国际组织贷款、援助资金的工程：包括使用世界银行、亚洲开发银行等国际组织贷款资金的项目；使用国外政府及其机构贷款资金的项目；使用国际组织或者国外政府援助资金的项目。

(5)国家规定必须实行监理的其他工程：项目总投资额在 3 000 万元以上的关系社会公共利益、公众安全的交通运输、水利建设、城市基础设施、生态环境保护、信息产业、能源、其他基础设施等基础设施项目，以及学校、影剧院、体育场馆项目。

2. 建设阶段范围

工程建设监理适用于建设工程投资决策阶段和实施阶段，但目前主要用于建设工程施工阶段。

在建设工程施工阶段，建设单位、勘察单位、设计单位、施工单位和工程监理企业均应承担各自的责任和义务。在施工阶段委托监理的目的是更有效地发挥监理的规划、控制、协调作用，为在计划目标内建成工程提供最好的管理。

---

① 现为中华人民共和国住户和城乡建设部。

三、工程建设监理的性质

工程建设监理是一种特殊的工程建设活动，《建筑法》规定："建筑工程监理应当依照法律、行政法规及有关的技术标准、设计文件和建筑工程承包合同，对承包单位在施工质量、建设工期和建设资金使用等方面，代表建设单位实施监督。"因此，要充分理解我国工程建设监理制度，必须深刻认识建设监理的性质。

1. 服务性

工程建设监理是一种高智能、有偿的技术服务活动。工程建设监理是监理人员利用自己的工程建设知识、技能和经验为建设单位提供管理服务。它既不同于承建商的直接生产活动，也不同于建设单位的直接投资活动。工程监理单位不向建设单位承包工程造价、不参与承包单位的利益分成，其获得的是技术服务性的报酬。

工程建设监理的服务客体是建设单位的工程项目，服务对象是建设单位。这种服务性的活动是严格按照监理合同和其他有关建设工程合同来实施的，是受法律约束和保护的。

2. 科学性

工程建设监理应当遵循科学性准则。监理的科学性体现为其工作的内涵是为工程管理与工程技术提供知识性的服务。监理的任务决定了其应当采用科学的思想、理论、方法和手段；监理的社会化、专业化特点要求监理单位按照高智能原则组建；监理的服务性质决定了其应当提供高科技含量的管理服务；工程建设监理维护社会公众利益和国家利益的使命决定了其必须提供科学性服务。

监理的科学性主要表现在：工程监理企业应当由组织管理能力强、工程建设经验丰富的人员担任领导；应当有一支由足够数量的、有丰富管理经验的和应变能力的监理工程师组成的骨干队伍；要有一套健全的管理制度；要有现代化的管理手段；要掌握先进的管理理论、方法和手段；要积累足够的技术、经济资料和数据；要有科学的工作态度和严谨的工作作风；要实事求是、创造性地开展工作。

3. 公正性

监理单位不仅是为建设单位提供技术服务的一方，还应当成为建设单位与承建商之间公正的第三方。在任何时候，监理方都应依据国家法律、法规、技术标准、规范、规程和合同文件站在公正的立场上进行判断、证明和行使自己的处理权，要维护建设单位且不损害被监理单位的合法权益。

4. 独立性

从事工程建设监理活动的监理单位是直接参与工程项目建设的"三方当事人"之一，它与项目建设单位、承建商之间是一种平等主体的关系。

《建筑法》明确指出，工程监理单位应当根据建设单位的委托，客观、公正地执行监理任务。按照独立性的要求，工程监理单位应当严格地按照有关法律、法规、规章、工程建设文件、工程建设技术标准、工程建设委托监理合同、有关的建设工程合同等的规定实施监理；在委托监理的工程中，与承建单位不得有隶属关系和其他利益关系；在开展工程监理工作的过程中，必须建立自己的组织，按照自己的工作计划、程序、流程、方法、手段，根据自己的判断，独立地开展工作。

四、工程建设监理的作用

1. 有利于提高建设工程投资决策科学化水平

在建设单位委托工程监理企业实施全方位、全过程监理的条件下，在建设单位有了初步的项目投资意向之后，工程监理企业可协助建设单位选择适当的工程咨询机构，管理工程咨询合同的实施，并对咨询结果(如项目建议书、可行性研究报告)进行评估，提出有价值的修改意见和建议；或者直接从事工程咨询工作，为建设单位提供建设方案。这样，不仅可使项目投资符合国家经济发展规划、产业政策和投资方向，而且可使项目投资更加符合市场需求。工程监理企业参与或承担项目决策阶段的监理工作，有利于提高项目投资决策的科学化水平、避免项目投资决策失误，也可为实现建设工程投资综合效益最大化打下良好的基础。

2. 有利于规范工程建设参与各方的建设行为

工程建设参与各方的建设行为都应当符合法律、法规、规章和市场准则。要做到这一点，仅仅依靠自律机制是远远不够的，还需要建立有效的约束机制。

在工程建设实施过程中，工程监理企业可依据委托监理合同和有关的建设工程合同对承建单位的建设行为进行监督管理。由于这种约束机制贯穿于工程建设的全过程，所以采用事前控制、事中控制和事后控制相结合的方式，可以有效地规范各承建单位的建设行为，最大限度地避免不当建设行为的发生。即使出现不当建设行为，也可以及时加以制止，最大限度地减少其不良后果。应当说，这是约束机制的根本目的。另一方面，由于建设单位不了解工程建设有关的法律、法规、规章、管理程序和市场行为准则，也可能发生不当建设行为。在这种情况下，工程监理单位可以向建设单位提出适当的建议，从而避免发生建设单位的不当建设行为，这对规范建设单位的建设行为也可以起到一定的约束作用。

当然，要发挥上述约束作用，工程监理企业必须首先规范自身的行为，并接受政府的监督管理。

3. 有利于保证工程建设的质量和使用安全

工程监理企业对承建单位建设行为的监督管理，实际上是从产品需求者的角度对工程建设生产过程的管理，这与产品生产者自身的管理有很大不同。而工程监理企业又不同于工程建设的实际需求者，其监理人员都是既懂工程技术又懂经济管理的专业人士，他们有能力及时发现工程建设实施过程中出现的问题，发现工程材料、设备以及阶段产品存在的问题，从而避免留下工程质量隐患。因此，实行工程建设监理制之后，在加强承建单位自身对工程质量管理的基础上，由工程监理企业介入工程建设生产过程的管理，对保证建设工程质量和使用安全有着重要作用。

4. 有利于实现建设工程投资效益最大化

建设工程投资效益最大化有以下几种不同表现：

(1)在满足工程建设预定功能和质量标准的前提下，建设投资额以及工程建设寿命周期费用(或全寿命费用)最少。

(2)工程建设本身的投资效益与环境、社会效益的综合效益最大化。

五、工程建设监理的基本方法与步骤

(一)工程建设监理的基本方法

工程建设监理的基本方法是系统性的，它由不可分割的若干个子系统组成。它们相互联系、相互支持、共同运行，形成一个完整的方法体系，这就是目标规划、动态控制、组织协调、信息管理和合同管理。

1. 目标规划

这里所说的目标规划，是以实现目标控制为目的的规划和计划，它是围绕工程项目投资、进度和质量目标进行研究确定、分解综合、安排计划、风险管理、制定措施等各项工作的集合。目标规划是目标控制的基础和前提，只有做好目标规划的各项工作才能有效地实施目标控制。目标规划得越好，目标控制的基础就越牢，目标控制的前提条件也就越充分。

目标规划工作包括正确地确定投资、进度、质量目标或对已经初步确定的目标进行论证；

按照目标控制的需要将各目标进行分解，使每个目标都形成一个既能分解又能综合地满足控制要求的目标划分系统，以便实施控制；把工程项目实施的过程、目标和活动编制成计划，用动态的计划系统来协调和规范工程项目的实施，为实现预期目标构筑一座桥梁，使项目协调有序地达到预期目标；对计划目标的实现进行风险分析和管理，以便采取针对性的有效措施，实施主动控制；制定各项目标的综合控制措施，确保项目目标的实现。

2. 动态控制

动态控制是开展工程建设监理活动时采用的基本方法。动态控制工作贯穿于工程项目的整个监理过程。

所谓动态控制，就是在完成工程项目的过程中，通过对过程、目标和活动的跟踪，全面、及时、准确地掌握工程建设信息，将实际目标值和工程建设状况与计划目标和状况进行对比，如果偏离了计划和标准的要求，就采取措施加以纠正，以便达到计划总目标的实现。这是一个不断循环的过程，直至项目建成交付使用。

动态控制是一个动态的过程。过程在不同的空间展开，控制就要针对不同的空间来实施。工程项目的实施分不同的阶段，也就有不同阶段的控制。工程项目的实现总要受到外部环境和内部因素的各种干扰，因此，必须采取应变性的控制措施。计划的不变是相对的，计划总是在调整中运行，控制就要不断地适应计划的变化，从而达到有效的控制。监理工程师只有把握住工程项目运动的脉搏才能做好目标控制工作。动态控制是在目标规划的基础上针对各级分目标实施的控制。整个动态控制的过程都是按事先安排的计划来进行的。

3. 组织协调

组织协调与目标控制是密不可分的。协调的目的是实现项目目标。在监理过程中，当设计概算超过投资估算时，监理工程师要与设计单位进行协调，使设计与投资限额之间达成一致，既要满足建设单位对项目的功能和使用要求，又要力求使费用不超过限定的投资额度；当施工进度影响到项目动工时间时，监理工程师就要与施工单位进行协调，或改变投入，或修改计划，或调整目标，直到制定出一个较理想的解决问题的方案为止；当发现承包单位的管理人员不称职而对工程质量造成影响时，监理工程师要与承包单位进行协调，以便更换人员，确保工程质量。

组织协调包括项目监理组织内部人与人、机构与机构之间的协调。如项目总监理工程师与各专业监理工程师之间、各专业监理工程师相互之间的人际关系，以及纵向监理部门与横向监理部门之间关系的协调。组织协调还存在于项目监理组织与外部环境组织之间，其中主要是与项目建设单位、设计单位、施工单位、材料和设备供应单位以及与政府有关部门、社会团体、咨询单位、科学研究及工程毗邻单位之间的协调。

为了开展好工程建设监理工作，要求项目监理组织内的所有监理人员都能主动地在自己负责的范围内进行协调，并采用科学有效的方法。为了使组织协调工作顺利进行，需要对经常性事项的协调加以程序化，事先确定协调内容、协调方式和具体的协调流程；需要经常通过监理组织系统和项目组织系统，利用权责体系，采取指令等方式进行协调；需要设置专门机构或由专人进行协调；需要召开各种类型的会议进行协调。只有这样，项目系统内各子系统、各专业、各工种、各项资源，以及时间、空间等方面才能实现有机配合，使工程项目成为一体化运行的整体。

4. 信息管理

工程建设监理离不开工程信息。在实施监理过程中，监理工程师要对所需要的信息进行收集、整理、处理、存储、传递、应用等一系列工作，这些工作构成了信息管理。

信息管理对工程建设监理是十分重要的。监理工程师在开展监理工作中要不断预测或发现问题，要不断地进行规划、决策、执行和检查，而做好其中的每项工作都离不开相应的信息。

规划需要规划信息，决策需要决策信息，执行需要执行信息，检查需要检查信息。监理工程师在监理过程中的主要任务是进行目标控制，而控制的基础就是信息。任何控制只有在信息的支持下才能有效进行。

项目监理组织的各部门为完成各项监理任务需要哪些信息，完全取决于这些部门实际工作的需要。因此，对信息的要求是与各部门监理任务和工作直接联系的。由于不同的项目情况不同，故所需要的信息也就有所不同。

5. 合同管理

监理企业在工程建设监理过程中的合同管理，主要是根据监理合同的要求对工程承包合同的签订、履行、变更和解除进行监督、检查，对合同双方的争议进行调解和处理，以保证合同的依法签订和全面履行。

合同管理对于监理企业完成监理任务是非常重要的。根据国外经验，合同管理产生的经济效益往往大于技术优化所产生的经济效益。一项工程合同，应当对参与建设项目的各方建设行为起到控制作用，同时，具体指导这项工程如何操作完成。所以，从这个意义上讲，合同管理起着控制整个项目实施的作用。如按照FIDIC《土木工程施工合同条件》实施的工程，第72条第194项条款详细地列出了在项目实施过程中所遇到的各方面的问题，规定了合同各方在遇到这些问题时的权利和义务，同时，还规定了监理工程师在处理各种问题时的权限和职责。在工程实施过程中，经常发生的有关设备、材料、开工、停工、延误、变更、风险、索赔、支付、争议、违约等问题，以及财务管理、工程进度管理、工程质量管理诸方面工作，这个合同条件均有涉及。

监理工程师在合同管理中应当着重于以下几个方面的工作。

(1)合同分析。它是对合同各类条款分门别类地进行研究和解释，并找出合同的缺陷和弱点，以发现和提出需要解决的问题。同时，更为重要的是，对引起合同变化的事件进行分析研究，以便采取相应措施。合同分析对于促进合同各方履行义务和正确行使合同的授权、监督工程的实施、解决合同争议、预防索赔和处理索赔等项工作都是必要的。

(2)建立合同目录、编码和档案。合同目录和编码是采用图表方式进行合同管理的良好工具，它为合同管理自动化提供了方便条件，使计算机辅助合同管理成为可能。合同档案的建立可以把合同条款分门别类地加以存放，为查询、检索合同条款以及分解和综合合同条款提供了方便。合同资料的管理应当起到为合同管理提供整体性服务的作用。

(3)对合同履行的监督、检查。通过检查发现合同执行中存在的问题，并根据法律、法规和合同的规定加以解决，以提高合同的履约率，使工程项目能够顺利建成。合同监督还包括经常性地对合同条款进行解释，以促使承包方能够严格地按照合同要求实现工程进度、工程质量和费用要求。按合同的有关条款绘制工作流程图、质量检查和协调关系图等，以助于有效地进行合同监督。合同监督需要经常检查合同双方往来的文件、信函、记录、业主指示等，以确认它们是否符合合同的要求和对合同的影响，以便采取相应对策。根据合同监督、检查所获得的信息进行统计分析，以发现费用金额、履约率、违约原因、纠纷数量、变更情况等问题，并向有关监理部门反映情况，为目标控制和信息管理服务。

(4)索赔。索赔是合同管理中的重要工作，又是关系合同双方切身利益的问题，同时，牵扯监理企业的目标控制工作，是参与项目建设的各方都关注的事情。监理企业应当首先协助业主制定并采取防止索赔的措施，以便最大限度地减少无理索赔的数量和索赔影响量。其次要处理好索赔事件。对于索赔，监理工程师应当持以公正的态度，同时，按照事先规定的索赔程序做好处理索赔的工作。

合同管理直接关系着投资、进度、质量控制，是工程建设监理方法系统中不可分割的组成部分。

(二)工程建设监理的步骤

工程监理企业从接受监理任务到圆满完成监理工作，主要有以下几个步骤。

1. 取得监理任务

工程监理企业获得监理任务主要有以下途径：

(1)业主点名委托。

(2)通过协商、议标委托。

(3)通过招标、投标，择优委托。

此时，监理企业应编写监理大纲等有关文件，参加投标。

2. 签订监理委托合同

按照国家统一文本签订监理委托合同，明确委托内容及各自的权利和义务。

3. 成立项目监理组织

工程监理企业在与业主签订监理委托合同后，根据工程项目的规模、性质及业主对监理的要求，委派称职的人员担任项目的总监理工程师，代表监理企业全面负责该项目的监理工作。总监理工程师对内向监理企业负责，对外向业主负责。

在总监理工程师的具体领导下，组建项目的监理班子，并根据签订的监理委托合同，制订监理规划和具体的实施计划(监理实施细则)，开展监理工作。

一般情况下，监理企业在承接项目监理任务，以及在参与项目监理的投标、拟订监理方案(大纲)及与业主商签监理委托合同时，应选派称职的人员主持该项工作。在监理任务确定并签订监理委托合同后，该主持人即可作为项目总监理工程师。这样，项目的总监理工程师在承接任务阶段即早已介入，从而更能了解业主的建设意图和对监理工作的要求，并能更好地衔接后续工作。

4. 资料收集

收集有关资料，以作为开展建设监理工作的依据。

(1)反映工程项目特征的相关资料：工程项目的批文；规划部门关于规划红线范围和设计条件的通知；土地管理部门关于准予用地的批文；批准的工程项目可行性研究报告或设计任务书；工程项目地形图；工程项目勘测、设计图纸及有关说明。

(2)反映当地工程建设政策、法规的相关资料：关于工程建设报建程序的有关规定；当地关于拆迁工作的有关规定；当地关于工程建设应缴纳有关税费的规定；当地关于工程项目建设管理机构资质管理的有关规定；当地关于工程项目建设实行建设监理的有关规定；当地关于工程建设招标投标制度的有关规定；当地关于工程造价管理的有关规定等。

(3)反映工程项目所在地区技术经济状况等建设条件的资料：气象资料；工程地质及水文地质资料；与交通运输(含铁路、公路、航运)有关的可提供的能力、时间及价格等资料；供水、供热、供电、供燃气、电信、有线电视等的有关情况，如可提供的容量、价格等资料；勘察设计单位状况；土建、安装(含特殊行业安装，如电梯、消防、智能化等)施工单位情况；建筑材料、构配件及半成品的生产供应情况；进口设备及材料的有关到货口岸、运输方式的情况。

(4)类似工程项目建设情况的有关资料：类似工程项目投资方面的有关资料；类似工程项目建设工期方面的有关资料；类似工程项目采用新结构、新材料、新技术、新工艺的有关资料；类似工程项目出现质量问题的具体情况；类似工程项目的其他技术经济指标等。

5. 制订监理规划、工作计划或实施细则

工程项目的监理规划是开展项目监理活动的纲领性文件，由项目总监理工程师主持，专业监理工程师参加编制，监理企业技术负责人审核批准。在监理规划的指导下，为了具体指导投资控制、进度控制、质量控制的进行，还需要结合工程项目的实际情况，制订相应的实施计划或细则(或方案)。

6. 根据监理实施细则开展监理工作

作为一种科学的工程项目管理制度，监理工作的规范化体现在以下几个方面。

(1)工作的时序性。监理的各项工作都是按一定的逻辑顺序先后展开的，以使监理工作能有效地达到目标而不致造成工作状态的无序和混乱。

(2)职责分工的严密性。工程建设监理工作是由不同专业、不同层次的专家群体共同完成的，他们之间严密的职责分工，是协调监理工作的前提和实现监理目标的重要保证。

(3)工作目标的确定性。在职责分工的基础上，每一项监理工作应达到的具体目标都应是确定的，完成的时间也应有时限规定，以便通过报表资料对监理工作及其效果进行检查和考核。

(4)工作过程系统化。施工阶段的监理工作主要包括三控制(投资控制、质量控制、进度控制)、二管理(合同管理、信息管理)、一协调，共六个方面的工作。施工阶段的监理工作又可以分为三个阶段——事前控制、事中控制、事后控制，形成矩阵式系统，因此，监理工作的开展必须实现工作过程系统化，如图 1-1 所示。

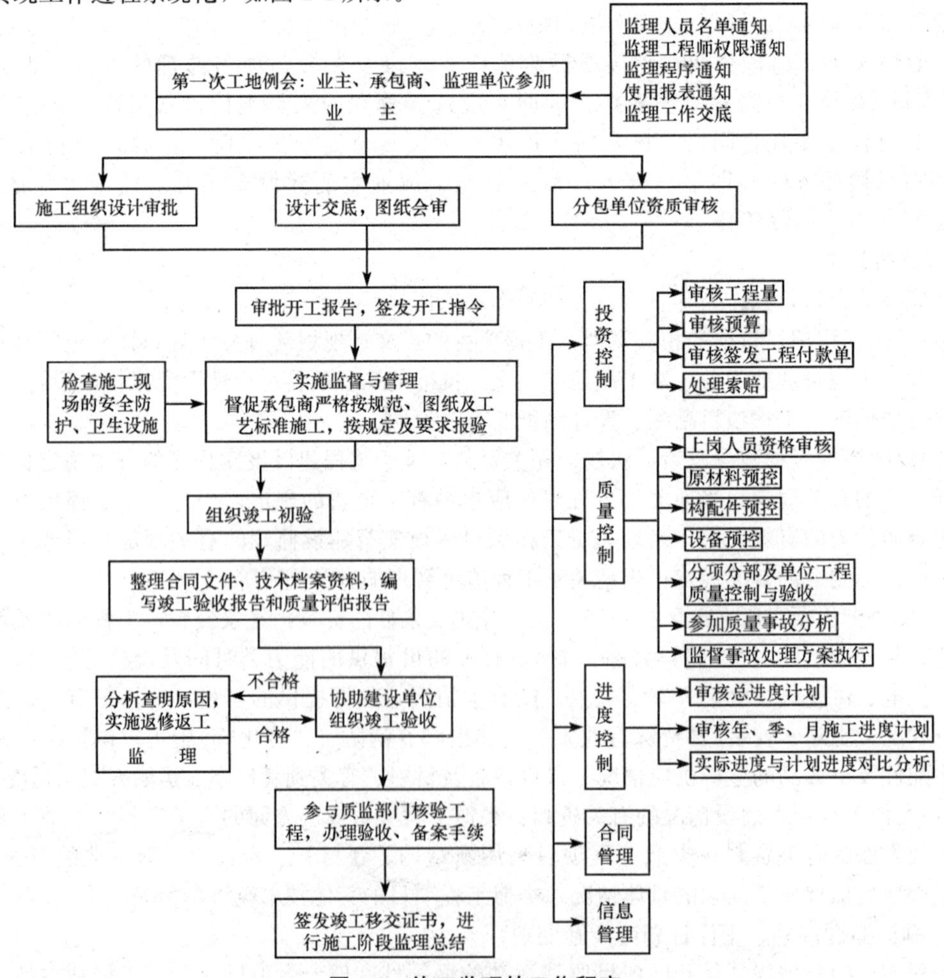

图 1-1　施工监理的工作程序

7. 参与项目竣工验收，签署建设监理意见

工程项目施工完成后，应由施工单位在正式验收前组织竣工预验收。监理企业应参与预验收工作，在预验收中发现的问题应与施工单位沟通，提出要求并签署工程建设监理意见。

8. 向业主提交工程建设监理档案资料

工程项目建设监理业务完成后，向业主提交的监理档案资料应包括监理设计变更、工程变更资料；监理指令性文件；各种签证资料；其他档案资料。

9. 监理工作总结

监理工作总结应包括以下主要内容。

第一部分，向业主提交的监理工作总结。其内容主要包括监理委托合同履行情况概述；监理任务或监理目标完成情况的评价；由业主提供的供监理活动使用的办公用房、车辆、试验设施等的清单；表明监理工作终结的说明等。

第二部分，向监理企业提交的监理工作总结。其内容主要包括监理工作的经验。它可以是采用某种监理技术、方法的经验，可以是采用某种经济措施、组织措施的经验以及签订监理委托合同方面的经验，也可以是如何处理好与业主、承包单位关系的经验等。

第三部分，监理工作中存在的问题及改进的建议也应及时加以总结，以指导今后的监理工作，并向政府有关部门提出政策建议，不断提高我国工程建设监理的水平。

六、工程建设监理的任务、责任与内容

1. 工程建设监理的任务

任何建设项目必须有明确的目标和相应的约束条件。工程建设项目的目标系统主要包括三大目标，即投资、质量、进度。这三大目标是相互关联、相互制约的目标系统。工程建设监理的中心任务就是控制工程项目目标，也就是控制经过科学的规划所确定的工程项目的投资、进度和质量。这也是项目业主委托工程监理企业对工程项目进行监督管理的根本出发点。工程建设监理要达到的目的是“力求”实现项目目标。

在约定的目标内，实现建设项目是参与项目建设各方的共同任务。项目目标能否实现，不是监理企业单方的责任。在监理过程中，监理企业承担服务的相应责任，不承担设计、施工、物资采购等方面的直接责任。

2. 工程建设监理的内容

工程建设监理的主要内容概括为“三控、两管、一协调”，即控制工程建设的投资、建设工期和工程质量；进行建设工程合同管理和信息管理；协调有关单位之间的关系。

(1)投资、进度、质量控制。控制是管理的重要职能之一，三大目标控制的基础和前提是目标计划。由于建设工程在不同空间开展，控制就要针对不同的空间来实施；工程在不同的阶段进行，控制就要在不同阶段开展；工程建设项目受到外部及内部因素的干扰，控制就要采取不同的对策；计划目标伴随着工程的变化而调整，控制就要不断地调整计划。因此，投资、进度、质量控制是动态的，且贯穿于工程项目的整个监理过程。

所谓动态控制，就是在完成工程项目的过程中，对过程、目标和活动的跟踪，全面、及时、准确地掌握工程建设信息，将实际目标和工程建设状况与计划目标和状况进行对比，如果偏离了计划和标准的要求，就应采取措施加以纠正，以保证计划总目标的实现。

(2)建设工程合同管理。监理企业在工程建设监理过程中的合同管理主要是根据监理合同的要求，对工程承包合同的签订、履行、变更和解除进行监督、检查，对合同双方的争议进行调解和处理，以保证合同的依法签订和全面履行。

(3)工程建设信息管理。信息管理是指在实施监理的过程中，对所需的信息进行收集、整理、处理、存储、传递和应用等一系列工作的总称。在工程建设过程中，监理工程师开展监理活动的中心任务是目标控制，而进行目标控制的基础是信息。只有掌握大量的、来自各领域的、准确的、及时的信息后，监理工程师才能够充满信心，作出科学的决策，高效能地完成监理工作。

项目监理组织的各部门为完成各项监理任务所需要的信息，完全取决于这些部门实际工作的需要。不同的工程建设项目，由于情况不同，所需要的信息也有所不同。例如，采用不同承发包模式或不同的合同方式时，监理需要的信息种类和信息数量就会发生变化。对于固定总价合同，或许关于进度款和变更通知的信息是主要的；对于成本加酬金合同，则必须有与人力、设备、材料、管理费和变更通知等有关的多方面的信息；而对于固定单价合同，完成工程量方面的信息则更为重要。

第二节　工程建设监理现阶段的特点与发展

一、工程建设监理现阶段的特点

我国的工程建设监理无论是在管理理论和方法上，还是在业务内容和工作程序上，与国外的建设项目管理都是相同的。但在现阶段，由于发展条件不尽相同，主要是需求方对监理的认知度较低，市场体系发育不够成熟，市场运行规则不够健全，因此，我国与国外的工程建设监理还有一些差异，呈现出某些特点，具体体现在以下几个方面。

1. 工程建设监理的服务对象具有单一性

在国际上，建设项目管理按服务对象主要分为为建设单位服务的项目管理和为承建单位服务的项目管理。而我国的工程建设监理制规定，工程监理企业只接受建设单位的委托，即只为建设单位服务。它不能接受承建单位的委托为其提供管理服务。从这个意义上看，可以认为我国的工程建设监理就是为建设单位服务的项目管理。

2. 工程建设监理属于强制推行的制度

在国际上，建设项目管理是适应建筑市场中建设单位新的需求产物，其发展过程也是整个建筑市场发展的一个方面，没有来自政府部门的行政指导或干预。而我国的工程建设监理从一开始就是作为对计划经济条件所形成的工程建设管理体制改革的一项新制度提出来的，也是依靠行政手段和法律手段在全国范围推行的。为此，不仅在各级政府部门中设立了主管工程建设监理有关工作的专门机构，而且制定了必须实行工程建设监理的工程范围。其优点是在较短的时间内促进了工程建设监理在我国的发展，形成了一批专业化、社会化的工程监理企业和监理工程师队伍，缩小了与发达国家建设项目管理的差距。

3. 工程建设监理具有监督功能

我国的工程监理企业具有一定的特殊地位，它与建设单位构成委托与被委托的关系，与承建单位虽然无任何经济关系，但根据建设单位授权，有时可对其不当建设行为进行监督，或者预先防范，或者指令及时改正，或者向有关部门反映、请求纠正。不仅如此，在我国的工程建设监理中，还强调对承建单位施工过程和施工工序的监督、检查和验收，而且在实践中进一步提出了旁站监理的规定。我国监理工程师在质量控制方面的工作所达到的深度和细度，应当说远远超过国际上建设项目管理人员的工作深度和细度，这对保证工程质量起到良好的作用。

4. 市场准入的双重控制

在建设项目管理方面，一些发达国家只对专业人士的执行资格提出要求，却没有对企业的资质管理作出规定。而我国对工程建设监理的市场准入采取了企业资质和人员资格的双重控制，要求专业监理工程师及其以上的监理人员取得监理工程师资格证书，不同资质等级的工程监理企业至少要有一定数量的取得监理工程师资格证书并经注册的人员。这种市场准入的双重控制，对于保证我国工程建设监理队伍的基本素质、规范我国工程建设监理市场起到了积极作用。

二、我国工程建设监理制度的发展

1988 年以前，我国没有监理制度、监理公司及监理工程师，但是在世界银行和亚洲银行贷款的项目中却把实施监理作为贷款的先决条件，因此，此阶段我国虽存在监理项目但很少，如鲁布革水电站、西三公路、南昌大桥等。有关资料估计：1979—1988 年的 10 年中我国共支付监理费达 15 亿美元，例如，京津塘高速公路由丹麦金硕公司进行监理，共 5 名丹麦监理工程师，3 年共支付 135 万美元。

1988—1992 年为试点阶段。原建设部在 1988 年 11 月提出了《关于开展建设监理试点工作的若干意见》，确定北京、上海、天津、南京、宁波、沈阳、哈尔滨、深圳八市和能源、交通的水电和公路两部系统作为全国开展工程建设监理工作的试点城市及单位。该文件同时对试点的指导思想和目的、试点工作的组织领导、工程监理单位的建立和管理、工程建设监理业务的取得和监理内容、试点工程的确定、监理收费、工程监理单位与建设单位和承建单位之间的关系等均提出了具体意见，使工程建设监理试点工作顺利开展。

随着工程建设监理工作的试点和发展，开展工程建设监理工作的地区和部门也逐步增加，不仅限于原试点的省市和部门。为了使工程建设监理工作能更好地发展，原建设部在 1989 年 7 月又颁发了《建设监理试行规定》，其内容更为具体，实施更加方便。其主要内容包括总则、政府监理机构及职责、社会监理单位及监理内容、监理单位与建设单位和承建单位之间的关系、外资与中外合资和外国贷款建设项目的监理等。

通过几年的实践，一些地区和部门先后实行了工程建设监理试点，并取得了显著成效。我国的工程建设监理队伍在试点实践中逐步成长起来，其中，有些人已经达到较高水平，成功地监理了一批大型复杂的工业交通建设项目、市政和民用工程，达到了控制投资、进度和工程质量，提高建设效益的目的。为了促进我国建设监理试点工作进一步深入，及早地改变“三资”工程主要由外国人监理和我国监理人员不能监理国外工程的局面，原建设部和人事部于 1990 年 9 月开始了确认监理工程师岗位资格的工作。经各地区、各部门推荐，监理工程师岗位资格审定委员会审定，确认了首批 100 名同志具备监理工程师岗位资格，正式确立了我国监理工程师在工程建设中的作用和地位。此后又在培训、考试的基础上，陆续确认了多批监理工程师岗位资格，建立起了我国监理工程师的队伍。

1993—1995 年为稳步发展阶段。经过四年的试点工作，发展了一批监理公司，培养了一批监理人员，实施了一批工程项目的监理工作，为我国建设监理的发展奠定了基础。但是前四年的试点工作所产生的效应还没有扩展到全国，许多城市还没有成立监理公司或还没有工程项目实施监理，因此，还有必要进一步发展试点阶段所取得的成果。这一阶段的重点是在全国每一个城市至少成立一个监理公司和至少实施一个工程项目的监理工作，为把建设监理推广到全国打下良好的基础。

1996年至今为全国推广阶段。又经过三年的发展，全社会对建设监理的认识有了很大的提高，主动委托监理的项目不断增加。同时，监理人员经过多年的探索和实践，逐步建立起一套比较规范的监理工作方法和制度。监理单位作为市场主体之一，与建设单位、承包单位、政府主管部门的关系日益清晰，尤其是监理单位与建设单位的责权利关系所形成的委托监理合同内容日益规范。因此，在全国推行监理制度、实现产业化，使监理制度规范、统一、有效已是势在必行。原建设部与原国家计委于1995年12月15日联合发布《工程建设监理规定》，标志着我国建设监理向全国全面推广。

1997年11月1日，第八届全国人民代表大会常务委员会第二十八次会议通过了《建筑法》，以后几年又陆续颁布了《中华人民共和国招标投标法》(以下简称《招标投标法》)《中华人民共和国合同法》(以下简称《合同法》)《建设工程质量管理条例》等，将国家推行工程建设监理制度等内容明确列入有关章、节、条文，确立了工程监理单位的市场主体地位，使建设监理工作有法可依、有章可循，标志着工程建设监理制度已经通过国家法律的形式得到了肯定。这是工程建设管理中的重要制度之一，受到了社会的广泛关注和普遍认可。

1999年，我国的建设监理部门围绕着贯彻《建筑法》《招标投标法》《合同法》和《建设工程质量管理条例》及落实朱镕基总理关于监理工作的指示，狠抓监理队伍的建设，强调监理工作的规范化和监理人员水平的提高。

2000年7月，原建设部与中国建设监理协会共同组织召开了监理企业改制工作研讨会，与监理企业及各方人士共同研讨了监理企业改制的有关问题，还着手修改了《工程建设监理单位资质管理试行办法》。

2013年《建设工程监理规范》统一了监理定义，2014年住房和城乡建设部《关于推进建筑业发展和改革的若干意见》，提出调整强制监理工程范围，研究制定有能力的建设单位自主决策选择监理或其他管理模式的政策措施。

第三节　工程建设程序和工程建设管理制度

一、工程建设程序

工程建设程序是指工程项目从基本项目决策、设计、施工到竣工验收整个过程中的各个阶段及其先后次序。它是客观规律的反映，是由建筑生产的技术经济特点决定的。

1. 我国工程建设的阶段划分

按现行规定，我国一般大中型及限额以上项目的建设程序中，将建设活动分成以下几个阶段：

(1)提出项目建议书。

(2)编制可行性研究报告。

(3)根据咨询评估情况对建设项目进行决策。

(4)根据批准的可行性研究报告编制设计文件。

(5)初步设计批准后，做好施工前各项准备工作。

(6)组织施工，并根据施工进度做好生产或动用前准备工作。

(7)项目按照批准的设计内容建完，经投料试车验收合格并正式投产交付使用。

(8)生产运营一段时间，进行项目后评估。

2. 工程建设各程序的工作内容

(1)项目建议书阶段的工作内容。项目建议书中须说明项目建设的必要性和依据，以及引进技术与设备的内容和必要性；产品方案、拟建规模和建设地点的初步设想；资源情况、建设条件、协作关系和引进国别及厂商的初步分析；投资估算和资金筹措的设想，利用外资项目要说明利用外资的可能性及偿还贷款能力的初步预测；项目的进度安排；对经济效果和社会效益的初步估计。

项目建议书的编制相当于投资机会性研究，是基本建设程序中最初阶段的工作，也是国家选择建设项目的依据。

项目建议书根据拟建项目规模报送有关部门审批。大中型及限额以上项目的项目建议书应先报行业归口主管部门，同时抄送中华人民共和国国家发展和改革委员会(发改委)。行业归口主管部门初审同意后报国家发改委，国家发改委根据建设总规模、生产力总布局、资源优化配置、资金供应可能、外部协作条件等方面进行综合平衡，还要委托具有相应资质的工程咨询单位评估后审批。重大项目由国家发改委报国务院审批。小型和限额以下项目的项目建议书，按项目隶属关系由部门或地方发改委审批。

项目建议书批准后，项目即可列入项目建设前期工作计划，可以进行下一步的可行性研究工作。

(2)可行性研究阶段的工作内容。建设项目的可行性研究，可根据实际情况和需要，或作为一个阶段一次完成，或分阶段完成。可行性研究的阶段分为投资机会性研究(即鉴定投资方向)、初步可行性研究(又称预可行性研究)、最终可行性研究(又称技术经济可行性研究)及评价报告。投资机会性研究和初步可行性研究大体相当于我国现阶段的“项目建议书”。

建设项目的可行性研究，就是对新建或改建、扩建项目进行调查、预测、分析、研究、评价等一系列工作，论证项目建设的必要性及技术经济合理性，评价投资的技术经济社会效益与影响，从而确定项目可行与否。如可行，则推荐最佳经济社会效益方案并编制可行性研究报告；如不可行，则撤销该项目。

可行性研究报告经有关部门审查通过批准后，拟建项目可以正式立项，批准后的可行性研究报告是项目最终的决策文件。

(3)设计阶段的工作内容。根据建设项目的不同情况，设计过程一般划分为两个阶段或三个阶段。

一般建设项目实行两个阶段设计，即初步设计和施工图设计。对于技术上比较复杂而又缺乏设计经验的项目，实行三个阶段设计，即初步设计、技术设计和施工图设计，实行三个阶段设计要经主管部门同意。对于一些大型联合企业、矿区、油区、林区和水利枢纽，为解决统筹规划、总体部署和开发顺序问题，一般还需进行总体规划设计或总体设计。

1)初步设计。初步设计的主要内容应包括设计的主要依据；设计的指导思想和主要原则；建设规模；产品方案；原料、燃料和动力的用量、来源和要求；主要生产设备的选型及配置；工艺流程；总图布置和运输方案；主要建筑物、构筑物；公用辅助设施；外部协作条件；综合利用；“三废”治理；环境评价及保护措施；抗震及人防设施；生产组织及劳动定员；生活区建设；占地面积和征地数量；建设工期；设计总概算；主要技术经济指标分析及评价等的文字说明和图纸。

2)技术设计。技术设计是指为进一步解决某些重大项目和特殊项目中的具体技术问题，或确定某些技术方案而进行的设计。它是为在初步设计阶段中无法解决而又需要进一步研究的那些问题的解决所设置的一个设计阶段。设计文件应根据批准的初步设计文件编制，其主要内容包括提供技术设计图纸和设计文件，编制修正总概算。

3)施工图设计。施工图设计是工程设计的最后阶段，它是根据建筑安装工程或非标准设备制作的需要，把初步设计(或技术设计)确定的设计原则和设计方案进一步具体化、明确化，并把工程和设备的各个组成部分的尺寸、节点大样、布置和主要施工方法以图样和文字的形式加以确定，并编制设备、材料明细表和施工图预算。

施工图设计的主要内容包括总平面图、建筑物和构筑物详图、公用设施详图、工艺流程和设备安装图以及非标准设备制作详图等。

(4)施工准备阶段的工作内容。工程开工建设之前，应当切实做好各项准备工作，其中包括组建项目法人；征地、拆迁和平整场地；做到水通、电通、路通；组织设备、材料订货；工程建设报建；委托工程建设监理；组织施工招标投标；优选施工单位；办理施工许可证等。

按规定做好准备工作，具备开工条件以后，建设单位申请开工。经批准，项目进入下一阶段，即施工阶段。

(5)施工阶段的工作内容。施工阶段的主要任务是组织图纸会审及设计交底；了解设计意图；明确质量要求；选择合适的材料供应商；做好人员培训；合理组织施工；建立并落实技术管理、质量管理体系和质量保证体系；严格把控中间质量验收和竣工验收环节；按设计进行施工安装并建成工程实体。

(6)生产准备阶段的工作内容。工程投产前，建设单位应当做好各项生产准备工作。生产准备阶段是由建设阶段转入生产经营阶段的重要衔接阶段。在本阶段，建设单位应当做好相关工作的计划、组织、指挥、协调和控制。

生产准备阶段的主要工作包括组建管理机构；制定有关制度和规定；招聘并培训生产管理人员；组织有关人员参加设备安装、调试、工程验收；签订供货及运输协议；进行工具、器具、备品、备件等的制造或订货；其他需要做好的有关工作。

(7)竣工验收阶段的工作内容。工程建设按设计文件规定的内容和标准全部完成，并按规定将工程内外全部清理完毕后，达到竣工验收条件，建设单位即可组织竣工验收，勘察、设计、施工、监理等有关单位应参加竣工验收。竣工验收是考核建设成果、检验设计和施工质量的关键步骤，是由投资成果转入生产或使用的标志。竣工验收合格后，工程建设方可交付使用。

竣工验收后，建设单位应及时向住房城乡建设主管部门或其他有关部门备案并移交建设项目档案。

工程建设自办理竣工验收手续后，因勘察、设计、施工、材料等原因造成的质量缺陷，应及时修复，费用由责任方承担。保修期限、返修和损害赔偿应当遵照《建设工程质量管理条例》的规定执行。

工程建设程序与工程建设监理的关系为：工程建设监理要根据行为准则对工程建设行为进行监督管理。建设程序对各建设行为主体和监督管理主体在每个阶段应当做什么、如何做、何时做、由谁做等一系列问题都给出明确答案。工程监理企业和监理人员应当根据建设程序的有关规定并针对各阶段的工作内容实施监理。

二、工程建设管理制度

1. 项目法人责任制

为了建立投资约束机制，规范建设单位的行为，工程建设应当按照政企分开的原则组建项目法人，实行项目法人责任制，即由项目法人对项目的策划、资金筹措、建设实施、生产经营、债务偿还和资产的保值增值，实行全过程负责的制度。

(1)项目法人的设立。新上项目在项目建议书被批准后，应及时组建项目法人筹备组，具体负责项目法人的筹建工作。项目法人筹备组主要由项目投资方派代表组成。在申报项目可行性研究报告时，需同时提出项目法人组建方案，否则，其项目可行性研究报告不予审批。项目可行性研究报告经批准后，正式成立项目法人，并按有关规定确保资金按时到位，同时及时办理公司登记。

(2)项目法人的备案。国家重点建设项目的公司章程须报国家发改委备案。其他项目的公司章程按项目隶属关系分别向有关部门、地方发改委备案。

(3)项目法人的组织形式和职责。国有独资公司设立董事会，董事会由投资方负责组建。国有控股或参股的有限责任公司、股份有限公司设立股东会、董事会和监事会，董事会、监事会由各投资方按照《中华人民共和国公司法》(以下简称《公司法》)的有关规定组建。

建设项目董事会的职责：筹措建设资金；审核上报项目初步设计和概算文件；审核上报年度投资计划并落实年度资金；提出项目开工报告；研究解决建设过程中出现的重大问题；负责提出项目竣工验收申请报告；审定偿还债务计划和生产经营方针，并负责按时偿还债务；聘任或解聘项目总经理，并根据总经理的提名，聘任或解聘其他高级管理人员。

项目总经理所拥有的职责有：组织编制项目初步设计文件，对项目工艺流程、设备选型、建设标准、总图布置提出意见，提交董事会审查；组织工程设计、工程监理、工程施工和材料设备采购招标工作，编制和确定招标方案、招标控制价和评标标准，评选和确定中标单位；编制并组织实施项目年度投资计划、用款计划和建设进度计划；编制项目财务预算、决算；编制并组织实施归还贷款和其他债务计划；组织工程建设实施，负责控制工程投资、工期和质量；在项目建设过程中，在批准的概算范围内对单项工程的设计进行局部调整；根据董事会授权处理项目实施过程中的重大紧急事件，并及时向董事会报告；负责生产准备工作和培训人员；负责组织项目试生产和单项工程预验收；拟订生产经营计划、企业内部机构设置、劳动定员方案及工资福利方案；组织项目后评估，提出项目后评估报告；按时向有关部门报送项目建设、生产信息和统计资料；提请董事会聘请或解聘项目高级管理人员。

2. 工程招标投标制

为了在工程建设领域引入竞争机制，择优选择勘察单位、设计单位、施工单位及材料、设备供应单位，需要实行工程招标投标制。

工程建设招标以实行公开招标为主。确实需要采取邀请招标和议标形式的，要经过项目主管部门或主管地区政府批准。招标投标活动要严格按照国家有关规定进行，体现公开、公平、公正和择优、诚信的原则。对未按规定进行公开招标、未经批准擅自采取邀请招标和议标形式的，有关地方和部门不得批准开工。工程监理单位也应通过竞争择优确定。

招标单位要合理划分标段、合理确定工期、合理标价定标。中标单位签订承包合同后，严禁进行转包。总承包单位如进行分包，除总承包合同中有约定的外，必须经发包单位认可，但主体结构不得分包，禁止分包单位将其承包的工程再分包。

严禁任何单位和个人以任何名义、任何形式干预正当的招标投标活动，严禁搞地方和部门保护主义。对违反规定干预招标投标活动的单位和个人，不论有无牟取私利，都要根据情节轻重作出处理。

招标单位有权自行选择招标代理机构，委托其办理招标事宜。招标单位若具有编制招标文件和组织评标能力，也可以自行办理招标事宜。

3. 工程建设监理制

实行监理的建设工程，由建设单位委托具有相应资质条件的工程监理单位监理。建设单位与其委托的工程监理单位应当订立书面委托监理合同。

工程建设监理应当依照法律、行政法规及有关的技术标准、设计文件和工程承包合同，对承包单位在施工质量、建设工期和建设资金使用等方面，代表建设单位实施监督。工程监理人员认为工程施工不符合工程设计要求、施工技术标准和合同约定的，有权要求建筑施工企业改正。工程监理人员认为工程设计不符合建筑工程质量标准或者合同约定的质量要求的，应当报告建设单位，要求设计单位改正。

4. 合同管理制

为了使勘察、设计、施工、材料设备供应单位和工程监理企业依法履行各自的责任和义务，在工程建设中必须实行合同管理制。

合同管理制的基本内容是建设工程的勘察、设计、施工、材料设备采购和工程建设监理都要依法订立合同。各类合同都要有明确的质量要求、履约担保和违约处罚条款。违约方要承担相应的法律责任。合同管理制的实施对工程建设监理开展合同管理工作提供了法律上的支持。

5. 安全生产责任制

工程安全生产管理必须坚持安全第一、预防为主的方针，建立健全安全生产的责任制度和群防群治制度。

工程设计应当符合国家相关部门制定的建筑安全规程和技术规范，保证工程的安全性能。施工企业在编制施工组织设计时，应当根据工程的特点制定相应的安全技术措施，对专业性较强的工程项目，应当编制专项安全施工组织设计，并采取安全技术措施。施工企业应当在施工现场采取维护安全、防范危险、预防火灾等措施，有条件的，应当对施工现场实行封闭管理。施工现场对毗邻的建筑物、构筑物和特殊作业环境可能造成损害的，施工企业应当采取安全防护措施。建设单位应当向施工企业提供与施工现场相关的地下管线资料，施工企业应当采取措施加以保护。施工企业应当遵守有关环境保护和安全生产的法律、法规的规定，采取控制和处理施工现场的各种粉尘、废气、废水、固体废物以及噪声、振动对环境的污染和危害的措施。施工企业必须依法加强对建筑安全生产的管理、执行安全生产责任制度、采取有效措施，防止伤亡和其他安全生产事故的发生。施工企业的法定代表人对本企业的安全生产负责。施工企业应当建立健全劳动安全生产教育培训制度，加强对职工安全生产的教育培训。未经安全生产教育培训的人员，不得上岗作业。施工企业必须为从事危险作业的职工办理意外伤害保险，支付保险费。施工现场安全由建筑施工企业负责，实行施工总承包的，由总承包单位负责。分包单位向总承包单位负责，服从总承包单位对施工现场的安全生产管理。在施工过程中，应当遵守有关安全生产的法律、法规和建筑行业安全规章、规程，不得违章指挥或者违章作业。作业人员有权对影响人身健康的作业程序和作业条件提出改进意见，有权获得安全生产所需的防护用品。作业人员对危及生命安全和人身健康的行为有权提出批评、检举和控告。施工中发生事故时，施工企业应当采取紧急措施减少人员伤亡和事故损失，并按照国家有关规定及时向有关部门报告。

6. 工程质量责任制

建设单位不得以任何理由要求设计单位或者施工企业在工程设计或者施工作业中，违反法律、行政法规和建筑工程质量、安全标准，降低工程质量。

设计单位和施工企业对建设单位违反上述规定而提出的降低工程质量的要求，应当予以拒绝。设计单位必须对其勘察、设计的质量负责。勘察、设计文件应当符合有关法律、行政法规的规定和工程质量、安全标准、工程勘察、设计技术规范以及合同的约定。设计文件选用的建筑材料、建筑构配件和设备，应当注明其规格、型号、性能等技术指标，其质量要求必须符合国家规定的标准。

设计单位对设计文件选用的建筑材料、建筑构配件和设备，不得指定生产厂、供应商。施工企业对工程的施工质量负责。施工企业必须按照工程设计图纸和施工技术标准施工，不得偷工减料。工程设计的修改由原设计单位负责，施工企业不得擅自修改工程设计。施工企业必须按照工程设计要求、施工技术标准和合同的约定，对建筑材料、建筑构配件和设备进行检验，不合格的产品不得使用。建筑物在合理使用寿命内，必须确保地基基础工程和主体结构的质量。工程实行总承包的，工程质量由工程总承包单位负责。总承包单位将工程分包给其他单位的，应当对分包工程的质量与分包单位承担连带责任。分包单位应当接受总承包单位的质量管理。

建筑工程竣工时，屋顶、墙面不得留有渗漏、开裂等质量缺陷。对已发现的质量缺陷，施工企业应当及时修复。交付竣工验收的建筑工程，必须符合规定的建筑工程质量标准，有完整的工程技术经济资料和经签署的工程保修书，并具备国家规定的其他竣工条件。建筑工程竣工经验收合格后方可交付使用，未经验收或者验收不合格的不得交付使用。

7. 工程竣工验收制

项目建成后必须按国家有关规定进行严格的竣工验收，由验收人员签字负责。项目竣工验收合格后，方可交付使用。对未经验收或验收不合格就交付使用的，要追究项目法定代表人的责任；造成重大损失的，要追究其法律责任。

8. 工程质量备案制

建设单位应当自工程竣工验收合格起15天内，向工程所在地的县级以上地方人民政府住房城乡建设主管部门备案。

建设单位办理工程竣工验收备案时应当提交下列文件。

(1)工程竣工验收备案表。

(2)工程竣工验收报告。

(3)法律、行政法规规定应当由规划、公安消防、环保等部门出具的认可文件或者准许使用文件。

(4)施工单位签署的工程质量保修书。

(5)法规、规章规定必须提供的其他文件。

备案机关收到建设单位报送的竣工验收备案文件，验证文件齐全后，应当在工程竣工验收备案表上签署文件收讫。工程竣工验收备案表一式两份，一份由建设单位保存，一份留备案机关存档。

9. 工程质量终身责任制

国家机关工作人员在建设工程质量监督管理工作中玩忽职守、滥用职权、徇私舞弊，构成犯罪的，依法追究其刑事责任，尚不构成犯罪的，依法给予行政处分。

建设、勘察、设计、施工、工程监理单位的工作人员因调动工作、退休等原因离开该单位后，被发现在该单位工作期间违反国家有关建设工程质量管理规定，造成重大工程质量事故的，仍应当依法追究法律责任。

项目工程质量的行政领导责任人，项目法定代表人，勘察、设计、施工、监理等单位的法定代表人，要按各自的职责对其经手的工程质量负终身责任。如发生重大工程质量事故，不管调到哪里工作，担任什么职务，都要追究其相应的行政和法律责任。

第四节　工程建设监理法律法规

一、建设工程法律法规体系

建设工程法律法规体系是指根据《中华人民共和国立法法》的规定，制定和公布施行的有关建设工程的各项法律、行政法规、地方性法规、自治条例、单行条例、部门规章和地方政府规章的总称。

建设工程法律是指由全国人民代表大会及其常务委员会通过的规范工程建设活动的法律法规，由国家主席签署令予以公布，如《建筑法》《招标投标法》《合同法》《中华人民共和国政府采购法》等。

建设工程行政法规是指由国务院根据宪法和法律制定的规范工程建设活动的各项法规，由总理签署国务院令予以公布，如《建设工程质量管理条例》《建设工程勘察设计管理条例》等。

(1)我国目前制定的与工程建设监理有关的法律主要有：

1)《建筑法》；

2)《合同法》；

3)《招标投标法》；

4)《中华人民共和国土地管理法》(以下简称《土地管理法》)；

5)《中华人民共和国城市房地产管理法》；

6)《中华人民共和国环境保护法》(以下简称《环境保护法》)；

7)《中华人民共和国环境影响评价法》(以下简称《环境影响评价法》)。

(2)我国目前制定的与工程建设监理有关的行政法规主要有：

1)《建设工程质量管理条例》；

2)《建设工程安全生产管理条例》；

3)《建设工程勘察设计管理条例》；

4)《中华人民共和国土地管理法实施条例》。

(3)我国目前制定的与工程建设监理有关的部门规章主要有：

1)《工程监理企业资质管理规定》；

2)《注册监理工程师管理规定》；

3)《建设工程监理范围和规模标准规定》；

4)《建筑工程设计招标投标管理办法》；

5)《房屋建筑和市政基础设施工程施工招标投标管理办法》；

6)《评标委员会和评标方法暂行规定》；

7)《建筑工程施工发包与承包计价管理办法》；

8)《建筑工程施工许可管理办法》；

9)《实施工程建设强制性标准监督规定》；

10)《房屋建筑工程质量保修办法》。

二、《建筑法》

中华人民共和国
建筑法

《建筑法》全文分八章共计 85 条，是以建筑工程质量与安全为重点形成的。整部法律内容是以建筑市场管理为中心、以建设工程质量和安全为重点、以建筑活动监督管理为主线形成的。

(一)总则

《建筑法》总则一章，是对整部法律的纲领性规定。其内容包括立法目的、调整对象和适用范围、建筑活动基本要求、建筑业的基本政策、建筑活动当事人的基本权利和义务、建筑活动监督管理主体。

(1)立法目的是加强对建筑活动的监督管理，维护建筑市场秩序，保证建筑工程的质量和安全，促进建筑业健康发展。

(2)建筑市场作为社会市场经济的组成部分，需要建立与社会主义市场经济相适应的新的市场管理体制。但是在管理体制转轨过程中，建筑市场上旧的经济秩序打破后，新的经济秩序尚未完全建立起来，以致造成某些混乱现象。制定《建筑法》就要从根本上解决建筑市场混乱状况，确立与社会主义市场经济相适应的建筑市场管理体制，以维护建筑市场的秩序。

(3)建筑活动应当确保建筑工程质量和安全，符合国家的建筑工程安全标准。

(4)国家扶持建筑业的发展，支持建筑科学技术研究，提高房屋建筑设计水平，鼓励节约能源和保护环境，提倡采用先进技术、先进设备、先进工艺、新型建筑材料和现代管理方式。

(5)从事建筑活动应当遵守法律、法规，不得损害社会公共利益和他人的合法权益。任何单位和个人都不得妨碍和阻挠依法进行的建筑活动。

(6)国务院住房城乡建设主管部门对全国的建筑活动实施统一监督管理。

(二)建筑许可

建筑工程开工前，建设单位应当按照国家有关规定向工程所在地县级以上人民政府住房城乡建设主管部门申请领取施工许可证；但是，国务院住房城乡建设主管部门确定的限额以下的小型工程除外。

1. 申请建筑工程许可证的条件

申请领取施工许可证，应当具备下列条件。

(1)已经办理该建筑工程用地批准手续；

(2)依法应当办理建设工程规划许可证的，已经取得建设工程规划许可证；

(3)需要拆迁的，其拆迁进度符合施工要求；

(4)已经确定建筑施工企业；

(5)有满足施工需要的资金安排、施工图纸及技术资料；

(6)有保证工程质量和安全的具体措施；

2. 领取建筑工程许可证的法律后果

(1)住房城乡建设主管部门应当自收到申请之日起七日内，对符合条件的申请颁发施工许可证。

(2)建设单位应当自领取施工许可证之日起三个月内开工。因故不能按期开工的，应当向发证机关申请延期；延期以两次为限，每次不超过三个月。既不开工又不申请延期或者超过延期时限的，施工许可证自行废止。

(3)在建的建筑工程因故中止施工的，建设单位应当自中止施工之日起一个月内，向发证机关报告，并按照规定做好建筑工程的维护管理工作。

(4)建筑工程恢复施工时，应当向发证机关报告。中止施工满一年的工程恢复施工前，建设单位应当报发证机关核验施工许可证。

(5)按照国务院有关规定批准开工报告的建筑工程，因故不能按期开工或者中止施工的，应当及时向批准机关报告情况。因故不能按期开工超过六个月的，应当重新办理开工报告的批准手续。

(三)从业资格

从事建筑活动的建筑施工企业、勘察单位、设计单位和工程监理单位，按照其拥有的注册资本、专业技术人员、技术装备和已完成的建筑工程业绩等资质条件，划分为不同的资质等级，经资质审查合格，取得相应等级的资质证书后，方可在其资质等级许可的范围内从事建筑活动。

从事建筑活动的专业技术人员，应当依法取得相应的执业资格证书，并在执业资格证书许可的范围内从事建筑活动。从事建筑活动的建筑施工企业、勘察单位、设计单位和工程监理单位，应当具备下列条件。

(1)有符合国家规定的注册资本。

(2)有与其从事的建筑活动相适应的具有法定执业资格的专业技术人员。

(3)有从事相关建筑活动所应有的技术装备。

(4)法律、行政法规规定的其他条件。

(四)建筑工程发包与承包

1. 建筑工程发包与承包的一般规定

(1)建筑工程的发包单位与承包单位应当依法订立书面合同,明确双方的权利和义务。发包单位和承包单位应当全面履行合同约定的义务。不按照合同约定履行义务的,依法承担违约责任。

(2)建筑工程发包与承包的招标投标活动,应当遵循公开、公正、平等竞争的原则,择优选择承包单位。建筑工程的招标投标,《建筑法》没有规定的,适用有关招标投标法律的规定。

(3)发包单位及其工作人员在建筑工程发包中不得收受贿赂、回扣或者索取其他好处。承包单位及其工作人员不得利用向发包单位及其工作人员行贿、提供回扣或者给予其他好处等不正当手段承揽工程。

(4)建筑工程造价应当按照国家有关规定,由发包单位与承包单位在合同中约定。公开招标发包的,其造价的约定须遵守招标投标法律的规定。发包单位应当按照合同的约定,及时拨付工程款项。

2. 建筑工程发包规定

(1)建筑工程依法实行招标发包,对不适于招标发包的可以直接发包。

(2)建筑工程实行公开招标的,发包单位应当依照法定程序和方式,发布招标公告,提供载有招标工程的主要技术要求、主要的合同条款、评标的标准和方法以及开标、评标、定标的程序等内容的招标文件。

开标应当在招标文件规定的时间、地点公开进行。开标后应当按照招标文件规定的评标标准和程序对标书进行评价、比较,在具备相应资质条件的投标者中,择优选定中标者。

(3)建筑工程招标的开标、评标、定标由建设单位依法组织实施,并接受有关行政主管部门的监督。

(4)建筑工程实行招标发包的,发包单位应当将建筑工程发包给依法中标的承包单位。建筑工程实行直接发包的,发包单位应当将建筑工程发包给具有相应资质条件的承包单位。

(5)政府及其所属部门不得滥用行政权力,限定发包单位将招标发包的建筑工程发包给指定的承包单位。

(6)提倡对建筑工程实行总承包,禁止将建筑工程肢解发包。建筑工程的发包单位可以将建筑工程的勘察、设计、施工、设备采购一并发包给一个工程总承包单位,也可以将建筑工程勘察、设计、施工、设备采购的一项或者多项发包给一个工程总承包单位;但是,不得将应当由一个承包单位完成的建筑工程肢解成若干部分发包给几个承包单位。

(7)按照合同约定,建筑材料、建筑构配件和设备由工程承包单位采购的,发包单位不得指定承包单位购入用于工程的建筑材料、建筑构配件和设备或者指定生产厂、供应商。

3. 建筑工程承包规定

(1)承包建筑工程的单位应当持有依法取得的资质证书,并在其资质等级许可的业务范围内承揽工程。

禁止建筑施工企业超越本企业资质等级许可的业务范围或者以任何形式用其他建筑施工企业的名义承揽工程。禁止建筑施工企业以任何形式允许其他单位或者个人使用本企业的资质证书、营业执照,以本企业的名义承揽工程。

（2）大型建筑工程或者结构复杂的建筑工程，可以由两个以上的承包单位联合共同承包。共同承包的各方对承包合同的履行承担连带责任。

两个以上不同资质等级的单位实行联合共同承包的，应当按照资质等级低的单位的业务许可范围承揽工程。

（3）禁止承包单位将其承包的全部建筑工程转包给他人，禁止承包单位将其承包的全部建筑工程肢解以后以分包的名义分别转包给他人。

（4）建筑工程总承包单位可以将承包工程中的部分工程发包给具有相应资质条件的分包单位；但是，除总承包合同中约定的分包外，必须经建设单位认可。施工总承包的，建筑工程主体结构的施工必须由总承包单位自行完成。

建筑工程总承包单位按照总承包合同的约定对建设单位负责；分包单位按照分包合同的约定对总承包单位负责。总承包单位和分包单位就分包工程对建设单位承担连带责任。

禁止总承包单位将工程分包给不具备相应资质条件的单位。禁止分包单位将其承包的工程再分包。

（五）建筑工程监理

（1）国家推行建筑工程监理制度。国务院可以规定实行强制监理的建筑工程的范围。

（2）实行监理的建筑工程，由建设单位委托具有相应资质条件的工程监理单位监理。建设单位与其委托的工程监理单位应当订立书面委托监理合同。

（3）建筑工程监理应当依照法律、行政法规及有关的技术标准、设计文件和建筑工程承包合同，对承包单位在施工质量、建设工期和建设资金使用等方面，代表建设单位实施监督。

1）工程监理人员认为工程施工不符合工程设计要求、施工技术标准和合同约定的，有权要求建筑施工企业改正。

2）工程监理人员发现工程设计不符合建筑工程质量标准或者合同约定的质量要求的，应当报告建设单位要求设计单位改正。

（4）实施建筑工程监理前，建设单位应当将委托的工程监理单位、监理的内容及监理权限，书面通知被监理的建筑施工企业。

（5）工程监理单位应当在其资质等级许可的监理范围内，承担工程监理业务。

工程监理单位应当根据建设单位的委托，客观、公正地执行监理任务。

工程监理单位与被监理工程的承包单位以及建筑材料、建筑构配件和设备供应单位不得有隶属关系或者其他利害关系。

工程监理单位不得转让工程监理业务。

（6）工程监理单位不按照委托监理合同的约定履行监理义务，对应当监督检查的项目不检查或者不按照规定检查，给建设单位造成损失的，应当承担相应的赔偿责任。

工程监理单位与承包单位串通，为承包单位谋取非法利益，给建设单位造成损失的，应当与承包单位承担连带赔偿责任。

（六）建筑安全生产管理

（1）建筑工程安全生产管理必须坚持安全第一、预防为主的方针，建立健全安全生产的责任制度和群防群治制度。

（2）建筑工程设计应当符合按照国家规定制定的建筑安全规程和技术规范，保证工程的安全性能。

（3）建筑施工企业在编制施工组织设计时，应当根据建筑工程的特点制定相应的安全技术措施；对专业性较强的工程项目，应当编制专项安全施工组织设计，并采取安全技术措施。

(4)建筑施工企业应当在施工现场采取维护安全、防范危险、预防火灾等措施；有条件的，应当对施工现场实行封闭管理。

施工现场对毗邻的建筑物、构筑物或特殊作业环境可能造成损害的，建筑施工企业应当采取安全防护措施。

(5)建设单位应当向建筑施工企业提供与施工现场相关的地下管线资料，建筑施工企业应当采取措施加以保护。

(6)建筑施工企业应当遵守有关环境保护和安全生产的法律、法规的规定，采取控制和处理施工现场的各种粉尘、废气、废水、固体废物以及噪声、振动对环境的污染和危害的措施。

(7)有下列情形之一的，建设单位应当按照国家有关规定办理申请批准手续。

1)需要临时占用规划批准范围以外场地的；

2)可能损坏道路、管线、电力、邮电通信等公共设施的；

3)需要临时停水、停电、中断道路交通的；

4)需要进行爆破作业的；

5)法律、法规规定需要办理报批手续的其他情形。

(8)住房城乡建设主管部门负责建筑安全生产的管理，并依法接受劳动行政主管部门对建筑安全生产的指导和监督。

(9)建筑施工企业必须依法加强对建筑安全生产的管理，执行安全生产责任制度，采取有效措施，防止伤亡和其他安全生产事故的发生。

建筑施工企业的法定代表人对本企业的安全生产负责。

(10)施工现场安全由建筑施工企业负责。实行施工总承包的，由总承包单位负责。分包单位向总承包单位负责，服从总承包单位对施工现场的安全生产管理。

(11)建筑施工企业应当建立健全劳动安全生产教育培训制度，加强对职工安全生产的教育培训；未经安全生产教育培训的人员，不得上岗作业。

(12)建筑施工企业和作业人员在施工过程中，应当遵守有关安全生产的法律、法规和建筑行业安全规章、规程，不得违章指挥或者违章作业。作业人员有权对影响人身健康的作业程序和作业条件提出改进意见，有权获得安全生产所需的防护用品。作业人员对危及生命安全和人身健康的行为有权提出批评、检举和控告。

(13)建筑施工企业应当依法为职工参加工伤保险缴纳工伤保险费。鼓励企业为从事危险作业的职工办理意外伤害保险，支付保险费。

(14)涉及建筑主体和承重结构变动的装修工程，建设单位应当在施工前委托原设计单位或者具有相应资质条件的设计单位提出设计方案；没有设计方案的，不得施工。

(15)房屋拆除应当由具备保证安全条件的建筑施工单位承担，由建筑施工单位负责人对安全负责。

(16)施工中发生事故时，建筑施工企业应当采取紧急措施减少人员伤亡和事故损失，并按照国家有关规定及时向有关部门报告。

(七)建筑工程质量管理

(1)建筑工程勘察、设计、施工的质量必须符合国家有关建筑工程安全标准的要求，具体管理办法由国务院规定。

有关建筑工程安全的国家标准不能适应确保建筑安全的要求时，应当及时修订。

(2)国家对从事建筑活动的单位推行质量体系认证制度。从事建筑活动的单位根据自愿原则可以向国务院产品质量监督管理部门或者国务院产品质量监督管理部门授权的部门认可的认证机构申请质量体系认证。经认证合格的，由认证机构颁发质量体系认证证书。

(3)建设单位不得以任何理由，要求建筑设计单位或者建筑施工企业在工程设计或者施工作业中违反法律、行政法规和建筑工程质量、安全标准，降低工程质量。

建筑设计单位和建筑施工企业对建设单位违反前款规定提出的降低工程质量的要求，应当予以拒绝。

(4)建筑工程实行总承包的，工程质量由工程总承包单位负责，总承包单位将建筑工程分包给其他单位的，应当对分包工程的质量与分包单位承担连带责任。分包单位应当接受总承包单位的质量管理。

(5)建筑工程的勘察、设计单位必须对其勘察、设计的质量负责。勘察、设计文件应当符合有关法律、行政法规的规定和建筑工程质量、安全标准、建筑工程勘察、设计技术规范以及合同的约定。设计文件选用的建筑材料、建筑构配件和设备，应当注明其规格、型号、性能等技术指标，其质量要求必须符合国家规定的标准。

(6)建筑设计单位对设计文件选用的建筑材料、建筑构配件和设备，不得指定生产厂、供应商。

(7)建筑施工企业对工程的施工质量负责。建筑施工企业必须按照工程设计图纸和施工技术标准施工，不得偷工减料。工程设计的修改由原设计单位负责，建筑施工企业不得擅自修改工程设计。

(8)建筑施工企业必须按照工程设计要求、施工技术标准和合同的约定，对建筑材料、建筑构配件和设备进行检验，不合格的不得使用。

(9)建筑物在合理使用寿命内，必须确保地基基础工程和主体结构的质量。

建筑工程竣工时，屋顶、墙面不得留有渗漏、开裂等质量缺陷。对已发现的质量缺陷，建筑施工企业应当修复。

(10)交付竣工验收的建筑工程，必须符合规定的建筑工程质量标准，有完整的工程技术经济资料和经签署的工程保修书，并具备国家规定的其他竣工条件。

建筑工程竣工经验收合格后，方可交付使用；未经验收或者验收不合格的，不得交付使用。

(11)建筑工程实行质量保修制度。建筑工程的保修范围应当包括地基基础工程、主体结构工程、屋面防水工程和其他土建工程，以及电气管线、上下水管线的安装工程，供热、供冷系统工程等项目；保修的期限应当按照保证建筑物合理寿命年限内正常使用，维护使用者合法权益的原则确定。具体的保修范围和最低保修期限由国务院规定。

(12)任何单位和个人对建筑工程的质量事故、质量缺陷都有权向住房城乡建设主管部门或者其他有关部门进行检举、控告、投诉。

三、《建设工程监理规范》(GB/T 50319—2013)

建设工程监理规范

《建设工程监理规范》(GB/T 50319—2013)分总则，术语，项目监理机构及其设施，监理规划及监理实施细则，工程质量、造价、进度控制及安全生产管理的监理工作，工程变更、索赔及施工合同争议处理，监理文件资料管理，设备采购与设备建造及相关服务共计9部分，另附有施工阶段监理工作的基本表式。

(一)总则

(1)为规范工程建设监理与相关服务行为，提高工程建设监理与相关服务水平，制定《建设工程监理规范》(GB/T 50319—2013)。

(2)《建设工程监理规范》(GB/T 50319—2013)适用于新建、扩建、改建工程建设监理与相关服务活动。

(3)实施工程建设监理前，建设单位应委托具有相应资质的工程监理单位，并以书面形式与工程监理单位订立工程建设监理合同，合同中应包括监理工作的范围、内容、服务期限和酬金，以及双方的义务、违约责任等相关条款。

在订立工程建设监理合同时，建设单位将勘察、设计、保修阶段等相关服务一并委托的，应在合同中明确相关服务的工作范围、内容、服务期限和酬金等相关条款。

(4)工程开工前，建设单位应将工程监理单位的名称，监理的范围、内容和权限及总监理工程师的姓名书面通知施工单位。

(5)在工程建设监理工作范围内，建设单位与施工单位之间涉及施工合同的联系活动，应通过工程监理单位进行。

(6)实施工程建设监理应遵循下列主要依据。

1)法律法规及工程建设标准；

2)建设工程勘察设计文件；

3)工程建设监理合同及其他合同文件。

(7)工程建设监理应实行总监理工程师负责制。总监理工程师负责是指由总监理工程师全面负责工程建设监理实施工作。总监理工程师是工程监理单位法定代表人书面任命的项目监理机构负责人，是工程监理单位履行工程建设监理合同的全权代表。

(8)工程建设监理宜实施信息化管理。工程监理单位不仅自身实施信息化管理，还可根据工程建设监理合同的约定协助建设单位建立信息管理平台，促进建设工程各参与方基于信息平台协同工作。

(9)工程监理单位应公平、独立、诚信、科学地开展工程建设监理与相关服务活动。

(10)工程建设监理与相关服务活动，除应符合《建设工程监理规范》(GB/T 50319—2013)外，尚应符合国家现行有关标准的规定。

(二)术语

(1)工程监理单位。依法成立并取得住房城乡建设主管部门颁发的工程监理企业资质证书，从事工程建设监理与相关服务的服务机构。

(2)工程建设监理。工程监理单位受建设单位委托，根据法律法规、工程建设标准、勘察设计文件及合同，在施工阶段对建设工程质量、进度、造价进行控制，对合同、信息进行管理，对工程建设相关方的关系进行协调，并履行建设工程安全生产管理法定职责的服务活动。

(3)相关服务。工程监理单位受建设单位委托，按照工程建设监理合同约定，在建设工程勘察、设计、保修等阶段提供的服务活动。

(4)项目监理机构。工程监理单位派驻工程负责履行工程建设监理合同的组织机构。

(5)注册监理工程师。取得国务院住房城乡建设主管部门颁发的《中华人民共和国注册监理工程师注册执业证书》和执业印章，从事工程建设监理与相关服务等活动的人员。

(6)总监理工程师。由工程监理单位法定代表人书面任命，负责履行工程建设监理合同、主持项目监理机构工作的注册监理工程师。

(7)总监理工程师代表。经工程监理单位法定代表人同意，由总监理工程师书面授权，代表总监理工程师行使其部分职责和权力，具有工程类注册执业资格或具有中级及以上专业技术职称、3 年及以上工程实践经验并经监理业务培训的人员。

(8)专业监理工程师。由总监理工程师授权，负责实施某一专业或某一岗位的监理工作，有相应监理文件签发权，具有工程类注册执业资格或具有中级及以上专业技术职称、两年及以上工程实践经验并经监理业务培训的人员。

(9)监理员。从事具体监理工作，具有中专及以上学历并经过监理业务培训的人员。

(10)监理规划。项目监理机构全面开展工程建设监理工作的指导性文件。

(11)监理实施细则。针对某一专业或某一方面工程建设监理工作的操作性文件。

(12)工程计量。根据工程设计文件及施工合同约定，项目监理机构对施工单位申报的合格工程的工程量进行的核验。

(13)旁站。项目监理机构对工程的关键部位或关键工序的施工质量进行的监督活动。

(14)巡视。项目监理机构对施工现场进行的定期或不定期的检查活动。

(15)平行检验。项目监理机构在施工单位自检的同时，按有关规定、工程建设监理合同约定对同一检验项目进行的检测试验活动。

(16)见证取样。项目监理机构对施工单位进行的涉及结构安全的试块、试件及工程材料现场取样、封样、送检工作的监督活动。

(17)工程延期。由于非施工单位原因造成合同工期延长的时间。

(18)工程延误。由于施工单位自身原因造成施工期延长的时间。

(19)工程临时延期批准。发生非施工单位原因造成的持续性影响工期事件时所作出的临时延长合同工期的批准。

(20)工程最终延期批准。发生非施工单位原因造成的持续性影响工期事件时所作出的最终延长合同工期的批准。

(21)监理日志。项目监理机构每日对工程建设监理工作及施工进展情况所做的记录。

(22)监理月报。项目监理机构每月向建设单位提交的工程建设监理工作及建设工程实施情况等分析总结报告。

(23)设备建造。项目监理机构按照工程建设监理合同和设备采购合同约定，对设备制造过程进行的监督检查活动。

(24)监理文件资料。工程监理单位在履行工程建设监理合同过程中形成或获取的，以一定形式记录、保存的文件资料。

(三)项目监理机构及其设施

该部分内容包括项目监理机构、监理人员职责和监理设施。

1. 项目监理机构

(1)关于项目监理机构建立时间、地点及撤离时间的规定。

(2)决定项目监理机构组织形式、规模的因素。

(3)项目监理机构人员配备以及监理人员资格要求的规定。

(4)项目监理机构的组织形式、人员构成及对总监理工程师的任命应书面通知建设单位，以及监理人员变化的有关规定。

2. 监理人员职责

《建设工程监理规范》(GB/T 50319—2013)规定了总监理工程师、总监理工程师代表、专业监理工程师和监理员的职责。

3. 监理设施

(1)建设单位提供委托监理合同约定的办公、交通、通信、生活设施。项目监理机构应妥善保管和使用，并在完成监理工作后移交建设单位。

(2)项目监理机构应按委托监理合同的约定，配备满足监理工作需要的常规检测设备和工具。

(3)在大中型项目的监理工作中，项目监理机构应实施监理工作计算机辅助管理。

(四)监理规划及监理实施细则

1. 监理规划

规定了监理规划的编制要求、编制程序与依据、主要内容及调整修改等。

2. 监理实施细则

规定了监理实施细则编写要求、编写程序与依据、主要内容等。

(五)施工阶段的监理工作

1. 制定监理程序的一般规定

制定监理工作程序应根据专业工程特点，体现事前控制和主动控制的要求，应注重工作效果，应明确工作内容、行为主体、考核标准、工作时限，应符合委托监理合同和施工合同，应根据实际情况的变化对程序进行调整和完善。

2. 工程质量控制工作

规定了项目监理机构工程质量控制的工作内容：项目监理机构的审查；明确了解总监理工程师审查施工方案的程序和内容；使用新材料、新工艺、新技术、新设备的控制措施；对承包单位实验室的考核；对拟进场的工程材料、构配件和设备的控制措施；直接影响工程质量的计量设备技术状况的定期检查；对施工过程进行巡视和检查；旁站监理的内容；审核、签认分项工程、分部工程、单位工程的质量验评资料；对施工过程中出现的质量缺陷应采取的措施；发现施工中存在重大质量隐患应及时下达工程暂停令，整改完毕并符合规定要求应及时签署工程复工令；质量事故的处理等。

3. 工程造价控制工作

规定了项目监理机构工程量及进度款支付申请进行审核、支付的程序和要求。明确了工程款支付报审表和工程款支付证书的表式，明确了项目监理机构进行完成工程量统计及实际完成量与计价完成量比较分析的职责。项目监理机构应按有关工程结算规定及施工合同约定对竣工结算进行审核。

4. 工程进度控制工作

规定了项目监理机构进行工程进度控制的程序，同时，规定了工程进度控制的主要工作，审查承包单位报送的施工进度计划；制定进度控制方案，对进度目标进行风险分析，制定防范性对策；检查进度计划的实施，并根据实际情况采取措施；在监理月报中向建设单位报告工程进度及有关情况，并提出预防由建设单位原因导致工程延期及相关费用索赔的建议等。

5. 安全生产管理的监理工作

规定明确了项目监理机构履行建设工程安全生产管理法定职责的法律依据，还明确在监理规划和监理实施细则中应纳入安全生产管理的监理工作内容、方法和措施，明确项目监理机构审查专项施工方案的内容、程序和要求，明确监理机构对专项施工方案实施过程进行控制的职责，明确监理报告的表式。

(六)施工合同管理的其他工作

1. 工程暂停和复工

规定了签发工程暂停令的根据；签发工程暂停令的适用情况；签发工程暂停令应做好的相关工作(确定停工范围、工期和费用的协商等)；及时签署工程复工报审表等。

2. 工程变更的管理

内容包括：项目监理机构处理工程变更的程序；处理工程变更的基本要求；总监理工程师未签发工程变更，承包单位不得实施工程变更的规定；未经总监理工程师审查同意而实施的工

程变更，项目监理机构不得予以计量的规定。

3. 费用索赔的处理

内容包括：处理费用索赔的依据；项目监理机构受理承包单位提出的费用索赔应满足的条件；处理承包单位向建设单位提出费用索赔的程序；应当综合作出费用索赔和工程延期的条件；处理建设单位向承包单位提出索赔时，对总监理工程师的要求。

4. 工程延期及工程延误的处理

内容包括：受理工程延期的条件；批准工程临时延期和最终延期的规定；作出工程延期应与建设单位和承包单位协商的规定；批准工程延期的依据；工期延误的处理规定。

5. 合同争议的调解

内容包括：项目监理机构接到合同争议的调解要求后应进行的工作；合同争议双方必须执行总监理工程师签发的合同争议调解意见的有关规定；项目监理机构应公正地向仲裁机关或法院提供与争议有关的证据。

6. 合同的解除

内容包括：合同解除必须符合法律程序；因建设单位违约导致施工合同解除时，项目监理机构确定承包单位应得款项的有关规定；因承包单位违约导致施工合同终止后，项目监理机构清理承包单位的应得款，或偿还建设单位的相关款项应遵循的工作程序；因不可抗力或非建设单位、承包单位原因导致施工合同终止时，项目监理机构应按施工合同规定处理有关事宜。

(七)施工阶段监理资料的管理

(1)施工阶段监理资料应包括的内容。

(2)施工阶段监理月报应包括的内容，以及编写和报送的有关规定。

(3)监理工作总结应包括的内容等有关规定。

(4)关于监理资料的管理事宜。

(八)设备采购监理与设备监造

(1)设备采购监理工作包括组建项目监理机构；编制设备采购方案、采购计划；组织市场调查，协助建设单位选择设备供应单位；协助建设单位组织设备采购招标或进行设备采购的技术及商务谈判；参与设备采购订货合同的谈判，协助建设单位起草及签订设备采购合同；采购监理工作结束，总监理工程师应组织编写监理工作总结。

(2)设备监造监理工作包括组建设备监造的项目监理机构；熟悉设备制造图纸及有关技术说明，并参加设计交底；编制设备监造规划；审查设备制造单位生产计划和工艺方案；审查设备制造分包单位资质；审查设备制造的检验计划、检验要求等20项工作。

(3)规定了设备采购监理与设备监造的监理资料。

本章小结

工程建设监理制度是适应社会主义市场经济体制而产生和发展的现代化建设管理体制，是工程建设在建设程序中的一个重要环节。工程建设监理是指由具有法定资质的工程监理企业，根据建设单位的委托，承担项目管理工作，依照法律、行政法规及相关建设工程技术标准、设计文件和建设工程合同对承建单位在建设活动中的投资、进度、质量等方面代表建设单位对建设过程实施监督的专业化服务活动。本章重点介绍工程建设监理法律法规、工程建设监理的基本方法和步骤。

思考与练习

一、填空题

1. 工程建设监理的对象是工程建设项目，包括________、________和________的各种工程项目。

2. 工程建设监理必须严格依据有关________、________和相关的建设文件来实施。

3. 工程建设监理的范围可以分为________和________。

4. 工程建设监理的主要内容概括为________、________、________。

5. 可行性研究的阶段分为________、________、________及________。

6. 根据建设项目的不同情况，设计过程一般划分为________、________、________。

7. 新上项目在项目建议书被批准后，应及时组建________筹备组，具体负责________的筹建工作。

8. 为了使勘察、设计、施工、材料设备供应单位和工程监理企业依法履行各自的责任和义务，在工程建设中必须实行________。

9. 建设单位应当自工程竣工验收合格起________内，向工程所在地的县级以上地方人民政府住房城乡建设主管部门备案。

10. 建筑工程招标的开标、评标、定标由________依法组织实施，并接受有关行政主管部门的监督。

二、多项选择题

1. 工程建设监理的性质包括(　　)。

A. 服务性　　B. 科学性

C. 公正性　　D. 独立性

E. 统一性

2. 工程建设监理的基本方法是系统性的，它由不可分割的若干个子系统组成，包括(　　)。

A. 目标规划　　B. 静态控制

C. 组织协调　　D. 信息管理

E. 合同管理

3. 工程监理企业获得监理任务主要有(　　)的途径。

A. 业主点名委托　　B. 通过协商、议标委托

C. 通过招标、投标，择优委托　　D. 通过资料收集

E. 参与项目竣工验收，签署建设监理意见

4. 工程建设监理现阶段的特点包括(　　)。

A. 工程建设监理的服务对象具有单一性

B. 工程建设监理属于公正性的制度

C. 工程建设监理属于强制推行的制度

D. 工程建设监理具有监督功能

E. 市场准入的双重控制

5. 项目总经理所拥有的职责有(　　)。

A. 组织编制项目初步设计文件

B. 对项目工艺流程、设备选型、建设标准、总图布置提出意见，提交董事会审查

C. 组织工程设计、工程监理、工程施工和材料设备采购招标工作

D. 编制和确定招标方案、标底和评标标准

E. 评选和确定中标单位

6. 有下列(　　)情形之一的，建设单位应当按照国家有关规定办理申请批准手续。

A. 需要临时占用规划批准范围内的场地的

B. 可能损坏道路、管线、电力、邮电通信等公共设施的

C. 需要临时停水、停电、中断道路交通的

D. 需要进行爆破作业的

E. 法律、法规规定需要办理报批手续的

三、简答题

1. 什么是工程建设监理？工程建设监理的概念包括哪几层含义？

2. 工程建设监理的作用有哪些？

3. 监理工程师在合同管理中应当着重于哪几个方面的工作？

4. 简述工程建设监理的步骤。

5. 工程建设监理的任务是什么？

6. 按现行规定，我国一般大中型及限额以上项目的建设程序中，将建设活动分成哪几个阶段？

7. 申请领取建筑施工许可证应当具备哪些条件？

第二章　监理工程师与监理企业

知识目标

了解监理工程师的概念、素质和道德要求，工程监理企业的素质要求和道德要求；熟悉监理工程师的法律责任、工程监理企业的组织形式；掌握监理工程师执业资格考试制度、工程监理企业的资质等级和设立条件、工程监理企业经营管理措施和监理企业的服务内容。

能力目标

能明确监理工程师应承担的法律责任；能熟练掌握监理工程师执业资格考试的相关规定；能指出我国的工程监理企业可以存在的企业组织形式。

第一节　监理工程师

一、监理工程师的概念和素质要求

1. 监理工程师的概念

监理工程师是指经全国统一考试且考试合格取得监理工程师资格证书，又经注册，取得监理工程师注册执业证书和执业印章，且从事工程监理及相关业务活动的专业技术人员。

2. 监理工程师的素质要求

工程建设监理的服务水平和质量，取决于监理工程师的水平和素质。监理工程师的素质由下列要素构成。

(1)较高的学历和复合型的知识结构。监理工程师具备深厚的现代科技理论知识、经济管理理论知识和法律知识，才能胜任监理工作。对监理工程师有较高学历的要求，是保障监理工程师队伍素质的重要基础，也是向国际水平靠近的必然要求。就科技理论知识而言，在我国与工程建设有关的主干学科就有近 20 种，所设置的工程技术专业有近 40 种。当然不可能要求监理工程师学习和掌握这么多的学科和专业技术理论知识，但应要求监理工程师至少学习与掌握一种专业技术知识，这是监理工程师所必须具备的全部理论知识中的主要部分。同时，无论监理工程师掌握哪一种科学和专业技术，都必须学习与掌握一定的经济、组织管理和法律等方面的理论知识。

(2)丰富的工程建设实践经验。工程建设实践经验是指理论知识在工程建设中应用的经验。

一般来说，应用的时间越长、次数越多，经验也就越丰富。我国在监理工程师注册制度中，也对实践经验作出了相应的规定。

(3)良好的职业道德。监理人员除了应具备广博的理论知识、丰富的工程建设实践经验外，还应具备高尚的职业道德。监理人员必须秉公办事，按照合同条件公正地处理各种问题，遵守国家的各项法律、法规，既不接受业主所支付的酬金以外的任何回扣、津贴或其他间接报酬，也不得与承包商有任何经济往来，包括接受承包商的礼物，经营或参与经营施工以及设备、材料采购活动，或在施工单位及设备、材料供应单位任职或兼职。监理工程师还要有很强的责任心，认真、细致地进行工作。这样才能避免由于监理人员的行为不当，给工程带来不必要的损失和影响。

(4)较强的组织协调能力。在工程建设的全过程中，监理工程师依据合同对工程项目实施监督管理，监理工程师要面对建设单位、设计单位、承包单位、材料设备供应商等与工程有关的单位。只有协调好有关各方的关系、处理好各种矛盾和纠纷，才能使工程建设顺利地开展，实现项目投资目标。

(5)良好的身体素质。监理工程师要具有健康的体魄和充沛的精力，这是由监理工作现场性强、流动性大、工作条件差、任务繁忙等工作性质所决定的。

二、监理工程师的道德要求

为了确保建设监理事业的健康发展，对监理工程师的职业道德和工作纪律都有严格的要求，在有关法规里也作了具体的规定。

1. 职业道德守则

(1)维护国家的荣誉和利益，按照“守法、诚信、公正、科学”的准则执业。

(2)执行有关工程建设的法律、法规、规范、标准和制度，履行监理合同规定的义务和职责。

(3)努力学习专业技术和工程建设监理知识，不断提高业务能力和监理水平。

(4)不以个人名义承揽监理业务。

(5)不同时在两个或两个以上监理单位注册和从事监理活动，不在政府部门和施工、材料设备的生产供应等单位兼职。

(6)不为所监理项目指定承建商、建筑构配件、设备、材料和施工方法。

(7)不收受被监理单位的任何礼金。

(8)不泄露所监理工程各方认为需要保密的事项。

(9)坚持独立自主地开展工作。

2. 工作纪律

(1)遵守国家的法律和政府的有关条例、规定和办法等。

(2)认真履行《工程建设监理委托合同》所承诺的义务，并承担约定的责任。

(3)坚持公正的立场，公平地处理有关各方的争议。

(4)坚持科学的态度和实事求是的原则。

(5)在坚持按《工程建设监理委托合同》的规定向业主提供技术服务的同时，帮助被监理者完成其担负的建设任务。

(6)不以个人名义在报刊上刊登承揽监理业务的广告。

(7)不得损害他人名誉。

(8)不泄露所监理工程需保密的事项。

(9)不在任何承建商或材料设备供应商中兼职。

(10)不擅自接受业主额外的津贴，也不接受被监理单位的任何津贴。不接受可能导致判断不公的报酬。

监理工程师违背职业道德或违反工作纪律，由政府主管部门没收非法所得，收缴《监理工程师岗位证书》，并可处以罚款。监理单位还要根据企业内部的规章制度给予处罚。

3. FIDIC道德准则

FIDIC是国际上最有权威的被世界银行认可的咨询工程师组织。它认为工程师的工作对于社会及其环境的持续发展十分关键。下述准则是其成员行为的基本准则。

(1)接受对社会的职业责任。

(2)寻求与确认发展原则相适应的解决办法。

(3)在任何时候，维护职业的尊严、名誉和荣誉。

(4)保持其知识和技能与技术、法规、管理的发展相一致的水平，对于委托人要求的服务采用相应的技能，并尽心尽力。

(5)仅在有能力从事服务时才进行。

(6)在任何时候均为委托人的合法权益行使其职责，并且正直和忠诚地进行职业服务。

(7)在提供职业咨询、评审或决策时不偏不倚。

(8)通知委托人在行使其委托权时，可能引起的任何潜在的利益冲突。

(9)不接受可能导致判断不公的报酬。

(10)加强"按照能力进行选择"的观念。

(11)不得故意或无意地作出损害他人名誉或事务的事情。

(12)不得直接或间接取代某一特定工作中已经任命的其他咨询工程师的位置。

(13)通知该咨询工程师并且接到委托人终止其先前任命的建议前，不得取代该咨询工程师的工作。

(14)在被要求对其他咨询工程师的工作进行审查的情况下，要以适当的职业行为和礼节进行。

三、监理工程师执业资格考试、注册和考试教育

注册监理工程师是指经国务院人事主管部门和建设主管部门统一组织的监理工程师执业资格统一考试成绩合格，并取得国务院建设主管部门颁发的《中华人民共和国注册监理工程师注册执业证书》和执业印章，从事工程建设监理与相关服务等活动的专业技术人员。

(一)监理工程师执业资格考试

1. 监理工程师执业资格制度的建立和发展

注册监理工程师是实施工程监理制的核心和基础。1990年，原建设部和人事部按照有利于国家经济发展、得到社会公认、具有国际可比性、事关社会公共利益等四项原则，率先在工程建设领域建立了监理工程师执业资格制度，以考核形式确认了具有执业资格的监理工程师100名。随后，又相继认定了两批监理工程师具有执业资格，前后共认定了1 059名监理工程师。实行监理工程师执业资格制度的意义在于：一是与工程监理制度紧密衔接；二是统一监理工程师执业能力标准；三是强化工程监理人员执业责任；四是促进工程监理人员努力钻研业务知识，提高业务水平；五是合理建立工程监理人才库，优化调整市场资源结构；六是便于开拓国际工程监理市场。1992年6月，原建设部发布《监理工程师资格考试和注册试行办法》(建设部令第18号)，明确了监理工程师考试、注册的实施方式和管理程序，我国从此开始实施监理工程师执业资格考试。

1993年，原建设部、人事部印发《关于〈监理工程师资格考试和注册试行办法〉实施意见的通知》(建监〔1993〕415号)，提出加强对监理工程师执业资格考试和注册工作的统一领导与管理，并

提出了实施意见。1994年，原建设部与人事部在北京、天津、上海、山东、广东五省市组织了监理工程师执业资格试点考试。1996年8月，原建设部、人事部发布《建设部、人事部关于全国监理工程师执业资格考试工作的通知》(建监〔1996〕462号)，从1997年开始，监理工程师执业资格考试实行全国统一管理、统一考纲、统一命题、统一时间、统一标准的办法。2020年2月住房和城乡建设部、交通运输部、水利部、人力资源社会保障部《关于印发〈监理工程师职业资格制度规定〉〈监理工程师职业资格考试实施办法〉的通知》，规定由住房和城乡建设部、交通运输部、水利部、人力资源社会保障部共同制定监理工程师执业资格制度，并按照职责分工分别负责监理工程师执业资格制度的实施与监管；住房和城乡建设部、交通运输部、水利部按照职责分工分别负责拟定监理工程师执业资格考试专业科目的考试大纲，组织监理工程师专业科目命审题工作。监理工程师执业资格考试合格者，由各省、自治区、直辖市人力资源社会保障行政主管部门颁发中华人民共和国监理工程师执业资格证书(或电子证书)。该证书由人力资源社会保障部统一印制，住房和城乡建设部、交通运输部、水利部按专业类别分别与人力资源社会保障部用印，在全国范围内有效。

2. 监理工程师执业资格考试科目及报考条件

(1)监理工程师执业资格考试科目。监理工程师执业资格考试原则上每年举行一次，考试时间一般安排在5月下旬，考点在省会城市设立，考试设置4个科目，即《建设工程监理基本理论与相关法规》《建设工程合同管理》《建设工程目标控制》《建设工程监理案例分析》。其中，《建设工程监理案例分析》为主观题，在试卷上作答；其余3科均为客观题，在答题卡上作答。考试以四年为一个周期，参加全部科目考试的人员须在连续四个考试年度内通过全部科目的考试。已取得监理工程师一种专业执业资格证书的人员，报名参加其他专业科目考试的，可免考基础科目。考试合格后，核发人力资源社会保障部门统一印制的相应专业考试合格证明。该证明作为注册时增加执业专业类别的依据。免考基础科目和增加专业类别的人员，专业科目成绩按照两年为一个周期滚动管理。

(2)监理工程师执业资格报考条件。凡遵守中华人民共和国宪法、法律、法规，具有良好的业务素质和道德品行，具备下列条件之一者，可以申请参加监理工程师执业资格考试：

1)具有各工程大类专业大学专科学历(或高等职业教育)，从事工程施工、监理、设计等业务工作满6年；

2)具有工学、管理科学与工程类专业大学本科学历或学位，从事工程施工、监理、设计等业务工作满4年；

3)具有工学、管理科学与工程一级学科硕士学位或专业学位，从事工程施工、监理、设计等业务工作满2年；

4)具有工学、管理科学与工程一级学科博士学位。

经批准同意开展试点的地区，申请参加监理工程师执业资格考试的，应当具有大学本科及以上学历或学位。

(3)免试基础科目的条件。具备以下条件之一的，参加监理工程师执业资格考试可免考基础科目：

1)已取得公路水运工程监理工程师资格证书；

2)已取得水利工程建设监理工程师资资格证书。申请免考部分科目的人员在报名时应提供相应资料。

(二)监理工程师注册

监理工程师注册是政府对工程监理执业人员实行市场准入控制的有效手段。取得监理工程师资格证书的人员，经过注册方能以注册监理工程师的名义执业。监理工程师依据其所学专业、工作经历、工程业绩，按照《工程监理企业资质管理规定》划分的工程类别，按专业注册。每人最多可以申请两个专业注册。

1. 注册形式

注册监理工程师管理规定

根据《注册监理工程师管理规定》，监理工程师注册分为三种形式，即初始注册、延续注册和变更注册。

(1)初始注册。取得资格证书并受聘于一个建设工程勘察、设计、施工、监理、招标代理、造价咨询等单位的人员，应当通过聘用单位向单位工商注册所在地的省、自治区、直辖市人民政府住房城乡建设主管部门提出注册申请；省、自治区、直辖市人民政府住房城乡建设主管部门受理后提出初审意见，并将初审意见和全部申报材料报国务院建设主管部门审批；符合条件的，由国务院住房城乡建设主管部门核发注册证书和执业印章。注册证书和执业印章是注册监理工程师的执业凭证，由注册监理工程师本人保管、使用。注册证书和执业印章的有效期为3年。

初始注册者，可自资格证书签发之日起3年内提出申请。逾期未申请者，须符合继续教育的要求后方可申请初始注册。

初始注册需要提交下列材料。

1)申请人的注册申请表；

2)申请人的资格证书和身份证复印件；

3)申请人与聘用单位签订的聘用劳动合同复印件；

4)所学专业、工作经历、工程业绩、工程类中级及中级以上职称证书等有关证明材料；

5)逾期初始注册的，应当提供达到继续教育要求的证明材料。

(2)延续注册。注册监理工程师每一注册有效期为3年，注册有效期满需继续执业的，应当在注册有效期满30日前，按照规定的程序申请延续注册。延续注册有效期3年。

延续注册需要提交下列材料。

1)申请人延续注册申请表；

2)申请人与聘用单位签订的聘用劳动合同复印件；

3)申请人注册有效期内达到继续教育要求的证明材料。

(3)变更注册。在注册有效期内，注册监理工程师变更执业单位，应当与原聘用单位解除劳动关系，并按照规定的程序办理变更注册手续，变更注册后仍延续原注册有效期。

变更注册需要提交下列材料。

1)申请人变更注册申请表；

2)申请人与新聘用单位签订的聘用劳动合同复印件；

3)申请人的工作调动证明(与原聘用单位解除聘用劳动合同或者聘用劳动合同到期的证明文件、退休人员的退休证明)。

2. 不予注册的情形

申请人有下列情形之一的，不予初始注册、延续注册或者变更注册。

(1)不具有完全民事行为能力的。

(2)刑事处罚尚未执行完毕或者因从事工程建设监理或者相关业务受到刑事处罚，自刑事处罚执行完毕之日起至申请注册之日止不满2年的。

(3)未达到监理工程师继续教育要求的。

(4)在两个或者两个以上单位申请注册的。

(5)以虚假的职称证书参加考试并取得资格证书的。

(6)年龄超过65周岁的。

(7)法律、法规规定不予注册的其他情形。

3. 注册证书和执业印章失效的情形

注册监理工程师有下列情形之一的，其注册证书和执业印章失效。

(1)聘用单位破产的。

(2)聘用单位被吊销营业执照的。

(3)聘用单位被吊销相应资质证书的。

(4)已与聘用单位解除劳动关系的。

(5)注册有效期满且未延续注册的。

(6)年龄超过65周岁的。

(7)死亡或者丧失行为能力的。

(8)其他导致注册失效的情形。

(三)注册监理工程师执业和继续教育

1. 注册监理工程师执业

注册监理工程师可以从事工程建设监理、工程经济与技术咨询、工程招标与采购咨询、工程项目管理服务以及国务院有关部门规定的其他业务。

工程建设监理活动中形成的监理文件由注册监理工程师按照规定签字盖章后方可生效。修改经注册监理工程师签字盖章的工程建设监理文件，应当由该注册监理工程师进行；因特殊情况，该注册监理工程师不能进行修改的，应当由其他注册监理工程师修改，并签字、加盖执业印章，对修改部分承担责任。

注册监理工程师从事执业活动，由所在单位接受委托并统一收费。因工程建设监理事故及相关业务造成的经济损失，聘用单位应当承担赔偿责任；聘用单位承担赔偿责任后，可依法向负有过错的注册监理工程师追偿。

(1)注册监理工程师的权利。注册监理工程师享有以下权利。

1)使用注册监理工程师称谓；

2)在规定范围内从事执业活动；

3)依据本人能力从事相应的执业活动；

4)保管和使用本人的注册证书和执业印章；

5)对本人执业活动进行解释和辩护；

6)接受继续教育；

7)获得相应的劳动报酬；

8)对侵犯本人权利的行为进行申诉。

(2)注册监理工程师的义务。注册监理工程师应当履行下列义务。

1)遵守法律、法规和有关管理规定；

2)履行管理职责，执行技术标准、规范和规程；

3)保证执业活动成果的质量，并承担相应责任；

4)接受继续教育，努力提高执业水准；

5)在本人执业活动所形成的工程建设监理文件上签字、加盖执业印章；

6)保守在执业中知悉的国家秘密和他人的商业、技术秘密；

7)不得涂改、倒卖、出租、出借或者以其他形式非法转让注册证书或者执业印章；

8)不得同时在两个或者两个以上单位受聘或者执业；

9)在规定的执业范围和聘用单位业务范围内从事执业活动；

10)协助注册管理机构完成相关工作。

2. 注册监理工程师继续教育

(1)继续教育的目的。随着现代科学技术日新月异的发展，注册后监理工程师不能一劳永逸，停滞在原有的知识水平上，而要随着时代的进步不断更新知识、扩大知识面。通过继续教育使注册监理工程师及时掌握与工程监理有关的政策、法律法规和标准规范，熟悉工程监理与工程项目管理的新理论、新方法，了解工程建设新技术、新材料、新设备及新工艺，适时更新业务知识，不断提高注册监理工程师业务素质和执业水平，以适应开展工程监理业务和工程监理事业发展的需要。因此，注册监理工程师每年都要接受一定学时的继续教育。

(2)继续教育的学时。注册监理工程师在每一注册有效期(3 年)内应接受 96 学时的继续教育，其中，必修课和选修课各为48 学时。必修课 48 学时，每年可安排 16 学时。选修课 48 学时，按注册专业安排学时，只注册 1 个专业的，每年接受该注册专业选修课 16 学时的继续教育；注册 2 个专业的，每年接受相应 2 个注册专业选修课各 8 学时的继续教育。

注册监理工程师申请变更注册专业时，在提出申请之前，应接受申请变更注册专业24 学时选修课的继续教育。注册监理工程师申请跨省级行政区域变更执业单位时，在提出申请之前，还应接受新聘用单位所在地 8 学时选修课的继续教育。

注册监理工程师在公开发行的期刊上发表有关工程监理的学术论文，字数在 3 000 字以上的，每篇可充抵选修课 4 学时；从事注册监理工程师继续教育授课工作和考试命题工作，每年每次可充抵选修课 8 学时。

(3)继续教育的方式和内容。继续教育的方式有两种，即集中面授和网络教学。继续教育的内容主要有：

1)必修课：国家近期颁布的与工程监理有关的法律法规、标准规范和政策；工程监理与工程项目管理的新理论、新方法；工程监理案例分析；注册监理工程师职业道德。

2)选修课：地方及行业近期颁布的与工程监理有关的法规、标准规范和政策；工程建设新技术、新材料、新设备及新工艺；专业工程监理案例分析；需要补充的其他与工程监理业务有关的知识。

四、监理工程师的法律责任

1. 监理工程师法律责任的表现行为

监理工程师法律责任的表现行为主要有两方面，一是违反法律法规的(违法)行为；二是违反合同约定的(违约)行为。

(1)违法行为。现行法律法规对监理工程师的法律责任专门作出了具体规定。如《建筑法》第三十五条规定：“工程监理单位不按照委托监理合同的约定履行监理义务，对应当监督检查的项目不检查或者不按照规定检查，给建设单位造成损失的，应当承担相应的赔偿责任。工程监理单位与承包单位串通，为承包单位谋取非法利益，给建设单位造成损失的，应当与承包单位承担连带赔偿责任。”

《中华人民共和国刑法》第一百三十七条规定：“建设单位、设计单位、施工单位、工程监理单位违反国家规定，降低工程质量标准，造成重大安全事故的，对直接责任人员，处五年以下有期徒刑或者拘役，并处罚金；后果特别严重的，处五年以上十年以下有期徒刑，并处罚金。”这些规定能够有效地规范、指导监理工程师的执业行为，提高监理工程师的法律责任意识，引导监理工程师公正守法地开展监理业务。

(2)违约行为。监理工程师一般主要受聘于工程监理企业，从事工程监理业务。工程监理企业是订立委托监理合同的当事人，是法定意义的合同主体。但委托监理合同在具体履行时，是由监理工程师代表监理企业来实现的。因此，如果监理工程师出现工作过失，违反了合同约定，其行为将被视为监理企业违约，由监理企业承担相应的违约责任。当然，监理企业在承担违约赔偿责任后，有权在企业内部向有相应过失行为的监理工程师追偿部分损失。所以，由监理工程师个人过失引发的合同违约行为，监理工程师应当与监理企业承担一定的连带责任。其连带责任的基础是监理企业与监理工程师签订的《聘用协议》或《责任保证书》，或监理企业法定代表人对监理工程师签发的《授权委托书》。一般来说，《授权委托书》应包含职权范围和相应责任条款。

2. 监理工程师的安全生产责任

监理工程师的安全生产责任是法律责任的一部分。

导致工作安全事故或问题的原因很多，有自然灾害、不可抗力等客观原因，也有建设单位、设计单位、施工企业、材料供应单位等方面的主观原因。监理工程师虽然不管理安全生产，不直接承担安全责任，但不能排除其间接或连带承担安全责任的可能性。如果监理工程师有下列行为之一，则应当与质量、安全事故责任主体承担连带责任。

(1)违章指挥或者发出错误指令，引发安全事故的。

(2)将不合格的工程建设、建筑材料、建筑构配件和设备按照合格签字，造成工程质量事故，由此引发安全事故的。

(3)与建设单位或施工企业串通，弄虚作假、降低工程质量，从而引发安全事故的。

3. 监理工程师违规行为罚则

监理工程师的违规行为及其处罚，主要有下列几种情况。

(1)对于未取得《监理工程师执业资格证书》《监理工程师注册证书》和执业印章，以监理工程师名义执行业务的人员，政府建设行政主管部门将予以取缔，并处以罚款；有违法所得的，予以没收。

(2)对于以欺骗手段取得《监理工程师执业资格证书》《监理工程师注册证书》和执业印章的人员，政府建设行政主管部门将吊销其证书、收回执业印章，并处以罚款；情节严重的，3年之内不允许考试及注册。

(3)如果监理工程师出借《监理工程师执业资格证书》《监理工程师注册证书》和执业印章，情节严重的将被吊销证书、收回执业印章，3年之内不允许考试和注册。

(4)监理工程师注册内容发生变更，未按照规定办理变更手续的，将被责令改正，并可能受到罚款的处理。

(5)同时受聘于两个及以上单位执业的，将被注销其《监理工程师注册证书》，收回执业印章，并将受到罚款处理；有违法所得的，将被没收。

(6)对于监理工程师在执业中出现的行为过失，产生不良后果的，《建设工程质量管理条例》有明确规定：监理工程师因过错造成质量事故的，责令停止执业1年；造成重大质量事故的，吊销执业资格证书，5年以内不予注册；情节特别恶劣的，终身不予注册。

第二节　监理企业

一、工程监理企业的概念

工程监理企业又称工程监理单位，简称监理单位。一般是指取得监理资质证书、具有法人资格的监理公司、监理事务所和兼承监理业务的工程设计、科学研究及工程建设咨询的单位，也包括具有法人资格的单位下设的专门从事工程建设监理的二级机构，这里所说的“二级机构”

是指企业法人中专门从事工程建设监理工作的内设机构，像设计单位、科学研究单位中的“监理部”“监理中心”等。

监理单位是建筑市场的主体之一，建设监理是一种高智能的有偿技术服务，对工程项目建设的投资、工期和质量进行监督管理，力求帮助建设单位实现建设项目的投资意图。监理单位与项目法人之间是委托与被委托的合同关系；与被监理单位是监理与被监理的关系。监理单位按照“公正、独立、自主”的原则，开展工程建设监理工作，公平地维护项目法人和被监理单位的合法权益。大量的监理实践证明，实行监理的建设项目投资效益明显，工期得到控制，工程质量得到提高。

二、工程监理企业的组织形式

按照我国现行法律法规的规定，我国的工程监理企业可以存在的企业组织形式包括公司制监理企业、合伙监理企业、个人独资监理企业、中外合资经营监理企业和中外合作经营监理企业。

1. 公司制监理企业

公司制监理企业又称监理公司，是以盈利为目的，依照法定程序设立的企业法人。我国公司制监理企业有以下特征。

(1)必须是依照《公司法》的规定设立的社会经济组织。

(2)必须是以盈利为目的的独立企业法人。

(3)自负盈亏，独立承担民事责任。

(4)是完整纳税的经济实体。

(5)采用规范的成本会计和财务会计制度。

我国监理公司的种类有两种，即监理有限责任公司和监理股份有限公司。

监理有限责任公司，是指由2个以上、50个以下的股东共同出资，股东以其所认缴的出资额对公司行为承担有限责任，公司以其全部资产对其债务承担责任的企业法人。

监理股份有限公司，是指全部资本由等额股份构成，并通过发行股票筹集资本，股东以其所认购股份对公司承担责任，公司以其全部资产对公司债务承担责任的企业法人。

设立监理股份有限公司可以采取发起设立或者募集设立方式。发起设立，是指由发起人认购公司应发行的全部股份而设立公司。募集设立，是指由发起人认购公司应发行股份的一部分，其余部分向社会公开募集而设立公司。

2. 合伙监理企业

合伙监理企业是依照《中华人民共和国合伙企业法》在我国境内设立的，由各合伙人订立合伙协议，共同出资、合伙经营、共享收益、共担风险，并对合伙企业债务承担无限连带责任的营利性组织。

3. 个人独资监理企业

个人独资监理企业是依照《中华人民共和国个人独资企业法》在我国境内设立，由一个自然人投资，财产为投资人个人所有，投资人以其个人财产对企业债务承担无限责任的经营实体。

4. 中外合资经营监理企业

中外合资经营监理企业简称合营监理企业，是指以我国的企业或其他经济组织为一方，以外国的公司、企业、其他经济组织或个人为另一方，在平等互利的基础上，根据《中华人民共和国中外合资经营企业法》，签订合同、制定章程，经我国政府批准，在我国境内共同投资、共同经营、共同管理、共同分享利润、共同承担风险，主要从事工程建设监理业务的监理企业。其组织形式为有限责任公司。在合营监理企业的注册资本中，外国合营者的投资比例一般不得低于25%。

中外合资经营监理企业具有下列特点。

(1)中外合资经营的组织形式为有限责任公司，具有法人资格。

(2)中外合资经营监理企业是合营双方共同经营管理，实行单一的董事会领导下的总经理负责制。

(3)中外合资经营监理企业一般以货币形式计算各方的投资比例。

(4)中外合资经营监理企业按各方注册资本比例分配利润和分担风险。

(5)中外合资经营监理企业各方在合营期内不得减少其注册资本。

5. 中外合作经营监理企业

中外合作经营监理企业简称合作监理企业，是指我国的企业或其他经济组织同外国的企业、其他经济组织或者个人，按照平等互利的原则和我国的法律规定，用合同约定双方的权利义务，在我国境内共同举办的、主要从事工程建设监理业务的经济实体。

中外合作经营监理企业具有下列特点。

(1)中外合作经营监理企业可以是法人型企业，也可以是不具有法人资格的合伙企业。法人型企业独立对外承担责任，合伙企业由合作各方对外承担连带责任。

(2)中外合作经营监理企业可以采取董事会负责制，也可以采取联合管理制，既可以由双方组织联合管理机构管理，也可以由一方管理，还可以委托第三方管理。

(3)中外合作经营监理企业是以合同规定投资或者提供合作条件，以非现金投资作为合作条件，可不以货币形式作价，不计算投资比例。

(4)中外合作经营监理企业按合同约定分配收益或产品和分担风险。

(5)中外合作经营监理企业则允许外国合作者在合作期限内先行收回投资，合作期满时，企业的全部固定资产归我国合作者所有。

三、工程监理企业资质管理

(一)工程监理企业应具备的条件

工程监理企业
资质管理规定

工程监理企业是技术密集型企业，是依法成立的法人。除有自己的名称、组织机构、场所、必要的财产和经费外，还必须具有与承担监理业务相适应的人员素质、监理手段、专业技能和管理水平等。

符合条件的企业，经申请得到政府有关部门的资格认证，确定可以监理经核定的工程类别及等级，并经工商行政管理机关注册登记，取得营业执照，方可具有进行工程项目监理的资格，成为可以从事工程建设监理业务的经济实体。

(二)工程监理企业资质

工程监理企业资质是指从事工程建设监理业务的工程监理企业应当具备的注册资本、高素质的专业技术人员、管理水平及工程监理业绩等。

1. 监理人员素质

对监理企业负责人(含技术负责人)的要求是在职、具有高级专业技术职称、取得监理工程师资格证书，并且应当具有较强的组织协调和领导能力。对监理单位的技术管理人员的要求是拥有足够数量的取得监理工程师资格的监理人员且专业配套。监理单位的监理人员一般应为大专以上学历，且应以本科以上学历者为大多数。技术职称方面，监理单位拥有中级以上专业技术职称的人员应在70%左右；具有初级专业技术职称的人员在20%左右；没有专业技术职称的其他人员应在10%以下。

2. 专业配套能力

工程建设监理活动的开展需要多专业监理人员的相互配合。一个监理单位，应当按照它的监理业务范围的要求来配备专业人员。同时，各专业都应当拥有素质较高、能力较强的骨干监理人员。审查监理单位资质的重要内容是看它的专业监理人员配备是否与其所申请的监理业务范围相一致。如从事一般工业与民用工程建筑监理业务的监理单位，应当配备建筑、结构、电气、给水排水、暖气空调、工程测量、建筑经济、设备工艺等专业的监理人员。

从工程建设监理的基本内容要求出发，监理企业还应当在质量控制、进度控制、投资控制、合同管理、信息管理和组织协调方面具有专业配套能力。

3. 技术装备

工程监理企业应当拥有一定数量的检测、测量、交通、通信、计算等方面的技术装备。如应有一定数量的计算机，以用于计算机辅助监理；应有一定的测量、检测仪器，以用于监理中的检查、检测工作；应有一定数量的交通、通信设备，以便于高效率地开展监理活动；应有一定的照相、录像设备，以便于及时、真实地记录工程实况等。

4. 管理水平

工程监理企业的管理水平，首先要看监理企业的负责人的素质和能力；其次要看监理企业的规章制度是否健全、完善，如有没有组织管理制度、人事管理制度、财务管理制度、经营管理制度、设备管理制度、科技管理制度、档案管理制度等，并且能否有效执行；再者就是看监理企业是否有一套系统、有效的工程项目管理方法和手段。监理企业的管理水平主要反映在能否将本单位的人、财、物的作用充分发挥出来，做到人尽其才，物尽其用；监理人员能否做到遵纪守法，遵守监理工程师职业道德准则，能否沟通各种渠道，占领一定的监理市场。

5. 监理业绩

监理业绩主要是指监理企业在开展监理业务中所取得的成效，其中包括监理业务量的多少和监理效果的好坏。因此，有关部门把监理过多少工程，监理过什么等级的工程以及取得什么样的效果作为监理企业重要的资质要素。

6. 注册资金

注册资金的多少与企业的资质有关。综合资质企业不少于600万元；专业资质甲级监理企业不少于300万元；专业资质乙级监理企业不少于100万元；专业资质丙级监理企业不少于50万元。

(三)工程监理企业资质等级和业务范围

1. 资质等级

工程监理企业资质分为综合资质、专业资质和事务所资质。其中，专业资质按照工程性质和技术特点划分为若干工程类别。专业资质分为甲级、乙级；其中，房屋建筑、水利水电、公路和市政公用专业资质可设立丙级。综合资质、事务所资质不分级别。

工程监理企业的资质等级标准如下：

(1)综合资质标准。

1)具有独立法人资格且具有符合国家有关规定的资产。

2)企业技术负责人应为注册监理工程师，并具有15年以上从事工程建设工作的经历或者具有工程类高级职称。

3)具有5个以上工程类别的专业甲级工程监理资质。

4)注册监理工程师不少于60人，注册造价工程师不少于5人，一级注册建造师、一级注册建筑师、一级注册结构工程师或者其他勘察设计注册工程师合计不少于15人次。

5)企业具有完善的组织结构和质量管理体系，有健全的技术、档案等管理制度。

6)企业具有必要的工程试验检测设备。

7)申请工程监理资质之日前一年内没有《工程监理企业资质管理规定》中规定所禁止的行为。

8)申请工程监理资质之日前一年内没有因本企业监理责任造成重大质量事故。

9)申请工程监理资质之日前一年内没有因本企业监理责任发生三级以上工程建设重大安全事故或者发生两起以上四级工程建设安全事故。

(2)专业资质标准。

1)甲级。

①具有独立法人资格且具有符合国家有关规定的资产。

②企业技术负责人应为注册监理工程师，并具有15年以上从事工程建设工作的经历或者具有工程类高级职称。

③注册监理工程师、注册造价工程师、一级注册建造师、一级注册建筑师、一级注册结构工程师或者其他勘察设计注册工程师合计不少于25人次；其中，相应专业注册监理工程师不少于《专业资质注册监理工程师人数配备表》中要求配备的人数，注册造价工程师不少于2人。

④企业近2年内独立监理过3个以上相应专业的二级工程项目，但是，具有甲级设计资质或一级及以上施工总承包资质的企业申请本专业工程类别甲级资质的除外。

⑤企业具有完善的组织结构和质量管理体系，有健全的技术、档案等管理制度。

⑥企业具有必要的工程试验检测设备。

⑦申请工程监理资质之日前一年内没有《工程监理企业资质管理规定》中规定禁止的行为。

⑧申请工程监理资质之日前一年内没有因本企业监理责任造成重大质量事故。

⑨申请工程监理资质之日前一年内没有因本企业监理责任发生三级以上工程建设重大安全事故或者发生两起以上四级工程建设安全事故。

2)乙级。

①具有独立法人资格且具有符合国家有关规定的资产。

②企业技术负责人应为注册监理工程师，并具有10年以上从事工程建设工作的经历。

③注册监理工程师、注册造价工程师、一级注册建造师、一级注册建筑师、一级注册结构工程师或者其他勘察设计注册工程师合计不少于15人次。其中，相应专业注册监理工程师不少于《专业资质注册监理工程师人数配备表》中要求配备的人数，注册造价工程师不少于1人。

④有较完善的组织结构和质量管理体系，有技术、档案等管理制度。

⑤有必要的工程试验检测设备。

⑥申请工程监理资质之日前一年内没有《工程监理企业资质管理规定》规定第十六条禁止的行为。

⑦申请工程监理资质之日前一年内没有因本企业监理责任造成重大质量事故。

⑧申请工程监理资质之日前一年内没有因本企业监理责任发生三级以上工程建设重大安全事故或者发生两起以上四级工程建设安全事故。

3)丙级。

①具有独立法人资格且具有符合国家有关规定的资产。

②企业技术负责人应为注册监理工程师，并具有8年以上从事工程建设工作的经历。

③相应专业的注册监理工程师不少于《专业资质注册监理工程师人数配备表》中要求配备的人数。

④有必要的质量管理体系和规章制度。

⑤有必要的工程试验检测设备。

(3)事务所资质标准。

1)取得合伙企业营业执照，具有书面合作协议书。

2)合伙人中有3名以上注册监理工程师，合伙人均有5年以上从事工程建设监理的工作经历。

3)有固定的工作场所。

4)有必要的质量管理体系和规章制度。

5)有必要的工程试验检测设备。

2. 业务范围

工程监理企业资质相应许可的业务范围如下：

(1)综合资质。可以承担所有专业工程类别工程建设项目的工程监理业务。

(2)专业资质。

1)专业甲级资质可承担相应专业工程类别工程建设项目的工程监理业务。

2)专业乙级资质可承担相应专业工程类别二级以下(含二级)工程建设项目的工程监理业务。

3)专业丙级资质可承担相应专业工程类别三级工程建设项目的工程监理业务。

(3)事务所资质。可承担三级工程建设项目的工程监理业务，但是，国家规定必须实行强制监理的工程除外。工程监理企业可以开展相应类别工程建设的项目管理、技术咨询等业务。

专业工程类别和等级见表 2-1。

表 2-1　专业工程类别和等级表

序号	工程类别		一级	二级	三级
一	房屋建筑工程	一般公共建筑	28 层以上；36 m 跨度以上(轻钢结构除外)；单项工程建筑面积 3 万 m^2 以上	14～28 层；24～36 m 跨度(轻钢结构除外)；单项工程建筑面积 1 万～3 万 m^2	14 层以下；24 m 跨度以下(轻钢结构除外)；单项工程建筑面积 1 万 m^2 以下
		高耸构筑工程	高度 120 m 以上	高度 70～120 m	高度 70 m 以下
		住宅工程	小区建筑面积 12 万 m^2 以上；单项工程 28 层以上	建筑面积 6 万～12 万 m^2；单项工程 14～28 层	建筑面积 6 万 m^2 以下；单项工程 14 层以下
二	冶炼工程	钢铁冶炼、连铸工程	年产 100 万 t 以上；单座高炉炉容 1 250 m^3 以上；单座公称容量转炉 100 t 以上；电炉 50 t 以上；连铸年产 100 万 t 以上或板坯连铸单机1 450 mm以上	年产 100 万 t 以下；单座高炉炉容 1 250 m^3 以下；单座公称容量转炉 100 t 以下；电炉 50 t 以下；连铸年产 100 万 t 以下或板坯连铸单机1 450 mm以下	
		轧钢工程	热轧年产 100 万 t 以上，装备连续、半连续轧机；冷轧带板年产 100 万 t 以上，冷轧线材年产 30 万 t 以上或装备连续、半连续轧机	热轧年产 100 万 t 以下，装备连续、半连续轧机；冷轧带板年产 100 万 t 以下，冷轧线材年产 30 万 t 以下或装备连续、半连续轧机	
		冶炼辅助工程	炼焦工程年产 50 万 t 以上或炭化室高度 4.3 m 以上；单台烧结机 100 m^2 以上；小时制氧 300 m^3 以上	炼焦工程年产 50 万 t 以下或炭化室高度 4.3 m 以下；单台烧结机 100 m^2 以下；小时制氧 300 m^3 以下	
		有色冶炼工程	有色冶炼年产 10 万 t 以上；有色金属加工年产 5 万 t 以上；氧化铝工程 40 万 t 以上	有色冶炼年产 10 万 t 以下；有色金属加工年产 5 万 t 以下；氧化铝工程 40 万 t 以下	
		建材工程	水泥日产 2 000 t 以上；浮化玻璃日熔量 400 t 以上；池窑拉丝玻璃纤维、特种纤维；特种陶瓷生产线工程	水泥日产 2 000 t 以下；浮化玻璃日熔量 400 t 以下；普通玻璃生产线；组合炉拉丝玻璃纤维；非金属材料、玻璃钢、耐火材料、建筑及卫生陶瓷厂工程	

续表

序号	工程类别		一级	二级	三级
三	矿山工程	煤矿工程	年产120万t以上的井工矿工程；年产120万t以上的洗选煤工程；深度800 m以上的立井井筒工程；年产400万t以上的露天矿山工程	年产120万t以下的井工矿工程；年产120万t以下的洗选煤工程；深度800 m以下的立井井筒工程；年产400万t以下的露天矿山工程	
		冶金矿山工程	年产100万t以上的黑色矿山采选工程；年产100万t以上的有色砂矿采、选工程；年产60万t以上的有色脉矿采、选工程	年产100万t以下的黑色矿山采选工程；年产100万t以下的有色砂矿采、选工程；年产60万t以下的有色脉矿采、选工程	
		化工矿山工程	年产60万t以上的磷矿、硫铁矿工程	年产60万t以下的磷矿、硫铁矿工程	
		铀矿工程	年产10万t以上的铀矿；年产200 t以上的铀选冶	年产10万t以下的铀矿；年产200 t以下的铀选冶	
		建材类非金属矿工程	年产70万t以上的石灰石矿；年产30万t以上的石膏矿、石英砂岩矿	年产70万t以下的石灰石矿；年产30万t以下的石膏矿、石英砂岩矿	
四	化工石油工程	油田工程	原油处理能力150万t/年以上、天然气处理能力150万方/天以上、产能50万t以上及配套设施	原油处理能力150万t/年以下、天然气处理能力150万方/天以下、产能50万t以下及配套设施	
		油气储运工程	压力容器8 MPa以上；油气储罐10万m^3/台以上；长输管道120 km以上	压力容器8 MPa以下；油气储罐10万m^3/台以下；长输管道120 km以下	
		炼油化工工程	原油处理能力在500万t/年以上的一次加工及相应二次加工装置和后加工装置	原油处理能力在500万t/年以下的一次加工及相应二次加工装置和后加工装置	
		基本原材料工程	年产30万t以上的乙烯工程；年产4万t以上的合成橡胶、合成树脂及塑料和化纤工程	年产30万t以下的乙烯工程；年产4万t以下的合成橡胶、合成树脂及塑料和化纤工程	
		化肥工程	年产20万t以上合成氨及相应后加工装置；年产24万t以上磷氨工程	年产20万t以下合成氨及相应后加工装置；年产24万t以下磷氨工程	
		酸碱工程	年产硫酸16万t以上；年产烧碱8万t以上；年产纯碱40万t以上	年产硫酸16万t以下；年产烧碱8万t以下；年产纯碱40万t以下	
		轮胎工程	年产30万套以上	年产30万套以下	

续表

序号	工程类别		一级	二级	三级
四	化工石油工程	核化工及加工工程	年产1 000 t以上的铀转换化工工程；年产100 t以上的铀浓缩工程；总投资10亿元以上的乏燃料后处理工程；年产200 t以上的燃料元件加工工程；总投资5 000万元以上的核技术及同位素应用工程	年产1 000 t以下的铀转换化工工程；年产100 t以下的铀浓缩工程；总投资10亿元以下的乏燃料后处理工程；年产200 t以下的燃料元件加工工程；总投资5 000万元以下的核技术及同位素应用工程	
		医药及其他化工工程	总投资1亿元以上	总投资1亿元以下	
五	水利水电工程	水库工程	总库容1亿 m^3 以上	总库容1 000万～1亿 m^3	总库容1 000万 m^3 以下
		水力发电站工程	总装机容量300 MW以上	总装机容量50～300 MW	总装机容量50 MW以下
		其他水利工程	引调水堤防等级1级；灌溉排涝流量5 m^3/s 以上；河道整治面积30万亩以上；城市防洪城市人口50万人以上；围垦面积5万亩以上；水土保持综合治理面积1 000 km^2 以上	引调水堤防等级2、3级；灌溉排涝流量0.5～5 m^3/s；河道整治面积3万～30万亩；城市防洪城市人口20万～50万人；围垦面积0.5万～5万亩；水土保持综合治理面积100～1 000 km^2	引调水堤防等级4、5级；灌溉排涝流量0.5 m^3/s 以下；河道整治面积3万亩以下；城市防洪城市人口20万人以下；围垦面积0.5万亩以下；水土保持综合治理面积100 km^2 以下
六	电力工程	火力发电站工程	单机容量30万kW以上	单机容量30万kW以下	
		输变电工程	330 kV以上	330 kV以下	
		核电工程	核电站；核反应堆工程		
七	农林工程	林业局(场)总体工程	面积35万公顷以上	面积35万公顷以下	
		林产工业工程	总投资5 000万元以上	总投资5 000万元以下	
		农业综合开发工程	总投资3 000万元以上	总投资3 000万元以下	
		种植业工程	2万亩以上或总投资1 500万元以上	2万亩以下或总投资1 500万元以下	
		兽医/畜牧工程	总投资1 500万元以上	总投资1 500万元以下	
		渔业工程	渔港工程总投资3 000万元以上；水产养殖等其他工程总投资1 500万元以上	渔港工程总投资3 000万元以下；水产养殖等其他工程总投资1 500万元以下	
		设施农业工程	设施园艺工程1公顷以上；农产品加工等其他工程总投资1 500万元以上	设施园艺工程1公顷以下；农产品加工等其他工程总投资1 500万元以下	
		核设施退役及放射性三废处理处置工程	总投资5 000万元以上	总投资5 000万元以下	

续表

序号	工程类别		一级	二级	三级
八	铁路工程	铁路综合工程	新建、改建一级干线；单线铁路 40 km 以上；双线 30 km 以上及枢纽	单线铁路 40 km 以下；双线 30 km 以下；二级干线及站线；专用线、专用铁路	
		铁路桥梁工程	桥长 500 m 以上	桥长 500 m 以下	
		铁路隧道工程	单线 3 000 m 以上；双线 1 500 m 以上	单线 3 000 m 以下；双线 1 500 m 以下	
		铁路通信、信号、电力电气化工程	新建、改建铁路(含枢纽，配、变电所，分区亭)单双线 200 km 及以上	新建、改建铁路(不含枢纽，配、变电所，分区亭)单双线 200 km 及以下	
九	公路工程	公路工程	高速公路	高速公路路基工程及一级公路	一级公路路基工程及二级以下各级公路
		公路桥梁工程	独立大桥工程；特大桥总长 1 000 m 以上或单跨跨径 150 m 以上	大桥、中桥桥梁总长 30～1 000 m 或单跨跨径 20～150 m	小桥总长 30 m 以下或单跨跨径 20 m 以下；涵洞工程
		公路隧道工程	隧道长度 1 000 m 以上	隧道长度 500～1 000 m	隧道长度 500 m 以下
		其他工程	通信、监控、收费等机电工程，高速公路交通安全设施、环保工程和沿线附属设施	一级公路交通安全设施、环保工程和沿线附属设施	二级及以下公路交通安全设施、环保工程和沿线附属设施
十	港口与航道工程	港口工程	集装箱、件杂、多用途等沿海港口工程 20 000 t 级以上；散货、原油沿海港口工程30 000 t级 以上；1 000 t 级以上内河港口工程	集装箱、件杂、多用途等沿海港口工程 20 000 t 级以下；散货、原油沿海港口工程 30 000 t 级以下；1 000 t 级以下内河港口工程	
		通航建筑与整治工程	1 000 t 级以上	1 000 t 级以下	
		航道工程	通航 30 000 t 级以上船舶沿海复杂航道；通航 1 000 t 级以上船舶的内河航运工程项目	通航 30 000 t 级以下船舶沿海航道；通航 1 000 t 级以下船舶的内河航运工程项目	
		修造船水工工程	10 000 t 位以上的船坞工程；船体重量 5 000 t 位以上的船台、滑道工程	10 000 t 位以下的船坞工程；船体重量 5 000 t 位以下的船台、滑道工程	
		防波堤、导流堤等水工工程	最大水深 6 m 以上	最大水深 6 m 以下	
		其他水运工程项目	建安工程费 6 000 万元以上的沿海水运工程项目；建安工程费 4 000 万元以上的内河水运工程项目	建安工程费 6 000 万元以下的沿海水运工程项目；建安工程费 4 000 万元以下的内河水运工程项目	

续表

序号	工程类别		一级	二级	三级
十一	航天航空工程	民用机场工程	飞行区指标为4E及以上及其配套工程	飞行区指标为4D及以下及其配套工程	
		航空飞行器	航空飞行器(综合)工程总投资1亿元以上；航空飞行器(单项)工程总投资3 000万元以上	航空飞行器(综合)工程总投资1亿元以下；航空飞行器(单项)工程总投资3 000万元以下	
		航天空间飞行器	工程总投资3 000万元以上；面积3 000 m^2以上；跨度18 m以上	工程总投资3 000万元以下；面积3 000 m^2以下；跨度18 m以下	
十二	通信工程	有线、无线传输通信工程，卫星、综合布线	省际通信、信息网络工程	省内通信、信息网络工程	
		邮政、电信、广播枢纽及交换工程	省会城市邮政、电信枢纽	地市级城市邮政、电信枢纽	
		发射台工程	总发射功率500 kW以上短波或600 kW以上中波发射台；高度200 m以上广播电视发射塔	总发射功率500 kW以下短波或600 kW以下中波发射台；高度200 m以下广播电视发射塔	
十三	市政公用工程	城市道路工程	城市快速路、主干路，城市互通式立交桥及单孔跨径100 m以上桥梁；长度1 000 m以上的隧道工程	城市次干路工程，城市分离式立交桥及单孔跨径100 m以下的桥梁；长度1 000 m以下的隧道工程	城市支路工程、过街天桥及地下通道工程
		给水排水工程	10万t/日以上的给水厂；5万t/日以上污水处理工程；3 m^3/s以上的给水、污水泵站；15 m^3/s以上的雨泵站；直径2.5 m以上的给水排水管道	2万～10万t/日的给水厂；1万～5万t/日污水处理工程；1～3 m^3/s的给水、污水泵站；5～15 m^3/s的雨泵站；直径1～2.5 m的给水管道；直径1.5～2.5 m的排水管道	2万t/日以下的给水厂；1万t/日以下污水处理工程；1 m^3/s以下的给水、污水泵站；5 m^3/s以下的雨泵站；直径1 m以下的给水管道；直径1.5 m以下的排水管道
		燃气热力工程	总存储容积1 000 m^3以上液化气贮罐场(站)；供气规模15万m^3/日以上的燃气工程；中压以上的燃气管道、调压站；供热面积150万m^2以上的热力工程	总存储容积1 000 m^3以下液化气储罐场(站)；供气规模15万m^3/日以下的燃气工程；中压以下的燃气管道、调压站；供热面积50万～150万m^2的热力工程	供热面积50万m^2以下的热力工程
		垃圾处理工程	1 200 t/日以上的垃圾焚烧和填埋工程	500～1 200 t/日的垃圾焚烧及填埋工程	500 t/日以下的垃圾焚烧及填埋工程
		地铁轻轨工程	各类地铁轻轨工程		
		风景园林工程	总投资3 000万元以上	总投资1 000万～3 000万元	总投资1 000万元以下

续表

序号	工程类别		一级	二级	三级
十四	机电安装工程	机械工程	总投资5 000万元以上	总投资5 000万以下	
		电子工程	总投资1亿元以上；含有净化级别6级以上的工程	总投资1亿元以下；含有净化级别6级以下的工程	
		轻纺工程	总投资5 000万元以上	总投资5 000万元以下	
		兵器工程	建安工程费3 000万元以上的坦克装甲车辆、炸药、弹箭工程；建安工程费2 000万元以上的枪炮、光电工程；建安工程费1 000万元以上的防化民爆工程	建安工程费3 000万元以下的坦克装甲车辆、炸药、弹箭工程；建安工程费2 000万元以下的枪炮、光电工程；建安工程费1 000万元以下的防化民爆工程	
		船舶工程	船舶制造工程总投资1亿元以上；船舶科研、机械、修理工程总投资5 000万元以上	船舶制造工程总投资1亿元以下；船舶科研、机械、修理工程总投资5 000万元以下	
		其他工程	总投资5 000万元以上	总投资5 000万元以下	
注：1. 表中的“以上”含本数，“以下”不含本数。 2. 未列入本表中的其他专业工程，由国务院有关部门按照有关规定在相应的工程类别中划分等级。 3. 房屋建筑工程包括结合城市建设与民用建筑修建的附建人防工程。					

3. 专业资质注册监理工程师人数配备

专业资质注册监理工程师人数配备见表2-2。

表2-2 专业资质注册监理工程师人数配备表

人

序号	工程类别	甲级	乙级	丙级
1	房屋建筑工程	15	10	5
2	冶炼工程	15	10	
3	矿山工程	20	12	
4	化工石油工程	15	10	
5	水利水电工程	20	12	5
6	电力工程	15	10	
7	农林工程	15	10	
8	铁路工程	23	14	
9	公路工程	20	12	5
10	港口与航道工程	20	12	
11	航天航空工程	20	12	
12	通信工程	20	12	
13	市政公用工程	15	10	5
14	机电安装工程	15	10	
注：表中各专业资质注册监理工程师人数配备是指企业取得本专业工程类别注册的注册监理工程师人数。				

(四)资质申请

1. 资质申请管理部门

(1)国务院住房城乡建设主管部门负责全国工程监理企业资质的统一监督管理工作。国务院铁路、交通、水利、信息产业、民航等有关部门配合国务院住房城乡建设主管部门实施相关资质类别工程监理企业资质的监督管理工作。

(2)省、自治区、直辖市人民政府住房城乡建设主管部门负责本行政区域内工程监理企业资质的统一监督管理工作。省、自治区、直辖市人民政府交通、水利、信息产业等有关部门配合同级住房城乡建设主管部门实施相关资质类别工程监理企业资质的监督管理工作。

2. 工程监理企业的主项资质和增项资质

工程监理企业资质分为14个工程类别，具体见表2-1。工程监理企业可以申请一项或者多项工程类别资质。申请多项资质的工程监理企业，应当选择一项为主项资质，其余为增项资质。工程监理企业的增项资质级别不得高于主项资质级别。

工程监理企业申请多项工程类别资质的，其注册资金应达到主项资质标准，从事过其增项专业工程监理业务的注册监理工程师人数应当符合国务院有关专业部门的要求。

工程监理企业的增项资质可以与其主项资质同时申请，也可以在每年资质审批期间独立申请。

工程监理企业资质经批准后，资质审批部门应当在其资质证书副本的相应栏目中注明经批准的工程类别范围和资质等级。工程监理企业应当按照经批准的工程类别范围和资质等级承接监理业务。

3. 资质申请应提供的材料

新设立的工程监理企业申请资质，应当先到工商行政管理部门登记注册并取得企业法人营业执照后，才能到住房城乡建设主管部门办理资质申请手续。办理资质申请手续时，应当向住房城乡建设主管部门提供下列资料。

(1)工程监理企业资质申请表(一式三份)及相应电子文档。

(2)企业法人、合伙企业营业执照。

(3)企业章程或合伙人协议。

(4)企业法定代表人、企业负责人和技术负责人的身份证明、工作简历及任命(聘用)文件。

(5)工程监理企业资质申请表中所列注册监理工程师及其他注册执业人员的注册执业证书。

(6)有关企业质量管理体系、技术和档案等管理制度的证明材料。

(7)有关工程试验检测设备的证明材料。

取得专业资质的企业申请晋升专业资质等级或者取得专业甲级资质的企业申请综合资质的，除前款规定的材料外，还应当提交企业原工程监理企业资质证书正、副本复印件，企业《监理业务手册》及近两年已完成代表工程的监理合同、监理规划、工程竣工验收报告及监理工作总结。

(五)资质审批

1. 颁发资质证书的条件

对于工程监理企业资质条件符合资质等级标准，并且未发生下列行为的，住房城乡建设主管部门将向其颁发相应资质等级的《工程监理企业资质证书》。

(1)与建设单位串通投标或者与其他工程监理企业串通投标，以行贿手段谋取中标。

(2)与建设单位或者施工单位串通弄虚作假、降低工程质量。

(3)将不合格的工程建设、建筑材料、建筑构配件和设备按照合格签字。

(4)超越本企业资质等级或以其他企业名义承揽监理业务。

(5)允许其他单位或个人以本企业的名义承揽工程。

(6)将承揽的监理业务转包。

(7)在监理过程中实施商业贿赂。

(8)涂改、伪造、出借、转让工程监理企业资质证书。

(9)其他违反法律法规的行为。

2. 综合资质和专业甲级资质的审批

申请综合资质、专业甲级资质的，应当向企业工商注册所在地的省、自治区、直辖市人民政府住房城乡建设主管部门提出申请。

省、自治区、直辖市人民政府住房城乡建设主管部门收到申请材料后，应当在5日内将全部申请材料报审批部门。

国务院住房城乡建设主管部门在收到申请材料后，应当依法作出是否受理的决定，并出具凭证；申请材料不齐全或者不符合法定形式的，应当在5日内一次性告知申请人需要补正的全部内容。逾期不告知的，自收到申请材料之日起即为受理。国务院住房城乡建设主管部门应当自受理之日起20日内作出审批决定。自作出决定之日起10日内公告审批结果。其中，涉及铁路、交通、水利、通信、民航等专业工程监理资质的，由国务院住房城乡建设主管部门送国务院有关部门审核。国务院有关部门应当在15日内审核完毕，并将审核意见报国务院住房城乡建设主管部门。组织专家评审所需时间不计算在上述时限内，但应当明确告知申请人。

3. 专业乙级、丙级资质和事务所资质的审批

专业乙级、丙级资质和事务所资质由企业所在地省、自治区、直辖市人民政府住房城乡建设主管部门审批。

专业乙级、丙级资质和事务所资质许可延续的实施程序由省、自治区、直辖市人民政府建设主管部门依法确定。

省、自治区、直辖市人民政府住房城乡建设主管部门应当自作出决定之日起10日内，将准予资质许可的决定报国务院住房城乡建设主管部门备案。

4. 资质延续和变更

资质有效期届满，工程监理企业需要继续从事工程监理活动的，应当在资质证书有效期届满60日前，向原资质许可机关申请办理延续手续。

对在资质有效期内遵守有关法律、法规、规章、技术标准，信用档案中无不良记录，且专业技术人员满足资质标准要求的企业，经资质许可机关同意，有效期延续5年。

工程监理企业在资质证书有效期内名称、地址、注册资本、法定代表人等发生变更的，应当在工商行政管理部门办理变更手续后30日内办理资质证书变更手续。

涉及综合资质、专业甲级资质证书中企业名称变更的，由国务院住房城乡建设主管部门负责办理，并自受理申请之日起3日内办理变更手续。其他资质证书变更手续，由省、自治区、直辖市人民政府住房城乡建设主管部门负责办理。省、自治区、直辖市人民政府住房城乡建设主管部门应当自受理申请之日起3日内办理变更手续，并在办理资质证书变更手续后15日内将变更结果报国务院住房城乡建设主管部门备案。

申请资质证书变更，应当提交以下材料：

(1)资质证书变更的申请报告。

(2)企业法人营业执照副本原件。

(3)工程监理企业资质证书正、副本原件。

工程监理企业改制的，除提交上述规定的材料外，还应当提交企业职工代表大会或股东大会关于企业改制或股权变更的决议、企业上级主管部门关于企业申请改制的批复文件。

5. 企业合并或分立后资质等级的核定和资质增补的审批

工程监理企业合并的，合并后存续或者新设立的工程监理企业可以承继合并前各方中较高的资质等级，但应当符合相应的资质等级条件。

工程监理企业分立的，分立后企业的资质等级，根据实际达到的资质条件，按照《工程监理企业资质管理规定》的审批程序核定。

企业需增补工程监理企业资质证书的(含增加、更换、遗失补办)，应当持资质证书增补申请及电子文档等材料向资质许可机关申请办理。遗失资质证书的，在申请补办前应当在公众媒体刊登遗失声明。资质许可机关应当自受理申请之日起3日内予以办理。

6. 资质证书管理

工程监理企业资质证书分为正本和副本，每套资质证书包括一本正本，四本副本。正、副本具有同等法律效力。工程监理企业资质证书的有效期为5年。工程监理企业资质证书由国务院住房城乡建设主管部门统一印制并发放。

(六)罚则

(1)申请人隐瞒有关情况或者提供虚假材料申请工程监理企业资质的，资质许可机关不予受理或者不予行政许可，并给予警告，申请人在1年内不得再次申请工程监理企业资质。

(2)以欺骗、贿赂等不正当手段取得工程监理企业资质证书的，由县级以上地方人民政府住房城乡建设主管部门或者有关部门给予警告，并处1万元以上2万元以下的罚款，申请人3年内不得再次申请工程监理企业资质。

(3)工程监理企业有《工程监理企业资质管理规定》第十六条第七项、第八项行为之一的，由县级以上地方人民政府住房城乡建设主管部门或者有关部门予以警告，责令其改正，并处1万元以上3万元以下的罚款；造成损失的，依法承担赔偿责任；构成犯罪的，依法追究刑事责任。

(4)违反《工程监理企业资质管理规定》，工程监理企业不及时办理资质证书变更手续的，由资质许可机关责令限期办理；逾期不办理的，可处以1千元以上1万元以下的罚款。

(5)工程监理企业未按照《工程监理企业资质管理规定》要求提供工程监理企业信用档案信息的，由县级以上地方人民政府住房城乡建设主管部门予以警告，责令限期改正；逾期未改正的，可处以1千元以上1万元以下的罚款。

(6)县级以上地方人民政府住房城乡建设主管部门依法给予工程监理企业行政处罚的，应当将行政处罚决定以及给予行政处罚的事实、理由和依据，报国务院住房城乡建设主管部门备案。

(7)县级以上人民政府住房城乡建设主管部门及有关部门有下列情形之一的，由其上级行政主管部门或者监察机关责令改正，对直接负责的主管人员和其他直接责任人员依法给予处分；构成犯罪的，依法追究刑事责任。

1)对不符合《工程监理企业资质管理规定》条件的申请人准予工程监理企业资质许可的。

2)对符合《工程监理企业资质管理规定》条件的申请人不予工程监理企业资质许可或者不在法定期限内作出准予许可决定的。

3)对符合法定条件的申请不予受理或者未在法定期限内初审完毕的。

4)利用职务上的便利，收受他人财物或者其他好处的。

5)不依法履行监督管理职责或者监督不力，造成严重后果的。

四、工程监理企业经营管理

(一)工程监理企业经营活动基本准则

工程监理企业从事工程建设监理活动，应当遵循“守法、诚信、公正、科学”的道德准则。

1. 守法

守法，即遵守国家的法律法规。工程监理企业的守法也就是要依法经营，主要体现为以下几个方面。

(1)监理企业只能在核定的业务范围经营活动。核定的业务范围是指监理企业资质证书中填写的、经建设监理资质管理部门审查确认的经营范围。核定的业务范围有两层内容，一是监理业务的性质；二是监理业务的等级。核定的经营业务范围以外的任何业务，监理单位不得承接；否则，就是违反经营。

(2)监理企业不得伪造、涂改、出租、出借、转让、出卖资质等级证书。

(3)工程监理委托合同一经双方签订，即具有一定的法律约束力(违背国家法律、法规的合同，即无效合同除外)，监理企业应按照合同的规定认真履行，不得无故或故意违背自己的承诺。

(4)监理企业离开原住所承接监理业务，要自觉遵守当地人民政府颁发的监理法规的有关规定，并要主动向监理工程所在地的省、自治区、直辖市住房城乡建设主管部门备案登记，接受其指导和监督管理。

(5)遵守国家关于企业法人的其他法律、法规的规定，包括行政的、经济的和技术的。

2. 诚信

诚信，即是诚实信用。诚信不仅是做人的基本道德，而且也是一个企业经营的基本准则，是企业信誉的核心内容。工程监理企业必须非常重视本企业的诚信建设。工程监理企业的诚信要从每一个监理人员做起，要形成一套完整的工作制度，要加强对法律法规的学习，要加强职业道德教育，要努力提高自己的技术服务水平。

工程监理企业应当建立健全的企业信用管理制度。信用管理制度主要有以下几个方面。

(1)建立健全的合同管理制度。

(2)建立健全的合作制度，与业主及时进行信息沟通，增强相互间的信任感。

(3)建立健全的监理服务需求调查制度，这也是企业进行有效竞争和防范经营风险的重要手段之一。

(4)建立企业内部信用管理责任制度，使检查和评估企业信用的实施情况不断提高企业信用管理水平。

3. 公正和科学

公正，是指工程监理企业要依据科学的方案，运用科学的手段，采取科学的方法开展监理工作。工程监理工作结束后，还要进行科学的总结。工程监理企业实施科学化管理主要体现在以下几个方面。

(1)科学的方案。工程监理的方案主要是指监理规划。在实施监理前，要尽可能准确地预测出各种可能的问题，有针对性地撰写解决办法，制定出切实可行、行之有效的监理实施细则，使各项监理活动都纳入计划管理的轨道。

(2)科学的手段。实施工程监理必须借助于先进的科学仪器才能做好，如各种检测、试验、化验仪器，拍摄录像设备及计算机等。

(3)科学的方法。监理工作的科学方法主要体现在监理人员在掌握大量的、确凿的有关监理对象及其外部环境实际情况的基础上，适时、稳妥、高效地处理有关问题，解决问题要用事实说话、用书面文字说话、用数据说话，要开发、利用计算机软件辅助工程监理。

(二)工程监理企业的经营活动

1. 取得监理业务的基本方式

工程监理企业承揽监理业务有两种方式：一是通过投标竞争取得监理业务；二是接受建设

单位的直接委托而取得监理业务。我国有关法规规定，建设单位一般应通过招标方式择优选定监理单位。也就是说，在通常情况下，应尽量采用招标方式选择监理单位，这是监理业务发展的大趋势，但在特定条件下，建设单位可以不采用招标的方式而把监理业务直接委托给一个监理企业。

2. 工程监理企业投标书的核心

工程监理企业向业主提供的是管理服务，所以，工程监理企业投标书的核心问题主要是反映所提供的管理服务水平高低的监理大纲，尤其是主要的监理对策。业主在监理招标时应以监理大纲的水平作为评定投标书优劣的重要内容，而不应把监理费的高低作为选择工程监理企业的主要评定标准。作为工程监理企业，不应该以降低监理费作为竞争的主要手段去承揽监理业务。

一般情况下，监理大纲中的主要内容有：根据监理招标文件的要求，针对建设工程的特点，初步拟订该工程的监理工作指导思想，主要的管理措施、技术措施，拟投入的监理力量以及为搞好该项建设工程而向建设单位提出的原则性建议等。

3. 工程监理费的构成

工程建设监理是一种有偿的服务活动，而且是一种高智能有偿性技术服务。项目业主为使监理企业能顺利地完成监理任务，必须付给监理企业一定的报酬，用以补偿监理企业在完成监理任务时的支出。监理企业的经营活动应达到收支平衡，且有节余。监理费的构成包括监理企业在工程项目建设监理活动中所需要的全部成本以及合理利润、应缴纳的税金。

(1)直接成本。直接成本是指监理企业在完成某项具体监理业务中所发生的成本，主要包括：

1)监理人员和监理辅助人员的工资，包括津贴、附加工资、奖金等。

2)用于监理人员和监理辅助人员的其他专项开支，包括差旅费、补助费、书刊费、医疗费等。

3)用于监理工作的计算机等办公设施的购置使用费和其他仪器租赁费等。

4)所需的其他外部服务支出。

(2)间接成本。间接成本有时称作日常管理费，含全部业务经营开支和非工程项目监理的特定开支，一般包括：

1)管理人员、行政人员、后勤服务人员的工资，包括津贴、附加工资、奖金等。

2)经营业务费，包括为招揽监理业务而发生的广告费、宣传费，有关契约或合同的公证费和签证费等活动经费。

3)办公费，包括办公用具、用品购置费，通信、邮寄费，交通费，办公室及相关设施的使用(或租用)费、维修费以及会议费、差旅费等。

4)其他固定资产及常用工、器具和设备的使用费，垫支资金贷款利息。

5)业务培训费，图书、资料购置费等教育经费。

6)新技术开发、研制、试用费。

7)咨询费、专有技术使用费。

8)职工福利费、劳动保护费。

9)工会等职工组织活动经费。

10)其他行政活动经费，如职工文化活动经费等。

11)企业领导基金和其他营业外支出。

(3)税金。税金是指按照国家规定，监理企业应缴纳的各种税金总额，如缴纳增值税、所得税等。

(4)利润。利润是指监理企业的监理收入扣除直接成本、间接成本和各种税金之后的余额。监理企业是一种高智能群体，监理是一种高智能的技术服务，监理企业的利润应当高于社会平均利润。

4. 监理费的计算方法

监理费的计算方法，一般由业主与工程监理企业确定，其计算方法主要有以下几种。

(1)按时计算法和工资加一定比例的其他费用计算法。

1)按时计算法。这种方法是根据合同项目使用的时间(计算时间的单位可以是小时，也可以是工日或按月计算)补偿费再加上一定数额的补贴来计算监理费的总额。单位时间的补偿费用一般是以监理企业职员的基本工资为基础，加上一定的管理费和利润(税前利润)。

采用这种方法时，监理人员的差旅费、工作函电费、资料费以及试验和检验费、交通和住宿费等均由业主另行支付。

这种计算方法主要适用于临时性、短期的监理业务活动，或者不宜按工程的概(预)算的百分比等其他方法计算监理费时使用。由于这种方法在一定程度上限制了监理企业潜在效益的增加，因而，单位时间内监理费的标准比监理企业内部实际的标准要高得多。

2)工资加一定比例的其他费用计算法。这种方法实际上是按时计算监理费形式的变换，即按参加监理工作的人员的实际工资的基数乘上一个系数。这个系数包括应有的间接成本和税金、利润等。除了监理人员的工资之外，其他各项直接费用等均由项目业主另行支付。一般情况下，较少采用这种方法，尤其是在核定监理人员数量和监理人员的实际工资方面，业主与监理企业之间难以取得完全一致的意见。

3)按时计算法和工资加一定比例的其他费用计算法的利弊。采用这两种方法，业主支付的费用是对监理企业实际消耗的时间进行补偿。由于监理企业不必对成本预先作出精确的估算，因此，这一类方法对监理企业来说显得方便、灵活。但是，采用这两种方法，要求监理企业必须保存详细的使用时间一览表，以供业主随时审查、核实。特别是监理工程师，如果不能严格地对工作加以控制，就容易造成滥用经费现象。即使没有这类弊病，业主也可能会怀疑监理工程师的努力程度或使用了过多的时间。

(2)工程造价的百分比计算法。

1)计算方法。这种方法是按照工程规模大小和所委托的监理工作的繁简，以建设投资的一定的百分比来计算。一般情况下，工程规模越大，建设投资越多，计算监理费的百分比越小。这种方法简便、科学，是目前比较常用的计算方法。采用这种方法的关键是确定计算监理费的基数。新建、改建、扩建工程以及较大型的技术改造工程都编制有工程概算，有的工程还编有工程预算。工程的概(预)算就是初始计算监理费的基数。只是工程结算时，再按结算进行调整。这里所说的工程概(预)算不一定是工程概(预)算的全部，因部分工程的概(预)算也不一定全部用来计算监理费，如业主的管理费、工程所用土地的征用费、所有建(构)筑物的拆迁费等一般都应扣除，不作为计算监理费的基数。只是为简便考虑，签订监理合同时可不扣除这些费用，由此造成的出入留待工程结算时一并调整。即便没有工程概(预)算，即使是“三边”工程，只要根据监理范围确定了计算监理费的百分比，也不会影响监理合同的签订。

2)工程造价的百分比计算法的利弊。建设成本百分比的方法，其方便之处在于一旦建设成本确定之后，监理费用很容易算出，监理企业对各项经费开支可以不需要详细的记录，业主也不用去审核监理企业的成本。这种方法还有一个好处，就是可以防止因物价上涨而产生的影响，因为建设成本的增加与监理服务成本的增加基本是同步的。这种方法主要的不足是：第一，如果采用实际建设成本作基数，监理费直接与建设成本的变化有关。因此，监理工程师工作越出色，降低建设成本的同时也减少了自己的收入；反之，则有可能增加收入。这显然是不合理的。第二，这种办法带有一定的经验性，不能把影响监理工作费用的所有因素都考虑进去。

(3)监理成本加固定费用计算法。

1)计算方法。监理成本是指监理企业在工程监理项目上花费的直接成本。固定费用是指直接费用之外的其他费用。各监理企业的直接费与其他费用的比例是不同的，但是，一个监理企业的监理直接费与其他费用之比大体上可以确定比例。这样，只要估算出某工程项目的监理成本，那么，整个监理费也就可以确定了。在商谈监理合同时，往往难以较准确地确定监理成本，这就为商签监理合同带来较大的阻力。所以，这种计算方法用得很少。

2)监理成本加固定费用计算法的利弊。该方法的方便之处在于：第一，监理企业在谈判阶段可以先不估算成本，只是在对附加的固定费用进行谈判时，才必须作出适当的估算，可以减少工作量；第二，这种方法弹性较大，一般不受建设工期的延长、服务范围的变化等因素的影响，只有在出现重大问题时，才有可能重新对附加固定费用进行谈判。这种方法的不利之处在于：在谈判中可能会对某些成本项目是否应该得到补偿存在分歧，附加固定费的谈判常常也是很困难的，如果因为工作范围或计划进度发生变化而引起附加固定费的重新谈判，则困难更大。

(4)固定价格计算法。

1)计算方法。该方法适用于小型或中等规模的工程，并且工作内容及范围较明确的项目，业主和监理经协商一致，可采用固定价格法。即使工作量有所增减变化，只要不超过一定限值，监理费可不做调整。

2)固定价格计算法的利弊。这种方法比较简单，一旦谈判成功，双方都很清楚费用总额，支付方式也简单，业主可以不要求提供支付记录和证明。但是，这种方法却要求监理企业在事前要对成本作出认真的估算，如果工期较长，还应考虑物价变动的因素。采用这种方法，如果工作范围发生了变化，都需要重新进行谈判。这种方法容易导致双方对于实际从事的服务范围缺乏相互一致和清楚的理解，有时会引起双方之间关系紧张。

不论采用哪种方法，对于业主和监理企业来说，都存在有利和不利的地方。对有利与不利做具体分析，将有助于监理企业科学地选择计费方法，也可以供业主和监理企业在商谈费用时参考。

(三)工程监理企业的经营内容

1. 建设工程决策阶段的监理服务

建设工程的决策咨询，既不是监理单位替建设单位决策，也不是替政府决策，而是受建设单位或政府的委托选择决策咨询单位，协助建设单位或政府与决策咨询单位签订咨询合同，并监督合同的履行，对咨询意见进行评估。

建设工程决策阶段的工作主要是对投资决策、立项决策和可行性研究决策的咨询。

(1)投资决策咨询。投资决策咨询的委托方可能是建设单位(筹备机构)，可能是金融单位，也可能是政府。其内容如下：

1)协助委托方选择投资决策咨询单位，并协助签订合同书。

2)监督管理投资决策咨询合同的实施。

3)对投资咨询意见进行评估，并提出监理报告。

(2)工程建设立项决策咨询。工程建设立项决策主要是确定拟建工程项目的必要性和可行性(建设条件是否具备)以及拟建规模。其监理内容如下：

1)协助委托方选择工程建设立项决策咨询单位，并协助签订合同书。

2)监督管理立项决策咨询合同的实施。

3)对立项决策咨询方案进行评估，并提出监理报告。

(3)工程建设可行性研究决策咨询。工程建设的可行性研究是根据确定的项目建议书在技术上、经济上、财务上对项目进行详细论证，提出优化方案。其监理内容如下：

1)协助委托方选择工程建设可行性研究单位，并协助签订可行性研究合同书。

2)监督管理可行性研究合同的实施。

3)对可行性研究报告进行评估，并提出监理报告。

2. 建设工程设计阶段的监理服务

建设工程设计阶段是工程项目建设进入实施阶段的开始。工程设计通常包括初步设计和施工图设计两个阶段。在进行工程设计前还要进行勘察(地质勘察、水文勘察等)，这一阶段又叫作勘察设计阶段。在工程建设实施过程中，一般是把勘察和设计分开来签订合同。

设计阶段的监理工作内容包括：

(1)协助业主提出设计要求，组织评选设计方案。

(2)协助选择勘察、设计单位，协助签订建设工程勘察、设计合同，并监督合同的履行。

(3)督促设计单位限额设计、优化设计。

(4)审核设计是否符合规划要求，能否满足业主提出的功能使用要求。

(5)审核设计方案的技术、经济指标的合理性，审核设计方案是否满足国家规定的具体要求和设计规范。

(6)分析设计的施工可行性和经济性。

3. 建设工程施工阶段的监理服务

工程施工是工程建设最终的实施阶段，是形成建筑产品的最后一步。施工阶段各方面工作的好坏对建筑产品优劣的影响巨大，所以，这一阶段的监理至关重要。它包括施工招标阶段的监理、施工监理和竣工后工程保修阶段的监理。其内容包括：

(1)组织编制工程施工招标文件。

(2)核查工程施工图设计、工程施工图预算标底(招标控制价)。当工程总包单位承担施工图设计时，监理单位应投入较大的精力做好施工图设计审查和施工图预算审查工作。另外，招标标底(招标控制价)包括在招标文件当中，但有的建设单位另行委托编制标底(招标控制价)，所以，监理单位要另行核查。

(3)协助建设单位组织投标、开标、评标活动，向建设单位提出中标单位的建议。

(4)协助建设单位与中标单位签订工程施工合同书。

(5)协助建设单位与承建商编写开工申请报告。

(6)察看工程项目建设现场，向承建商办理移交手续。

(7)审查、确认承建商选择的分包单位。

(8)制定施工总体规划，审查承建商的施工组织设计和施工技术方案，提出修改意见，下达单位工程施工开工令。

(9)审查承建商提出的建筑材料、建筑物构件和设备的采购清单。工业工程的建设单位往往为了满足连续施工的需求，在选定承建商前就开始设备订货。

(10)检查工程使用的材料、构件、设备的规格和质量。

(11)检查施工技术措施和安全防护设施。

(12)主持协商建设单位或设计单位或施工单位或监理单位本身提出的设计变更。

(13)监督管理工程施工合同的履行，主持协商合同条款的变更，调解合同双方的争议，处理索赔事项。

(14)核查完成的工程量，验收分项分部工程，签署工程付款凭证。

(15)督促施工单位整理施工文件的归档准备工作。

(16)参与工程竣工预验收，并签署监理意见。

(17)检查工程结算。

(18)向建设单位提交监理档案资料。

(19)编写竣工验收申请报告。

(20)在规定的工程质量保修期限内，负责检查工程质量状况，组织鉴定质量问题责任，督促责任单位维修。

4. 监理的其他服务

监理单位除承担工程建设监理方面的业务外，还可以承担工程建设方面的咨询业务。属于工程建设方面的咨询业务包括：

(1)建设工程投资风险分析。

(2)工程建设立项评估。

(3)编制工程建设项目可行性研究报告。

(4)编制工程施工招标控制价(标底)。

(5)编制工程建设各种估算。

(6)各类建筑物(构筑物)的技术检测、质量鉴定。

(7)有关工程建设的其他专项技术咨询服务。

本章小结

监理工程师与监理企业是建筑市场监理活动的灵魂与主导，增强对两者的理解与认识，是搞好建筑工程监理的前提条件。本章主要介绍了工程监理人员的职责及执业道德、监理工程师执业资格考试与注册制度的内容，以及工程监理企业的设立、资质管理、经营活动与运作的基本准则等。

思考与练习

一、填空题

1. 监理工程师违背职业道德或违反工作纪律，由________部门没收非法所得，收缴________，并可处以罚款。

2. 监理工程师注册分为三种形式，即________、________和________。

3. 监理工程师法律责任的表现行为主要有两方面：一是________行为；二是________行为。

4. 我国监理公司的种类有两种，即________和________。

5. 在合营监理企业的注册资本中，外国合营者的投资比例一般不得低于________。

6. ________是指从事工程建设监理业务的工程监理企业应当具备的注册资本、高素质的专业技术人员、管理水平及工程监理业绩等。

7. 专业资质甲级监理企业不少于________，专业资质乙级监理企业不少于________，专业资质丙级监理企业不少于________。

8. 注册监理工程师不少于________，注册造价工程师不少于________，一级注册建造师、一级注册建筑师、一级注册结构工程师或者其他勘察设计注册工程师合计不少于________。

9. 工程监理企业从事工程建设监理活动，应当遵循“________、________、________”的道德准则。

10. 工程监理企业承揽监理业务有两种方式：一是________；二是________。

二、多项选择题

1. 监理工程师的职业道德守则包括(　　)。

A. 维护国家的荣誉和利益，按照“守法、诚信、公正、科学”的准则执业

B. 执行有关工程建设的法律、法规、规范、标准和制度，履行监理合同规定的义务和职责

C. 不以个人名义承揽监理业务

D. 不同时在两个或两个以上监理单位注册和从事监理活动，不在政府部门和施工、材料设备的生产供应等单位兼职

E. 坚持互帮互助地开展工作

2. FIDIC 其成员行为的基本准则包括(　　)。

A. 在任何时候，维护职业的尊严、名誉和荣誉

B. 保持其知识和技能与技术、法规、管理的发展相一致的水平，对于委托人要求的服务采用相应的技能，并尽心尽力

C. 在任何时候均为委托人的合法权益行使其职责，并且正直和忠诚地进行职业服务

D. 在提供职业咨询、评审或决策时直接或间接暗中调查

E. 通知该咨询工程师并且接到委托人终止其先前任命的建议前，不得取代该咨询工程师的工作

3. 监理工程师资格考试科目包括(　　)。

A. 工程建设监理基本理论与相关法规

B. 工程建设信息管理

C. 建设工程质量、投资、进度控制

D. 建设工程合同管理

E. 工程建设监理案例分析

4. 监理工程师变更注册需要提交(　　)材料。

A. 申请人变更注册申请表

B. 申请人的资格证书和身份证复印件

C. 申请人与新聘用单位签订的聘用劳动合同复印件

D. 申请人的工作调动证明(与原聘用单位解除聘用劳动合同或者聘用劳动合同到期的证明文件、退休人员的退休证明)

E. 所学专业、工作经历、工程业绩、工程类中级及中级以上职称证书等有关证明材料

5. 我国公司制监理企业有(　　)的特征。

A. 必须是依照《公司法》的规定设立的社会经济组织

B. 必须是以盈利为目的的独立企业法人

C. 必须是盈利的，独立承担民事责任

D. 是完整纳税的经济实体

E. 采用规范的成本会计和财务会计制度

6. 中外合资经营监理企业具有(　　)特点。

A. 中外合资经营的组织形式为有限责任公司，具有法人资格

B. 中外合资经营监理企业是合营双方共同经营管理，实行单一的董事会领导下的总经理负责制

C. 中外合资经营监理企业一般以货币形式计算各方的投资比例

D. 中外合资经营监理企业按各方注册资本比例分配利润和分担风险

E. 中外合资经营监理企业各方在合营期内自由减少其注册资本

三、简答题

1. 监理工程的概念是什么？监理工程师的素质要求有哪些？
2. 监理工程师执业资格报考条件有哪些？
3. 注册监理工程师继续教育的方式和内容有哪些？
4. 简述专业甲级资质标准。
5. 工程监理企业应具备的条件有哪些？
6. 简述工程监理企业资质等级。

第三章　工程建设监理招标投标与合同管理

知识目标

了解工程建设监理招标投标的概念、原则和委托监理业务范围应考虑的因素，了解监理合同的作用与特点、工程建设委托监理合同的概念及主要内容；熟悉工程建设监理投标决策、策划、策略，熟悉开标、评标、定标的程序，熟悉监理合同的形式、《工程建设监理合同(示范文本)》(GF—2012—0202)的结构；掌握工程建设监理招标方式、范围和基本程序，掌握工程建设监理投标文件的编制、监理费用计算方法，掌握工程建设委托监理合同的组成与订立。

能力目标

能够掌握建设工程合同的订立方式与签订相关事宜，能进行建设工程合同谈判。

第一节　工程建设监理招标与投标

一、工程建设监理招标投标概述

1. 工程建设监理招标投标的概念

工程建设监理招标投标是工程建设项目招标投标的一个组成部分。采用招标投标方式择优选择监理单位，是业主能够获得高质量服务最好的委托监理业务的方式。

(1)工程建设监理招标。工程建设监理招标，简称监理招标，是指招标人(业主或业主授权的招标组织)将拟委托的监理业务对外公布，吸引或邀请多家监理单位前来参与承接监理业务的竞争，以便从中择优选择监理单位的一系列活动。

(2)工程建设监理投标。工程建设监理投标，简称监理投标，是指监理单位响应监理招标，根据招标条件和要求，编制技术经济文件向招标人投函，参与承接监理业务竞争的一系列活动。

2. 工程建设监理招标投标的原则

工程建设监理招标投标活动应当遵循公开、公平、公正和诚实信用原则。

(1)公开原则。公开原则要求工程建设监理招标投标活动具有较高的透明度。

(2)公平原则。公平原则是指所有当事人和中介机构在工程建设监理招标投标活动中，享有均等的机会、具有同等的权利、履行相应的义务，任何一方都不受歧视。

(3)公正原则。公正原则是指在工程建设监理招标投标活动中，按照同一标准实事求是地对待所有的当事人和中介机构。如招标人按照统一的招标文件示范文本公正地表述招标条件和要求，按照事先经工程建设监理招标投标管理机构审查认定的评标定标办法，对投标文件进行公正评价，择优确定中标人等。

(4)诚实信用原则。诚实信用原则简称诚信原则，是指在工程建设监理招标投标活动中，当事人和有关中介机构应当以诚相待、讲求信义、实事求是，做到言行一致、遵守诺言、履行成约，不得见利忘义、投机取巧、弄虚作假、隐瞒欺诈、以次充好、掺杂使假、坑蒙拐骗，损害国家、集体和其他人的合法权益。诚信原则是工程建设监理招标投标活动中的重要道德规范，也是法律上的要求。诚信原则要求当事人和中介机构在进行招标投标活动时，必须具备诚实无欺、善意守信的内心状态，不得滥用权力损害他人利益，要在自己获得利益的同时充分尊重社会公德和国家的、社会的、他人的利益，自觉维护市场经济的正常秩序。

3. 委托监理业务范围应考虑的因素

工程建设单位委托监理业务范围时，应考虑以下因素。

(1)工程规模。中小型工程项目，有条件时可将全部监理工作委托给一个单位；大型或复杂工程，应按设计、施工等不同阶段及监理工作的专业性质分别委托给几家监理单位。

(2)工程项目的不同专业特点。不同的施工内容对监理人员的素质、专业技能和管理水平的要求不同，应充分考虑专业特点的要求。

(3)监理业务实施的难易程度。工程建设期间，对于较易实施的监理业务，可以并入相关的委托监理合同之中，以减少业主与监理单位签订的合同数量。

二、工程建设监理招标

(一)工程建设监理招标方式

中华人民共和国
招标投标法

按照不同的标准，招标可分为多种方式。如按其性质划分，可分为公开招标和邀请招标；按竞争范围划分，可分为国际竞争性招标和国内竞争性招标；按价格确定方式划分，可分为固定总价项目招标、成本加酬金项目招标和单价不变项目招标等。无论哪一种招标方式，都离不开招标的基本特性，即公开性、竞争性和公平性。

目前世界各国和相关国际组织有关招标的方式大体上分为公开招标、邀请招标和议标三种。《招标投标法》只规定了公开招标和邀请招标为法定招标方式。

1. 公开招标

公开招标是指招标人在指定的报刊、电子网络或其他媒体上发布招标公告，吸引众多的投标人参加投标竞争，招标人从中择优选择中标单位的招标方式。公开招标是一种无限制的竞争方式，按竞争程度又可以分为国际竞争性招标和国内竞争性招标。这种招标方式可以为所有的承包商提供一个平等竞争的机会，业主有较大的选择余地，有利于降低工程造价、提高工程质量和缩短工期，但可能由于参与竞争的承包商很多而增加资格预审和评标的工作量；还有可能出现故意压低投标报价的投机承包商以低价挤掉对报价严肃认真而报价较高的承包商。因此，在采用此种招标方式时，业主要加强资格预审，认真评标。

2. 邀请招标

邀请招标也称为选择性招标或有限竞争投标，其是指招标人以投标邀请书的方式邀请特定的法人或者其他组织投标，选择一定数目的法人或其他组织(不少于3家)。邀请招标的优点在于：经过选择的投标单位在施工经验、技术力量、经济和信誉上都比较可靠，因而一般能保证进度和质量要求。此外，参加投标的承包商数量少，因而招标时间相对缩短，招标费用也较少。

由于邀请招标在价格、竞争的公平方面仍存在一些不足之处，因此《招标投标法》规定，国家重点项目和省、自治区、直辖市的地方重点项目不宜进行公开招标的，经过批准后可以进行邀请招标。

3. 公开招标与邀请招标在招标程序上的主要区别

(1)招标信息的发布方式不同。公开招标是利用招标公告发布招标信息，而邀请招标则是采用向3家以上具备实施能力的投标人发出投标邀请书，请他们参与投标竞争。

(2)对投标人资格预审的时间不同。进行公开招标时，由于投标响应者较多，为了保证投标人具备相应的实施能力，以及缩短评标时间，突出投标的竞争性，通常设置资格预审程序。而邀请招标由于竞争范围小，且招标人对邀请对象的能力有所了解，不需要再进行资格预审，但评标阶段还要对各投标人的资格与能力进行审查和比较，通常称为“资格后审”。

(3)邀请的对象不同。邀请招标邀请的是特定的法人或者其他组织，而公开招标则是向不特定的法人或者其他组织邀请投标。

(二)工程建设监理招标的范围

1. 必须招标的项目

根据《招标投标法》和2018年6月1日起施行的《必须招标的工程项目规定》的规定，在中华人民共和国境内进行下列工程建设项目包括项目的勘察、设计、施工、监理以及与工程建设有关的重要设备、材料等的采购，必须进行招标：

必须招标的工程项目规定

(1)全部或者部分使用国有资金投资或者国家融资的项目，包括：

1)使用预算资金200万元人民币以上，并且该资金占投资额10%以上的项目；

2)使用国有企业事业单位资金，并且该资金占控股或者主导地位的项目。

(2)使用国际组织或者外国政府贷款、援助资金的项目，包括：

1)使用世界银行、亚洲开发银行等国际组织贷款、援助资金的项目；

2)使用外国政府及其机构贷款、援助资金的项目。

(3)不属于上述第(1)条和第(2)条规定情形的大型基础设施、公用事业等关系社会公共利益、公众安全的项目，必须招标的具体范围由国务院发展改革部门会同国务院有关部门按照确有必要、严格限定的原则制定，报国务院批准。

(4)上述第(1)条到第(3)条规定范围内的项目，其勘察、设计、施工、监理以及与工程建设有关的重要设备、材料等的采购达到下列标准之一的，必须招标：

1)施工单项合同估算价在400万元人民币以上；

2)重要设备、材料等货物的采购，单项合同估算价在200万元人民币以上；

3)勘察、设计、监理等服务的采购，单项合同估算价在100万元人民币以上。

同一项目中可以合并进行的勘察、设计、施工、监理以及与工程建设有关的重要设备、材料等的采购，合同估算价合计达到前款规定标准的，必须招标。

2. 可以不进行招标的项目

《招标投标法》规定，涉及国家安全、国家秘密，用于抢险救灾或者属于利用扶贫资金实行以工代赈、需要使用农民工等特殊情况，不适宜进行招标的项目，按照国家有关规定可以不进行招标。

《中华人民共和国招标投标法实施条例》进一步规定，除《招标投标法》规定的可以不进行招标的特殊情况外，有下列情形之一的，可以不进行招标：

(1)需要采用不可替代的专利或者专有技术；

(2)采购人依法能够自行建设、生产或者提供；

(3)已通过招标方式选定的特许经营项目投资人依法能够自行建设、生产或者提供；

(4)需要向原中标人采购工程、货物或者服务，否则将影响施工或者功能配套要求；

(5)国家规定的其他特殊情形。

另外，对于依法必须招标的具体范围和规模标准以外的工程建设项目，可以不进行招标，采用直接发包的方式。

(三)工程建设监理招标的基本程序

1. 工程建设监理招标的方式

《招标投标法》第十条规定："招标分为公开招标和邀请招标。"

(1)公开招标。公开招标是指招标人以招标公告的方式邀请不特定的法人或者其他组织投标。公开招标是一种无限制的竞争方式，按竞争程度又可以分为国际竞争性招标和国内竞争性招标。

(2)邀请招标。邀请招标也称选择性招标或有限竞争投标，是指招标人以投标邀请书的方式邀请特定的法人或者其他组织投标，选择一定数目的法人或其他组织(不少于三家)。邀请招标的优点在于：经过选择的投标单位在施工经验、技术力量、经济和信誉上都比较可靠。另外，参加投标的监理单位数量少，因而招标时间相对缩短，招标费用也较少。

由于邀请招标在价格、竞争的公平方面仍存在一些不足之处，因此《招标投标法》规定，国家重点项目和省、自治区、直辖市的地方重点项目不宜进行公开招标的，经过批准后可以进行邀请招标。

公开招标与邀请招标在招标程序上的主要区别有以下三点。

(1)招标信息的发布方式不同。公开招标是利用招标公告发布招标信息，而邀请招标则是采用向三家以上具备实施能力的投标人发出投标邀请书，请他们参与投标竞争。

(2)对投标人资格预审的时间不同。进行公开招标时，由于投标响应者较多，为了保证投标人具备相应的实施能力、缩短评标时间、突出投标的竞争性，通常设置资格预审程序。而邀请招标由于竞争范围小，且招标人对邀请对象的能力有所了解，故不需要再进行资格预审，但评标阶段还要对各投标人的资格和能力进行审查和比较，通常称为"资格后审"。

(3)邀请的对象不同。邀请招标邀请的是特定的法人或者其他组织，而公开招标则是向不特定的法人或者其他组织邀请投标。

工程监理单位的选择一般采用邀请招标方式。

2. 工程建设监理招标的范围

根据《招标投标法》和《必须招标的工程项目规定》的规定，达到标准的工程建设项目应当实行监理招标。

(1)施工单项合同估算价在400万元人民币以上的。

(2)重要设备、材料等货物的采购，单项合同估算价在200万元人民币以上的。

(3)勘察、设计、监理等服务的采购，单项合同估算价在100万元人民币以上的。

(4)同一项目中可以合并进行的监理，合同估算价达到前款规定标准的，必须招标。

3. 工程建设监理招标的特点

工程建设监理招标的标的是提供"监理服务"，与工程建设项目建设中其他各类招标的最大区别表现为监理单位不承担物质生产任务，只是受招标人委托对工程建设过程提供监督、管理、协调、咨询等服务，主要具有以下特点。

(1)注重监理单位综合能力的选择。工程建设监理是一种高智能的技术服务。监理服务工作完成的好坏不仅依赖于开展监理业务是否遵循了规范化的管理程序和方法，更多地取决于参与监理工作人员的专业技能、经验、判断能力以及风险意识。因此，招标选择监理单位，要充分考虑监理单位的综合能力。

(2)报价的选择居于次要地位。工程建设项目的施工、物资供应选择中标人的原则是在技术上达到要求标准的前提下，主要考虑价格的高低，而监理招标则把能力放在第一位。因为当监理报价过低时，监理单位很难把招标人的利益放在第一位，而监理服务质量的高低直接影响到招标人的实际利益，过多地考虑报价会得不偿失。所以，招标人应在监理能力相当的前提下再比较价格的高低。

(3)多采用邀请招标。工程建设监理招标同样要遵守招标投标法和其他相关法律、法规的规定，可以采取公开招标，也可以采取邀请招标，对规模以下的工程还可以采取议标方式。但采取招标方式发包时，参与投标的监理企业数不得少于三家。鉴于监理招标“基于能力选择”的特殊性，当前招标人更愿意采用邀请招标方式。

4. 工程建设监理招标的程序

工程建设监理招标一般包括招标准备；发出招标公告或投标邀请书；组织资格审查；编制和发售招标文件；组织现场踏勘；召开投标预备会；编制和递交投标文件；开标、评标和定标；签订工程建设监理合同等程序。

(1)招标准备。工程建设监理招标准备工作包括确定招标组织、明确招标范围和内容、编制招标方案等内容。

1)确定招标组织。建设单位自身具有组织招标的能力时，可自行组织监理招标；反之，则应委托招标代理机构组织招标。建设单位委托招标代理进行监理招标时，应与招标代理机构签订招标代理书面合同，明确委托招标代理的内容、范围及双方义务和责任。

2)明确招标范围和内容。综合考虑工程特点、建设规模、复杂程度、建设单位自身管理水平等因素，明确工程建设监理招标范围和内容。

3)编制招标方案。包括划分监理标段、选择招标方式、选定合同类型及计价方式、确定投标人资格条件、安排招标工作进度等。

(2)发出招标公告或投标邀请书。建设单位采用公开招标方式的，应当发布招标公告。招标公告必须通过一定的媒介进行发布。投标邀请书是指采用邀请招标方式的建设单位，向三个以上具备承担招标项目能力、资信良好的特定工程监理单位发出的参加投标的邀请。招标公告与投标邀请书应当载明：建设单位的名称和地址；招标项目的性质；招标项目的数量；招标项目的实施地点；招标项目的实施时间；获取招标文件的办法等内容。

(3)组织资格审查。为了保证潜在投标人能够公平地获取投标竞争的机会，确保投标人满足招标项目的资格条件，同时，避免招标人和投标人不必要的资源浪费，招标人应组织审查监理投标人资格。资格审查可分为资格预审和资格后审两种。

1)资格预审。资格预审是指在投标前，对申请参加投标的潜在投标人进行资质条件、业绩、信誉、技术、资金等多方面情况的审查。只有资格预审中被认定为合格的潜在投标人(或投标人)才可以参加投标。资格预审的目的是排除不合格的投标人，进而降低招标人的招标成本，提高招标工作效率。

2)资格后审。资格后审是指在开标后，由评标委员会根据招标文件中规定的资格审查因素、方法和标准，对投标人资格进行的审查。

工程建设监理资格审查大多采用资格预审的方式进行。

(4)编制和发售招标文件。

1)编制工程建设监理招标文件。招标文件既是投标人编制投标文件的依据，也是招标人与中标人签订工程建设监理合同的基础。招标文件一般应由以下内容组成：

①投标邀请函；

②投标人须知；

③评标办法；

④拟签订监理合同主要条款及格式，以及履约担保格式等；

⑤投标报价；

⑥设计资料；

⑦技术标准和要求；

⑧投标文件格式；

⑨要求投标人提交的其他材料。

2)发售监理招标文件。要按照招标公告或投标邀请书规定的时间、地点发售招标文件。投标人对招标文件内容有异议，可在规定时间内要求招标人澄清、说明或纠正。

(5)组织现场踏勘。组织投标人进行现场踏勘的目的在于了解工程场地和周围环境情况，以获取认为有必要的信息。招标人可根据工程特点和招标文件规定，组织潜在投标人对工程实施现场的地形地质条件、周边和内部环境进行实地踏勘，并介绍有关情况。潜在投标人自行负责据此作出的判断和投标决策。

(6)召开投标预备会。招标人按照招标文件规定的时间组织投标预备会，澄清、解答潜在投标人在阅读招标文件和现场踏勘后提出的疑问。所有的澄清、解答都应当以书面形式予以确认，并发给所有购买招标文件的潜在投标人。招标文件的书面澄清、解答属于招标文件的组成部分。招标人同时可以利用投标预备会对招标文件中有关重点、难点内容主动作出说明。

(7)编制和递交投标文件。投标人应按照招标文件要求编制投标文件，对招标文件提出的实质性要求和条件作出实质性响应，按照招标文件规定的时间、地点、方式递交投标文件，并根据要求提交投标保证金。投标人在提交投标截止日期之前，可以撤回、补充或者修改已提交的投标文件，并书面通知招标人。补充、修改的内容为投标文件的组成部分。

(8)开标、评标和定标。

1)开标。招标人应按招标文件规定的时间、地点主持开标，邀请所有投标人派代表参加。开标时间、开标过程应符合招标文件规定的开标要求和程序。

2)评标。评标由招标人依法组建的评标委员会负责。评标委员会应当熟悉、掌握招标项目的主要特点和需求，认真阅读、研究招标文件及其评标办法，按招标文件规定的评标办法进行评标，编写评标报告，并向招标人推荐中标候选人，或经招标人授权直接确定中标人。

3)定标。招标人应按有关规定在招标投标监督部门指定的媒体或场所公示推荐的中标候选人，并根据相关法律法规和招标文件规定的定标原则和程序确定中标人，向中标人发出中标通知书。同时，将中标结果通知所有未中标的投标人，并在15日内按有关规定将监理招标投标情况书面报告提交招标投标行政监督部门。

(9)签订工程建设监理合同。招标人与中标人应当自发出中标通知书之日起30日内，依据中标通知书、招标文件中的合同构成文件签订工程监理合同。

三、工程建设监理投标

(一)工程建设监理投标决策

1. 投标决策原则

投标决策活动要从工程特点与工程监理企业自身需求之间选择最佳结合点。为实现最优赢利目标，可以参考以下基本原则进行投标决策：

(1)充分衡量自身人员和技术实力能否满足工程项目要求，且要根据工程监理单位自身实力、经验和外部资源等因素来确定是否参与竞标。

(2)充分考虑国家政策、建设单位信誉、招标条件、资金落实情况等，保证中标后工程项目能顺利实施。

(3)由于目前工程监理单位普遍存在注册监理工程师稀缺、监理人员数量不足的情况，因此在一般情况下，工程监理单位与其将有限人力资源分散到几个小工程投标中，不如集中优势力量参与一个较大工程建设的监理投标。

(4)对于竞争激烈、风险特别大或把握不大的工程项目，应主动放弃投标。

2. 投标决策定量分析方法

常用的投标决策定量分析方法有综合评价法和决策树法。

(1)综合评价法。综合评价法是指决策者决定是否参加某工程建设监理投标时，将影响其投标决策的主客观因素用某些具体指标表示出来，并定量地进行综合评价，以此作为投标决策依据。

1)确定影响投标的评价指标。不同工程监理单位在决定是否参加某工程建设监理投标时所应考虑的因素是不同的，但一般都要考虑到企业人力资源、技术力量、投标成本、经验业绩、竞争对手实力、企业长远发展等多方面因素，考虑的指标一般有总监理工程师能力、监理团队配置、技术水平、合同支付条件、同类工程经验、可支配的资源条件、竞争对手数量和实力、竞争对手投标积极性、项目利润、社会影响、风险情况等。

2)确定各项评价指标权重。上述各项指标对工程监理单位参加投标的影响程度是不同的，为了在评价中能反映各项指标的相对重要程度，应当对各项指标赋予不同权重。各项指标权重为 W_i，各 W_i 之和应当等于1。

3)各项评价指标评分。针对具体工程项目，衡量各项评价指标水平，可划分为好、较好、一般、较差、差五个等级，各等级赋予定量数值 u，如可按 1.0、0.8、0.6、0.4、0.2 进行打分。

4)计算综合评价总分。将各项评价指标权重与等级评分相乘后累加，即可求出工程建设监理投标机会总分。

5)决定是否投标。将工程建设监理投标机会总分与过去其他投标情况进行比较或者与工程监理单位事先确定的可接受的最低分数相比较，决定是否参加投标。

(2)决策树法。工程监理单位有时会同时收到多个不同或类似工程建设监理投标邀请书，而工程监理单位的资源是有限的，若不分重点地将资源平均分布到各个投标工程，则每一个工程中标的概率都很低。为此，工程监理单位应针对每项工程特点进行分析，比选不同方案，以期选出最佳投标对象。这种多项目多方案的选择，通常可以应用决策树法进行定量分析。

1)适用范围。决策树分析法是适用于风险型决策分析的一种简便易行的实用方法，其特点是用一种树状图表示决策过程，通过事件出现的概率和损益期望值的计算比较，帮助决策者对行动方案作出抉择。当工程监理单位不考虑竞争对手的情况(投标时往往事先不知道参与投标的竞争对手)，仅根据自身实力决定某些工程是否投标及如何报价时，则是典型的风险型决策问题，适用于决策树法进行分析。

2)基本原理。决策树是模拟树木成长过程，从出发点(称决策点)开始不断分枝来表示所分析问题的各种发展可能性，并以分枝的期望值中最大(或最小)者作为选择依据。从决策点分出的枝称为方案枝，从方案枝分出的枝称为概率分枝。方案枝分出的各概率分枝的分叉点及概率分枝的分叉点称为自然状态点。概率分枝的终点称为损益值点。

绘制决策树时，自左向右形成树状，其分枝使用直线，决策点、自然状态点、损益值点分别使用不同的符号表示。其画法如下：

①画一个方框作为决策点，并编号。

②从决策点向右引出若干条直(折)线，形成方案枝，每条线段代表一个方案，方案名称一般直接标注在线段的上(下)方。

③每个方案枝末端画一个圆圈，代表自然状态点。圆圈内编号，与决策点一起顺序排列。

④从自然状态点引出若干条直(折)线，形成概率分枝，发生的概率一般直接标注在线段的上方(多数情况下标注在括号内)。

⑤如果问题只需要一级决策，则概率分枝末端画一个"△"，表示终点。终点右侧标出该自然状态点的损益值。如还需要进行第二阶段决策，则用决策点"口"代替终点"△"，再重复上述步骤画出决策树。

3)决策过程。用决策树法分析，其决策过程如下：

①先根据已知情况绘出决策树。

②计算期望值。一般从终点逆向逐步计算。每个自然状态点处的损益期望值 E_i 按式(5-1)计算：

$$E_i = \sum P_i \times B_i \tag{3-1}$$

式中，P_i 和 B_i 分别表示概率分枝的概率和损益值。

一般将计算出的 E_i 值直接标注于该自然状态点的下面。

③确定决策方案。各方案枝端点自然状态点的损益期望值即为各方案的损益期望值。在比较方案时，若考虑的是收益值，则取最大期望值；若考虑的是损失值，则取最小期望值。根据计算出的期望值和决策者的才智与经验来分析，做出最后判断。

(二)工程建设监理投标策划

工程建设监理投标策划是指从总体上规划工程建设监理投标活动的目标、组织、任务分工等，通过严格的管理过程，提高投标效率和效果。

(1)明确投标目标，决定资源投入。一旦决定投标，首先要明确投标目标，投标目标决定了企业层面对投标过程的资源支持力度。

(2)成立投标小组并确定任务分工。投标小组要由有类似工程建设监理投标经验的项目负责人全面负责收集信息，协调资源，做出决策，并组织参与资格审查、购买标书、编写质疑文件、进行质疑和现场踏勘、编制投标文件、封标、开标和答辩、标后总结等；同时，需要落实各参与人员的任务和职责，做到界面清晰、人尽其职。

(三)工程建设监理投标文件编制

工程建设监理投标文件反映了工程监理单位的综合实力和完成监理任务的能力，是招标人选择工程监理单位的主要依据之一。投标文件编制质量的高低，直接关系到中标可能性的大小，因此，如何编制好工程监理投标文件是工程监理单位投标的首要任务。

1. 投标文件编制原则

(1)响应招标文件，保证不被废标。工程建设监理投标文件编制的前提是要按招标文件要求的条款和内容格式编制，必须在满足招标文件要求的基本条件下，尽可能精益求精，响应招标文件实质性条款，防止废标发生。

(2)认真研究招标文件，深入领会招标文件意图。一本规范化的招标文件少则十余页，多则几十页，甚至上百页，只有全部熟悉并领会各项条款要求，事先发现不理解或前后矛盾、表述不清的条款，通过标前答疑会解决所有发现的问题，防止因不熟悉招标文件导致“失之毫厘，差之千里”的后果发生。

(3)投标文件要内容详细、层次分明、重点突出。完整、规范的投标文件，应尽可能将投标人的想法、建议及自身实力叙述详细，做到内容深入而全面。为了尽可能让招标人或评标专家在很短的评标时间内了解投标文件内容及投标单位实力，就要在投标文件的编制上下功夫，做到层次分明、表达清楚、重点突出。投标文件体现的内容要针对招标文件评分办法的重点得分内容，如企业业绩、人员素质及监理大纲中工程建设目标控制要点等，要有意识地说明和标设，并在目录上专门列出或在编辑包装中采用装饰手法等，力求起到加深印象的作用，这样做会起到事半功倍的效果。

2. 投标文件编制依据

(1)国家及地方有关工程建设监理投标的法律法规及政策。必须以国家及地方有关工程建设监理投标的法律法规及政策为准绳编制工程建设监理投标文件，否则，可能会造成投标文件的内容与法律法规及政策相抵触，甚至造成废标。

(2)工程建设监理招标文件。工程建设监理投标文件必须对招标文件做出实质性响应，而且其内容尽可能与建设单位的意图或要求相符合。越是能够贴切满足建设单位需求的投标文件，则越会受到建设单位青睐，其获取中标的概率也相对较高。

(3)企业现有的设备资源。编制工程建设监理投标文件时，必须考虑工程监理单位现有的设备资源，要根据不同监理标的具体情况进行统一调配，尽可能将工程监理单位现有可动用的设备资源编入工程建设监理投标文件，提高投标文件的竞争力。

(4)企业现有的人力及技术资源。工程监理单位现有的人力及技术资源主要表现为有精通所招标工程的专业技术人员和具有丰富经验的总监理工程师、专业监理工程师、监理员；有工程项目管理、设计及施工专业特长，能帮助建设单位协调解决各类工程技术难题的能力；拥有同类工程建设监理经验；在各专业有一定技术能力的合作伙伴，必要时可联合向建设单位提供咨询服务。此外，应当将工程监理单位内部现有的人力及技术资源优化组合后编入监理投标文件中，以便在评标时获得较高的技术标得分。

(5)企业现有的管理资源。建设单位判断工程监理单位是否能胜任工程建设监理任务，在很大程度上要看工程监理单位在日常管理中有何特长、类似工程建设监理经验如何、针对本工程有何具体管理措施等。为此，工程监理单位应当将其现有的管理资源充分展现在投标文件中，以获得建设单位的注意，从而最终获取中标。

(四)工程建设监理投标策略

工程建设监理投标策略的合理制定和成功实施关键在于对影响投标因素的深入分析、招标文件的把握和深刻理解、投标策略的针对性选择、项目监理机构的合理设置、合理化建议的重视以及答辩的有效组织等环节。

1. 深入分析影响监理投标的因素

深入分析影响投标的因素是制定投标策略的前提。针对工程建设监理特点，结合中国监理行业现状，可将影响投标决策的因素大致分为“正常因素”和“非正常因素”两大类。其中，“非正常因素”主要指受各种人为因素影响而出现的“假招标”“权力标”“陪标”“低价抢标”“保护性招标”等，这均属于违法行为，应予以禁止，此处不讨论。对于正常因素，根据其性质和作用，可归纳为以下 4 类。

(1)分析建设单位(买方)。招投标是一种买卖交易，在当今建筑市场属于买方市场的情况下，工程监理单位要想中标，分析建设单位(买方)因素是至关重要的。

1)分析建设单位对中标人的要求和建设单位提供的条件。目前，我国工程建设监理招标文件里都有综合评分标准及评分细则，它集中反映了建设单位需求。工程监理单位应对照评分标准逐一进行自我测评，做到心中有数。特别要分析建设单位在评分细则中关于报价的分值比重，这会影响工程监理单位的投标策略。

建设单位提供的条件在招标文件中均有详细说明，工程监理单位应一一认真分析，特别是建设单位的授权和监理费用的支付条件等。

2)分析建设单位对于工程建设资金的落实和筹措情况。

3)分析建设单位领导层核心人物及下层管理人员资质、能力、水平、素质等，特别是对核心人物的心理分析更为重要。

4)如果在工程建设监理招标时，施工单位事先已经被选定，建设单位与施工单位的关系也是工程监理单位应关心的问题之一。

(2)分析投标人(卖方)自身。

1)根据企业当前经营状况和长远经营目标，决定是否参加工程建设监理投标。如果企业经营管理不善或因其他政治经济环境变化，造成企业生存危机，就应考虑“生存型”投标，即使不盈利甚至赔本也要投标；如果企业希望开拓市场、打入新的地区(或领域)，可以考虑“竞争型”投标，即使低盈利也可投标；如果企业经营状况很好，在某些地区要打开局面，对建设单位有较好的名牌效应，信誉度较高时，可以采取“盈利型”投标，即使难度大、困难多一些，也可以参与竞争，以获取丰厚利润和社会经济效益。

2)根据自身能力，量力而行。就我国目前情况看，相当多的工程监理单位或多或少处于任务不饱满的状况，有鉴于此，应尽可能积极参与投标，特别是接到建设单位邀请的项目。这主要是基于以下四点：第一，参加投标项目多，中标机会就多；第二，经常参加投标，在公众面前出现的机会就多，起到了广告宣传作用；第三，通过参加投标，积累经验，掌握市场行情，收集信息，了解竞争对手惯用策略；第四，当建设单位邀请时，如果不参加(或不响应)，于情于理不容，有可能破坏信誉度，从而失去开拓市场的机会。

3)采用联合体投标，可以扬长补短。在现代建筑越来越大、越来越复杂的情况下，多大的企业也不可能是万能的，因此，联合是必然的，特别是加入 WTO 之后，中外监理企业的联合更是“双赢”的需要，这种情况下，就需要对联合体合作伙伴进行深入了解和分析。

(3)分析竞争对手。商场即战场，我们的取胜就意味着对手的失败，要击败对手，就必然要对竞争者进行分析。综合起来，要从以下几个方面分析对手：

1)分析竞争对手的数量和实际竞争对手，以往同类工程投标竞争的结果，竞争对手的实力等。

2)分析竞争对手的投标积极性。如果竞争对手面临生存危机，势必采用“生存型”投标策略；如果竞争者是作为联合体投标，势必采用“盈利型”投标策略。总之，要分析竞争对手的发展目标、经营策略、技术实力、以往投标资料、社会形象及目前工程建设监理任务饱满度等，判断其投标积极性，进而调整自己的投标策略。

3)了解竞争对手决策者情况。在分析竞争对手的同时，详细了解竞争对手决策者年龄、文化程度、心理状态、性格特点及其追求目标，从而可以推断其在投标过程中的应变能力和谈判技巧，根据其在建设单位心目中留下的印象，调整自己的投标策略和技巧。

(4)分析环境和条件。

1)要分析施工单位。施工单位是工程建设监理最直接、至关重要的环境条件，如果一个信誉不好、技术力量薄弱、管理水平低下的施工单位作为被监理对象，不仅管理难度大、费人费时，而且由工程监理单位来承担其工作失误所带来的风险也就比较大，如果这类施工单位再与建设单位关系密切，工程建设监理工作难度将大幅增加。此外，要特别注意了解施工单位履行合同的能力，从而制定有针对性的监理策略和措施。

2)要分析工程难易程度。

3)要分析水文、气候、地形地貌等自然条件及工作环境的艰苦程度。

4)要分析设计单位的水平和人员素质。

5)要分析工程所在地社会文化环境，特别是当地政府与人民群众的态度等。

6)要分析工程条件和环境风险。

项目监理机构设置、人员配备、交通和通信设备的购置、工作生活的安置以及所需费用列支，都离不开对上述环境和条件的分析。

2. 把握和深刻理解招标文件精神

招标文件是建设单位对所需服务提出的要求，是工程监理单位编制投标文件的依据。因此，把握和深刻理解招标文件精神是制定投标策略的基础。工程监理单位必须详细研究招标文件，吃透其精神，才能在编制投标文件中全面、最大程度、实质性地响应招标文件的要求。

在领取招标文件时，应根据招标文件目录仔细检查其是否有缺页、字迹模糊等情况。若有，应立即或在招标文件规定的时间内，向招标人换取完整无误的招标文件。

研究招标文件时，应先了解工程概况、工期、监理工作范围与内容、监理目标要求等。如对招标文件有疑问需要解释的，要按招标文件规定的时间和方式，及时向招标人提出询问。招标文件的书面修改也是招标文件的组成部分，投标单位也应予以重视。

3. 选择有针对性的监理投标策略

由于招标内容不同、投标人不同，所采取的投标策略也不相同，下面介绍几种常用的投标策略，投标人可根据实际情况进行选择。

(1)以信誉和口碑取胜。工程监理单位依靠其在行业和客户中长期形成的良好信誉和口碑，争取招标人的信任和支持，不参与价格竞争，这个策略适用于特大、代表性或有重大影响力的工程，这类工程的招标人注重工程监理单位的服务品质，对于价格因素不是很敏感。

(2)以缩短工期等承诺取胜。工程监理单位如对于某类工程的工期很有信心，可做出对于招标人有力的保证，靠此吸引招标人的注意，同时，工程监理单位需向招标人提出保证措施和惩罚性条款，确保承诺的可实施性。此策略适用于建设单位对工期等因素比较敏感的工程。

(3)以附加服务取胜。目前，随着工程建设复杂性程度的加大，招标人对于前期配套、设计管理等外延的服务需求越来越强烈，但招标人限于工程概算的限制，没有额外的经费聘请能提供此类服务的项目管理单位，如工程监理单位具有工程咨询、工程设计、招标代理、造价咨询及其他相关的资质，可在投标过程中向招标人推介此项优势。此策略适用于工程项目前期建设较为复杂、招标人组织结构不完善、专业人才和经验不足的工程。

(4)适应长远发展的策略。其目的不在于当前招标工程上获利，而着眼于发展，争取将来的优势，如为了开辟新市场、参与某项有代表意义的工程等，宁可在当前招标工程中以微利甚至无利价格参与竞争。

4. 充分重视项目监理机构的合理设置

充分重视项目监理机构的设置是实现监理投标策略的保证。由于监理服务性质的特殊性，监理服务的优劣不仅依赖于监理人员是否遵循规范化的监理程序和方法，更取决于监理人员的业务素质、经验、分析问题、判断问题和解决问题的能力以及风险意识。因此，招标人会特别注重项目监理机构的设置和人员配备情况。工程监理单位必须选派与工程要求相适应的总监理工程师，配备专业齐全、结构合理的现场监理人员。具体操作中应特别注意：

(1)项目监理机构成员应满足招标文件要求。有必要的话，可提交一份工程监理单位支撑本工程的专家名单。

(2)项目监理机构人员名单应明确每一位监理人员的姓名、性别、年龄、专业、职称、拟派职务、资格等，并以横道图形式明确每一位监理人员拟派驻现场及退场时间。

(3)总监理工程师应具备同类工程建设监理经验，有良好的组织协调能力。若工程项目复杂或者考虑特殊管理需求，可考虑配备总监理工程师代表。

(4)对总监理工程师及其他监理人员的能力和经验介绍要尽量做到翔实，重点说明现有人员配备对完成工程建设监理任务的适应性和针对性等。

5. 重视提出合理化建议

招标人往往会比较关心投标人此部分内容，借此了解投标人的专业技术能力、管理水平以及投标人对工程的熟悉程度和关注程度等，从而提升招标人对工程监理单位承担和完成监理任务的信心。因此，重视提出合理化建议是促进投标策略实现的有力措施。

6. 有效地组织项目监理团队答辩

项目监理团队答辩的关键是总监理工程师的答辩，而总监理工程师是否成功答辩已成为招标人和评标委员会选择工程监理单位的重要依据。因此，有效地组织总监理工程师及项目监理团队答辩已成为促进投标策略实现的有力措施，可以大大提升工程监理单位的中标率。

总监理工程师参加答辩会，应携带答辩提纲和主要参考资料。另外，还应带上笔和笔记本，以便将专家提出的问题记录下来。在进行充分准备的基础上，要树立信心，消除紧张慌乱心理，才能在答辩时有良好表现。答辩时要集中注意力，认真聆听，并将问题略记在笔记本上，仔细推敲问题的要害和本质，切忌未弄清题意就匆忙作答。要充满自信地以流畅的语言和肯定的语气将自己的见解讲述出来。回答问题，一要抓住要害，简明扼要；二要力求客观、全面、辩证，留有余地；三要条理清晰，层次分明。如果对问题中有些概念不太理解，可以请提问专家做些解释，或者将自己对问题的理解表达出来，并问清是不是该意思，得到确认后再作回答。

(五)工程建设监理费用计取方法

由于工程建设类别、特点及服务内容不同，可采用不同方法计取监理费用。通行的咨询计价方式有以下几种，具体采用哪种计价方式，应由双方在合同中约定。

1. 按费率计费

这种方法是按照工程规模大小和所委托的咨询工作繁简，以建设投资的一定百分比来计算。一般情况下，工程规模越大，建设投资越多，计算咨询费的百分比越小。这种方法比较简便、科学，颇受业主和咨询单位欢迎，也是行业中工程咨询采用的计费方式之一。如美国按3%～4%计取，德国按5%计取(含工程设计方案费)，日本按2.3%～4.5%计取(称设计监理费)，东南亚多数国家按1%～3%计取，中国台湾地区按2.3%左右计取。

考虑到改进设计、降低成本可能会导致服务费相应降低，影响服务者改进工作的积极性，美国规定：服务者因改进设计而使工程费用降低，可按其节约额的一定百分比给予奖励。

2. 按人工时计费

这种方法是根据合同项目执行时间(时间单位可以是小时，也可以是工作日或月)，以补偿费加一定数额的补贴来计算咨询费总额。单位时间的补偿费用一般以咨询企业职员的基本工资为基础，再加上一定的管理费和利润(税前利润)。采用这种方法时，咨询人员的差旅费、工作函电费、资料费，以及试验和检验费、交通和住宿费等均由业主另行支付。

这种方法主要适用于临时性、短期咨询业务活动，或者不宜按建设投资百分比等方法计算咨询费的情形。由于这种方法在一定程度上限制了咨询单位潜在效益增加，因而会使单位时间计取的咨询费比咨询单位实际支出的费用要高得多。如美国工程咨询服务采用按工时计费法时，一般以工程咨询公司咨询人员每小时雇佣成本的2.5～3倍作为计费标准。

3. 按服务内容计费

这种方法是指在明确咨询工作内容的基础上，业主与工程咨询公司协商一致确定的固定咨询费，或工程咨询公司在投标时以固定价形式进行报价而形成的咨询合同价格。当实际咨询工作量有所增减时，一般也不调整咨询费。

例如，德国工程师协会法定计费委员会(AHO)制定的《建筑师与工程师服务费法定标准》(HOAI)，将工程建设全过程划分为9个阶段，对各阶段的工程咨询服务内容都有详细规定，并规定了相应的基本服务费用标准，取费必须在标准规定的最低额与最高额之间。

国内工程监理费用一般参考国家以往收费标准或以人工成本加酬金等方式计取。

四、开标、评标、定标

(一)开标

开标，是指招标人将所有投标人的投标文件启封揭晓。《招标投标法》规定，开标应当在招标通告中约定的地点、招标文件确定的提交投标文件截止时间的同一时间公开进行。开标由招标人主持，邀请所有投标人参加。开标时，要当众宣读投标人名称、投标价格、有无撤标情况以及招标单位认为其他合适的内容。开标一般应按照下列程序进行。

(1)主持人宣布开标会议开始，介绍参加开标会议的单位、人员名单及工程项目的有关情况。

(2)请投标单位代表确认投标文件的密封性。

(3)宣布公证、唱标、记录人员名单和招标文件规定的评标原则、定标办法。

(4)宣读投标单位的名称、投标报价、投标担保或保函以及投标文件的修改、撤回等情况，并当场做记录。

(5)与会的投标单位法定代表人或者其代理人在记录上签字，确认开标结果。

(6)宣布开标会议结束，进入评标阶段。

投标单位法定代表人或授权代表未参加开标会议的视为自动弃权。投标文件有下列情形之一的将视为无效。

(1)投标文件未按照招标文件的要求予以密封的。

(2)投标文件中的投标函未加盖投标人的企业及企业法定代表人印章的，或者企业法定代表人委托代理人没有合法、有效的委托书(原件)及委托代理人印章的。

(3)投标文件的关键内容字迹模糊、无法辨认的。

(4)投标人未按照招标文件的要求提供投标保函或者投标保证金的。

(5)组成联合体投标的，投标文件未附联合体各方共同投标协议的。

(6)逾期送达。对未按规定送达的投标书，应视为废标，原封退回。但对于因非投标者的过失(因邮政、战争、罢工等原因)，而在开标之前未送达的，投标单位可考虑接受该迟到的投标书。

(二)评标

工程建设监理评标通常采用“综合评估法”，即：通过衡量投标文件是否最大限度地满足招标文件中规定的各项评价标准，对技术、企业资信、服务报价等因素进行综合评价从而确定中标人。

综合评估法又称打分法、百分制计分评价法。通常是在招标文件中明确规定需量化的评价因素及其权重，评标委员会根据投标文件内容和评分标准逐项进行分析记分、加权汇总，计算出各投标单位的综合评分，然后按照综合评分由高到低的顺序确定中标候选人或直接选定得分最高者为中标人。

综合评估法是我国各地广泛采用的评标方法，其特点是量化所有评标指标，由评标委员会专家分别打分，减少了评标过程中的相互干扰，增强了评标的科学性和公正性。需要注意的是，评标因素指标的设置和评分标准分值或权重的分配，应能充分评价工程监理单位的整体素质和综合实力，体现评标的科学、合理性。

现以某工程建设监理评标为例：某工程建设监理评标办法中规定，采用综合评估法进行评标，以得分最高者为中标单位。评价内容包括：资信业绩、监理大纲、服务报价、其他因素等，进行综合评分，并按综合评分顺序推荐3名合格中标候选人。

1. 初步评审

评标委员会对投标文件进行初步评审，初步评审包括形式评审、资格评审和响应性评审，并填写符合性检查表。只有通过初步评审的投标文件才能参加详细评审。

(1)形式评审标准：

1)投标人名称：与营业执照、资质证书一致。

2)投标函及投标函附录签字盖章：由法定代表人或其委托代理人签字或加盖单位章。

由法定代表人签字的，应附法定代表人身份证明，由代理人签字的，应附授权委托书，身份证明或授权委托书应符合招标文件中“投标文件格式”的规定。

3)投标文件格式：符合招标文件中“投标文件格式”的规定。

4)联合体投标人：提交符合招标文件要求的联合体协议书，明确各方承担连带责任，并明确联合体牵头人。

5)备选投标方案：除招标文件明确允许提交备选投标方案外，投标人不得提交备选投标方案。

(2)资格评审标准：

1)营业执照和组织机构代码证：“投标人基本情况表”应附投标人营业执照和组织机构代码证的复印件(按照“三证合一”或“五证合一”登记制度进行登记的，可仅提供营业执照复印件)、投标人监理资质证书副本等材料的复印件。

2)资质要求、财务要求、业绩要求、信誉要求、总监理工程师、其他主要人员、试验检测仪器设备、其他要求需符合招标文件中的要求。

3)联合体投标人：①联合体各方应按招标文件提供的格式签订联合体协议书，明确联合体牵头人和各方权利义务，并承诺就中标项目向招标人承担连带责任；②由同一专业的单位组成的联合体，按照资质等级较低的单位确定资质等级；③联合体各方不得再以自己名义单独或参加其他联合体在本招标项目中投标，否则各相关投标均无效。

4)投标人不得存在下列情形之一：①为招标人不具有独立法人资格的附属机构(单位)；②与招标人存在利害关系且可能影响招标公正性；③与本招标项目的其他投标人为同一个单位负责人；④与本招标项目的其他投标人存在控股、管理关系；⑤为本招标项目的代建人；⑥为本招标项目的招标代理机构；⑦与本招标项目的代建人或招标代理机构同为一个法定代表人；⑧与本招标项目的代建人或招标代理机构存在控股或参股关系；⑨与本招标项目的施工承包人以及建筑材料、建筑构配件和设备供应商有隶属关系或者其他利害关系；⑩被依法暂停或者取消投标资格；⑪被责令停产停业、暂扣或者吊销许可证、暂扣或者吊销执照；⑫进入清算程序，或被宣告破产，或其他丧失履约能力的情形；⑬在最近三年内发生重大监理质量问题(以相关行业主管部门的行政处罚决定或司法机关出具的有关法律文书为准)；⑭被工商行政管理机关在全国企业信用信息公示系统中列入严重违法失信企业名单；⑮被最高人民法院在“信用中国”网站(www. creditchina. gov. cn)或各级信用信息共享平台中列入失信被执行人名单；⑯在近三年内投标人或其法定代表人、拟委任的总监理工程师有行贿犯罪行为的(以检察机关职务犯罪预防部门出具的查询结果为准)；⑰法律法规或投标人须知前附表规定的其他情形。

(3)响应性评审标准：

1)投标报价：①投标报价应包括国家规定的增值税税金，除投标人须知前附表另有规定外，增值税税金按一般计税方法计算；②报价方式见招标文件中要求；③招标人设有最高投标限价的，投标人的投标报价不得超过最高投标限价，最高投标限价在招标文件中载明。

2)投标内容：符合招标文件要求。

3)监理服务期限：符合招标文件要求。

4)质量标准：符合招标文件要求。

5)投标有效期：除招标文件另有规定外，投标有效期为90天。

6)投标保证金：投标人在递交投标文件的同时，应按投标人须知前附表规定的金额、形式和招标文件中规定的形式递交投标保证金。境内投标人以现金或者支票形式提交的投标保证金，应当从其基本账户转出并在投标文件中附上基本账户开户证明。联合体投标的，其投标保证金可以由牵头人递交，并应符合招标文件的规定。

7)权利义务：一般义务(包括遵守法律、依法纳税、完成全部监理工作和其他义务)、履约保证金、联合体、总监理工程师、监理人员的管理、撤换总监理工程师和其他人员、保障人员的合法权益、合同价款应专款专用。

8)监理大纲：符合“委托人要求”中的实质性要求和条件。

投标文件有一项不符合以上评审标准的，评标委员会应当否决其投标。

投标人有以下情形之一的，评标委员会应当否决其投标：

(1)投标文件没有对招标文件的实质性要求和条件做出响应，或者对招标文件的偏差超出招标文件规定的偏差范围或最高项数；

(2)有串通投标、弄虚作假、行贿等违法行为。

2. 详细评审

评标委员会按评标办法中规定的量化因素和分值进行打分，并计算出综合评估得分。

(1)详细评审内容及分值构成(表3-1)。

表 3-1 监理评标详细评审内容及分值构成

序号	评审内容	分值分配
1	资信业绩	20
2	监理大纲	60
3	投标报价	20
总计		100

(2)具体评分标准。

1)资信业绩(20分)评分标准(表3-2)。

表 3-2 资信业绩评分标准

序号	评分内容	分值分配	评分办法
1.1	信誉	2	近5年内获得省部级及以上相关荣誉，有1项得2分，最多加至2分
1.2	类似工程业绩	2	近5年内承担过类似工程，以中标通知书发出或合同签订日期为准(自开标之日起向前推算5年)，有1项得2分，最多加至2分
1.3	总监理工程师资历和业绩	10	总监理工程师监理工作经历、总监理工程师资历、近5年内承接过类似专业的工程，且担任总监理工程师
1.4	其他主要人员资历和业绩	3	项目监理机构其他人员专业分工是否明确、相关证书是否齐全
1.5	拟投入的试验检测仪器设备	3	测量仪器与检测设备配备是否得当、测量与检测方法是否有效

2)监理大纲(60分)评分标准(表3-3)。

表 3-3 监理大纲评分标准

序号	评分内容	分值分配	评分办法
2.1	监理范围、监理内容	5	监理工作内容和范围、程序和流程是否能全面涵盖本工程
2.2	监理依据、监理工作目标	5	监理依据是否充分、监理工作目标是否明确
2.3	监理机构设置和岗位职责	10	项目监理机构岗位设置与职责是否明确
2.4	监理工作程序、方法和制度	5	监理工作程序、方法和制度是否清晰、全面
2.5	质量、进度、造价、安全、环保监理措施	10	质量、进度、造价、安全环保监理措施是否科学、合理
2.6	合同、信息管理方案	5	合同、信息管理方案是否科学、全面
2.7	监理组织协调内容及措施	5	组织协调内容及措施是否合理、全面
2.8	监理工作重点、难点分析	10	对项目特点、难点及重点的分析是否透彻
2.9	合理化建议	5	是否能提供有效的技术建议

3)服务报价(20分)评分标准(表3-4)。

表3-4　服务报价评分标准

序号	评分内容	分值分配	评分办法
3.1	服务报价	20	对经评审的有效报价作算术平均(有效投标人≥6时，应去掉投标最高价1家和最低价1家后再算术平均)，将该平均值下浮3%(下浮率由招标人确定，下浮区间：3%～8%)作为基准价(得10分)。各投标人报价与基准价相比，每上浮1%扣0.5分(最多扣至5分)，每下浮1%扣0.25分(最多扣至5分)(按照线性插入法算)

3. 投标文件澄清

除评标办法中规定的重大偏差外，投标文件存在的其他问题应视为细微偏差。为了有助于投标文件的审查、评价和比较，评标委员会可书面通知投标人澄清或说明其投标文件中不明确的内容，或要求补充相应资料或对细微偏差进行补正。投标人对此不得拒绝，否则，作废标处理。

有关澄清、说明和补正的要求和回答均以书面形式进行，但招标人和投标人均不得因此而提出改变招标文件或投标文件实质内容的要求。投标人的书面澄清、说明或补正属于投标文件的组成部分。

评标委员会不接受投标人对投标文件的主动澄清、说明和补正。

4. 评标结果

评标委员会汇总每位评标专家的评分后，去掉一个最高分和一个最低分，取其他评标专家评分的算术平均值计算每个投标人的最终得分，并以投标人的最终得分高低顺序推荐3名中标候选人。投标人综合评分相等时，以投标报价低的优先；投标报价也相等的，由招标人自行确定。

评标委员会完成评标后，应当向招标人提交书面评标报告。

第二节　工程建设监理合同

工程建设监理合同是指委托人(建设单位)与监理人(工程监理单位)就委托的工程建设监理与相关服务内容签订的明确双方义务和责任的协议。其中，委托人是指委托工程监理与相关服务的一方及其合法的继承人或受让人；监理人提供监理与相关服务的一方及其合法的继承人。

一、监理合同的作用与特点

1. 监理合同的作用

工程建设监理制是我国建筑业在市场经济条件下保证工程质量、规范市场主体行为、提高管理水平的一项重要措施。工程监理与发包人和承包商共同构成了建筑市场的主体，为了使建筑市场的管理规范化、法制化，大型工程建设项目不仅要实行建设监理制，而且要求发包人必须以合同形式委托监理任务。监理工作的委托与被委托实质上是一种商业行为，所以必须以书面合同形式来明确工程服务的内容，以便为发包人和监理单位的共同利益服务。监理合同不仅明确了双方的责任和合同履行期间应遵守的各项约定，成为当事人的行为准则，而且可以作为保护任何一方合法权益的依据。

作为合同当事人一方的工程建设监理公司应具备相应的资格：不仅要求其是依法成立并已注册的法人组织，而且要求它所承担的监理任务应与其资质等级和营业执照中批准的业务范围相一致，既不允许低资质的监理公司承接高等级工程的监理业务，也不允许承接虽与资质级别相适应，但工作内容超越其监理能力范围的工作，以保证所监理工程的目标顺利、圆满实现。

2. 监理合同的特点

监理合同是委托合同的一种，除具有委托合同的共同特点外，还具有以下特点。

(1)监理合同的当事人双方应当是具有民事权利能力和民事行为能力、取得法人资格的企事业单位、其他社会组织，个人在法律允许的范围内也可以成为合同当事人。委托人必须是具有国家批准的建设项目，落实投资计划的企事业单位、其他社会组织及个人，作为受托人必须是依法成立具有法人资格的监理企业，并且所承担的工程监理业务应与企业资质等级和业务范围相符合。

(2)监理合同委托的工作内容必须符合工程项目建设程序，遵守有关法律、行政法规。监理合同以对工程建设项目实施控制和管理为主要内容，因此，监理合同必须符合工程建设项目的程序，符合国家和住房城乡建设主管部门颁发的有关工程建设的法律、行政法规、部门规章和各种标准、规范要求。

(3)委托监理合同的标的是服务。工程建设实施阶段所签订的其他合同，如勘察设计合同、施工承包合同、物资采购合同、加工承揽合同的标的物是产生新的物质成果或信息成果，而监理合同的标的是服务，即监理工程师凭借自己的知识、经验、技能受发包人委托为其所签订其他合同的履行实施监督和管理。

二、监理合同的形式

为了明确监理合同当事人双方的权利和义务关系，应当以书面形式签订监理合同，而不能采用口头形式。由于发包人委托监理任务有繁有简，具体工程监理工作的特点各异，因此监理合同的内容和形式也不尽相同。经常采用的合同形式有以下几种。

(1)双方协商签订的合同。这种监理合同以法律和法规的要求为基础，双方根据委托监理工作的内容和特点，通过友好协商订立有关条款，达成一致后签字盖章生效。合同的格式和内容不受任何限制，双方就权利和义务所关注的问题以条款形式具体约定即可。

(2)信件式合同。通常由监理单位编制有关内容，由发包人签署批准意见，并留一份备案后退给监理单位执行。这种合同形式适用于监理任务较小或简单的小型工程。也可能是在正规合同的履行过程中，依据实际工作进展情况，监理单位认为需要增加某些监理工作任务时，以信件的形式请示发包人，经发包人批准后作为正规合同的补充合同文件。

(3)委托通知单。正规合同履行过程中，发包人以通知单形式把监理单位在订立委托合同时建议增加而当时未接受的工作内容进一步委托给监理方。这种委托只是在原定工作范围之外增加少量工作任务，一般情况下原订合同中的权利和义务不变。如果监理单位不表示异议，则委托通知单就成为监理单位所接受的协议。

(4)标准化合同。为了使委托监理行为规范化，减少合同履行过程中的争议或纠纷，政府部门或行业组织制订出标准化的合同示范文本，供委托监理任务时作为合同文件采用。标准化合同通用性强，采用规范的合同格式，条款内容覆盖面广，双方只要就达成一致的内容写入相应的具体条款中即可。标准合同由于将履行过程中涉及的法律、技术、经济等各方面问题都作出了相应的规定，合理地分担双方当事人的风险并约定了各种情况下的执行程序，不仅有利于双方在签约时讨论、交流和统一认识，而且有助于监理工作的规范化实施。

三、《建设工程监理合同(示范文本)》(GF—2012—0202)的结构

工程建设监理合同的订立，意味着委托关系的形成，委托人与监理人之间的关系将受到合同约束。为了规范工程建设监理合同，住房和城乡建设部与国家工商行政管理总局于2012年3月发布了《建设工程监理合同(示范文本)》(GF—2012—0202)，该合同示范文本由“协议书”“通用条件”“专用条件”以及附录A和附录B组成。

建设工程监理合同(示范文本)

1. 协议书

协议书不仅明确了委托人和监理人，而且明确了双方约定的委托工程建设监理与相关服务的工程概况(工程名称、工程地点、工程规模、工程概算投资额或建筑安装工程费)；总监理工程师(姓名、身份证号、注册号)；签约酬金(监理酬金、相关服务酬金)；服务期限(监理期限、相关服务期限)；双方对履行合同的承诺及合同订立的时间、地点、份数等。

协议书还明确了工程建设监理合同的组成文件：

(1)协议书。

(2)中标通知书(适用于招标工程)或委托书(适用于非招标工程)。

(3)投标文件(适用于招标工程)或监理与相关服务建议书(适用于非招标工程)。

(4)专用条件。

(5)通用条件。

(6)附录：

1)附录A相关服务的范围和内容。

2)附录B委托人派遣的人员和提供的房屋、资料、设备。

工程建设监理合同签订后，双方依法签订的补充协议也是工程建设监理合同文件的组成部分。协议书是一份标准的格式文件，经当事人双方在空格处填写具体规定的内容并签字盖章后，即发生法律效力。

2. 通用条件

通用条件涵盖了工程建设监理合同中所用的词语定义与解释，监理人的义务，委托人的义务，签约双方的违约责任，酬金支付，合同的生效、变更、暂停、解除与终止，争议解决及其他诸如外出考察费用、检测费用、咨询费用、奖励、守法诚信、保密、通知、著作权等方面的约定。通用文件适用于各类工程建设监理，各委托人、监理人都应遵守通用条件中的规定。

3. 专用条件

由于通用条件适用于各行业、各专业工程建设监理，因此，其中的某些条款规定得比较笼统，需要在签订具体工程建设监理合同时，结合地域特点、专业特点和委托监理的工程特点，对通用条件中的某些条款进行补充、修改。

所谓“补充”，是指通用条件中的条款明确规定，在该条款确定的原则下，专用条件中的条款需要进一步明确具体内容，使通用条件、专用条件中相同序号的条款共同组成一条内容完备的条款。如通用条件相关规定，监理依据包括：

(1)适用的法律、行政法规及部门规章。

(2)与工程有关的标准。

(3)工程设计及有关文件。

(4)本合同及委托人与第三方签订的与实施工程有关的其他合同。

双方根据工程建设的行业和地域特点，在专用条件中具体约定监理依据。

就具体工程建设监理而言，委托人与监理人就需要根据工程的行业和地域特点，在专用条件中相同序号条款中明确具体的监理依据。

所谓“修改”，是指通用条件中规定的程序方面的内容，如果双方认为不合适，可以协议修改。如通用条件中规定，委托人应授权一名熟悉工程情况的代表，负责与监理人联系。委托人应在双方签订本合同后7天内，将委托人代表的姓名和职责书面告知监理人。

当委托人更换委托人代表时，应提前7天通知监理人。如果委托人或监理人认为7天的时间太短，经双方协商达成一致意见后，可在专用条件相同序号条款中写明具体的延长时间，如改为14天等。

第三节　工程建设委托监理合同

一、工程建设委托监理合同的概念

工程建设委托监理合同简称监理合同，是指委托人与监理人就委托的工程项目管理内容签订的明确双方权利、义务的协议。

监理合同是一种委托合同，但又与其他委托合同有着本质区别。监理合同的标的是服务，即监理工程师依据自己的知识、经验、技能等为委托方提供服务，对委托方所签订的其他合同的履行实施监督和管理。

二、工程建设委托监理合同的主要内容

(一)合同当事人

说明签约双方单位的名称、地址、性质等。

(二)委托项目概况

说明项目名称、性质、规模、地点、投资、工期等。

(三)合同当事人的义务

1. 业主的义务

按规定支付监理费用；提供法律、资金和保险等服务；提供监理工作需要的数据、资料；提供监理人员现场办公条件；提供交通工具、通信工具和检测试验等设备；限期内审查和批复监理单位提交的文件等。

2. 监理人义务

编写开工报告；审查施工组织设计或施工方案；审查材料设备的规格、质量；监督工程施工过程，特别是主要部位及隐蔽工程；质量控制；材料质量检验；工程进度控制；施工验收；

设计修改和技术洽商；签发付款凭证；工程结算；监督安全防护措施；技术措施；技术资料、图纸归档；事故处理等。

(四)监理工程师服务内容

说明是全过程监理服务，还是阶段性监理服务，或者是特定的某种服务；在合同执行过程中，业主要求其他服务内容时，需经双方重新协商后确定；每项服务的内容或者是某些不属于监理工程师提供服务的内容，都应在合同中详细说明。

(五)监理费用

说明监理费用额度、计算方法、支付时间及支付方式等。

(六)维护合同双方利益的条款

1. 维护业主利益的条款

(1)规定监理工作进度计划，说明各项工作完成的时间安排；

(2)监理单位向业主提供的保障；

(3)未经业主允许，监理单位不得将监理业务分包出去；

(4)规定监理工程师行使权力的范围，监理工程师不得超越这个范围行使权力；

(5)监理单位有违约行为时，业主有权终止合同；

(6)监理单位派出的监理人员如不能胜任工作，应及时调离；

(7)监理单位应及时提供各种完整的技术资料；

(8)监理工程师应定期向业主报告工程进展各阶段的情况。

2. 维护监理人利益的条款

(1)业主在合同以外另外委托的事务，应另支付费用；

(2)不应列入监理服务范围的内容，应在合同中说明；

(3)由于业主的失误导致的损失或额外费用，应由业主承担；

(4)非人力的意外原因或业主的原因造成的工作延误，监理工程师应受到的保护；

(5)由于业主未及时批复监理工程师的文件而造成的延期，应由业主承担责任；

(6)凡合同中任何授予业主合同的条款，都应同时有由于监理工程师的工作所产生的费用和因终止合同所造成的损失给予合理补偿的条款。

三、工程建设委托监理合同的组成

对委托人和监理人有约束力的合同，除双方签署的“合同”协议外，还应包括以下文件：

(1)监理投标书或中标通知书；

(2)工程建设委托监理合同标准条件；

(3)工程建设委托监理合同专用条件；

(4)在实施过程中双方共同签署的补充与修正文件。

四、工程建设委托监理合同的订立

监理单位经过和业主协商或投标获得监理业务之后，就要和业主谈判，订立工程建设监理合同。订立合同是承接监理业务的最后一个环节，其目的是把监理单位和业主经过商谈取得的一致意见，用合同的形式固定下来，使其受到法律的保护和约束。

订立工程建设监理合同，必须遵循《合同法》的规定，同时也要符合工程建设监理有关法规的规定。为了使工程建设监理合同更加规范，提高订立合同的质量，住房和城乡建设部与国家工商行政管理局联合印发了《建设工程监理合同》(示范文本)。订立监理合同的双方，只要在示范文本中合同标准条件的基础上经协商达成一致意见，形成合同专用条件和补充条款即可。

本章小结

工程建设监理招标投标是工程建设项目招标投标的一个组成部分。采用招标投标方式择优选择监理单位，是业主能够获得高质量服务的最好的委托监理业务的方式。工程建设监理合同，是指委托人与监理人就委托的工程项目管理内容签订的明确双方权利、义务的协议。本章还介绍了工程建设监理招标投标的程序。

思考与练习

一、填空题

1. 工程监理招标投标活动应当遵循________、________、________和________原则。

2. 工程建设监理招标方式分为________和________。

3. 工程建设监理招标资格审查可分为________和________两种。

4. 招标人与中标人应当自发出中标通知书之日起________内，依据中标通知书、招标文件中的合同构成文件签订工程监理合同。

5. 常用的投标决策定量分析方法有________和________。

6. ________是指招标人将所有投标人的投标文件启封揭晓。

7. 工程建设委托监理合同是指________与________就________的工程项目管理内容签订的明确双方权利、义务的协议。

二、多项选择题

1. 公开招标与邀请招标在招标程序上的主要区别有(　　)。

A. 招标信息内容不同　　B. 招标信息的发布方式不同

C. 对投标人资格预审的时间不同　　D. 邀请的对象不同

E. 招标费用不同

2. 工程建设监理招标准备工作包括(　　)。

A. 确定招标组织　　B. 明确招标范围和内容

C. 编制招标方案　　D. 准备招标资金

E. 准备招标场地

3. 招标公告与投标邀请书应当载明的内容包括(　　)。

A. 建设单位的名称和地址　　B. 招标项目的性质

C. 招标项目的资金　　D. 招标项目的实施地点

E. 招标项目的实施时间

4. 经常采用的合同形式有(　　)。

A. 双方协商签订的合同　　B. 信件式合同

C. 委托通知单　　D. 标准化合同

E. 口头式合同

三、简答题

1. 委托监理业务范围应考虑的因素有哪些?

2. 工程建设监理招标方式有哪些?

3. 简述工程建设监理招标的程序。

4. 监理合同的作用有哪些?

5.《建设工程监理合同》的通用条件包括哪些?

第四章　工程建设监理组织

知识目标

了解组织的概念、组织结构、组织设计及组织活动基本原理；熟悉项目监理机构人员配置及其基本职责；掌握项目监理机构组织形式及建立步骤、项目监理组织各类人员的基本职责。

能力目标

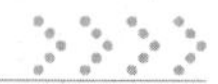

能进行工程建设监理组织协调。

第一节　组织概述

一、组织的概念

所谓组织，就是为了使系统达到其特定的目标，使全体参加者经分工与协作以及设置不同层次的权力和责任制度而构成的一种人的组合体。

组织有两种含义：一是作为名词出现的，指组织机构。组织机构是按一定领导体制、部门设置、层次划分、职责分工、规章制度和信息系统等构成的有机整体，是社会人的结合形式，可以完成一定的任务，并为此而处理人和人、人和事及人和物的关系。二是作为动词出现的，指组织行为，即通过一定的权力和影响力，为达到一定目标，对所需资源进行合理配置，处理人和人、人和事以及人和物关系的行为。

与上述的组织的含义相应，组织理论分为两个相互联系的分支学科，即组织结构学和组织行为学。前者以研究如何建立精干、高效的组织结构为目的；后者以研究如何建立良好的人际关系、提高行动效率为目的。

二、组织结构

组织内部构成和各部分间所确立的较为稳定的相互关系和联系方式，称为组织结构。以下几种提法反映了组织结构的基本内涵：①确定正式关系与职责的形式；②向组织各个部门或个人分派任务和各种活动的方式；③协调各个分离活动和任务的方式；④组织中权力、地位和等级关系。

1. 组织结构与职权的关系

组织结构与职权形态之间存在着一种直接的相互关系，这是因为组织结构与职位以及职位间关系的确立密切相关，因而组织结构为职权关系提供了一定的格局。组织中的职权指的就是组织中成员间的关系，而不是某一个人的属性。职权的概念是与合法地行使某一职位的权力紧密相关的，而且是以下级服从上级的命令为基础的。

2. 组织结构与职责的关系

组织结构与组织中各部门、各成员的职责的分派直接有关。在组织中，只要有职位就有职权，而只要有职权也就有职责。组织结构为职责的分配和确定奠定了基础，而组织的管理则是以机构和人员职责的分派和确定为基础的，利用组织结构可以评价组织各个成员的功绩与过错，从而使组织中的各项活动有效地开展起来。

3. 组织结构图

组织结构图是组织结构简化了的抽象模型。但是，它不能准确、完整地表达组织结构，如它不能说明一个上级对其下级所具有的职权的程度以及平级职位之间相互作用的横向关系。尽管如此，它仍不失为一种表示组织结构的好方法。

三、组织设计

组织设计是指选定一个合理的组织系统，划分各部门的权限和职责，确立各种基本的规章制度，也就是说组织设计就是对组织活动和组织结构的设计过程，有效的组织设计在提高组织活动效能方面起着重大的作用。

1. 组织构成要素

组织构成受多种因素的制约，最主要的有管理部门、管理跨度、管理层次和管理职能。各因素之间相互联系、相互制约。

(1)管理部门。管理部门是指组织机构内部专门从事某一方面业务工作的单位。建立组织时必须根据业务工作的性质进行适当分工，适当划分管理部门是建立组织首先必须解决的问题。如果部门划分得不合理，会造成控制协调困难，人浮于事，导致人力、物力、财力的浪费。

管理部门的划分必须做到：适应需要，有明确的业务范围和足够的业务量；功能专一，便于实行专业化管理；权责分明，各部门要有明确的责任和权力；各部门业务工作的集合应包括所有业务工作，否则会出现有事无人管的现象；各部门之间的关系要明确，便于协作。

(2)管理跨度。管理跨度又称管理幅度，是指一名管理者直接而有效地管理下级人员的数量。管理幅度是有限的，过大或过小都会影响工作，或造成领导管理顾此失彼，或不利于充分发挥领导管理者的能力。

管理跨度的大小有多种影响因素，主要有管理者本人的能力、授权程度，被管理者能力素质，工作的性质及复杂程度、责任大小等。

管理跨度大小随工作量的增多成倍增长，科学合理确定管理幅度，需要认真分析工作性质、不断积累经验，在实践中进行必要的调整。

(3)管理层次。管理层次是指从高级管理者到实际工作人员之间分级管理的级数。管理层次可分为决策层、协调层、执行层和操作层。决策层的任务是确定管理组织的目标和方针，是组织系统的首脑中心，其人员必须精干、高效；协调层的职能是参谋、咨询，其人员必须有较高的业务能力；执行层主要是直接调动组织具体活动，要求具有实干精神并能坚决贯彻管理指令；操作层是具体从事操作和完成具体任务的，要求具有熟练的作业技能。

管理层次实质上体现了最高领导者到工人之间信息传递的距离，管理层次越多，传递信息距离越远，往往会影响工作效率，增加管理人员。但也并非管理层次越少越好。

(4)管理职能。组织设计确定各部分的职能，应使纵向的领导、检查、指挥灵活，达到指令传递快、信息反馈及时；又要使横向各部门间相互联系、协调一致，使各部分有职责、尽职责。

2. 建立组织系统应遵循的原则

(1)任务、目标原则。任务和目标就是组织活动要进行和完成的事。组织设计的根本目的就是确保任务完成、目标实现。因此，组织设计要以事为中心，因事设机构、设职位、配人员，做到人与事高度配合，而不能以人为中心，因人而设职，因职而设事。

(2)分工协作原则。根据提高管理效率的要求，把任务目标分成各级、各部门、每个人的任务、目标，在此基础上，确定它们相互之间的协作配合关系，不能出现职责不清、无人负责的混乱局面。这样有利于激发各级管理人员的积极性、主动性和创造性，充分发挥各级管理人员的聪明才干。

(3)责、权、力、效、利相一致的原则。责、权、力、效、利相一致的原则是组织设计中非常重要的原则。要求职责要明确，同时要授予相应的权力，能力要相当，效益要界定，利益要挂钩；做到负责任的人必须有权，有权的人必须负有责任，利益与工作业绩、效益直接挂钩，奖惩分明，提高人的工作积极性和组织活力。

(4)命令统一原则。保证命令和指挥集中统一，能够有效地、系统地安排各种资源，统一指挥各项活动，统一协调各部门间关系。下级机构仅接受一个上级机构的命令和指挥，而不能多头领导。

(5)精干、高效原则。管理层次合理、机构精干、工作效率高。精干的关键在于适度，审时度势，适当地划分管理层次和跨度，减少管理工作中重复的环节，是建立有效组织的基本条件。

四、组织活动基本原理

建立完善的组织结构仅仅是保证组织目标实现的基本条件，为了确保组织目标实现，组织的管理者还必须在组织活动中遵循一定的原理。

1. 要素有用性

一个组织系统中的基本要素有人力、财力、物力、信息、时间等，这些要素有的作用大，有的作用小；有的要素起核心主要的作用，有的要素起辅助次要的作用；有的要素暂时不起作用，将来才起作用；有的要素在某种条件下、某一方面、某个地方不能发挥作用，但在另一条件下、另一方面、另一个地方就能发挥作用。

一切要素都有作用，这是要素的共性，然而要素不仅有共性，而且还有个性。例如：同样是监理工程师，由于专业、知识、能力、经验等水平的差异，所起的作用也就不同。因此，管理者在组织活动过程中不但要看到一切要素都有作用，还要具体分析发现各要素的特殊性，以便充分发挥每一要素的作用。

2. 动态相关性

组织系统处在静止状态是相对而言的。组织系统内部各要素之间既相互联系，又相互制约；既相互依存，又相互排斥，这种相互作用推动组织活动的进步与发展。这种相互作用的因子叫相关因子。充分发挥相关因子的作用，可以发生质变。一加一可以等于二，也可以大于二，还可以小于二。“三个臭皮匠，顶个诸葛亮”，就是相关因子起了积极作用；“一个和尚挑水吃，两个和尚抬水吃，三个和尚没水吃”，就是相关因子起了内耗作用。整体效应不等于其各局部效应的简单相加，各局部效应之和与整体效应不一定相等，这就是动态相关性原理。管理者的任务就在于，使组织机构活动的整体效应大于其局部效应之和。

3. 主观能动性

人具有主观能动性，不但从实践中认识客观规律，而且还能把这种认识反作用于客观环境，从而实现改造客观环境的目的。同时，人还是有思想有感情的，激情能促使人发挥更大的作用，人是生产力中的最重要要素。因此，组织管理者的一项重要任务就是要让人的主观能动性发挥出来，从而最大限度地提高组织活动效率。

4. 规律效应性

规律就是客观事物内部的、本质的、必然的联系。组织管理者在管理过程中要掌握客观规律，按照客观规律办事。规律与效应的关系密切，一个成功的组织管理者懂得只有努力掌握客观规律，才有取得效应的可能。而要取得好的效应，就要主动研究规律，坚决按规律办事。

第二节　工程建设监理组织机构

一、项目监理机构组织形式

项目监理机构组织形式要根据工程项目的特点、发承包模式、业主委托的任务，依据建设监理行业特点和监理单位自身状况，科学、合理地进行确定。现行的建设监理组织形式主要有直线制监理组织、职能制监理组织、直线职能制监理组织和矩阵制监理组织等形式。

1. 直线制监理组织形式

直线制监理组织形式又可分为按子项目分解的直线制监理组织形式(图 4-1)和按建设阶段分解的直线制监理组织形式(图 4-2)。对于小型工程建设，也可以采用按专业内容分解的直线制监理组织形式(图 4-3)。

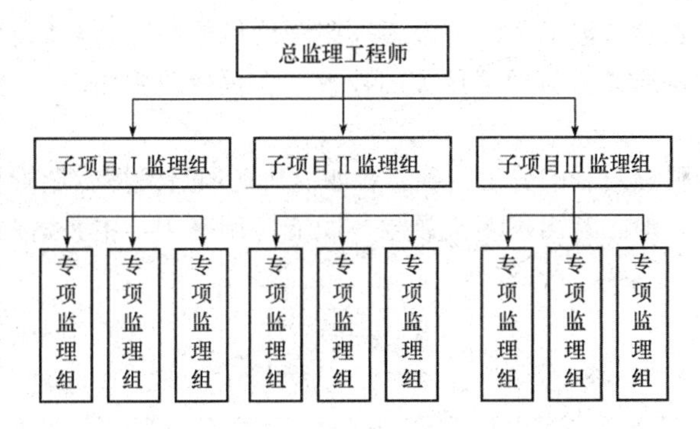

图 4-1　按子项目分解的直线制监理组织形式

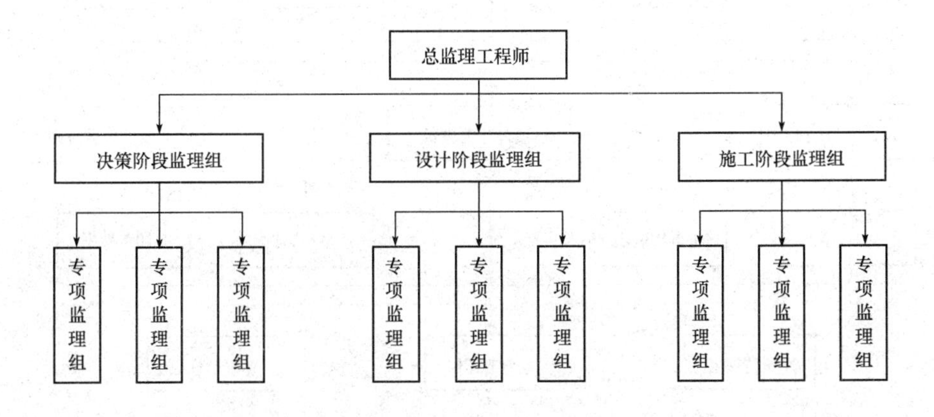

图 4-2　按建设阶段分解的直线制监理组织形式

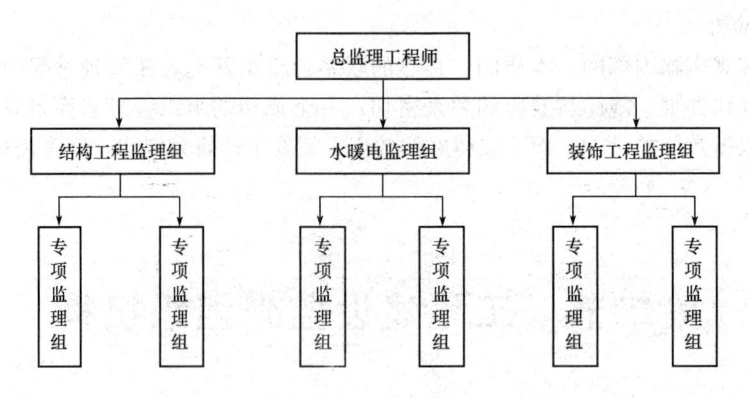

图 4-3　按专业内容分解的直线制监理组织形式

直线制监理组织形式简单，其中各种职位按垂直系统直线排列。总监理工程师负责整个项目的规划、组织、指导与协调，子项目监理组分别负责各子项目的目标控制、具体领导现场专业或专项组的工作。

直线制监理组织机构简单、权力集中、命令统一、职责分明、决策迅速、专属关系明确，但要求总监理工程师在业务和技能上是全能式人物，适用于监理项目可划分为若干个相对独立子项目的大中型建设项目。

2. 职能制监理组织形式

职能制监理组织是在总监理工程师下设置一些职能机构，分别从职能的角度对高层监理组进行业务管理。职能机构通过总监理工程师的授权，在授权范围内对主管的业务下达指令。其组织形式如图 4-4 所示。

职能制监理组织的目标控制的分工明确，各职能机构通过发挥专业管理能力提高管理效率。总监理工程师负担减少，但容易出现多头领导，职能协调麻烦，主要适用于工程项目地理位置相对集中的建设项目。

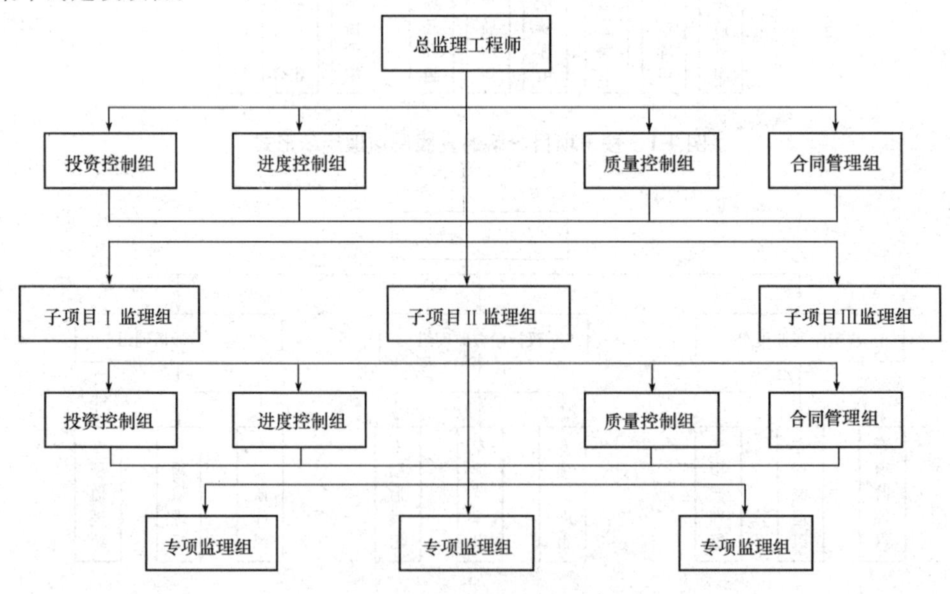

图 4-4　职能制监理组织形式

3. 直线职能制监理组织形式

直线职能制监理组织形式是吸收了直线制监理组织形式和职能制监理组织形式的优点而形成的一种组织形式。指挥部门拥有对下级实行指挥和发布命令的权力，并对该部门的工作全面负责；职能部门是直线指挥人员的参谋，他们只能对指挥部门进行业务指导，而不能对指挥部门直接进行指挥和发布命令。其组织形式如图 4-5 所示。

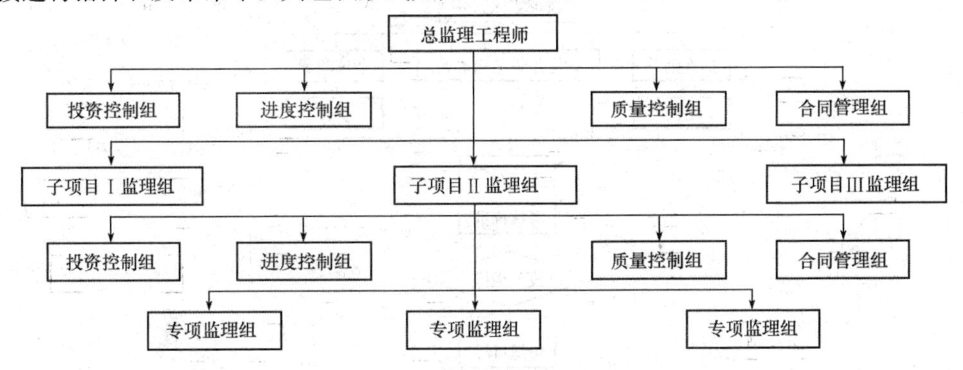

图 4-5　直线职能制监理组织形式

直线职能制组织集中领导、职责分明、管理效率高、适用范围较广泛，但职能部门与指挥部门易产生矛盾，不利于信息情报传递。

4. 矩阵制监理组织形式

矩阵制监理组织由纵向的职能系统与横向的子项目系统组成矩阵组织结构，各专业监理组同时受职能机构和子项目组直接领导，如图 4-6 所示。

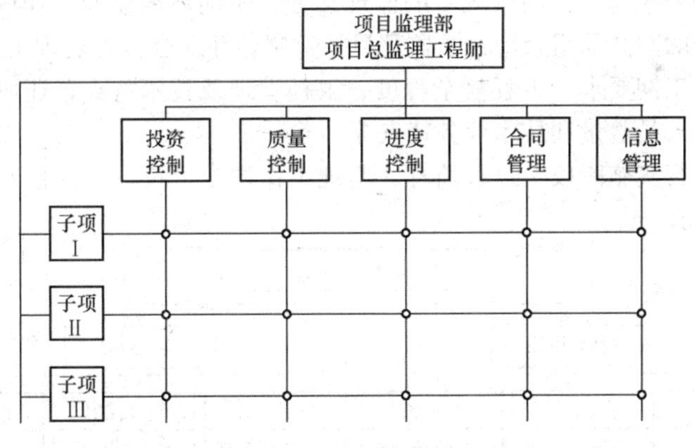

图 4-6　矩阵制监理组织形式

矩阵制监理组织形式加强了各职能部门的横向领导，具有较好的机动性和适应性，上下左右集权与分权达到最优结合，有利于复杂与疑难问题的解决，且有利于培养监理人员业务能力。但由于纵横向协调工作量较大，故容易产生矛盾。

矩阵制监理组织形式适用于监理项目能划分为若干个相对独立子项的大中型建设项目，有利于总监理工程师对整个项目实施规划、组织、协调和指导，有利于统一监理工作的要求和规范化，同时又能发挥子项工作班子的积极性，强化责任制。

但采用矩阵制监理组织形式时须注意，在具体工作中要确保指令的唯一性，明确规定当指令发生矛盾时应执行哪一个指令。

二、项目监理机构的建立步骤

项目监理机构一般按图 4-7 所示的步骤组建。

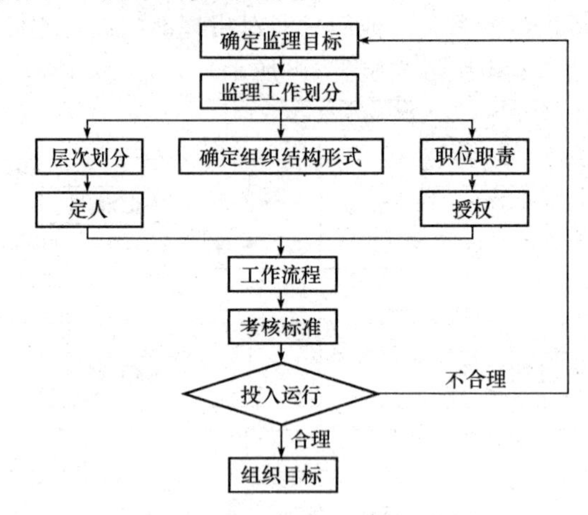

图 4-7　项目监理机构组建步骤

1. 确定项目监理机构目标

工程建设监理目标是项目监理机构建立的前提，项目监理机构的建立应根据委托监理合同中确定的监理目标，制定总目标并明确划分监理机构的分解目标。

2. 确定监理工作内容与范围

根据监理目标和委托监理合同中规定的监理任务，明确列出监理工作内容，并进行分类归并及组合。监理工作的归并及组合应便于监理目标控制，并综合考虑监理工程的组织管理模式、工程结构特点、合同工期要求、工程复杂程度、工程管理及技术特点，还应考虑监理单位自身组织管理水平、监理人员数量和技术业务特点等。

如果工程建设进行实施阶段全过程监理，监理工作划分可按设计阶段和施工阶段分别归并和组合，如图 4-8 所示。

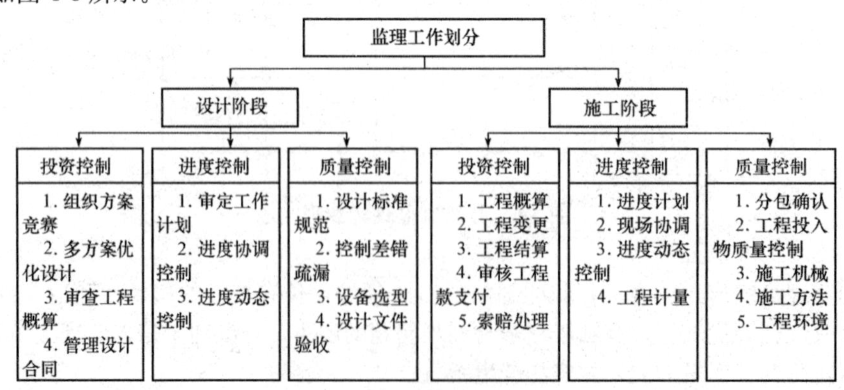

图 4-8　实施阶段监理工作划分

3. 组织结构设计

(1)选择组织结构形式。由于建设工程规模、性质等的不同，应选择适宜的组织结构形式设计项目监理机构组织结构，以适应监理工作需要。组织结构形式选择的基本原则是：有利于工程合同管理、监理目标控制、决策指挥和信息沟通。

(2)合理确定管理层次与管理跨度。管理层次是指组织的最高管理者到最基层实际工作人员之间等级层次的数量。管理层次可分为三个层次，即决策层、中间控制层和操作层。组织的最高管理者到最基层实际工作人员权责逐层递减，而人数却逐层递增。

1)决策层。其主要是指总监理工程师、总监理工程师代表，根据工程建设监理合同的要求和监理活动内容进行科学化、程序化决策与管理。

2)中间控制层(协调层和执行层)。其由各专业监理工程师组成，具体负责监理规划的落实，监理目标控制及合同实施的管理。

3)操作层。其主要由监理员组成，具体负责监理活动的操作实施。

管理跨度是指一名上级管理人员所直接管理的下级人数。管理跨度越大，领导者需要协调的工作量越大，管理难度也越大。为使组织结构高效运行，必须确定合理的管理跨度。项目监理机构中管理跨度的确定应考虑监理人员的素质、管理活动的复杂性和相似性、监理业务的标准化程度、各规章制度的建立健全情况、建设工程的集中或分散情况等。

(3)划分项目监理机构部门。组织中各部门的合理划分对发挥组织效用是十分重要的。如果部门划分不合理，会造成控制、协调困难，也会造成人浮于事，浪费人力、物力、财力。管理部门的划分要根据组织目标与工作内容确定，形成既有相互分工又有相互配合的组织机构。划分项目监理机构中各职能部门时，应根据项目监理机构目标、项目监理机构可利用的人力和物力资源以及合同结构情况，将质量控制、造价控制、进度控制、合同管理、信息管理、安全生产管理、组织协调等监理工作内容按不同的职能活动形成相应的管理部门。

(4)制定岗位职责及考核标准。岗位职务及职责的确定，要有明确的目的性，不可因人设事。根据权责一致的原则，应进行适当授权，以承担相应的职责，并应确定考核标准，对监理人员的工作进行定期考核，包括考核内容、考核标准及考核时间。表4-1和表4-2所示分别为总监理工程师和专业监理工程师岗位职责考核标准。

表4-1　总监理工程师岗位职责考核标准

项目	职责内容	考核要求	
		标准	时间
工作目标	1. 质量控制	符合质量控制计划目标	工程各阶段末
	2. 造价控制	符合造价控制计划目标	每月(季)末
	3. 进度控制	符合合同工期及总进度控制计划目标	每月(季)末
基本职责	1. 根据监理合同，建立和有效管理项目监理机构	1. 项目监理组织机构科学合理 2. 项目监理机构有效运行	每月(季)末
	2. 组织编制与组织实施监理规划；审批监理实施细则	1. 对工程建设监理工作系统策划 2. 监理实施细则符合监理规划要求，具有可操作性	编写和审核完成后
	3. 审查分包单位资格	符合合同要求	规定时限内
	4. 监督和指导专业监理工程师对质量、造价、进度进行控制；审核、签发有关文件资料；处理有关事项	1. 监理工作处于正常工作状态 2. 工程处于受控状态	每月(季)末
	5. 做好监理过程中有关各方的协调工作	工程处于受控状态	每月(季)末
	6. 组织整理监理文件资料	及时、准确、完整	按合同约定

表 4-2　专业监理工程师岗位职责考核标准

项目	职责内容	考核要求	
		标准	时间
工作目标	1. 质量控制	符合质量控制分解目标	工程各阶段末
	2. 造价控制	符合投资控制分解目标	每周(月)末
	3. 进度控制	符合合同工期及总进度控制分解目标	每周(月)末
基本职责	1. 熟悉工程情况，负责编制本专业监理工作计划和监理实施细则	反映专业特点，具有可操作性	实施前1个月
	2. 具体负责本专业的监理工作	1. 工程建设监理工作有序 2. 工程处于受控状态	每周(月)末
	3. 做好项目监理机构内各部门之间监理任务的衔接、配合工作	监理工作各负其责，相互配合	每周(月)末
	4. 处理与本专业有关的问题；对质量、造价、进度有重大影响的监理问题应及时报告总监理工程师	1. 工程处于受控状态 2. 及时、真实	每周(月)末
	5. 负责与本专业有关的签证、通知、备忘录，及时向总监理工程师提交报告、报表资料等	及时、真实、准确	每周(月)末
	6. 收集、汇总、整理本专业的监理文件资料	及时、准确、完整	每周(月)末

(5)选派监理人员。根据监理工作任务，选择适当的监理人员，必要时可配备总监理工程师代表。监理人员的选择除应考虑个人素质外，还应考虑人员总体构成的合理性与协调性。

总监理工程师由注册监理工程师担任；总监理工程师代表由工程类注册执业资格的人员(如注册监理工程师、注册造价工程师、注册建造师、注册结构工程师、注册建筑师等)担任，也可由具有中级及以上专业技术职称、3年及以上工程实践经验并经监理业务培训的人员担任；专业监理工程师由工程类注册执业资格的人员担任，也可由具有中级及以上专业技术职称、2年及以上工程实践经验并经监理业务培训的人员担任；监理员由具有中专及以上学历并经过监理业务培训的人员担任。

4. 制定工作流程和信息流程

为了使监理工作科学、有序地进行，应按监理工作的客观规律制定工作流程和信息流程，规范化地开展监理工作。图 4-9 所示为工程建设监理工作流程图。

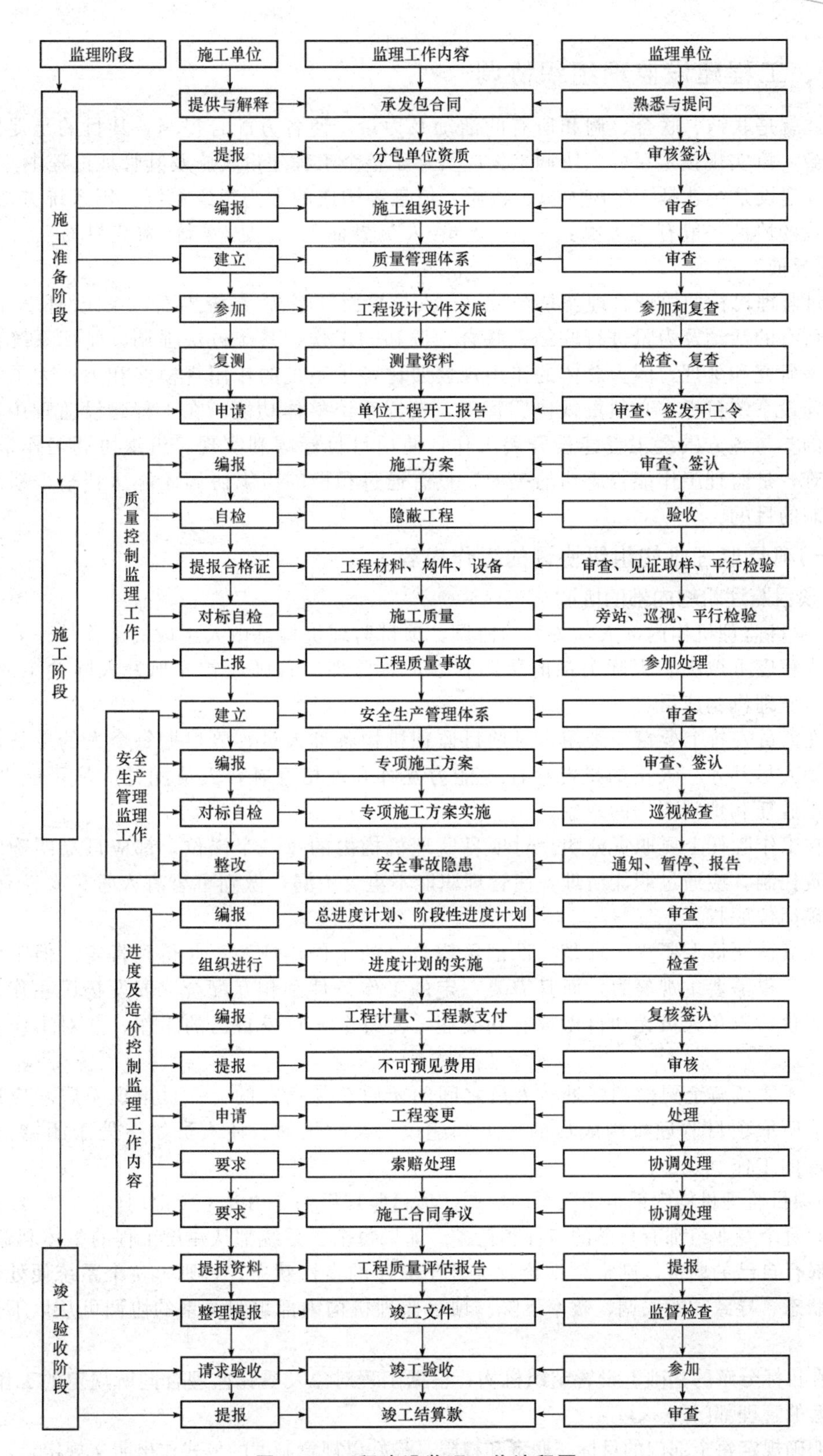

图 4-9　工程建设监理工作流程图

三、工程建设监理组织协调

协调就是联结、联合、调和所有的活动及力量，使各方配合得当，其目的是促使各方协同一致，以实现预定目标。协调工作应贯穿于整个工程建设实施及其管理过程中。

工程建设系统就是一个由人员、物质、信息等构成的人为组织系统。用系统方法分析，工程建设的协调一般有三大类：一是“人员/人员界面”；二是“系统/系统界面”；三是“系统/环境界面”。

项目监理机构的协调管理就是在“人员/人员界面”“系统/系统界面”“系统/环境界面”之间，对所有的活动及力量进行联结、联合、调和的工作。系统方法强调，要把系统作为一个整体来研究和处理，因为总体的作用规模要比各子系统的作用规模之和大。为了顺利实现工程建设系统目标，必须重视协调管理，发挥系统整体功能。在工程建设监理中，要保证项目的参与各方围绕工程建设开展工作，使项目目标顺利实现。组织协调工作最重要，也最困难，是监理工作能否成功的关键，只有通过积极的组织协调才能达到整个系统全面协调控制的目的。

(一)项目监理机构组织协调的工作内容

1. 项目监理机构内部的协调

(1)项目监理机构内部人际关系的协调。项目监理机构是由人组成的工作体系，工作效率在很大程度上取决于人际关系的协调程度，总监理工程师应首先抓好人际关系的协调，激励项目监理机构成员。

1)在人员安排上要量才录用。对项目监理机构各种人员，要根据每个人的专长进行安排，做到人尽其才。人员的搭配应注意能力互补和性格互补，人员配置应尽可能少而精，防止力不胜任和忙闲不均的现象。

2)在工作胜任上要职责分明。对项目监理机构内的每一个岗位，都应订立明确的目标和岗位责任制，应通过职能清理，使管理职能不重、不漏，做到事事有人管、人人有专责，同时明确岗位职权。

3)在成绩评价上要实事求是。谁都希望自己的工作出成绩，并得到肯定。但工作成绩的取得，不仅需要主观努力，而且需要一定的工作条件和相互配合。要发扬民主作风，实事求是评价，以免人员无功自傲或有功受屈，使每个人热爱自己的工作，并对工作充满信心和希望。

4)在矛盾调解上要恰到好处。人员之间的矛盾总是存在的，一旦出现矛盾就应进行调解，要多听取项目监理机构成员的意见和建议，及时沟通，使人员始终处于团结、和谐、热情高涨的工作气氛中。

(2)项目监理机构内部组织关系的协调。项目监理机构是由若干个部门(专业组)组成的工作体系，每个专业组都有自己的目标和任务。如果每个子系统都从建设工程的整体利益出发，理解和履行自己的职责，则整个系统就会处于有序的良性状态；否则，整个系统便处于无序的紊乱状态，导致功能失调、效率下降。项目监理机构内部组织关系的协调可从以下几个方面进行。

1)在目标分解的基础上设置组织机构，根据工程对象及委托监理合同所规定的工作内容，设置配套的管理部门。

2)明确规定每个部门的目标、职责和权限，最好以规章制度的形式作出明文规定。

3)事先约定各个部门在工作中的相互关系。在工程建设中许多工作是由多个部门共同完成的，其中有主办、牵头和协作、配合之分，事先约定，才不至于出现误事、脱节等贻误工作的现象。

4)建立信息沟通制度，如采用工作例会，业务碰头会，发会议纪要、工作流程图或信息传递卡等方式来沟通信息，这样可使局部了解全局，服从并适应全局需要。

5)及时消除工作中的矛盾或冲突。总监理工程师应采用民主的作风，注意从心理学、行为科学的角度激励各个成员的工作积极性；采用公开的信息政策，让大家了解建设工程实施情况、遇到的问题或危机；经常性地指导工作，和成员一起商讨遇到的问题，多倾听他们的意见和建议，鼓励大家同舟共济。

(3)项目监理机构内部需求关系的协调。工程建设监理实施中有人员需求、试验设备需求、材料需求等，而资源是有限的，因此，内部需求平衡至关重要。项目监理机构内部需求关系的协调可从以下环节进行。

1)对监理设备、材料的平衡。工程建设监理开始时，要做好监理规划和监理实施细则的编写工作，提出合理的监理资源配置，要注意抓住期限上的及时性、规格上的明确性、数量上的准确性、质量上的规定性。

2)对监理人员的平衡。要抓住调度环节，注意各专业监理工程师的配合。一个工程包括多个分部分项工程，复杂性和技术要求各不相同，这存在监理人员配备、衔接和调度问题。如土建工程的主体阶段，主要是钢筋混凝土工程或预应力钢筋混凝土工程；设备安装阶段，材料、工艺和测试手段就不同；还有配套、辅助工程等。监理力量的安排必须考虑到工程进展情况，作出合理的安排，以保证工程监理目标的实现。

2. 与业主的协调

监理实践证明，监理目标的顺利实现和与业主协调的好坏有很大的关系。

我国长期的计划经济体制使得业主合同意识差、随意性大，主要体现在：一是沿袭计划经济时期的基建管理模式，搞“大业主、小监理”，在一个建设工程上，业主的管理人员要比监理人员多或管理层次多，对监理工作干涉多，并插手监理人员应该做的具体工作；二是不把合同中规定的权利交给监理单位，致使监理工程师有职无权，发挥不了作用；三是科学管理意识差，在建设工程目标确定上压工期、压造价，在建设工程实施过程中变更多或时效不按要求，给监理工作的质量、进度、投资控制带来困难。因此，与业主的协调是监理工作的重点和难点。监理工程师应从以下几个方面加强与业主的协调。

(1)监理工程师首先要理解建设工程总目标、理解业主的意图。对于未能参与项目决策过程的监理工程师，必须了解项目构思的基础、起因、出发点；否则，可能对监理目标及完成任务有不完整的理解，会给他的工作带来很大的困难。

(2)利用工作之便做好监理宣传工作，增进业主对监理工作的理解，特别是对工程建设管理各方职责及监理程序的理解；主动帮助业主处理建设工程中的事务性工作，以自己规范化、标准化、制度化的工作，去影响和促进双方工作的协调一致。

(3)尊重业主，让业主一起投入建设工程全过程。尽量有预定的目标，但工程建设实施必须执行业主的指令，使业主满意。对于业主提出的某些不适当的要求，只要不属于原则性问题，都可先执行，然后利用适当时机，采取适当方式加以说明或解释；对于原则性问题，可采取书面报告等方式说明，尽量避免发生误解，以使建设工程顺利实施。

3. 与承包商的协调

监理工程师对质量、进度和投资的控制都是通过承包商的工作实现的，所以，做好与承包商的协调工作，是监理工程师组织协调工作的重要内容。

(1)坚持原则，实事求是，严格按规范、规程办事，讲究科学态度。监理工程师在监理工作中，应强调各方面利益的一致性和建设工程总目标；监理工程师应鼓励承包商将建设工程实施状况、实施结果和遇到的困难及意见向他汇报，以寻找对目标控制可能的干扰。双方了解得越多、越深刻，监理工作中的对抗和争执就越少。

(2)协调不仅是方法、技术问题，更多的是语言艺术、感情交流和用权适度的问题。有时尽管协调意见是正确的，但由于方法或语言表达不妥，反而会激化矛盾。而高超的协调能力则往往能起到事半功倍的效果，令各方都满意。

(3)施工阶段的协调工作内容。施工阶段协调工作的主要内容如下：

1)与承包商项目经理关系的协调。从承包商项目经理及其工地工程的角度来说，他们最希望监理工程师是公正、通情达理并容易理解别人的；希望从监理工程师处得到明确而不含糊的指示，并且能够对他们所询问的问题给予及时的答复；希望监理工程师的指示能够在他们工作之前发出。他们可能对教条主义者以及工作方法僵硬的监理工程师最为反感。这些心理现象，作为监理工程师来说，应该非常清楚。一个既懂得坚持原则，又善于理解承包商项目经理的意见，工作方法灵活，随时可能提出或愿意接受变通办法的监理工程师肯定是受欢迎的。

2)进度问题的协调。由于影响进度的因素错综复杂，因而进度问题的协调工作也十分复杂。实践证明，有两项协调工作很有效：一是业主和承包商双方共同商定一级网络计划，并由双方主要负责人签字，作为工程施工合同的附件；二是设立提前竣工奖，由监理工程师按一级网络计划节点考核，分期支付阶段工期奖。如果整个工程最终不能保证工期，则应由业主从工程款中将已付的阶段工期奖扣回，并按合同规定予以罚款。

3)质量问题的协调。在质量控制方面应实行监理工程师质量签字认可制度。对没有出厂证明、不符合使用要求的原材料、设备和构件，不准使用；对工序交接实行报验签证；对不合格的工程部位不予验收签字，也不予计算工程量，不予支付工程款。在建设工程实施过程中，设计变更或工程内容的增减是经常出现的，有些是合同签订时无法预料和明确规定的。对于这种变更，监理工程师要认真研究，合理计算价格，与有关方面充分协商，达成一致意见，并实行监理工程师签证制度。

4)对承包商违约行为的处理。在施工过程中，监理工程师对承包商的某些违约行为进行处理，是一件很慎重而又难免的事情。当发现承包商采用一种不适当的方法进行施工，或是用了不符合合同规定的材料时，监理工程师除了立即制止外，可能还要采取相应的处理措施。遇到这种情况，监理工程师应该考虑的是自己的处理意见是否是监理权限以内的，根据合同要求，自己应该怎么做等。再次发现质量缺陷并需采取措施时，监理工程师必须立即通知承包商。监理工程师要有时间期限的概念，否则承包商有权认为监理工程师对已完成的工程内容是满意或认可的。

监理工程师最担心的可能是工程总进度和质量受到影响。有时，监理工程师会发现，承包商的项目经理或某个工地工程师不称职。此时，明智的做法是继续观察一段时间，待掌握足够的证据后，总监理工程师可以正式向承包商发出警告。万不得已时，总监理工程师有权要求撤换承包商的项目经理或工地工程师。

5)合同争议的协调。对于工程中的合同争议，监理工程师应首先采用协商解决的方式。协商不成时，才由当事人向合同管理机关申请调解。只有当对方严重违约而使自己的利益受到重大损失且不能得到补偿时，才采用仲裁或诉讼手段。如果遇到非常棘手的合同争议问题，不妨暂时搁置，等待时机另谋良策。

6)对分包单位的管理。主要是对分包单位明确合同管理范围，分层次管理，将总包合同作为一个独立的合同单元进行投资、进度、质量控制和合同管理，不直接和分包合同发生关系。对分包合同中的工程质量、进度进行直接跟踪监控，通过总包商进行调控、纠偏。分包商在施工中发生的问题，由总包商负责协调处理，必要时监理工程师帮助协调。当分包合同条款与总包合同发生抵触时，以总包合同条款为准。此外，分包合同不能解除总包商对总包合同所承担的任何责任和义务。分包合同发生的索赔问题，一般由总包商负责，涉及总包合同中业主义务和责任时，由总包商通过监理工程师向业主提出索赔，由监理工程师进行协调。

7)处理好人际关系。在监理过程中，监理工程师处于一种十分特殊的位置：业主希望得到独立、专业的高质量服务，而承包商则希望监理单位能对合同条件有一个公正的解释。因此，监理工程师必须善于处理各种人际关系，既要严格遵守职业道德，礼貌而坚决地拒收任何礼物，以保证行为的公正性；也要利用各种机会增进与各方面人员的友谊与合作，以利于工程的进展。否则，便有可能引起业主或承包商对其可信赖程度的怀疑。

4. 与设计单位的协调

监理单位必须协调与设计单位的工作，以加快工程进度，确保质量，降低消耗。具体来说，要做到以下几点：

(1)真诚尊重设计单位的意见。在设计单位向承包商介绍工程概况、设计意图、技术要求、施工难点等时，注意标准过高、设计遗漏、图纸差错等问题，并将其解决在施工之前；施工阶段严格按图施工；结构工程验收、专业工程验收、竣工验收等工作，邀请设计代表参加；若发生质量事故，要认真听取设计单位的处理意见，等等。

(2)遇到问题及时提出。施工中发现设计问题，应及时向设计单位提出，以免造成大的直接损失；若监理单位掌握比原设计更先进的新技术、新工艺、新材料、新结构、新设备，可主动向设计单位推荐。为使设计单位有修改设计的余地而不影响施工进度，要协调各方达成协议，约定一个期限，争取设计单位、承包商的理解和配合。

(3)注意信息传递的及时性和程序性。监理工作联系单、工程变更单，要按规定的程序进行传递。

这里要注意的是，在施工监理的条件下，监理单位与设计单位都是受业主委托进行工作的，两者之间并没有合同关系，所以监理单位主要是和设计单位做好交流工作，协调要靠业主的支持。设计单位应就其设计质量对建设单位负责，因此，《建筑法》指出：工程监理人员发现工程设计不符合建筑工程质量标准或者合同约定的质量要求的，应当报告建设单位要求设计单位改正。

5. 与政府部门及其他单位的协调

(1)与政府部门的协调。其内容包括：

1)监理单位在进行工程质量控制和质量问题处理时，要做好与工程质量监督站的交流和协调。

2)遇重大质量、安全事故，在配合承包商采取急救、补救措施的同时，应督促承包商立即向政府有关部门报告情况，接受检查和处理。

3)工程合同直接送公证机关公证，并报政府住房城乡建设主管部门备案。

4)征地、拆迁、移民要争取政府有关部门支持和协作。

5)现场消防设施的配置应请消防部门检查认可。

6)施工中还要注意防止环境污染，特别是防止噪声的污染，坚持文明施工。

(2)与社会团体的协调。一些大中型工程建成后，不仅会给业主带来效益，还会给该地区的经济发展带来好处，同时给当地人民生活带来方便，因此，必然会引起社会各界的关注。业主和监理单位应把握机会，争取社会各界对工程建设的关心和支持。对本部分的协调工作，监理单位主要是针对一些技术性工作进行协调。

(二)监理组织协调的方法

工程建设监理组织协调的常用方法主要包括会议协调法、交谈协调法、书面协调法、访问协调法和情况介绍法。

1. 会议协调法

会议协调法是工程建设监理中最常用的一种协调方法。常用的会议协调法包括第一次工地会议、工地例会、专业工地会议。

(1)第一次工地会议是指工程项目开工前，监理人员应参加由建设单位主持召开的第一次工地会议。承包单位的授权代表参加，必要时邀请分包单位和有关设计单位人员参加。

(2)工地例会是指在施工过程中，总监理工程师定期主持召开的工地例会。工地例会是履约沟通情况、交流信息、协调处理、研究解决合同履行中存在的各方面问题的主要协调方式。工地例会宜每周召开一次，参加人员包括监理单位项目总监理工程师、其他有关监理人员、承包单位项目经理及其他有关人员、建设单位代表。需要时，可邀请其他有关单位代表参加。

(3)专业工地会议是为解决施工过程中的专门问题而召开的会议，由总监理工程师或其授权的监理工程师主持。工程项目各主要参建单位均可向项目监理机构书面提出召开专题工地会议的动议。动议内容包括主要议题、与会单位、人员及召开时间。经总监理工程师与有关单位协商，取得一致意见后，由总监理工程师签发召开专题工地会议的书面通知，与会各方应认真做好会前准备。

2. 交谈协调法

在实践中，并不是所有问题都需要开会来解决，有时可采用“交谈”这一方法。交谈包括面对面的交谈和电话交谈两种形式。

无论是内部协调还是外部协调，这种方法使用频率都是相当高的，因为它是一条保持信息畅通的最好渠道和寻找协作、帮助的最好方法，也是正确及时地发布工程指令的有效方法。

3. 书面协调法

当会议交谈不方便或者需要精确地表达自己的意见时，就会用到书面协调的方法。书面协调法的特点是具有合同效力，常用于：

(1)不需双方直接交流的书面报告、报表、指令和通知等。

(2)需要以书面形式向各方提供详细信息和情况通报的报告、信函和备忘录等。

(3)事后对会议记录、交谈内容或口头指令的书面确认。

4. 访问协调法

访问协调法包括走访和邀访两种形式，主要用于外部协调。走访是指监理工程师在建设工程施工前或施工过程中，对与工程施工有关的各政府部门、公共事业机构、新闻媒介或工程毗邻单位进行访问，向他们解释工程情况，了解他们的意见。邀访是指监理工程师邀请上述各单位(包括业主)代表到施工现场对工程进行指导性巡视，了解现场工作。

5. 情况介绍法

情况介绍法通常是与其他协调方法紧密结合在一起的，它可能是在一次会议前，可能是在一次交谈前，也可能是在一次走访或邀访前向对方进行的情况介绍。形式上主要是口头的，有时也伴有书面的。介绍往往作为其他协调的引导，目的是使别人首先了解情况。因此，监理工程师应重视任何场合下的每一次介绍，要使别人能够理解你介绍的内容、问题和困难以及你想得到的协助等。

第三节　项目监理机构的人员结构及其基本职责

一、项目监理机构人员配置

项目监理机构中配备监理人员的数量和专业应根据监理的任务范围、内容、期限以及工程的类别、规模、技术复杂程度、工程环境等因素综合考虑，并应符合委托监理合同中对监理深度和密度的要求，能体现项目监理机构的整体素质，满足监理目标控制的要求。

(1)项目监理机构的人员结构。项目监理机构应具有合理的人员结构，主要包括以下几个方面的内容。

1)合理的专业结构。项目监理人员结构应根据监理项目的性质及业主的要求进行配套。不同性质的项目和业主对项目监理要求需要有针对性地配备专业监理人员，做到专业结构合理，适应项目监理工作的需要。

2)合理的技术职称结构。项目监理组织结构要求高、中、初级职称与监理工作要求相称，比例合理，而且要根据不同阶段的监理进行适当调整。施工阶段项目监理机构监理人员要求的技术职称结构见表 4-3。

表 4-3　施工阶段项目监理机构监理人员要求的技术职称结构

<table>
<tr><th>层　次</th><th>人　　员</th><th>职　　能</th><th colspan="3">职称职务要求</th></tr>
<tr><td>决策层</td><td>总监理工程师、总监理工程师代表、专业监理工程师</td><td>项目监理的策划、规划、组织、协调、监控、评价等</td><td rowspan="2">高级职称</td><td rowspan="3">中级职称</td><td></td></tr>
<tr><td>执行层/协调层</td><td>专业监理工程师</td><td>项目监理实施的具体组织、指挥、控制、协调</td><td rowspan="2">初级职称</td></tr>
<tr><td>作业层/操作层</td><td>监理员</td><td>具体业务的执行</td><td></td></tr>
</table>

3)合理的年龄结构。项目监理组织结构要做到老、中、青年龄结构合理，老年人经验丰富，中年人综合素质好，青年人精力充沛。根据监理工作的需要形成合理的人员年龄结构，充分发挥不同年龄层次的优势，有利于提高监理工作的效率与质量。

(2)项目监理机构监理人数的确定。

1)影响项目监理机构监理人数的因素。

①工程建设强度。工程建设强度是指单位时间内投入的工程建设资金的数量，用下式表示，即

$$工程建设强度=投资/工期$$

式中，投资和工期是指由监理单位所承担的那部分工程的建设投资和工期。一般投资费用可按工程估算、概算或合同价计算，工期根据进度总目标及其分目标计算。

显然，工程建设强度越大，需投入的项目监理人数越多。

②工程建设复杂程度。工程复杂程度是根据设计活动多少、工程地点位置、气候条件、地

形条件、工程性质、施工方法、工期要求、材料供应及工程分散程度等因素把各种情况的工程从简单到复杂划分为不同级别，简单的工程需配置的人员少，复杂的工程需配置的人员较多。

③监理单位业务水平。监理单位由于人员素质、专业能力、管理水平、工程经验、设备手段等方面的差异导致业务水平的不同。同样的工程项目，水平低的监理单位往往比水平高的监理单位投入的人力要多。

④项目监理机构的组织结构和任务职能分工。项目监理机构的组织结构情况关系到具体的监理人员配备，务必使项目监理机构任务职能分工的要求得到满足。必要时，还需要根据项目监理机构的职能分工对监理人员的配备做进一步的调整。

有时监理工作需要委托专业咨询机构或专业监测、检验机构进行。这时，项目监理机构的监理人员数量可适当减少。

2)项目监理机构监理人员数量的确定方法。

下面通过举例来说明项目监理机构监理人员数量的确定方法。

【例 4-1】 某工程由 2 个子项目组成，合同总价为 4 500 万美元，其中，子项目 1 合同价为 1 800万美元，子项目 2 合同价为 2 700 万美元，合同工期为 25 个月。

【解】 ①确定工程建设强度。

根据题意，工程建设强度＝4 500×12/25＝2 160(万美元/年)＝21.6 百万美元/年。

②确定工程复杂程度。工程复杂程度是一种等级尺度，由 0(很简单)到 10(很复杂)分五个等级来评定，见表 4-4。

表 4-4　工程复杂程度等级表

分　值	工程复杂程度及等级	分　值	工程复杂程度及等级
0～3	简单工程	7～9	复杂工程
3～5	一般工程	9～10	很复杂工程
5～7	一般/复杂工程		

每一项工程又可列出 10 种工程特征(表 4-5)，对这 10 种工程特征中的每一种，都可以用 10 分制来打分，求出 10 种工程特征的平均数，即为工程复杂程度的等级。如平均分数为 8，则可按表 4-4 确定为复杂工程。

在本例中，根据工程的实际情况，具体打分情况见表 4-5。

表 4-5　工程复杂程度等级评定表

项　次	因　素	子项目 1	子项目 2
1	设计活动	5	8
2	工程位置	9	4
3	气候条件	7	7
4	地形条件	7	7
5	工程地质	6	8
6	施工方法	3	4
7	工期要求	5	4
8	工程性质	4	6

续表

项　次	因　素	子项目 1	子项目 2
9	材料供应	4	4
10	工程分散程度	3	3
	平均分值	5.3	5.5
注：根据计算结果，此工程列为一般复杂等级。			

③根据工程复杂程度和工程建设强度套用监理人员需要量定额(表 4-6)。

表 4-6　监理人员需要量定额　　百万美元/年

工程复杂程度	监理工程师	监理员	行政文秘人员
简单	0.20	0.75	0.1
一般	0.25	1.00	0.1
一般复杂	0.35	1.10	0.25
复杂	0.50	1.50	0.35
很复杂	>0.50	>1.50	>0.35

从定额中可查到相应项目监理机构监理人员需要量(人·年/百万美元)如下：

监理工程师 0.35，监理员 1.10，行政文秘人员 0.25。

各类监理人员数量如下：

监理工程师：0.35×21.6=7.56(人)，按 8 人考虑；

监理员：1.10×21.6=23.76(人)，按 24 人考虑；

行政文秘人员：0.25×21.6=5.4(人)，按 6 人考虑。

④根据实际情况确定监理人员数量。本工程项目的项目监理机构采用直线制监理组织结构，如图 4-10 所示。

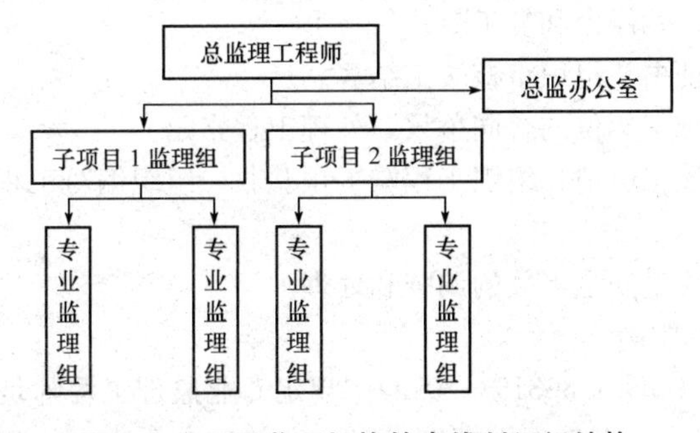

图 4-10　项目监理机构的直线制组织结构

根据监理组织结构情况决定每个机构各类监理人员数量如下。

监理总部(含总监、总监代表和总监办公室)：总监理工程师 1 人，总监理工程师代表 1 人，行政文秘人员 3 人。

子项目 1 监理组：监理工程师 3 人，监理员 10 人，行政文秘人员 1 人。

子项目 2 监理组：监理工程师 3 人，监理员 14 人，行政文秘人员 2 人。

另外，施工阶段项目监理机构的监理人员数量一般不少于 3 人。

二、项目监理机构各类人员的基本职责

1. 总监理工程师的职责

《建设工程监理规范》(GB/T 50319—2013)中规定总监理工程师应由工程监理单位法定代表人书面任命。总监理工程师是项目监理机构的负责人，应由注册监理工程师担任。

(1)确定项目监理机构人员及其岗位职责。

(2)组织编制监理规划，审批监理实施细则。

(3)根据工程进展及监理工作情况调配监理人员，检查监理人员工作。

(4)组织召开监理例会。

(5)组织审核分包单位资格。

(6)组织审查施工组织设计、(专项)施工方案。

(7)审查工程开复工报审表，签发工程开工令、暂停令和复工令。

(8)组织检查施工单位现场质量、安全生产管理体系的建立及运行情况。

(9)组织审核施工单位的付款申请，签发工程款支付证书，组织审核竣工结算。

(10)组织审查和处理工程变更。

(11)调解建设单位与施工单位的合同争议，处理工程索赔。

(12)组织验收分部工程，组织审查单位工程质量检验资料。

(13)审查施工单位的竣工申请，组织工程竣工预验收，组织编写工程质量评估报告，参与工程竣工验收。

(14)参与或配合工程质量安全事故的调查和处理。

(15)组织编写监理月报、监理工作总结，组织整理监理文件资料。

总监理工程师不得将下列工作委托给总监理工程师代表：

(1)组织编制监理规划，审批监理实施细则。

(2)根据工程进展及监理工作情况调配监理人员。

(3)组织审查施工组织设计、(专项)施工方案。

(4)签发工程开工令、暂停令和复工令。

(5)签发工程款支付证书，组织审核竣工结算。

(6)调解建设单位与施工单位的合同争议，处理工程索赔。

(7)审查施工单位的竣工申请，组织工程竣工预验收，组织编写工程质量评估报告，参与工程竣工验收。

(8)参与或配合工程质量安全事故的调查和处理。

2. 专业监理工程师的职责

《建设工程监理规范》(GB/T 50319—2013)中规定专业监理工程师是项目监理机构中按专业或岗位设置的专业监理人员。当工程规模较大时，在某一专业或岗位宜设置若干名专业监理工程师。专业监理工程师具有相应监理文件的签发权，该岗位可以由具有工程类注册执业资格的人员(如注册监理工程师、注册造价工程师、注册建造师、注册工程师、注册建筑师等)担任，也可由具有中级及以上专业技术职称、2 年及以上工程实践经验的监理人员担任。建设工程涉及特殊行业(如爆破工程)的，从事此类工程的专业监理工程师还应符合国家对有关专业人员资格的规定。

专业监理工程师应履行下列职责。

(1)参与编制监理规划，负责编制监理实施细则。

(2)审查施工单位提交的涉及本专业的报审文件，并向总监理工程师报告。

(3)参与审核分包单位资格。

(4)指导、检查监理员工作，定期向总监理工程师报告本专业监理工作实施情况。

(5)检查进场的工程材料、构配件、设备的质量。

(6)验收检验批、隐蔽工程、分项工程，参与验收分部工程。

(7)处置发现的质量问题和安全事故隐患。

(8)进行工程计量。

(9)参与工程变更的审查和处理。

(10)组织编写监理日志，参与编写监理月报。

(11)收集、汇总、参与整理监理文件资料。

(12)参与工程竣工预验收和竣工验收。

3. 监理员的职责

监理员是从事具体监理工作的人员，不同于项目监理机构中其他行政辅助人员。监理员应具有中专及以上学历，并经过监理业务培训。

监理员应履行下列职责。

(1)检查施工单位投入工程的人力、主要设备的使用及运行状况。

(2)进行见证取样。

(3)复核工程计量有关数据。

(4)检查工序施工结果。

(5)发现施工作业中的问题，及时指出并向专业监理工程师报告。

本章小结

选定合理的组织形式，科学地划分和设置组织层次、管理部门，明确各部门和岗位的职责，建立一个适应项目特点和要求的工程建设监理机构，是工程建设监理的首要工作。组织协调与沟通是工程建设监理的一个重要职能，为保证项目的顺利实施、实现预期的目标，监理工程师应具备沟通与协调的技能。本章主要介绍了工程建设项目监理机构组织形式及组织协调。

思考与练习

一、填空题

1. ________就是为了使系统达到其特定的目标，使全体参加者经分工与协作以及设置不同层次的权力和责任制度而构成的一种人的组合体。

2. 组织内部构成和各部分间所确立的较为稳定的相互关系和联系方式，称为________。

3. 组织构成受多种因素的制约，最主要的有________、________、________和________。

4. 直线制监理组织形式又可分为________监理组织形式和________监理组织形式。

5. ________是指组织的最高管理者到最基层实际工作人员之间等级层次的数量。

6. ________是指一名上级管理人员所直接管理的下级人数。

7. 常用的会议协调法包括________、________、________。

二、多项选择题

1. 下列(　　)提法反映了组织结构的基本内涵。

   A. 确定正式关系与职责的形式

   B. 向组织各个部门或个人分派任务和各种活动的方式

   C. 协调各个分离活动和任务的方式

   D. 组织中权力、地位和等级关系

   E. 组织协调各部门服从甲方要求

2. 组织的管理者必须在组织活动中遵循(　　)的原理。

   A. 要素有用性　　B. 动态相关性

   C. 组织灵活性　　D. 主观能动性

   E. 规律效应性

3. 项目监理机构组织结构形式选择的基本原则是(　　)。

   A. 有利于工程合同管理　　B. 有利于监理目标控制

   C. 有利于决策指挥　　D. 有利于信息沟通

   E. 有利于监理质量、进度、投资控制

4. 施工阶段协调工作的主要内容包括(　　)。

   A. 与承包商项目经理关系的协调　　B. 进度、质量问题的协调

   C. 对甲方违约行为的处理　　D. 合同争议的协调

   E. 对分包单位的管理

5. 影响项目监理机构监理人数的因素有(　　)。

   A. 工程项目的规模大小　　B. 工程建设强度

   C. 工程建设复杂程度　　D. 监理单位业务水平

   E. 项目监理机构的组织结构和任务职能分工

三、简答题

1. 建立组织系统应遵循的原则包括哪些?
2. 现行的建设监理组织形式主要有哪些?
3. 简述项目监理机构的建立步骤。
4. 项目监理机构内部的协调工作内容包括哪些?
5. 监理工程师应从哪几个方面加强与业主的协调?
6. 工程建设监理组织协调的常用方法主要包括哪些?

第五章　工程建设监理规划

知识目标

了解监理大纲的作用，监理规划编制的依据、原则；熟悉监理大纲的要求和内容，监理大纲、监理规范、监理实施细则之间的关系；掌握监理规划、监理实施细则的主要内容和报审。

能力目标

能够编制工程建设监理规划。

第一节　工程建设监理大纲

监理大纲又称监理方案，它是监理单位在业主开始委托监理的过程中，特别是在业主进行监理招标过程中，监理公司为了获得监理业务而编写的监理方案性文件，也是监理投标文件的重要组成部分。中标后的监理大纲是工程建设监理合同的一部分，也是工程建设监理规划编制的直接依据。

一、监理大纲的作用

监理单位编制监理大纲有以下两个作用。

(1)使业主认可监理大纲中的监理方案，从而承揽到监理业务。

(2)为项目监理机构今后开展监理工作制定基本的方案。为使监理大纲的内容和监理实施过程紧密结合，监理大纲的编制人员应当是监理单位经营部门或技术管理部门人员，也应包括拟定的总监理工程师。总监理工程师参与编制监理大纲有利于监理规划的编制。

二、监理大纲的要求

(1)监理大纲是体现为业主提供监理服务总的方案性文件，要求企业在编制监理大纲时，应在总经理或主管负责人的主持下，在企业技术负责人、经营部门、技术质量部门等密切配合下编制。

(2)监理大纲的编制应依据监理招标文件、设计文件及业主的要求编制。

(3)监理大纲的编制要体现企业自身的管理水平、技术装备等实际情况，编制的监理方案既要满足最大可能地中标，又要建立在合理、可行的基础上。因为监理单位一旦中标，投标文件将作为监理合同文件的组成部分，对监理单位履行合同具有约束效力。

三、监理大纲的内容

监理大纲一般应包括以下主要内容：

(1)工程概述。根据建设单位提供和自己初步掌握的工程信息，对工程特征进行简要描述，主要包括：工程名称、工程内容及建设规模；工程结构或工艺特点；工程地点及自然条件概况；工程质量、造价和进度控制目标等。

(2)监理依据和监理工作内容。

1)监理依据：法律法规及政策；工程建设标准，包括《建设工程监理规范》(GB/T 50319—2013)、工程勘察设计文件、工程建设监理合同及相关建设工程合同等。

2)监理工作内容：一般包括质量控制、造价控制、进度控制、合同管理、信息管理、组织协调和安全生产管理的监理工作等。

(3)工程建设监理实施方案。工程建设监理实施方案是监理评标的重点。根据监理招标文件的要求，针对建设单位委托监理工程特点，拟定监理工作指导思想、工作计划；主要管理措施、技术措施以及控制要点；拟采用的监理方法和手段；监理工作制度和流程；监理文件资料管理和工作表式；拟投入的资源等。建设单位一般会特别关注工程监理单位资源的投入：一方面是项目监理机构的设置和人员配备，包括监理人员(尤其是总监理工程师)素质、监理人员数量和专业配套情况；另一方面是监理设备配置，包括检测、办公、交通和通信等设备。

(4)工程建设监理难点、重点及合理化建议。工程建设监理难点、重点及合理化建议是整个投标文件的精髓。工程监理单位在熟悉招标文件和施工图的基础上，要按实际监理工作的开展和部署进行策划，既要全面涵盖“三控两管一协调”和安全生产管理职责的内容，又要有针对性地提出重点工作内容、分部分项工程控制措施和方法以及合理化建议，并说明采纳这些建议将会在工程质量、造价、进度等方面产生的效益。

第二节　工程建设监理规划

监理规划是在总监理工程师组织下编制，经监理单位技术负责人批准，用来指导项目监理机构全面开展监理工作的指导性文件。监理规划是针对一个具体的工程项目编制的，主要是说明在特定项目中监理工作做什么、谁来做、什么时候做、怎样做，即具体的监理工作制度、程序、方法和措施的问题，从而把监理工作纳入规范化、标准化的轨道，避免监理工作中的随意性。它的基本作用是：指导监理单位的工程项目监理机构全面开展监理工作，为实现工程项目建设目标规划安排好“三控制”“两管理”和“一协调”，是监理公司派驻现场的监理机构对工程项目实施监督管理的重要依据，也是业主确认监理机构是否全面履行工程建设监理合同的主要依据。

一个工程建设监理规划编制水平的高低，直接影响到该工程项目监理的深度和广度，也直接影响到该工程项目的总体质量。它是一个监理单位综合能力的具体体现，对开展监理业务有举足轻重的作用。所以要圆满完成一项工程建设监理任务，编制好工程建设监理规划就显得非常必要。

一、监理规划的编制依据

监理规划涉及全局，其编制既要考虑工程的实际特点，考虑国家的法律、法规、规范，又要体现监理合同对监理的要求、施工承包合同对承包商的要求。《建设工程监理规范》(GB/T 50319—2013)认为编制监理规划应依据：建设工程的相关法律、法规及项目审批文件；与工程建设项目有关的标准、设计文件、技术资料；监理大纲、委托监理合同文件以及与工程建设项目相关的合同文件。具体分解后，主要有以下几个方面：

(1)工程项目外部环境资料。

1)自然条件，如工程地质、工程水文、历年气象、地域地形、自然灾害等。这些情况不但关系到工程的复杂程度，而且也会影响施工的质量、进度和投资。如在夏季多雨的地区进行施工，监理就必须考虑雨期施工进行监理的方法、措施。在监理规划中要深入研究分析自然条件对监理工作的影响，给予充分重视。

2)社会和经济条件，如政治局势稳定性、社会治安状况、建筑市场状况、材料和设备厂家的供货能力、勘察设计单位、施工单位、交通、通信、公用设施、能源和后勤供应等。同样社会问题对工程施工的三大目标也有着重要的影响。社会政治局势的稳定情况直接关系到工程项目能否顺利展开。如果工程中的大型构件、设备要通过运输进场，则要考虑公路、铁路及桥梁的承受力。而勘察设计单位的勘察设计能力、施工单位的施工能力，他们的易合作性，对进行监理的工作发挥了很大的制约作用。设想，如果工程的承包单位能力很差，再强的监理单位也难以完成项目监理的目标。毕竟监理单位不能代替承包单位进行施工。在监理单位撤换承包单位的建议被建设单位采纳后，势必又引发进场费与出场费的问题，对投资产生影响。

(2)工程建设方面的法律、法规。主要是指中央、地方和部门及工程所在地的政策、法律、法规和规定，工程建设的各种规范和标准。监理规划必须依法编制，要具有合法性。监理单位跨地区、跨部门进行监理时，监理规划尤其要充分反映工程所在地区或部门的政策、法律、法规和规定的要求。

(3)政府批准的工程建设文件。工程项目可行性研究报告、立项批文，规划部门确定的规划条件、土地使用条件、环境保护要求、市政管理规定等。

(4)工程项目相邻建筑、公用设施的情况。施工场地周围的建筑、公用设施对施工的开展有极其重要的影响。如在临近铁路的地方开挖基坑，对于维护结构的位移控制有严格要求，那么监理工作中位移监测的工作量就比较大，对监测设备的精度要求也很高。

(5)工程项目监理合同。监理单位与建设单位签订的工程项目监理合同明确了监理单位和监理工程师的权利和义务、监理工作的范围和内容、有关监理规划方面的要求等。

(6)与工程有关的设计合同、施工承包合同、设备采购合同等文件。工程项目建设的设计、施工、材料、设备等合同中明确了建设单位和承包单位的权利和义务。监理工作应该在合同规定的范围内，要求有关单位按照工程项目的目标开展工作。监理同时应该按照有关合同的规定，协调建设单位和设计、承包等单位的关系，维护各方的权益。

(7)工程设计文件、图纸等有关工程资料。主要有工程建设方案、初步设计、施工图设计等文件，工程实施状况、工程招标投标情况、重大工程变更、外部环境变化等资料。

(8)工程项目监理大纲。监理大纲是监理单位在建设单位委托监理的过程中为承揽监理业务而编制的监理方案性文件。监理大纲是编写项目监理规划的直接依据。监理规划要在监理大纲的基础上，进一步深化和细化。

二、监理规划的编制原则

监理规划是指导项目监理机构全面开展监理工作的指导性文件。监理规划的编制一定要坚持一切从实际出发，根据工程的具体情况、合同的具体要求、各种规范的要求等进行编制。

(1)可操作性原则。作为指导项目监理机构全面开展监理工作的指导性文件，监理规划要实事求是地反映监理单位的监理能力，体现监理合同对监理工作的要求，充分考虑所监理工程的特点，它的具体内容要适用于被监理的工程，绝不能照抄照搬其他项目的监理规划，使监理规划失去针对性和可操作性。

(2)全局性原则。从监理规划的内容范围来讲，它是围绕整个项目监理组织机构所开展的监理工作来编写的。因此，监理规划应该综合考虑监理过程中的各种因素、各项工作。尤其是在监理规划中对监理工作的基本制度、程序、方法和措施要做出具体明确的规定。但监理规划也不可能面面俱到。监理规划中也要抓住重点，突出关键问题。监理规划要与监理实施细则紧密结合，通过监理实施细则，具体贯彻落实监理规划的要求和精神。

(3)预见性原则。由于工程项目的“一次性”“单件性”等特点，施工过程中存在很多不确定因素，这些因素既可能对项目管理产生积极影响，也可能产生消极影响，使工程项目在建设过程中存在很多风险。

在编制监理规划时，监理机构要详细研究工程项目的特点，承包单位的施工技术、管理能力，以及社会经济条件等因素，对工程项目质量控制、进度控制和投资控制中可能发生的失控问题要有预见性和超前的考虑，从而在控制的方法和措施中采取相应的对策加以防范。

(4)动态性原则。监理规划编制好以后，并不是一成不变。因为监理规划是针对一个具体工程项目来编写的，结合了编制者的经验和思想，而不同的监理项目的特点不同，项目的建设单位、设计单位和承包单位也各不相同，它们对项目的理解也各不相同。工程的动态性很强，项目动态性决定了监理规划具有可变性。所以，要把握好工程项目运行规律，随着工程建设进展不断补充、修改和完善，不断调整规划内容，使工程项目能够运行在规划的有效控制之下，最终实现项目建设的目标。

在监理工作实施过程中，如实际情况或条件发生重大变化，应由总监理工程师组织专业监理工程师评估这种变化对监理工作的影响程度，判断是否需要调整监理规划。在需要对监理规划进行调整时，要充分反映变化后的情况和条件的要求。新的监理规划编制好后，要按照原报审的程序经过批准后报告给建设单位。

(5)针对性原则。监理规划基本构成内容应当统一，但监理规划的具体内容应具有针对性。现实中没有完全相同的工程项目，它们各具特色、特性和不同的目标要求。而且每一个监理单位和每一个总监理工程师对一个具体项目的理解不同，在监理的思想、方法、手段上都有独到之处。因此，在编制项目监理规划时，要结合实际工程项目的具体情况及业主的要求，有针对性地编写，以真正起到指导监理工作的作用。

也就是说，每一个具体的工程项目，不但有它自己的质量、进度、投资目标，而且在实现这些目标时所运用的组织形式、基本制度、方法、措施和手段都独具一格。

(6)格式化与标准化。监理规划要充分反映《建设工程监理规范》(GB/T 50319—2013)的要求，在总体内容组成上要力求与《建设工程监理规范》(GB/T 50319—2013)的要求保持统一。这是监理规范统一的要求，是监理制度化的要求。在监理规划的内容表达上，要尽可能采用表格、图表的形式，以做到明确、简洁、直观，一目了然。

(7)分阶段编写。工程项目建设是有阶段性的，不同阶段的监理工作内容也不尽相同。监理规划应分阶段编写，项目实施前一阶段所输出的工程信息应成为下一阶段的规划信息，从而使监理规划编写能够遵循管理规律，做到有的放矢。

三、监理规划的内容

《建设工程监理规范》(GB/T 50319—2013)明确规定，监理规划的内容包括如下几方面：

(1)工程项目概况。工程项目概况应包括以下几项：

1)工程项目简况，即项目的基本数据。如建设单位的名称、建设的目的、项目名称、工程项目的地点、相邻情况、总建筑面积、基础与围护的形式、主体结构的形式等。

2)项目结构图。即以图表的形式表达出工程项目中建设单位、监理单位和承包单位的相互关系，以保证信息流通畅。

3)项目组成目录表。项目组成目录表要反映出工程项目组成及建筑规模、主要建筑结构类型等信息。

4)预计工程投资总额。包括工程项目投资总额、工程项目投资组成简表(列表表示)。

5)工程项目计划工期。工程项目计划工期可以以计划持续时间或以具体日历时间两种方法表示。如以持续时间表示，则为：工程项目计划工期为“××个月”或“××天”。如以具体日历时间表示，则为：工程项目计划工期由××××年××月××日到××××年××月××日。

6)工程项目计划单位和施工承包单位、分包单位情况(列表表示)。

7)其他工程特点的简要描述。

(2)监理工作范围。工程项目监理有其阶段性，应根据监理合同中给定的监理阶段、所承担的监理任务，确定监理范围和目标。一般工程项目可分为立项、设计、招标、施工、保修五个阶段。建设单位委托监理单位进行监理工作的时段范畴、某个时段的内容范畴不尽相同。监理合同确定由监理单位承担的工程项目建设监理的任务。这个任务决定了监理工作在时间上是从项目立项到维修保养期的全过程监理，还是仅仅是施工阶段的监理。如果是承担全部工程项目的工程建设监理任务，监理的空间范围为全部工程项目，否则应按监理合同的要求，承担工程项目的建设标段或子项目划分确定的工程项目建设监理范围。

(3)监理工作内容。对不同的监理项目、在项目的不同阶段，监理工作的内容也完全不同。一般来说，在项目实施的五个阶段中，通常分别包括下述内容：

1)工程项目立项阶段。

①协助业主准备项目报建手续。

②项目可行性研究。

③进行技术经济论证。

④编制工程建设匡算。

⑤组织编写设计任务书。

2)设计阶段。

①结合工程项目特点，收集设计所需的技术经济资料。

②编写设计要求文件。

③组织设计方案竞赛或设计招标，协助业主选择勘测设计单位。

④拟订和商谈委托合同内容。

⑤向设计单位提供所需基础资料。

⑥配合设计单位开展技术经济分析，搞好方案比选，优化设计。

⑦配合设计进度，组织设计与有关部门的协调工作，组织好设计单位之间的协调工作。

⑧参与主要设备、材料的选型。

⑨审核工程项目设计图纸、工程估算和概算、主要设备和材料清单。

⑩检查和控制设计进度及组织设计文件的报批。

3)施工招标阶段。

①选择分析工程项目施工招标方案，根据工程的实际情况确定招标方式。

②准备施工招标文件，向主管部门办理招标申请。

③参与编写施工招标文件，主要内容有：工程综合说明；设计图纸及技术说明；工程量清单或单价表；投标须知；拟订承包合同的主要条款。

④编制标底(招标控制价)，经业主认可后，报送所在地方建设主管部门审核。

⑤发放招标文件，进行施工招标，组织现场勘察与答疑会，回答投标者提出的问题。

⑥协助建设单位组织开标、评标和决标工作。

⑦协助建设单位与中标单位签订承包合同。承包单位的中标价格不是最后的合同价格，在承包单位中标后，监理单位要同建设单位一道与承包单位进行谈判，以确定合同价格。

⑧审查承包单位编写的施工组织设计、施工技术方案和施工进度计划，提出改进意见。

⑨审查和确认承包单位选择的分包单位。

⑩协助建设单位与承包单位编写开工报告，进行开工准备。

4)材料物资供应的监理。对业主负责采购供应的材料、设备等物资，监理的主要工作内容如下：

①制订材料物资供应计划和相应的资金需求计划。

②通过质量、价格、供货期限、售后服务等条件的分析和比选，确定供应厂家。重要设备应访问现有用户，考察厂家质量保证体系。

③拟订并商签材料、设备的订货合同。

④监督合同的实施，确保材料设备的及时供应。

5)施工阶段监理。进行施工阶段的质量控制、进度控制、投资控制。具体地说，大致包括以下几个方面：

①督促检查承包单位严格依照工程承包合同和工程技术标准的要求进行施工。

②检查进场的材料、构件和设备的质量，验看有关质量证明和质量保证书等文件。

③检查工程进度和施工质量，验收分部分项工程，并根据工程进展情况签署工程付款凭证。

④确认工程延期的客观事实，作出延期批准。

⑤调解建设单位和承包单位间的合同争议，对有关的费用索赔进行取证和督促整理合同文件和技术资料档案。

⑥组织设计与承包单位进行工程竣工初步验收，提出竣工验收报告。

⑦审查工程决算。

6)合同管理。工程项目建设监理的关键工作是合同管理，合同管理的好坏决定着监理工作的成败。在合同管理工作中有以下主要内容：

①拟订监理工程项目的合同体系及管理制度，包括合同的拟订、会签、协商、修改、审批、签署、保管等工作制度及流程。

②协助业主拟订项目的各类合同条款，并参与各类合同的商谈。

③合同执行情况的跟踪管理。

④协助业主处理与项目有关的索赔事宜及合同纠纷事宜。

7)监理工程师受业主委托，承担的其他管理和技术服务方面的工作。如为建设单位培训技术人员、水电配套的申请等。

(4)监理工作目标。监理工作目标包括总投资额、总进度目标、工程质量要求等方面。

1)投资目标：以年预算为基价，静态投资为万元(合同承包价为万元)。

2)工期目标：××个月或自××××年××月××日至××××年××月××日。

3)质量目标：工程项目质量等级要求(优良或合格)，主要单项工程质量等级要求(优良或合格)，重要单位工程质量等级要求(优良或合格)。

(5)监理工作依据。通常，监理工作依据下列文件进行：

1)工程建设监理合同；

2)建筑工程施工监理合同；

3)相关法律、法规、规范；

4)设计文件；

5)政府批准的工程建设文件等。

(6)项目监理机构的组织形式。项目监理机构的组织结构，是直线模式，还是职能制模式，或是矩阵制模式。总监理工程师的姓名、地址、电话及任务与责任，专业监理工程师的相关情况。

(7)项目监理机构的人员配备计划。项目监理机构的人员配备计划应在项目监理机构的组织结构图中一道表示。对于关键人员，应说明它们的工作经历、从事监理工作的情况等。

(8)项目监理机构的人员岗位职责。根据监理合同的要求，结合《建设工程监理规范》(GB/T 50319—2013)的规定确定总监理工程师、专业监理工程师的岗位职责。

(9)监理工作程序。监理规划中应明确“三控制、两管理、一协调”工作的程序。

1)质量控制的程序。

2)进度控制的程序。

3)投资控制的程序。

4)合同管理的程序。

5)信息管理的程序。

6)组织协调的程序。

(10)监理工作方法及措施。监理工作方法及措施包括以下几项：

1)质量控制具体内容。

①依据工程项目建设质量的总目标，制定工程建设分阶段和按项目、单位工程及关键工程的质量目标规划，并监督实施。

②质量控制措施。其中组织措施包括落实监理组织中负责质量控制的专业监理人员，完善职责分工及质量监督制度，落实质量控制的责任。技术措施：设计阶段，协助设计单位开展优化设计和完善设计质量保证体系的工作；材料设备供应阶段，通过质量价格比选，正确选择生产供应厂家，并协助其完善质量保证体系；施工阶段，严格事前、事中和事后的质量控制措施。经济及合同措施：严格实施过程中的质量检查制度和中间验收签证制度，不符合合同规定质量要求的拒付工程款，达到优良的，支付质量补偿金和奖金等。质量信息管理：及时收集有关建设工程质量资料，进行动态分析，纠正偏差，以实现工程项目建设质量总目标。操作中多采用表格形式。

2)投资控制具体内容。

①依据投资总额制订投资目标分解计划和控制流程图，并严格监督实施。

②投资控制措施。

a. 组织措施：落实监理组织专门负责投资控制的专业监理工程师，完善职责分工及有关制度，落实投资控制责任。

b. 技术措施：分阶段的投资控制技术措施。设计阶段，推行限额设计和优化设计；招标阶段，要合理确定标底及标价；材料设备供应阶段，通过审核施工组织设计，避免不必要的赶工费。

c. 经济措施：及时进行计划费用与实际开支费用的分析、比较，保证投资计划的正常运行，制定投资控制奖惩办法，力争节约投资。

d. 合同措施：按合同条款支付工程款，防止过早、过量的现金支付；全面履约减少索赔和正确处理索赔。

3)进度控制具体内容。

①依据工程项目的进度总目标，详细地制订总进度目标分解计划和控制工作流程并监督实施。

②进度控制措施。

4)技术措施：建立多级网络计划和施工作业体系；增加平行作业的工作面；力争多采用机械化施工；利用新技术、新工艺，缩短工艺过程间的技术间歇时间等。

①组织措施：落实进度控制责任制，建立进度控制协调制度。

②经济措施：对工期提前者实行奖励；对应急工程实行较高的计件价；确保资金及时到位等。

③合同措施：按合同要求及时协调有关各方进度，确保项目进度。

④合同管理具体内容：

a. 合同目录一览表(可列表表示)。

b. 合同管理流程图。

c. 合同管理具体措施。制定合同管理制度，加强合同保管；加强合同执行情况的分析和跟踪管理；协助业主处理与项目有关的索赔事宜及合同纠纷事宜。

5)信息管理具体内容。

①制订信息流程图和信息流通系统，辅助计算机管理。

②统一信息管理格式，各层次设立信息管理人员，及时收集信息资料，供各级领导决策之用。

(11)监理工作制度。项目监理机构应根据合同的要求、监理机构组织的状况以及工程的实际情况制定有关制度。这些制度应体现有利于控制和信息沟通的特点，既包括对项目监理机构本身的管理制度，也包括对“三控制、三管理、一协调”方面的程序要求。项目监理机构应根据工程进展的不同阶段制定相应的工作制度。

1)立项阶段包括可行性研究报告评议制度、咨询制度、工程估算及审核制度。

2)设计阶段包括设计大纲、设计要求编写及审核制度、设计委托合同制度、设计咨询制度、设计方案评审制度、工程概预算及其审核制度、施工图纸审核制度、设计费用支付签署制度、设计协调会及会议纪要制度、设计备忘录签发制度。

3)施工招标阶段包括招标准备阶段的工作制度、编制招标文件有关制度、标底(招标控制价)编制及审核制度、合同拟订及审核制度和组织招标工作的有关制度。

4)施工阶段包括施工图纸会审及设计交底制度，设计变更审核处理制度，施工组织设计审核制度，工程开工申请审批制度，工程材料、半成品质量检验制度，隐蔽工程分项(部)工程质量验收制度，施工技术复核制度，单位工程、单项工程中间验收制度，技术经济签证制度，工地例会制度，施工备忘录签发制度，施工现场紧急情况处理制度，工程质量事故处理制度，工程款支付证书签审制度，工程索赔签审制度，施工进度监督及报告制度，工程质量检验制度，投资控制制度，以及工程竣工验收制度。

5)项目监理机构内部工作制度包括项目监理机构工作会议制度，对外行文审批制度，监理工作日记制度，监理周报、月报制度，技术、经济资料及档案管理制度，项目监理机构监理费用预算制度，保密制度和廉政制度。

(12)监理设施。监理单位的技术设施也是其资质要素之一。尽管工程建设监理是一门管理性的专业，但是，也少不了有一定的技术设施，作为进行科学管理的辅助手段。在科学发达的今天，如果没有较先进的技术设施辅助管理，就不称其为科学管理，甚至就谈不上管理。何况，工程建设监理还不单是一种管理专业，还有必要的验证性的、具体的工程建设实施行为。如运用计算机对某些关键部位结构设计或工艺设计的复核验算，运用高精度的测量仪器对建(构)筑方位的复核测定，使用先进的无损探伤设备对焊接质量的复核检验等，借此做出科学的判断，如对工程建设的监督管理。所以，对于监理单位来说，技术装备是必不可少的。综合国内外监理单位的技术设施内容，大体上有以下几项：

1)计算机。主要用于电算、各种信息和资料的收集整理及分析，用于各种报表、文件、资料的打印等办公自动化管理，更重要的是要开发计算机软件辅助监理。

2)工程测量仪器和设备。主要用于对建筑物(构筑物)的平面位置、空间位置和几何尺寸以及有关工程实物的测量。

3)检测仪器设备。主要用于确定建筑材料、建筑机械设备、工程实体等方面的质量状况。如混凝土强度回弹仪、焊接部件无损探伤仪、混凝土灌注桩质量测定仪以及相关的化验、试验设备等。

4)交通、通信设备。主要包括常规的交通工具，如汽车、摩托车等；电话、电传、传呼机、步话机等。装备这类设备主要是为了适应高效、快速现代化工程建设的需要。

5)照相、录像设备。工程建设活动是不可逆转的，而且其中的产品(或称过程产品)随着工程建设活动的进展，绝大部分被隐蔽起来。为了相对真实地记载工程建设过程中重要活动及产品的情况，为事后分析、查证有关问题，以及为以后的工程建设活动提供借鉴等，有必要进行照相或录像加以记载。

四、监理规划的报审

1. 监理规划报审程序

依据《建设工程监理规范》(GB/T 50319—2013)，监理规划应在签订工程建设监理合同及收到工程设计文件后编制，在召开第一次工地会议前报送建设单位。监理规划报审程序的时间节点安排、各节点工作内容及负责人见表5-1。

表5-1 监理规划报审程序

序号	时间节点安排	工作内容	负责人
1	签订监理合同及收到工程设计文件后	编制监理规划	总监理工程师组织 专业监理工程师参与
2	编制完成、总监签字后	监理规划审批	监理单位技术负责人审批
3	第一次工地会议前	报送建设单位	总监理工程师报送

续表

序号	时间节点安排	工作内容	负责人
4	设计文件、施工组织计划和施工方案等发生重大变化时	调整监理规划	总监理工程师组织 专业监理工程师参与 监理单位技术负责人审批
		重新审批监理规划	监理单位技术负责人重新审批

2. 监理规划审核内容

监理规划在编写完成后需要进行审核并经批准。监理单位技术管理部门是内部审核单位，其技术负责人应当签认。监理规划审核的内容主要包括以下几个方面：

(1)监理范围、工作内容及监理目标的审核。依据监理招标文件和工程建设监理合同，审核是否理解建设单位的工程建设意图，监理范围、监理工作内容是否已包括全部委托的工作任务，监理目标是否与工程建设监理合同要求和建设意图相一致。

(2)项目监理机构的审核。

1)组织机构方面。组织形式、管理模式等是否合理，是否已结合工程实施特点，是否能够与建设单位的组织关系和施工单位的组织关系相协调等。

2)人员配备方面。人员配备方案应从以下几个方面审查：

①派驻监理人员的专业满足程度。应根据工程特点和建设工程监理任务的工作范围，不仅要考虑专业监理工程师如土建监理工程师、安装监理工程师等能够满足开展监理工作的需要，而且还要看其专业监理人员是否覆盖了工程实施过程中的各种专业要求，以及高、中级职称和年龄结构的组成。

②人员数量的满足程度。主要审核从事监理工作人员在数量和结构上的合理性。按照我国已完成监理工作的工程资料统计测算，在施工阶段，大、中型建设工程每年完成100万元的工程量所需监理人员为0.6～1人，专业监理工程师、一般监理人员和行政文秘人员的结构比例为0.2∶0.6∶0.2。专业类别较多的工程的监理人员数量应适当增加。

③专业人员不足时采取的措施是否恰当。大、中型建设工程由于技术复杂、涉及的专业面宽，当工程监理单位的技术人员不足以满足全部监理工作要求时，对拟临时聘用的监理人员的综合素质应认真审核。

④派驻现场人员计划表。对于大、中型建设工程，不同阶段对所需要的监理人员在人数和专业等方面的要求不同，应对各阶段所派驻现场监理人员的专业、数量计划是否与建设工程进度计划相适应进行审核。还应平衡正在其他工程上执行监理业务的人员，是否能按照预定计划进入本工程参加监理工作。

(3)工作计划的审核。在工程进展中各个阶段的工作实施计划是否合理、可行，审查其在每个阶段中如何控制建设工程目标以及组织协调方法。

(4)工程质量、造价、进度控制方法的审核。对三大目标控制方法和措施应重点审查，看其如何应用组织、技术、经济、合同措施保证目标的实现，方法是否科学、合理、有效。

(5)对安全生产管理监理工作内容的审核。主要是审核安全生产管理的监理工作内容是否明确；是否制定了相应的安全生产管理实施细则；是否建立了对施工组织设计、专项施工方案的审查制度；是否建立了对现场安全隐患的巡视检查制度；是否建立了安全生产管理状况的监理报告制度；是否制定了安全生产事故的应急预案等。

(6)监理工作制度的审核。主要审查项目监理机构内、外工作制度是否健全、有效。

第三节 工程建设监理实施细则

监理实施细则是指导项目监理机构具体开展专项监理工作的操作性文件，应体现项目监理机构对于建设工程的专业技术、目标控制方面的工作要点、方法和措施，做到详细、具体、明确。

项目监理机构应结合工程特点、施工环境、施工工艺等编制监理实施细则，明确监理工作要点、监理工作流程和监理工作方法及措施，达到规范和指导监理工作的目的。监理实施细则可随工程进展，但应在相应工程开始施工前完成，并经总监理工程审批后实施。

一、监理实施细则的编制原则

(1)分阶段编制原则。工程建设监理实施细则应根据监理规划的要求，按工程进展情况，尤其是当施工图未出齐就开工的时候，可分阶段进行编写，并在相应工程(如分部工程、单位工程或按专业划分构成一个整体的局部工程)施工开始前编制完成，用于指导专业监理的操作，确定专业监理的监理标准。

(2)总监理工程师审批原则。工程建设监理实施细则是专门针对工程中一个具体的专业制定的，如基础工程、主体结构工程、电气工程、给水排水工程、装修工程等。其专业性强，编制的程度要求高，应由专业监理工程师组织项目监理机构中该专业的监理人员编制，并必须经总监理工程师审批。

(3)动态性原则。工程建设监理实施细则编好后，并不是一成不变的。因为工程的动态性很强，项目动态性决定了工程建设监理实施细则的可变性。所以，当发生工程变更、计划变更或原监理实施细则所确定的方法、措施、流程不能有效地发挥作用时，要把握好工程项目变化规律，及时根据实际情况对工程建设监理实施细则进行补充、修改和完善，调整工程建设监理实施细则内容，使工程项目运行能够在工程建设监理实施细则的有效控制之下，最终实现项目建设的目标。

二、监理实施细则的编制依据

《建设工程监理规范》(GB/T 50319—2013)规定，监理实施细则的编制应依据下列资料：

(1)监理规划。

(2)工程建设标准、工程设计文件。

(3)施工组织设计、(专项)施工方案。

除《建设工程监理规范》(GB/T 50319—2013)中规定的相关依据外，监理实施细则在编制过程中，还可以融入工程监理单位的规章制度和经认证发布的质量体系，以达到监理内容的全面、完整，有效提高工程建设监理自身的工作质量。

三、监理实施细则的主要内容

《建设工程监理规范》(GB/T 50319—2013)明确规定了监理实施细则应包含的内容，即专业工程特点、监理工作流程、监理工作要点以及监理工作方法及措施。

(一)专业工程特点

专业工程特点是指需要编制监理实施细则的工程专业特点，而不是简单的工程概述。专业工程特点应对专业工程施工的重点和难点、施工范围和施工顺序、施工工艺、施工工序等内容进行有针对性的阐述，体现为工程施工的特殊性、技术的复杂性，与其他专业的交叉和衔接以及各种环境约束条件。

除专业工程外，新材料、新工艺、新技术以及对工程质量、造价、进度应加以重点控制等特殊要求也需要在监理实施细则中体现。

(二)监理工作流程

监理工作流程是结合工程相应专业制定的具有可操作性和可实施性的流程图，不仅涉及最终产品的检查验收，更多地也涉及施工中各个环节及中间产品的监督检查与验收。监理工作涉及的流程包括开工审核工作流程、施工质量控制流程、进度控制流程、造价(工程量计量)控制流程、安全生产和文明施工监理流程、测量监理流程、施工组织设计审核工作流程、分包单位资格审核流程、建筑材料审核流程、技术审核流程、工程质量问题处理审核流程、旁站检查工作流程、隐蔽工程验收流程、工程变更处理流程、信息资料管理流程等。

(三)监理工作要点

监理工作要点及目标值是对监理工作流程中工作内容的增加和补充，应将流程图设置的相关监理控制点和判断点进行详细而全面的描述，将监理工作目标和检查点的控制指标、数据和频率等阐释清楚。

(四)监理工作方法及措施

1. 监理工作方法

监理工程师通过旁站、巡视、见证取样、平行检测等监理方法，对专业工程做全面监控，对每一个专业工程的监理实施细则而言，其工作方法必须详尽阐明。除上述四种常规方法外，监理工程师还可采用指令文件、监理通知、支付控制手段等方法实施监理。

2. 监理工作措施

各专业工程的控制目标要有相应的监理措施以保证控制目标的实现，制定监理工作措施通常有以下两种方式。

(1)根据措施实施内容不同，可将监理工作措施分为技术措施、经济措施、组织措施和合同措施。例如，某建筑工程钻孔灌注桩分项工程监理工作组织措施和技术措施如下：

1)组织措施。根据钻孔桩工艺和施工特点，对项目监理机构人员进行合理分工，将现场专业监理人员分两班(8：00—20：00和20：00—次日8：00，每班1人)进行全程巡视、旁站、检查和验收。

2)技术措施。

①组织所有监理人员全面阅读图纸等技术文件，提出书面意见，参加设计交底，制定详细的监理实施细则。

②详细审核施工单位提交的施工组织设计，严格审查施工单位现场质量管理体系的建立和实施。

③研究分析钻孔桩施工质量风险点，合理确定质量控制关键点，包括桩位控制、桩长控制、桩径控制、桩身质量控制和桩端施工质量控制。

(2)根据措施实施时间不同，可将监理工作措施分为事前控制措施、事中控制措施和事后控制措施。事前控制措施是指为预防发生差错或问题而提前采取的措施；事中控制措施是指监理工作过程中，及时获取工程实际状况信息，以供及时发现问题、解决问题而采取的措施；事后控制措施是指发现工程相关指标与控制目标或标准之间出现差异后所采取的纠偏措施。

四、监理实施细则报审

(一)监理实施细则报审程序

根据《建设工程监理规范》(GB/T 50319—2013)的规定，监理实施细则可随工程进展编制，但必须在相应工程施工前完成，并经总监理工程师审批后实施。监理实施细则报审程序见表5-2。

表5-2　监理实施细则报审程序

序号	节点	工作内容	负责人
1	相应工程施工前	编制监理实施细则	专业监理工程师编制
2	相应工程施工前	监理实施细则审批、批准	专业监理工程师送审，总监理工程师批准
3	工程施工过程中	发生变化时，监理实施细则中工作流程与方法措施的调整	专业监理工程师调整，总监理工程师批准

(二)监理实施细则审核内容

监理实施细则由专业监理工程师编制完成后，需要报总监理工程师批准后方能实施。监理实施细则审核的内容主要包括以下几个方面。

1. 编制依据、内容的审核

(1)编制依据。监理实施细则的编制是否符合监理规划的要求，是否符合专业工程相关的标准，是否符合设计文件的内容，与提供的技术资料是否相符合，是否与施工组织设计、(专项)施工方案使用的规范、标准、技术要求相一致。

(2)编制内容。监理的目标、范围和内容是否与监理合同和监理规划相一致，编制的内容是否涵盖专业工程的特点、重点和难点，内容是否全面、翔实、可行，是否能确保监理工作质量等。

2. 项目监理人员的审核

(1)组织方面。组织方式、管理模式是否合理，是否结合了专业工程的具体特点，是否便于监理工作的实施，制度、流程上是否能保证监理工作，是否与建设单位和施工单位相协调等。

(2)人员配备方面。人员配备的专业满足程度、数量等是否满足监理工作的需要，专业人员不足时采取的措施是否恰当，是否有操作性较强的现场人员计划安排表等。

3. 监理工作流程、监理工作要点的审核

监理工作流程是否完整、翔实，节点检查验收的内容和要求是否明确，监理工作流程是否与施工流程相衔接，监理工作要点是否清晰、明确，目标值控制点设置是否合理、可控等。

4. 监理工作方法和措施的审核

监理工作方法是否科学、合理、有效，监理工作措施是否具有针对性和可操作性，是否安全可靠，是否能确保监理目标的实现等。

5. 监理工作制度的审核

针对专业工程建设监理，其内、外监理工作制度是否能有效保证监理工作的实施，监理记录、检查表格是否完备等。

五、监理大纲、监理规范、监理实施细则之间的关系

工程建设监理大纲、监理规划、监理实施细则是相互关联的，它们都是构成项目监理规划系列文件的组成部分，它们之间存在着明显的依据性。在编写工程建设监理规划时，一定要严格根据监理大纲的有关内容来编写；在制定工程建设监理实施细则时，一定要在监理规划的指导下进行。

通常监理单位开展监理活动应当编制以上系列监理规划文件。但这也不是一成不变的，就像工程建设一样，对于简单的监理活动只编写监理实施细则就可以了，而有些项目也可以制定较详细的监理规划，不必再编写监理实施细则。

本章小结

工程建设监理大纲是监理单位投标文件的重要组成部分，也是建设单位监督检查监理工程师工作的依据，监理大纲的编制人员应当是监理单位经营部门或技术管理部门的人员。监理规划必须依据工程监理单位投标时的监理大纲编制。本章主要介绍了工程建设监理规划、工程建设监理实施细则的编制。

思考与练习

一、填空题

1. ________是在总监理工程师组织下编制，经监理单位技术负责人批准，用来指导项目监理机构全面开展监理工作的指导性文件。

2. 根据措施实施时间不同，可将监理工作措施分为________、________和________。

3. ________是指导项目监理机构具体开展专项监理工作的操作性文件，应体现项目监理机构对于建设工程的专业技术、目标控制方面的工作要点、方法和措施，做到详细、具体、明确。

4. 根据措施实施内容不同，可将监理工作措施分为________、________、________和________。

二、多项选择题

1. 监理大纲一般应包括(　　)主要内容。

A. 工程概述　　B. 监理依据和监理工作内容
C. 工程建设监理实施方案　　D. 工程建设监理难点、重点及合理化建议
E. 采购监理工作设施

2. 监理实施细则的编制原则包括(　　)。

A. 分阶段编制原则　　B. 组织编制监理规划
C. 审批监理实施细则　　D. 总监理工程师审批原则
E. 动态性原则

3. 《建设工程监理规范》(GB/T 50319—2013)明确规定了监理实施细则应包含的内容包括(　　)。

A. 专业工程特点　　B. 监理工作流程
C. 监理工作要点　　D. 监理工作方法及措施
E. 监理工作范围和内容

4. 项目监理机构的审核包括(　　)。

A. 组织机构方面　　B. 人员配备方面
C. 项目风险方面　　D. 工程质量、造价、进度控制方法的审核
E. 监理工作制度的审核

三、简答题

1. 什么是监理大纲？监理单位编制监理大纲的作用有哪些？
2. 监理规划编制的原则有哪些？
3. 监理规划中应明确“三控制、两管理、一协调”工作的程序指的是什么？
4. 监理规划审核的内容主要包括哪几个方面？
5. 工程建设监理实施细则的编制要求有哪些？
6. 简述监理大纲、监理规范、监理实施细则之间的关系。

第六章　建设工程质量控制

知识目标

了解建设工程质量控制的概念及特性，影响工程质量的因素，工程质量控制的概念、原则、目的及方法；熟悉施工阶段质量控制的依据、程序，施工质量事故的分析与处理；掌握施工阶段质量控制的方法、手段，工程施工质量验收层次划分及验收规定。

能力目标

具有在工程建设中进行质量控制的能力。

第一节　工程质量和工程质量控制

一、工程质量

1. 工程质量的概念及特性

质量是指一组同有特性满足要求的程度。“固有特性”包括明示的和隐含的特性，明示的特性一般以书面阐明或明确向顾客指出，隐含的特性是指惯例或一般做法。“满足要求”是指满足顾客和相关方的要求，包括法律法规及标准规范的要求。

建设工程质量简称工程质量，是指建设工程满足相关标准规定和合同约定要求的程度，包括其在安全、使用功能及其在耐久性能、节能与环境保护等方面所有明示和隐含的固有特性。

建设工程作为一种特殊的产品，除具有一般产品共有的质量特性外，还具有特定的内涵。建设工程质量的特性主要表现在以下七个方面。

(1)适用性，即功能，是指工程满足使用目的的各种性能。

(2)耐久性，即寿命，是指工程在规定的条件下，满足规定功能要求使用的年限，也就是工程竣工后的合理使用寿命期。

(3)安全性，是指工程建成后在使用过程中保证结构安全、保证人身和环境免受危害的程度。

(4)可靠性，是指工程在规定的时间和规定的条件下完成规定功能的能力。

(5)经济学，是指工程从规划、勘察、设计、施工到整个产品使用寿命周期内的成本和消耗的费用。

(6)节能性，是指工程在设计与建造过程及使用过程中满足节能减排、降低能耗的标志和有关要求的程度。

(7)与环境的协调性，是指工程与其周围生态环境协调、与所在地区经济环境协调以及与周围已建工程相协调，以适应可持续发展的要求。

上述七个方面的质量特性彼此之间是相互依存的。总体而言，适用、耐久、安全、可靠、经济、节能与环境适应性，都是必须达到的基本要求，缺一不可。但是对于不同门类不同专业的工程，如工业建筑、民用建筑、公共建筑、住宅建筑、道路建筑，可根据其所处的特定地域环境条件、技术经济条件的差异，有不同的侧重面。

2. 影响工程质量的因素

影响工程质量的因素很多，但归纳起来主要有五个方面，即人(Man)、材料(Material)、机械(Machine)、方法(Method)和环境(Environment)，简称4M1E。

(1)人员素质。人是生产经营活动的主体，也是工程项目建设的决策者、管理者、操作者，工程建设的规划、决策、勘察、设计、施工与竣工验收等全过程，都是通过人的工作来完成的。人员的素质，即人的文化水平、技术水平、决策能力、管理能力、组织能力、作业能力、控制能力、身体素质及职业道德等，都将直接和间接地对规划、决策、勘察、设计和施工的质量产生影响，而规划是否合理、决策是否正确、设计是否符合所需要的质量功能、施工能否满足合同、规范、技术标准的需要等，都将对工程质量产生不同程度的影响。人员素质是影响工程质量的一个重要因素。因此，建筑行业实行资质管理和各类专业从业人员持证上岗制度是保证人员素质的重要管理措施。

(2)工程材料。工程材料是指构成工程实体的各类建筑材料、构配件、半成品等，它是工程建设的物质条件，是工程质量的基础。工程材料选用是否合理、产品是否合格、材质是否经过检验、保管使用是否得当等，都将直接影响建设工程的结构刚度和强度、工程的外表及观感、工程的使用功能以及工程的使用安全。

(3)机械设备。机械设备可分为两类：一类是指组成工程实体及配套的工艺设备和各类机具，如电梯、泵机、通风设备等，它们构成了建筑设备安装工程或工业设备安装工程，形成了完整的使用功能。另一类是指施工过程中使用的各类机具设备，包括大型垂直与横向运输设备、各类操作工具、各种施工安全设施、各类测量仪器和计量器具等，简称施工机具设备，它们是施工生产的手段。施工机具设备对工程质量也有重要的影响。工程所用机具设备，其产品质量优劣直接影响工程使用功能质量。施工机具设备的类型是否符合工程施工特点、性能是否先进稳定、操作是否方便安全等，都将会影响工程项目的质量。

二、工程质量控制

1. 工程质量控制的概念

工程质量控制也就是为了保证工程质量，满足工程合同、规范标准所采取的一系列措施、方法和手段。工程质量要求主要表现为工程合同、设计文件、技术规范标准规定的质量标准。

工程质量控制按其实施主体不同，分为自控主体和监控主体。前者是指直接从事质量职能的活动者，后者是指对他人质量能力和效果的监控者，主要包括以下几个方面。

(1)政府的工程质量控制。政府属于监控主体，它主要是以法律法规为依据，通过抓工程报建、施工图设计文件审查、施工许可、材料和设备准用、工程质量监督、重大工程竣工验收备案等主要环节进行的。

(2)建设单位的质量控制。建设单位属于监控主体，它主要是协调设计、监理和施工单位的关系，通过控制项目规划、设计质量、招标投标、审定重大技术方案、施工阶段的质量控制、信息反馈等各个环节，来控制工程质量。

(3)工程监理单位的质量控制。工程监理单位属于监控主体，它主要是受建设单位的委托，代表建设单位对工程实施全过程的质量监督和控制，包括勘察设计阶段质量控制、施工阶段质量控制，以满足建设单位对工程质量的要求。

(4)勘察设计单位的质量控制。勘察设计单位属于自控主体，它是以法律、法规及合同为依据，对勘察设计的整个过程进行控制，包括工作程序、工作进度、费用及成果文件所包含的功能和使用价值，以满足建设单位对勘察设计质量的要求。

(5)施工单位的质量控制。施工单位属于自控主体，它是以工程合同、设计图纸和技术规范为依据，对施工准备阶段、施工阶段、竣工验收交付阶段等施工全过程的工作质量和工程质量进行控制，以达到合同文件规定的质量要求。

2. 工程质量控制的原则

质量控制即采取一系列检测、试验、监控措施、手段和方法，按照质量策划和质量改进的要求，确保合同、规范所规定的质量标准的实现。

根据工程施工的特点，在控制过程中，应遵循以下几条基本原则。

(1)坚持“质量第一，用户至上”的原则。

(2)充分发挥人的作用的原则。

(3)坚持“以预防为主”的原则。

(4)坚持质量标准、严格检查，一切用数据说话的原则。

(5)坚持贯彻科学、公正、守法的职业规范。

3. 工程质量控制的目的

监理工程师控制质量的目的，概括起来有以下几个方面。

(1)维护项目法人的建设意图，保证投资效益即社会效益和经济效益。

(2)防止质量事故的发生，特别是事后质量问题的发生。

(3)防止承包单位做出有损工程质量的不良行为。

4. 工程质量控制的方法

质量控制的方法主要指审核有关技术文件、报告或报表和直接进行现场检查或必要的试验等。

(1)审核有关技术文件、报告或报表。对技术文件、报告、报表的审核，是项目经理对工程质量进行全面控制的重要手段，具体内容包括：

1)审核有关技术资质证明文件。

2)审核开工报告，并经现场核实。

3)审核施工方案、施工组织设计和技术措施。

4)审核有关材料、半成品的质量检验报告。

5)审核反映工序质量动态的统计资料或控制图表。

6)审核设计变更、修改图纸和技术核定书。

7)审核有关质量问题的处理报告。

8)审核有关应用新工艺、新材料、新技术、新结构的技术核定书。

9)审核有关工序交接检查，分项、分部工程质量检查报告。

10)审核并签署现场有关技术签证、文件等。

(2)质量监督与检查。

1)开工前检查。其目的是检查是否具备开工条件，开工后能否连续正常施工，能否保证工程质量。

2)工序交接检查。对于重要的工序或对工程质量有重大影响的工序，在自检、互检的基础上，还要组织专职人员进行工序交接检查。

3)隐蔽工程检查。凡是隐蔽工程均应经检查认证后再掩盖。

4)停工后复工前的检查。因处理质量问题或某种原因停工后需复工时，也应经检查认可后方能复工。

5)分项、分部工程完工后，应经检查认可，签署验收记录后才能进行下一工程项目施工。

6)成品保护检查。检查成品有无保护措施，或保护措施是否可靠。

另外，还应经常深入现场，对施工操作质量进行巡视检查；必要时，还应进行跟班或追踪检查。

第二节　工程施工质量控制

工程施工是使工程设计意图最终实现并形成工程实体的阶段，也是最终形成工程产品质量和工程项目使用价值的重要阶段。因此，施工阶段的质量控制不但是施工监理重要的工作内容，也是工程项目质量控制的重点。监理工程师对工程施工的质量控制，就是按合同赋予的权利，围绕影响工程质量的各种因素，对工程项目的施工进行有效的监督和管理。

一、施工阶段质量控制的依据

施工阶段监理工程师进行质量控制的依据，根据其适用的范围及性质，大致可以分为共同性依据和专门技术法规性依据两类。

1. 质量控制的共同性依据

共同性依据主要是指适用于工程项目施工阶段与质量控制有关的、通用的、具有普遍指导意义和必须遵守的基本文件，其内容包括以下几个方面。

(1)工程承包合同。工程施工承包合同中包含了参与建设的各方在质量控制方面的权利和义务的条款，监理工程师要熟悉这些条款，据此进行质量监督和控制，并在发生质量纠纷时及时采取措施予以解决。

(2)设计文件。“按图施工”是施工阶段质量控制的一项重要原则，经过批准的设计图纸和技术说明书等设计文件，是质量控制的重要依据。监理工程师要组织好设计交底和图纸会审工作，以便能充分了解设计意图和质量要求。

(3)国家及政府有关部门颁布的有关质量管理方面的法律、法规性文件。

2. 质量控制的专门技术法规性依据

专门技术法规性依据主要指针对不同的行业、不同的质量控制对象而制定的技术法规性文件，包括各种有关的标准、规范、规程或规定，具体包括以下几类。

(1)工程施工质量验收标准。

(2)有关工程材料、半成品和构配件质量控制方面的专门技术法规。

(3)控制施工过程质量的技术法规。

(4)采用新工艺、新技术、新方法的工程以及事先制定的有关质量标准和施工工艺规程。

二、施工阶段质量控制的程序

在施工阶段全过程中，监理工程师要进行全过程、全方位的监督、检查与控制，不仅涉及最终产品的检查、验收，而且涉及施工过程的各个环节及中间产品的监督、检查与验收。这种全过程、全方位的质量监理一般程序如图 6-1 所示。

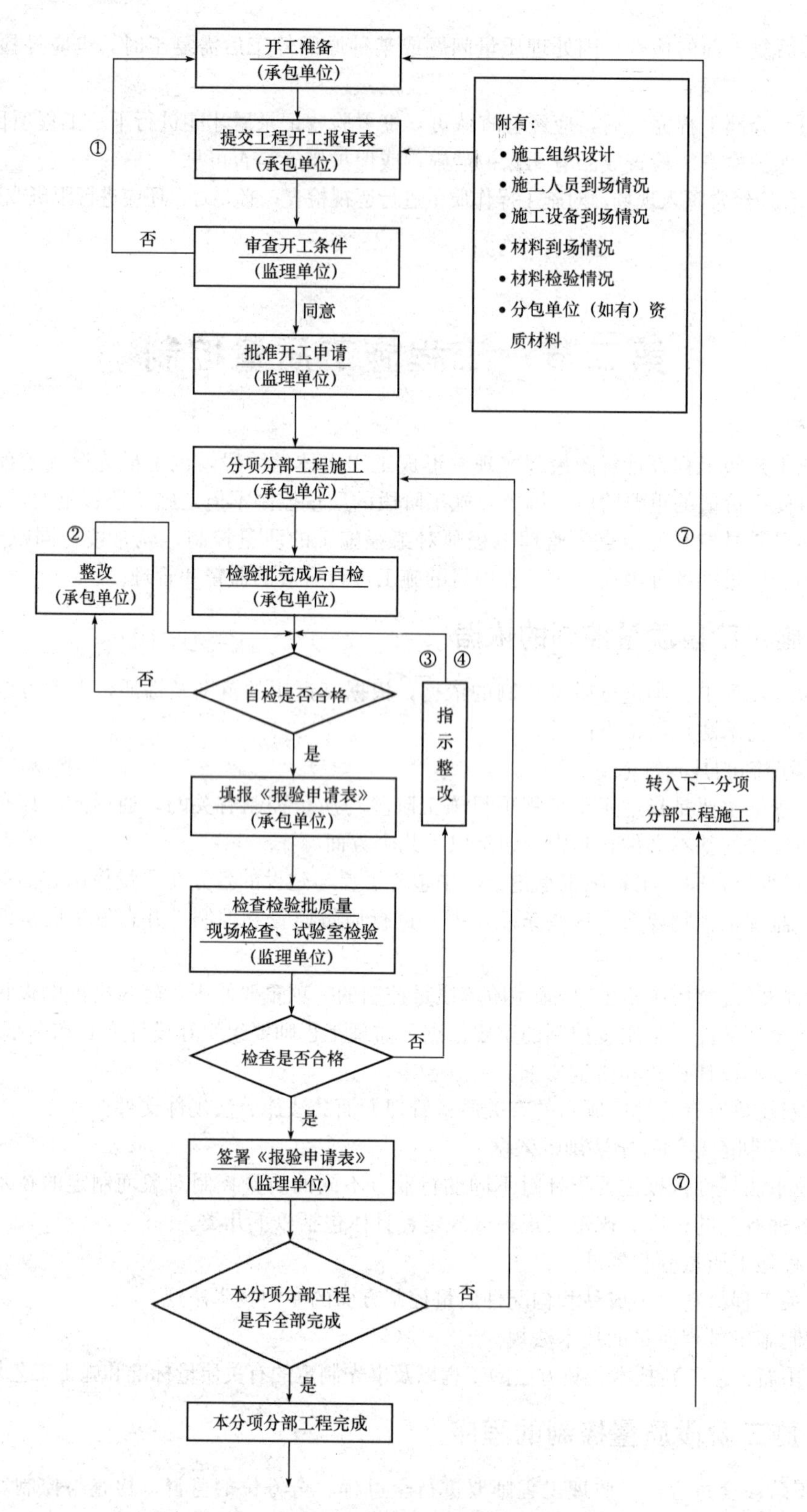

图 6-1　施工阶段工程质量控制工作流程图

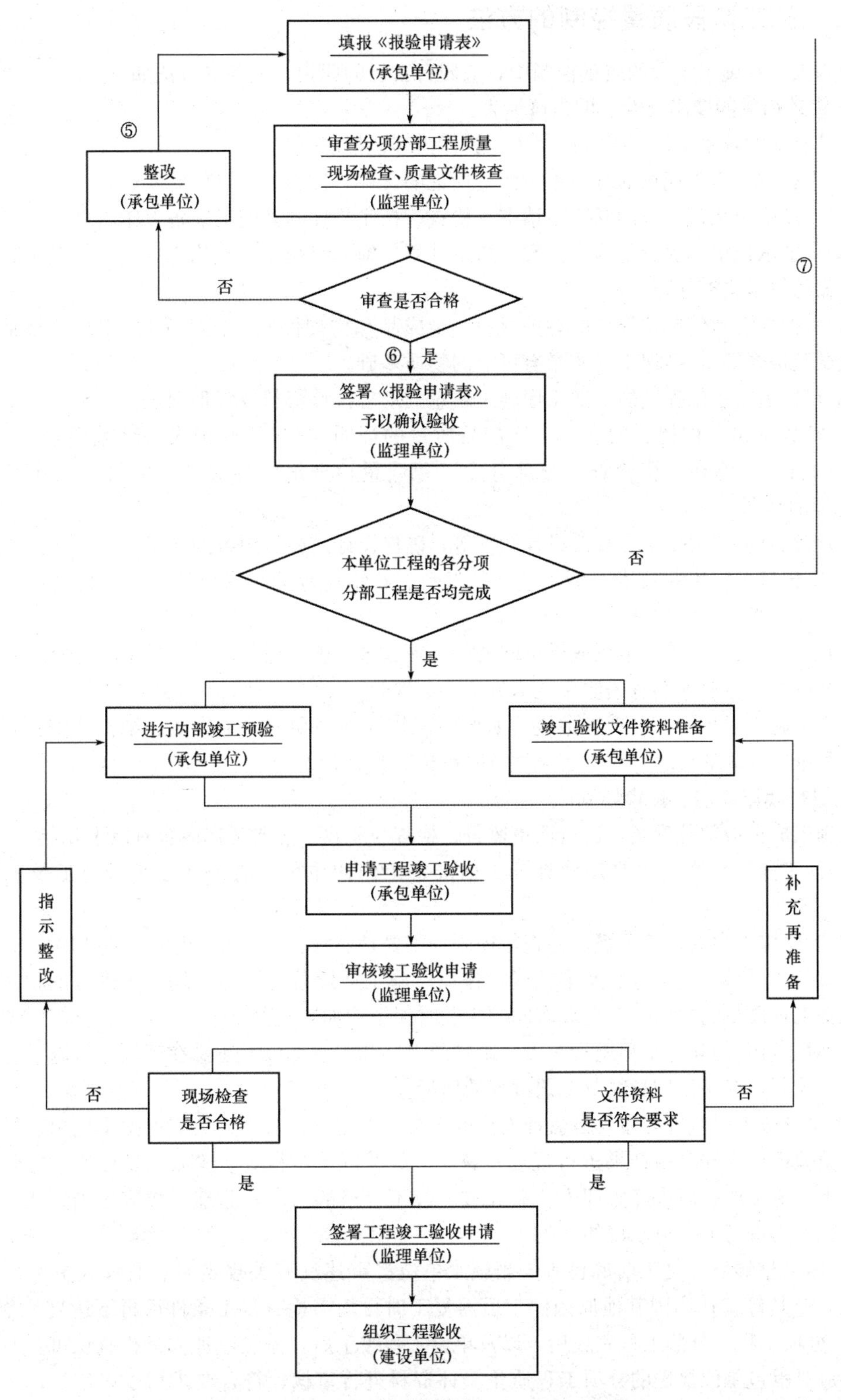

图 6-1　施工阶段工程质量控制工作流程图(续)

三、施工阶段质量控制的方法

监理人员在施工阶段的质量控制中，应履行自己的职责，主要的方法如下。

1. 审核有关的技术文件、报告或报表

审核有关的技术文件、报告或报表，具体内容包括以下几项。

(1)审查进入施工现场的分包单位的资质证明文件，控制分包单位的质量。

(2)审批施工承包单位的开工申请书，检查、核实与控制其施工准备工作质量。

(3)审批承包单位提交的施工方案、质量计划、施工组织设计或施工计划，控制工程施工质量有可靠的技术措施保障。

(4)审批施工承包单位提交的有关材料、半成品和构配件质量证明文件(出厂合格证、质量检验或试验报告等)，确保工程质量有可靠的物质基础。

(5)审核承包单位提交的反映工序施工质量的动态统计资料或管理图表。

(6)审核承包单位提交的有关工序产品质量的证明文件(检验记录及试验报告)、工序交接检查(自检)、隐蔽工程检查、分部分项工程质量检查报告等文件、资料，以确保和控制施工过程的质量。

(7)审批有关工程变更、修改设计图纸等，确保设计及施工图纸的质量。

(8)审核有关应用新技术、新工艺、新材料、新结构等的技术鉴定书，审批其应用申请报告，确保新技术应用的质量。

(9)审批有关工程质量事故或质量问题的处理报告，确保质量事故或质量问题处理的质量。

(10)审核与签署现场有关质量技术签证、文件等。

在整个施工过程中，监理人员应按照监理工作计划书和监理工作实施细则的安排，以及施工顺序和进度计划的要求，对上述文件及时审核和签署。

2. 进行质量监督、检查与验收

监理组成员应常驻现场，进行质量监督、检查与验收，主要工作内容有以下几点。

(1)开工前的检查。主要是检查开工前准备工作的质量，能否保证正常施工及工程施工质量。

(2)工序施工中的跟踪监督、检查与控制。主要是监督、检查在工序施工过程中，人员、施工机械设备、材料、施工方法及工艺或操作以及施工环境条件等是否均处于良好的状态，是否符合保证工程质量的要求，若发现有问题应及时纠正和加以控制。

(3)对于重要的和对工程质量有重大影响的工序和工程部位，还应在现场进行施工过程的旁站监督与控制，确保使用材料及工艺过程的质量。

(4)对隐蔽工程检查与验收是监理人员的正常工作之一；监理人员应根据承包单位报送的隐蔽工程报验申请表和自检结果进行现场检查，应经监理人员检查、验收、签证后才能隐蔽，才能进行下一道工序；对未经监理人员验收或验收不合格的工序，监理人员应拒绝签认，并要求承包单位严禁进行下一道工序的施工。

(5)停工整顿后、复工前的检查。当施工单位严重违反有关规定时，监理人员可行使质量否决权，令其停工；当因其他原因停工后需复工时再均需检查复工条件后再下达复工令。

(6)分项工程、分部工程完成后，以及单位工程竣工后，需经监理人员检查认可。专业监理工程师应对承包单位报送的分项工程质量验评资料进行审核，符合要求后予以签认；总监理工程师应组织监理人员对承包单位报送的分部工程和单位工程质量验评资料进行审核和现场检查，符合要求后予以签认。

四、施工阶段质量控制的手段

目前，监理人员进行工程施工过程质量控制的手段主要有以下几种。

1. 见证、旁站、巡视和平行检验

这是监理人员现场监控的几种主要形式。见证是由监理人员现场监督某工序全过程完成情况的活动；旁站是在关键部位或关键工序施工过程中，由监理人员在现场进行的监督活动；巡视是监理人员对正在施工的部位或工序在现场进行的定期或不定期的监督活动；平行检验是项目监理机构利用一定的检查或检测手段，在承包单位自检的基础上，按照一定的比例独立进行检查或检测的活动。

2. 指令文件和一般管理文书

指令文件是监理工程师运用指令控制权的具体形式。所谓指令文件，是表达监理工程师对施工承包单位提出指示或命令的书面文件，属要求强制性执行的文件。一般情况下是监理工程师从全局利益和目标出发，在对某项施工作业或管理问题，经过充分调研、沟通和决策之后，必须要求承包人严格按监理工程师的意图和主张实施的工作。对此承包人负有全面正确执行指令的责任，监理工程师负有监督指令实施效果的责任。因此，它是一种需要慎用且非常严肃的管理手段。监理工程师的各项指令都应是书面的或有文件记载方为有效，并作为技术文件资料存档。如因时间紧迫，来不及作出正式的书面指令，也可以用口头指令的方式下达给承包单位，但随即应按合同规定，及时补充书面文件，对口头指令予以确认。指令文件一般均以监理工程师通知的方式下达，在监理指令中，也包括《工程开工指令》《工程暂停指令》及《工程复工指令》等。

一般管理文书，如监理工程师函、备忘录、会议纪要、发布有关信息、通报等，主要是对承包商的工作状态和行为，提出建议、希望和劝阻等，不属强制性要求执行，仅供承包人自主决策参考。

3. 严格执行监理程序

在质量监理的过程中严格执行监理程序，也是强化施工单位的质量管理意识、保证工程质量的有效手段。当规定施工单位没有对工程项目的质量进行自检时，监理人员可以拒绝对工程进行检查和验收，以便强化施工单位自身质量控制的机能；规定没有监理人员签发的中间交工证书时，施工单位就不能进行下道工序的施工，这样做可以促进施工单位坚持按施工规范施工，从而能保证工作的正常进行。

4. 工地例会、专题会议

监理工程师可通过工地例会检查分析工程项目质量状况，针对存在的质量问题提出改进措施。对于复杂的技术问题或质量问题，还可以及时召开专题会议解决。

5. 测量复核

在工程建设中，测量复核工作贯穿于施工监理的全过程。工程开工前，监理人员应对控制点和放线进行核查；在施工过程中，不仅对承包单位报送的施工测量放线成果进行复验和确认，还要对工程的标高、轴线、垂直度等进行复核；工程完成后，应采取测量的手段，对工程的几何尺寸、轴线、高程、垂直度等进行验收。

6. 工程计量与支付工程款

工程计量是根据设计文件及承包合同中关于工程量计算的规定，项目监理机构对承包单位申报的已完成工程的工程量进行的核验。

对合同管理的重要手段是经济手段。对施工承包单位支付任何工程款项，均需由总监理工程师审核签认支付证明书。没有总监理工程师签署的支付证书，建设单位不得向承包单位支付工程款。工程款支付的条件之一就是工程质量要达到规定的要求和标准。如果承包单位的工程质量达不到要求的标准，则监理工程师有权采取拒绝签署支付证书的手段，停止对承包单位支付部分或全部工程款，由此造成的损失由承包单位负责。显然，这是十分有效的控制手段和约束手段。

第三节　工程施工质量验收

工程施工质量验收是指工程施工质量在施工单位自行检查评定合格的基础上，由工程质量验收责任方组织，工程建设相关单位参加，对检验批、分项、分部、单位工程及其隐蔽工程的质量进行抽样检验，对技术文件进行审核，并根据设计文件和相关标准以书面形式对工程质量是否达到合格作出确认。工程施工质量验收包括工程施工过程质量验收和竣工质量验收，是工程质量控制的重要环节。

一、工程施工质量验收层次划分

1. 工程施工质量验收层次划分及目的

建筑工程施工质量验收统一标准

(1)施工质量验收层次划分。随着我国经济发展和施工技术的进步，工程建设规模不断扩大，技术复杂程度越来越高，出现了大量工程规模较大的单体工程和具有综合使用功能的综合性建筑物。由于大型单体工程可能在功能或结构上由若干个单体组成，且整个建设周期较长，可能出现已建成可使用的部分单体需先投入使用，或先将工程中一部分提前建成使用等情况，需要进行分段验收，再加之对规模特别大的工程进行一次验收也不方便等，因此标准规定，可将此类工程划分为若干个子单位工程进行验收。同时，为了更加科学地评价工程施工质量和有利于对其进行验收，根据工程特点，按结构分解的原则将单位或子单位工程又划分为若干个分部工程。在分部工程中，按相近工作内容和系统又划分为若干个子分部工程。每个分部工程或子分部工程又可划分为若干个分项工程。每个分项工程中又可划分为若干个检验批。检验批是工程施工质量验收的最小单位。

(2)施工质量验收层次划分目的。工程施工质量验收涉及工程施工过程质量验收和竣工质量验收，是工程施工质量控制的重要环节。根据工程特点，按项目层次分解的原则合理划分工程施工质量验收层次，将有利于对工程施工质量进行过程控制和阶段质量验收，特别是不同专业工程的验收批的确定，将直接影响到工程施工质量验收工作的科学性、经济性、实用性和可操作性。因此，对施工质量验收层次进行合理划分非常必要，这有利于工程施工质量的过程控制和最终把关，确保工程质量符合有关标准。

2. 单位工程的划分

单位工程是指具备独立的设计文件、独立的施工条件并能形成独立使用功能的建筑物或构筑物。对于建筑工程，单位工程的划分应按下列原则确定。

(1)具备独立施工条件并能形成独立使用功能的建筑物或构筑物为一个单位工程。如一所学校中的一栋教学楼、办公楼、传达室，某城市的广播电视塔等。

(2)对于规模较大的单位工程，可将其能形成独立使用功能的部分划分为一个子单位工程。

子单位工程一般可根据工程的建筑设计分区、使用功能的显著差异、结构缝的设置等实际情况进行划分。施工前，应由建设、监理、施工单位商定划分方案，并据此收集整理施工技术资料和验收。

(3)室外工程可根据专业类别和工程规模，划分单位工程或子单位工程、分部工程。室外工程的单位工程、分部工程划分见表 6-1。

表 6-1　室外工程的单位工程、分部工程划分

单位工程	子单位工程	分部工程
室外设施	道路	路基、基层、面层、广场与停车场、人行道、人行地道、挡土墙、附属构筑物
	边坡	土石方、挡土墙、支护
附属建筑及室外环境	附属建筑	车棚、围墙、大门、挡土墙
	室外环境	建筑小品、亭台、水景、连廊、花坛、场坪绿化、景观桥
室外安装	给水排水	室外给水系统、室外排水系统
	供热	室外供热系统
	电气	室外供电系统、室外照明系统

3. 分部工程的划分

分部工程，是单位工程的组成部分，一般按专业性质、工程部位或特点、功能和工程量确定。对于建筑工程，分部工程的划分应按下列原则确定。

(1)分部工程的划分应按专业性质、工程部位确定。如建筑工程划分为地基与基础、主体结构、建筑装饰装修、屋面、建筑给水排水及供暖、通风与空调、建筑电气、建筑智能化、建筑节能、电梯十个分部工程。

(2)当分部工程较大或较复杂时，可按材料种类、施工特点、施工程序、专业系统及类别将分部工程划分为若干子分部工程。如建筑智能化分部工程中就包含了通信网络系统、计算机网络系统、建筑设备监控系统、火灾报警及消防联动系统、会议系统与信息导航系统、专业应用系统、安全防范系统、综合布线系统、智能化集成系统、电源与接地、计算机机房工程、住宅智能化系统等子分部工程。

4. 分项工程的划分

分项工程，是分部工程的组成部分，可按主要工种、材料、施工工艺、设备类别进行划分。如建筑工程主体结构分部工程中，混凝土结构子分部工程按主要工种分为模板、钢筋、混凝土等分项工程；按施工工艺又分为预应力、现浇结构、装配式结构等分项工程。

建筑工程分部或子分部工程、分项工程的具体划分，详见《建筑工程施工质量验收统一标准》(GB 50300—2013)及相关专业验收规范的规定。

5. 检验批的划分

检验批在《建筑工程施工质量验收统一标准》(GB 50300—2013)中是指按相同的生产条件或按规定的方式汇总起来供抽样检验用的、由一定数量样本组成的检验体。它是建筑工程质量验收划分中的最小验收单位。

分项工程可由一个或若干个检验批组成，检验批可根据施工、质量控制和专业验收的需要，按工程量、楼层、施工段、变形缝进行划分。

施工前，应由施工单位制定分项工程和检验批的划分方案，并由项目监理机构审核。对于《建筑工程施工质量验收统一标准》(GB 50300—2013)及相关专业验收规范未涵盖的分项工程和检验批，可由建设单位组织监理、施工等单位协商确定。

通常，多层及高层建筑的分项工程可按楼层或施工段来划分检验批；单层建筑的分项工程可按变形缝等划分检验批；地基与基础的分项工程一般划分为一个检验批，有地下层的基础工程可按不同地下层划分检验批；屋面工程的分项工程可按不同楼层屋面划分为不同的检验批；其他分部工程中的分项工程，一般按楼层划分检验批；对于工程量较少的分项工程可划分为一个检验批；安装工程一般按一个设计系统或设备组别划分为一个检验批；室外工程一般划分为一个检验批；散水、台阶、明沟等含在地面检验批中。

二、工程施工质量验收规定

(一)检验批质量验收

1. 检验批质量验收程序

检验批是工程施工质量验收的最小单位，是分项工程乃至整个建筑工程质量验收的基础。检验批质量验收应由专业监理工程师组织施工单位项目专业质量检查员、专业工长等进行。

验收前，施工单位应先对施工完成的检验批进行自检，合格后由项目专业质量检查员填写《检验批质量验收记录》(表 6-2 中，有关监理验收记录及结论不填写)及检验批报审、报验表，并报送项目监理机构申请验收；专业监理工程师对施工单位所报资料进行审查，并组织相关人员到验收现场进行主控项目和一般项目的实体检查、验收。对验收不合格的检验批，专业监理工程师应要求施工单位进行整改，并自检合格后予以复验；对验收合格的检验批，专业监理工程师应签认检验批报审、报验表及质量验收记录，准许进行下道工序施工。

表 6-2 检验批质量验收记录

工程名称						
分项工程名称			验收部位			
施工单位			项目负责人		专业工长	
分包单位			项目负责人		施工班组长	
施工执行标准名称及编号						
主控项目	验收规范的规定		施工、分包单位检查记录		监理单位验收记录	
	1					
	2					
	3					
	4					
	5					
	6					
	7					
	8					

续表

<table>
<tr><td rowspan="5">一般项目</td><td colspan="2">验收规范的规定</td><td colspan="10">施工、分包单位检查记录</td><td>监理单位验收记录</td></tr>
<tr><td>1</td><td></td><td colspan="10"></td><td rowspan="4"></td></tr>
<tr><td>2</td><td></td><td colspan="10"></td></tr>
<tr><td>3</td><td></td><td></td><td></td><td></td><td></td><td></td><td></td><td></td><td></td><td></td><td></td></tr>
<tr><td>4</td><td></td><td></td><td></td><td></td><td></td><td></td><td></td><td></td><td></td><td></td><td></td></tr>
<tr><td colspan="3">施工、分包单位检查结果</td><td colspan="11">项目专业质量检查员：　　年　月　日</td></tr>
<tr><td colspan="3">监理单位验收结论</td><td colspan="11">专业监理工程师：　　年　月　日</td></tr>
</table>

2. 检验批质量验收合格的规定

(1)主控项目。主控项目的条文是必须达到的要求，是保证工程安全和使用功能的重要检验项目，是对安全、卫生、环境保护和公众利益起决定性作用的检验项目，是确定该检验批主要性能的检验项目。主控项目中所有子项必须全部符合各专业验收规范规定的质量指标，方能判定该主控项目质量合格；反之，只要其中某一子项甚至某一抽查样本检验后达不到要求，即可判定该检验批质量为不合格，则该检验批拒收。换言之，主控项目中某一子项甚至某一抽查样本的检查结果若为不合格，即行使对检验批质量的否决权。主控项目包括的主要内容如下：

1)重要材料、构件及配件、成品及半成品、设备性能及附件的材质、技术性能等。检查出厂证明及试验数据，如水泥、钢材的质量，预制楼板、墙板、门窗等构配件的质量，风机等设备的质量等。检查出厂证明，其技术数据、项目应符合有关技术标准的规定。

2)结构的强度、刚度和稳定性等检验数据、工程性能的检测，如混凝土、砂浆的强度，钢结构的焊缝强度，管道的压力试验，风管的系统测定与调整，电气的绝缘、接地测试，电梯的安全保护、试运转结果等。检查测试记录，其数据及项目要符合设计要求和相关验收规范规定。

3)一些重要的允许偏差项目，必须控制在允许偏差限值之内。

(2)一般项目。一般项目是指除主控项目以外，对检验批质量有影响的检验项目。当其中缺陷(指超过规定质量指标的缺陷)的数量超过规定的比例，或样本的缺陷程度超过规定的限度后，会对检验批质量产生影响。一般项目包括的主要内容如下：

1)允许有一定偏差的项目，而放在一般项目中，用数据规定的标准可以有个别偏差范围，最多不超过20%的检查点可以超过允许偏差值，但也不能超过允许值的150%。

2)对不能确定偏差值而又允许出现一定缺陷的项目，则以缺陷的数量来区分。如砖砌体预埋拉结筋留置间距的偏差、混凝土钢筋露筋等。

3)一些无法定量的而采用定性的项目，如碎拼大理石地面颜色协调，无明显裂缝和坑洼；卫生器具给水配件安装项目，接口严密，启闭部分灵活；管道接口项目，无外露油麻等。

(3)具有完整的施工操作依据、质量检查记录。质量控制资料反映了检验批从原材料到最终验收的各施工工序的操作依据、检查情况以及保证质量所必需的管理制度等。对其完整性的检查，实际是对过程控制的确认，这是检验批合格的前提。

(二)隐蔽工程质量验收

隐蔽工程是指在下道工序施工后将被覆盖或掩盖，不易进行质量检查的工程，如钢筋混凝土工程中的钢筋工程、地基与基础工程中的混凝土基础和桩基础等。因此，隐蔽工程完成后，在被覆盖或掩盖前必须进行隐蔽工程质量验收。隐蔽工程可能是一个检验批，也可能是一个分项工程或子分部工程，所以，可按检验批或分项工程、子分部工程进行验收。

如隐蔽工程为检验批时，其质量验收应由专业监理工程师组织施工单位项目专业质量检查员、专业工长等进行。

施工单位应对隐蔽工程质量进行自检，合格后填写隐蔽工程质量验收记录及隐蔽工程报审、报验表，并报送项目监理机构申请验收；专业监理工程师对施工单位所报资料进行审查，并组织相关人员到验收现场进行实体检查、验收，同时应留有照片、影像等资料。对验收不合格的工程，专业监理工程师应要求施工单位进行整改，自检合格后予以复查；对验收合格的工程，专业监理工程师应签认隐蔽工程报审、报验表及质量验收记录，准予进行下一道工序施工。

例如，钢筋隐蔽工程质量验收：施工单位应对钢筋隐蔽工程进行自检，合格后填写钢筋隐蔽工程质量验收记录及钢筋隐蔽工程报审、报验表，并报送项目监理机构申请验收。专业监理工程师对施工单位所报资料进行审查，并组织相关人员到验收现场进行检查、验收，同时应留有照片、影像等资料。对验收不合格的钢筋工程，专业监理工程师应要求施工单位进行整改，自检合格后予以复查；对验收合格的钢筋工程，专业监理工程师应签认钢筋隐蔽工程报审、报验表及质量验收记录，并准予进行下一道工序施工。

钢筋隐蔽工程验收的内容：纵向受力钢筋的品种、级别、规格、数量和位置等；钢筋的连接方式、接头位置、接头数量、接头面积百分率等；箍筋、横向钢筋的品种、规格、数量、间距等；预埋件的规格、数量、位置等。

检查要点：检查产品合格证、出厂检验报告和进场复验报告；检查钢筋力学性能试验报告；检查钢筋隐蔽工程质量验收记录；检查钢筋安装实物工程质量。

(三)分项工程质量验收

1. 分项工程质量验收程序

分项工程质量验收应由专业监理工程师组织施工单位项目技术负责人等进行。

验收前，施工单位应先对施工完成的分项工程进行自检，合格后填写《分项工程质量验收记录》(表 6-3)及分项工程报审、报验表，并报送项目监理机构申请验收。专业监理工程师对施工单位所报资料逐项进行审查，符合要求后签认分项工程报审、报验表及质量验收记录。

表 6-3　分项工程质量验收记录

<table>
<tr><td colspan="2">工程名称</td><td></td><td>结构类型</td><td></td><td>检验批数</td><td></td></tr>
<tr><td colspan="2">施工单位</td><td></td><td>项目负责人</td><td></td><td>项目技术负责人</td><td></td></tr>
<tr><td colspan="2">分包单位</td><td></td><td>单位负责人</td><td></td><td>项目负责人</td><td></td></tr>
<tr><td>序号</td><td colspan="2">检验批名称及部位、区段</td><td colspan="2">施工、分包单位检查结果</td><td colspan="2">监理单位验收结论</td></tr>
<tr><td>1</td><td colspan="2"></td><td colspan="2"></td><td colspan="2"></td></tr>
<tr><td>2</td><td colspan="2"></td><td colspan="2"></td><td colspan="2"></td></tr>
</table>

续表

<table>
<tr><td colspan="2">工程名称</td><td></td><td>结构类型</td><td></td><td>检验批数</td><td></td></tr>
<tr><td>3</td><td colspan="2"></td><td colspan="2"></td><td colspan="2"></td></tr>
<tr><td>4</td><td colspan="2"></td><td colspan="2"></td><td colspan="2"></td></tr>
<tr><td>5</td><td colspan="2"></td><td colspan="2"></td><td colspan="2"></td></tr>
<tr><td>6</td><td colspan="2"></td><td colspan="2"></td><td colspan="2"></td></tr>
<tr><td>7</td><td colspan="2"></td><td colspan="2"></td><td colspan="2"></td></tr>
<tr><td>8</td><td colspan="2"></td><td colspan="2"></td><td colspan="2"></td></tr>
<tr><td>9</td><td colspan="2"></td><td colspan="2"></td><td colspan="2"></td></tr>
<tr><td>10</td><td colspan="2"></td><td colspan="2"></td><td colspan="2"></td></tr>
<tr><td>11</td><td colspan="2"></td><td colspan="2"></td><td colspan="2"></td></tr>
<tr><td>12</td><td colspan="2"></td><td colspan="2"></td><td colspan="2"></td></tr>
<tr><td>13</td><td colspan="2"></td><td colspan="2"></td><td colspan="2"></td></tr>
<tr><td>14</td><td colspan="2"></td><td colspan="2"></td><td colspan="2"></td></tr>
<tr><td>15</td><td colspan="2"></td><td colspan="2"></td><td colspan="2"></td></tr>
<tr><td colspan="7">说明：</td></tr>
<tr><td colspan="2">施工单位
检查结果</td><td colspan="2">项目专业技术负责人：
年　月　日</td><td>监理单位
验收结论</td><td colspan="2">专业监理工程师：
年　月　日</td></tr>
</table>

2. 分项工程质量验收合格的规定

(1)分项工程所含检验批的质量均应验收合格。

(2)分项工程所含检验批的质量验收记录应完整。

分项工程的验收是在检验批的基础上进行的。一般情况下，检验批和分项工程两者具有相同或相近的性质，只是批量的大小不同而已，将有关的检验批汇集构成分项工程。

实际上，分项工程质量验收是一个汇总统计的过程，并无新的内容和要求。分项工程质量验收合格条件比较简单，只要构成分项工程的各检验批的质量验收资料完整，并且均已验收合格，则分项工程质量验收合格。因此，在分项工程质量验收时应注意以下三点。

1)核对检验批的部位、区段是否全部覆盖分项工程的范围，有没有缺漏的部位没有被验收到。

2)一些在检验批中无法检验的项目，在分项工程中直接验收。如砖砌体工程中的全高垂直度、砂浆强度的评定。

3)检验批验收记录的内容及签字人是否正确、齐全。

（四）分部工程的划分

1. 分部（子分部）工程质量验收程序

分部（子分部）工程质量验收应由总监理工程师组织施工单位项目负责人和项目技术、质量负责人等进行。由于地基与基础、主体结构工程要求严格、技术性强，关系到整个工程的安全，为严把质量关，规定勘察、设计单位项目负责人和施工单位技术、质量负责人应参加地基与基础分部工程的验收。设计单位项目负责人和施工单位技术、质量负责人应参加主体结构、节能分部工程的验收。

验收前，施工单位应先对施工完成的分部工程进行自检，合格后填写《分部工程质量验收记录》（表 6-4）及《分部工程报验表》（表 6-5），并报送项目监理机构申请验收。总监理工程师应组织相关人员进行检查、验收，对验收不合格的分部工程，应要求施工单位进行整改，自检合格后予以复查。对验收合格的分部工程，应签认分部工程报验表及验收记录。

表 6-4　分部工程质量验收记录

<table>
<tr><td colspan="2">工程名称</td><td colspan="2"></td><td>结构类型</td><td></td><td>层数</td><td></td></tr>
<tr><td colspan="2">施工单位</td><td colspan="2"></td><td>技术部门负责人</td><td></td><td>质量部门负责人</td><td></td></tr>
<tr><td colspan="2">分包单位</td><td colspan="2"></td><td>分包单位负责人</td><td></td><td>分包单位技术负责人</td><td></td></tr>
<tr><td>序号</td><td colspan="2">分项工程名称</td><td>检验批数</td><td colspan="2">施工、分包单位检查结果</td><td colspan="2">验收结论</td></tr>
<tr><td>1</td><td colspan="2"></td><td></td><td colspan="2"></td><td colspan="2"></td></tr>
<tr><td>2</td><td colspan="2"></td><td></td><td colspan="2"></td><td colspan="2"></td></tr>
<tr><td>3</td><td colspan="2"></td><td></td><td colspan="2"></td><td colspan="2"></td></tr>
<tr><td>4</td><td colspan="2"></td><td></td><td colspan="2"></td><td colspan="2"></td></tr>
<tr><td>5</td><td colspan="2"></td><td></td><td colspan="2"></td><td colspan="2"></td></tr>
<tr><td>6</td><td colspan="2"></td><td></td><td colspan="2"></td><td colspan="2"></td></tr>
<tr><td></td><td colspan="2"></td><td></td><td colspan="2"></td><td colspan="2"></td></tr>
<tr><td colspan="3">质量控制资料</td><td></td><td colspan="2"></td><td colspan="2"></td></tr>
<tr><td colspan="3">安全和功能检验结果</td><td></td><td colspan="2"></td><td colspan="2"></td></tr>
<tr><td colspan="3">观感质量验收</td><td></td><td colspan="2"></td><td colspan="2"></td></tr>
<tr><td>综合验收结论</td><td colspan="7"></td></tr>
<tr><td colspan="2">分包单位
项目负责人：
年　月　日</td><td colspan="2">施工单位
项目负责人：
年　月　日</td><td>勘察单位
项目负责人：
年　月　日</td><td colspan="2">设计单位
项目负责人：
年　月　日</td><td>监理单位
项目负责人：
年　月　日</td></tr>
</table>

表 6-5　分部工程报验表

工程名称：　　　　　　　　　　　　　　　　　　　　　　　　　　编号：

<table>
<tr><td>致：________________________(项目监理机构)
我方已完成____________________(分部工程)，经自检合格，请予以验收。

附件：分部工程质量资料

施工项目经理部(盖章)
项目技术负责人(签字)
年　月　日</td></tr>
<tr><td>验收意见：

专业监理工程师(签字)
年　月　日</td></tr>
<tr><td>验收意见：

项目监理机构(盖章)
总监理工程师(签字)
年　月　日</td></tr>
<tr><td>注：本表一式三份，项目监理机构、建设单位、施工单位各一份。</td></tr>
</table>

2. 分部(子分部)工程所含分项工程的质量均应验收合格

分部(子分部)工程所含分项工程的质量均应验收合格。实际验收中，这项内容也是一项统计工作。在做这项工作时应注意以下三点。

(1)检查每个分项工程验收是否正确。

(2)注意查对所含分项工程，有没有漏、缺的分项工程没有归纳进来，或是没有进行验收。

(3)注意检查分项工程的资料是否完整、每个验收资料的内容是否有缺漏项，以及各分项工程验收人员的签字是否齐全及符合规定。

3. 质量控制资料应完整

质量控制资料完整是工程质量合格的重要条件。在分部工程质量验收时，应根据各专业工程质量验收规范的规定，对质量控制资料进行系统的检查，着重检查资料的齐全、项目的完整、内容的准确和签署的规范。

质量控制资料检查工作实际也是统计、归纳工作，主要包括以下三个方面的资料。

(1)核查和归纳各检验批的验收记录资料，查对其是否完整。有些龄期要求较长的检测资料，在分项工程验收时，尚不能及时提供，应在分部(子分部)工程验收时进行补查。

(2)检验批验收时，要求检验批资料准确完整后，方能对其开展验收。对在施工中质量不符合要求的检验批、分项工程，按有关规定进行处理后的资料归档审核。

(3)注意核对各种资料的内容、数据及验收人员签字的规范性。对于建筑材料的复验范围，各专业验收规范都做了具体规定，检验时按产品标准规定的组批规则、抽样数量、检验项目进行，但有的规范另有不同要求，这一点在质量控制资料核查时需引起注意。

4. 分部工程有关安全及功能的检验和抽样检测结果应符合有关规定

这项验收内容包括安全检测资料与功能检测资料两部分，涉及结构安全及使用功能检验(检测)的要求，应按设计文件及各专业工程质量验收规范中所做的具体规定执行。抽测其检测项目在各专业质量验收规范中已有明确规定，在验收时应注意以下三个方面的工作。

(1)检查各规范中规定的检测项目是否都进行了验收，不能进行检测的项目应说明原因。

(2)检查各项检测记录(报告)的内容、数据是否符合要求，包括检测项目的内容，所遵循的检测方法标准、检测结果的数据是否达到规定的标准。

(3)核查资料的检测程序、有关取样人、检测人、审核人、试验负责人以及公章签字是否齐全等。

5. 观感质量验收应符合要求

观感质量验收是指在分部工程所含的分项工程完成后，在前三项检查的基础上，对已完工部分工程的质量，采用目测、触摸和简单量测等方法所进行的一种宏观检查方式。

分部(子分部)工程观感质量验收，其检查的内容和质量指标已包含在各个分项工程内。对分部工程进行观感质量检查和验收，并不增加新的项目，只不过是转换一下视角，采用一种更直观、便捷、快速的方法，对工程质量从外观上做一次重复的、扩大的、全面的检查，这是由建筑施工特点所决定的。

在进行质量检查时，注意一定要在现场将工程的各个部位全部看到，能操作的应实地操作，观察其方便性、灵活性或有效性等；能打开观察的应打开观察，全面检查分部(子分部)工程的质量。

观感质量验收并不给出“合格”或“不合格”的结论，而是给出“好”“一般”“差”的总体评价，所谓“一般”，是指经观感质量检验能符合验收规范的要求；所谓“好”，是指在质量符合验收规范的基础上，能达到精致、流畅、匀净的要求，精度控制好；所谓“差”，是指勉强达到验收规范的要求，但质量不够稳定，离散性较大，给人以粗疏的印象。

观感质量验收中若发现有影响安全、功能，以及有超过偏差限值，或明显影响观感效果的缺陷，不能评价，应处理后再进行验收。

评价时，施工企业应先自行检查合格后，由监理单位来验收。参加评价的人员应具有相应的资格，由总监理工程师组织，不少于三位监理工程师来检查，在听取其他参加人员的意见后，共同做出评价，但总监理工程师的意见应为主导意见。在做评价时，可分项目逐点评价，也可按项目进行大的方面的综合评价，最后对分部(子分部)工程做出评价。

(五)单位工程质量验收

单位工程质量验收也称质量竣工验收，是建筑工程投入使用前的最后一次验收，也是最重要的一次验收。验收合格的条件有以下五个。

1. 单位(子单位)工程所含分部(子分部)工程的质量均应验收合格

这项工作，总承包单位应事先进行认真准备，将所有分部、子分部工程质量验收的记录表及时进行收集整理，并列出目次表，依序将其装订成册。在核查及整理过程中，应注意以下三点。

(1)核查各分部工程中所含的子分部工程是否齐全。

(2)核查各分部、子分部工程质量验收记录表的质量评价是否完善，如分部、子分部工程质量的综合评价，质量控制资料的评价，地基与基础、主体结构和设备安装分部、子分部工程的有关安全及功能的检测和抽测项目的检测记录，以及分部、子分部观感质量的评价等。

(3)核查分部、子分部工程质量验收记录表的验收人员是否是规定的有相应资质的技术人员，并进行评价和签认。

2. 质量控制资料应完整

(1)建筑工程质量控制资料是反映建筑工程施工过程中各个环节工程质量状况的基本数据和原始记录，反映完工项目的测试结果和记录。这些资料是反映工程质量的客观见证，是评价工程质量的主要依据。工程质量资料是工程的“合格证”和技术的“证明书”。

(2)单位(子单位)工程质量验收、质量控制资料应完整，总承包单位应将各分部(子分部)工程应有的质量控制资料进行核查。图纸会审及变更记录，定位测量放线记录，施工操作依据，原材料、构配件等质量证书，按规定进行检验的检测报告，隐蔽工程验收记录，施工中的有关施工试验、测试、检验等，以及抽样检测项目的检测报告等，由总监理工程师进行核查确认，可按单位工程所包含的分部、子分部工程分别核查，也可综合抽查。其目的是强调对建筑结构、设备性能、使用功能方面等主要技术性能的检验。

(3)由于每个工程的具体情况不一，因此资料是否完整要视工程特点和已有资料的情况而定。总之，有一点是验收人员应掌握的，即看其是否可以反映工程的结构安全和使用功能，是否达到设计要求。如果资料能保证该工程的结构安全和使用功能，能达到设计要求，则可认为是完整的；否则，不能判定为完整。

3. 单位(子单位)工程所含分部工程有关安全和功能的检测资料应完整

(1)在分部、子分部工程中提出了一些检测项目，在分部、子分部工程检查和验收时，应进行检测来保证和验证工程的综合质量和最终质量。这种检测(检验)应由施工单位来进行，检测过程中可请监理工程师或建设单位有关负责人参加监督检测工作，达到要求后，形成检测记录并签字认可。在单位工程、子单位工程验收时，监理工程师应对各分部、子分部工程应检测的项目进行核对，对检测资料的数量、数据及使用的检测方法、检测标准、检测程序进行核查，并核查有关人员的签认情况等。

(2)这种对涉及安全和使用功能的分部工程检验资料的复查，不仅要全面检查其完整性(不得有漏检缺项)，而且对分部工程验收时补充进行的见证抽样检验报告也要复核。这种强化验收的手段体现了对安全和主要使用功能的重视。

4. 主要功能项目的抽查结果应符合相关专业质量验收规范的规定

(1)使用功能的检查是对建筑工程和设备安装工程最终质量的综合检验，也是用户最为关心的内容。因此，在分项、分部工程验收合格的基础上，竣工验收时需再做全面检查。通常主要功能抽测项目应为有关项目最终的综合性的使用功能，如室内环境检测、屋面淋水检测、照明全负荷试验检测、智能建筑系统运行等。

(2)抽查项目是在检查资料文件的基础上由参加验收的各方人员商定，并用计量、计数的抽样方法确定检查部位。检查要求按有关专业工程施工质量验收标准的要求进行。

5. 观感质量验收应符合要求

单位工程观感质量的验收方法和内容与分部、子分部工程的观感质量评价一样，只是分部、子分部工程的范围小一些而已，一些分部、子分部工程的观感质量可能在单位工程检查时已经看不到了，所以单位工程的观感质量更宏观一些。其内容按各有关检验批的主控项目、一般项目有关内容综合掌握，给出“好”“一般”“差”的评价。

第四节　工程质量事故的分析与处理

工程质量事故是指由于建设、勘察、设计、施工、监理等单位违反工程质量有关法律法规和工程建设标准，使工程产生结构安全、重要使用功能等方面的质量缺陷，造成人身伤亡或者重大经济损失的事故。

一、工程质量事故分析的依据

(1)质量事故的实况资料：包括质量事故发生的时间、地点；有关质量事故的观测记录、事故现场状态的照片或录像；质量事故发展变化的情况；质量事故状况的描述；事故调查组研究所获得的第一手资料。

(2)有关合同及合同文件：包括工程承包合同、设备与器材购销合同、设计委托合同、监理合同及分包合同等。

(3)有关技术文件和档案：主要是有关的设计文件(如施工图纸和技术说明)、档案和资料(如施工方案、施工计划、施工日志、施工记录、有关建筑材料的质量证明资料、现场制备材料的质量证明资料、与施工有关的技术文件以及质量事故发生后对事故状况做的观测记录、试验记录或试验报告等)。

(4)相关建设法规：主要包括《建筑法》及与工程质量、质量事故处理有关的勘察、设计、施工、监理等单位资质管理方面的法规，从业者资质管理方面的法规，建筑施工方面的法规，建筑市场方面的法规，关于标准化管理方面的法规。

二、工程质量事故处理的程序

工程质量事故发生后，监理工程师可按以下程序进行处理(图 6-2)。

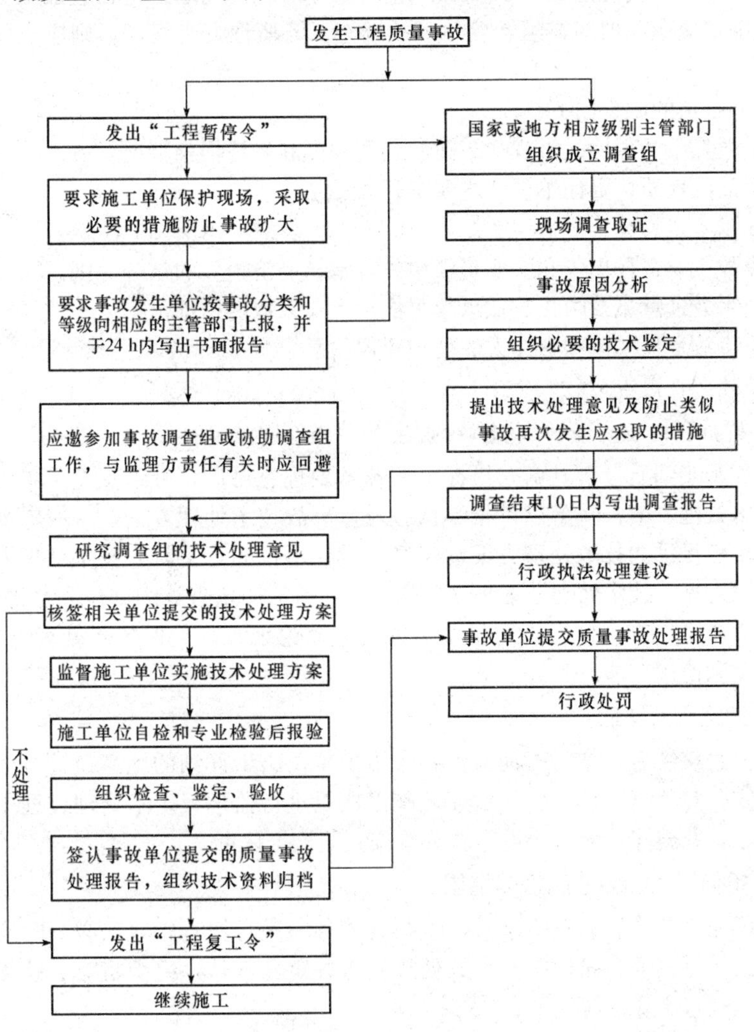

图 6-2　工程质量事故的处理程序

1. 工程质量事故发生后

工程质量事故发生后，总监理工程师应签发“工程暂停令”，并要求停止进行质量缺陷部位和与其有关联部位及下道工序施工，应要求施工单位采取必要的措施，防止事故扩大并保护好现场。同时，要求质量事故发生单位迅速按类别和等级向相应的主管部门上报，并于 24 h 内写出书面报告。

质量事故报告应包括：

(1)工程概况：重点介绍事故有关部分的工程情况。

(2)事故情况：事故发生的时间、性质、现状及发展变化的情况。

(3)是否需要采取临时应急防护措施。

(4)事故调查中的数据、资料。

(5)事故原因的初步判断。

(6)事故涉及人员与主要责任者的情况等。

2. 监理工程师在事故调查组展开工作后

监理工程师在事故调查组展开工作后，应积极协助，客观地提供相应证据。若监理方无责任，监理工程师可应邀参加调查组，参与事故调查；若监理方有责任，则应予以回避，但应配合调查组工作。

质量事故调查组的职责如下：

(1)查明事故发生的原因、过程、事故的严重程度和经济损失情况。

(2)查明事故的性质、责任单位和主要责任人。

(3)组织技术鉴定。

(4)明确事故主要责任单位和次要责任单位，承担经济损失的划分原则。

(5)提出技术处理意见及防止类似事故再次发生应采取的措施。

(6)提出对事故责任单位和责任人的处理建议。

(7)写出事故调查报告。

3. 监理工程师在接到质量事故调查组提出的技术处理意见后

当监理工程师接到质量事故调查组提出的技术处理意见后，可组织相关单位研究，责成相关单位完成技术处理方案，并予以审核签认。质量事故技术处理方案，一般应委托原设计单位提出。由其他单位提供的技术处理方案，应经原设计单位同意签认。技术处理方案的制定，应征求建设单位的意见。技术处理方案必须依据充分，查清质量事故的部位和全部原因。必要时，应委托法定工程质量检测单位进行质量鉴定或请专家论证，以确保技术处理方案可靠、可行，保证结构的安全和使用功能。

4. 技术处理方案核签后

技术处理方案核签后，监理工程师应要求施工单位给出详细的施工设计方案，必要时应编制监理实施细则，对工程质量事故技术处理施工质量进行监理，技术处理过程中的关键部位和关键工序应旁站，并会同设计、建设等有关单位共同检查认可。

5. 对施工单位完工自检后的报验结果

对施工单位完工自检后的报验结果，组织有关各方进行检查验收，必要时应进行处理结果鉴定。要求事故单位整理、编写质量事故处理报告并审核签认，组织将有关技术资料归档。工程质量事故处理报告主要内容如下：

(1)工程质量事故情况、调查情况、原因分析(选自质量事故调查报告)。

(2)质量事故处理的依据。

(3)质量事故技术处理方案。

(4)实施技术处理施工中的有关问题和资料。

(5)对处理结果的检查、鉴定和验收。

(6)质量事故处理结论。

6. 签发“工程复工令”

签发“工程复工令”，恢复正常施工。

三、工程质量事故处理方案及其辅助方法

1. 工程质量事故处理方案

工程质量事故处理方案，应当在正确分析和判断质量事故原因的基础上进行。对于工程质

量事故，通常可以根据质量问题的情况，给出以下四类不同性质的处理方案。

(1)修补处理。这是最常采用的一类处理方案。通常当工程的某些部分的质量虽未达到规定的规范、标准或设计要求，存在一定的缺陷，但经过修补后还可达到要求，且不影响使用功能或外观要求时，可以做出进行修补处理的决定。

属于修补处理的具体方案有很多，包括封闭保护、复位纠偏、结构补强、表面处理等。例如，某些混凝土结构表面出现蜂窝、麻面，经调查、分析，该部位经修补处理后，不会影响其使用及外观；某些结构混凝土发生表面裂缝，根据其受力情况，仅做表面封闭保护即可，等等。

(2)返工处理。在工程质量未达到规定的标准或要求，有明显的严重质量问题，对结构的使用和安全有重大影响，而又无法通过修补的办法纠正所出现的缺陷情况下，可以做出返工处理的决定。例如，某防洪堤坝在填筑压实后，其压实土的干密度未达到规定的要求干密度值，核算将影响土体的稳定和抗渗要求，可以进行返工处理，即挖除不合格土，重新填筑。又如某工程预应力按混凝土规定张力系数为1.3，但实际仅为0.8，属于严重的质量缺陷，也无法修补，则须做出返工处理的决定。十分严重的质量事故甚至要做出整体拆除的决定。

(3)限制使用。在工程质量事故按修补方案处理无法保证达到规定的使用要求和安全指标，而又无法返工处理的情况下，可以做出诸如结构卸荷或减荷以及限制使用的决定。

(4)不做处理。某些工程质量事故虽然不符合规定的要求或标准，但如其情况不严重，对工程或结构的使用及安全影响不大，经过分析、论证和慎重考虑后，也可做出不做专门处理的决定。可以不做处理的情况一般有以下几种。

1)不影响结构安全和正常使用。例如，有的工业建筑物出现放线定位偏差，且严重超过规范标准规定，如要纠正会造成重大经济损失，若经过分析、论证其偏差不影响生产工艺和正常使用，在外观上也无明显影响，可不做处理。又如，某些隐蔽部位结构混凝土表面裂缝，经检查分析，属于表面养护不够的干缩微裂，不影响使用及外观，也可不做处理。

2)有些质量问题，经过后续工序可以弥补。例如，混凝土墙表面轻微麻面，可通过后续的抹灰、喷涂或刷白等工序弥补，也可不做专门处理。

3)经法定检测单位鉴定合格。例如，某检验批混凝土试块强度值不满足规范要求，强度不足，在法定检测单位对混凝土实体采用非破损检验等方法测定其实际强度已达规范允许和设计要求值时，可不做处理。对经检测未达要求值，但相差不多，经分析论证，只要使用前经再次检测达设计强度，也可不做处理，但应严格控制施工荷载。

4)出现的质量问题，经检测鉴定达不到设计要求，但经原设计单位核算，仍能满足结构安全和使用功能。例如，某一结构构件截面尺寸不足或材料强度不足，影响结构承载力，但经按实际检测所得截面尺寸和材料强度复核验算，仍能满足设计的承载力，可不进行专门处理。这是因为在一般情况下，规范、标准给出了满足安全和功能的最低限度要求，而设计往往在此基础上留有一定余量，这种处理方式实际上是挖掘了设计潜力或降低了设计的安全系数。监理工程师应牢记，不论哪种情况，特别是不做处理的质量问题，均要备好必要的书面文件，对技术处理方案、不做处理结论和各方协商文件等有关档案资料认真组织签认。对责任方应承担的经济责任和合同中约定的罚则应正确判定。

2. 工程质量事故处理方案的辅助方法

对工程质量事故处理的决策是一项复杂而重要的工作，直接关系到工程的质量、费用与工期。因此，要做出对质量事故处理的决定，特别是对需要返工或不做处理的决定，应当慎重对待。在对某些复杂的质量事故做出处理决定前，可采取以下方法做进一步论证。

(1)试验验证。即对某些有严重质量缺陷的项目，可采取合同规定的常规试验以外的试验方法进行验证，以便确定缺陷的严重程度。例如，混凝土构件的试件强度低于要求的标准不太大(如10%以下)时，可进行加载试验，以证明其是否满足使用要求；又如，公路工程的沥青面层厚度误差超过了规范允许的范围，可采用弯沉试验检查路面的整体强度等。根据对试验验证数据的分析、论证，再研究处理决策。

(2)定期观测。有些工程，在发现其质量缺陷时，其状态可能尚未达到稳定，仍会继续发展，在这种情况下，一般不宜过早做出决定，可以对其进行一段时间的观测，然后再视情况而定。属于这类的质量缺陷，如桥墩或其他工程的基础，在施工期间发生沉降超过预计的或规定的标准；混凝土或高填土发生裂缝并处于发展状态等。有些有缺陷的工程，短期内其影响可能不是十分明显，需要较长时间的观测才能得出结论。

(3)专家论证。对于某些工程缺陷，可能涉及的技术领域比较广泛，则可采取专家论证的方法。采用这种办法时，应事先做好充分准备，尽早为专家提供尽可能详尽的情况和资料，以便专家能够进行较充分、全面、细致的分析和研究，提出切实的意见与建议。实践证明，采取这种方法，对重大质量问题的处理十分有益。

3. 方案比较

方案比较是常用的一种方法。同类型和同一性质的事故可先设计多种处理方案，然后结合当地的资源情况、施工条件等逐项给出权重，进行对比，从而选择具有较高处理效果又便于施工的处理方案。例如，结构构件承载力达不到设计要求，可采取改变结构构造来减少结构内力、结构卸荷或结构补强等不同处理方案，将其每一方案按经济、工期、效果等指标列项并分配相应权重值，进行对比，辅助决策。

四、工程质量事故处理的鉴定验收

监理工程师应通过组织检查和必要的鉴定，对质量事故的技术处理是否达到了预期目的、是否消除了工程质量不合格和工程质量问题及是否仍留有隐患等进行验收并予以最终确认。

1. 检查验收

工程质量事故处理完成后，监理工程师在施工单位自检合格报验的基础上，应严格按施工验收标准及有关规范的规定进行，结合监理人员的旁站、巡视和平行检验结果，依据质量事故技术处理方案设计要求，通过实际量测对各种资料数据进行验收，并应办理交工验收文件，组织各有关单位会签。

2. 必要的鉴定

为确保工程质量事故的处理效果，凡涉及结构承载力等使用安全和其他重要性能的处理工作，常需做必要的试验和检验鉴定工作。常见的检验工作有：混凝土钻芯取样，用于检查密实性和裂缝修补效果，或检测实际强度；结构荷载试验，确定其实际承载力；超声波检测焊接或结构内部质量；池、罐、箱柜工程的渗漏检验等。检测鉴定必须委托政府批准的有资质的法定检测单位进行。

3. 验收结论

对所有质量事故，无论是经过技术处理，通过检查鉴定验收还是不需专门处理的，均应有明确的书面结论。若对后续工程施工有特定要求，或对建筑物使用有一定限制条件，应在结论中提出。

验收结论通常有以下几种。

(1)事故已排除，可以继续施工。

(2)隐患已消除，结构安全有保证。

(3)经修补处理后，完全能够满足使用要求。

(4)基本上满足使用要求，但使用时应有附加限制条件，例如，限制荷载等。

(5)对耐久性的结论。

(6)对建筑物外观影响的结论。

(7)对短期内难以得出结论的，可提出进一步观测检验意见。

对于处理后符合《建筑工程施工质量验收统一标准》(GB 50300—2013)规定的，监理工程师应予以验收、确认，并应注明责任方主要承担的经济责任。对经加固补强或返工处理仍不能满足安全使用要求的分部工程、单位(子单位)工程，应拒绝验收。

本章小结

工程项目施工阶段是根据图纸和设计文件的要求，通过工程施工技术人员的劳动形成工程实体的阶段。这个阶段的质量控制无疑是极其重要的，其中心任务是通过建立健全有效的质量监督工作体系，保证工程质量达到合同规定的标准和等级要求。本章主要介绍建设工程施工质量控制的方法、手段和质量验收。

思考与练习

一、填空题

1. 工程质量的特性主要表现在________、________、________、________、________、________、________七个方面。

2. 工程质量控制按其实施主体不同，分为________和________。

3. 施工阶段监理工程师进行质量控制的依据，根据其适用的范围及性质，大致可以分为________和________。

4. ________是由监理人员现场监督某工序全过程完成情况的活动。

5. ________是在关键部位或关键工序施工过程中，由监理人员在现场进行的监督活动。

6. ________是监理人员对正在施工的部位或工序在现场进行的定期或不定期的监督活动。

7. ________是项目监理机构利用一定的检查或检测手段，在承包单位自检的基础上，按照一定的比例独立进行检查或检测的活动。

8. ________是工程施工质量验收的最小单位，是分项工程乃至整个建筑工程质量验收的基础。

9. 对于工程质量事故，通常可以根据质量问题的情况，给出________、________、________、________四类不同性质的处理方案。

二、多项选择题

1. 影响工程的因素很多，但归纳起来主要有(　　)几个方面。

A. 资金　　　　B. 材料

C. 机械　　　　D. 方法

E. 环境

2. 工程质量控制根据工程施工的特点，在控制过程中，应遵循(　　)的基本原则。

A. 坚持“质量第一，用户至上”

B. 充分发挥人的作用

C. 坚持“以一切通过质量验收为主”

D. 坚持质量标准、严格检查，一切用数据说话

E. 坚持贯彻科学、公正、守法的职业规范

3. 质量监督与检查包括(　　)。

A. 开工前检查　　B. 工序交接检查

C. 隐蔽工程检查　　D. 停工后复工前检查

E. 分项、分部工程检查

4. 分项工程是分部工程的组成部分，可按(　　)进行划分。

A. 主要工种　　B. 施工资金

C. 材料　　D. 施工工艺

E. 设备类别

5. 验收结论通常有以下(　　)几种。

A. 事故已排除，可以继续施工

B. 隐患已消除，结构安全有保证

C. 经修补处理后，完全能够满足使用要求

D. 基本上满足使用要求，但使用时应有附加限制条件，例如限制荷载等

E. 提出技术处理意见及防止类似事故再次发生应采取的措施

三、简答题

1. 监理工程师控制质量的目的，概括起来表现在哪几个方面？

2. 简述施工阶段质量控制的方法。

3. 监理人员进行工程施工过程质量控制的手段主要有哪几种？

4. 简述工程施工质量验收层次的划分及目的。

5. 简述施工质量事故处理的分析依据。

6. 质量事故报告应包括哪些内容？

第七章 建设工程进度控制

知识目标

了解建设工程进度控制的概念、影响进度的因素；熟悉进度监测与调整的系统过程、进度计划实施中的调整方法、施工进度控制目标体系的确定、建设工程施工进度控制工作流程与内容；掌握建设工程进度计划的表示方法和编制程序、实际进度与计划进度的比较方法。

能力目标

具有在建设工程中进行进度控制的能力。

第一节 建设工程进度控制概述

进度控制是监理工程师的主要任务之一，进度控制人员必须事先对影响建设工程进度的各种因素进行调查分析，预测它们对建设工程进度的影响程度，确定合理的进度控制目标，编制可行的进度计划，使工程建设工作始终按计划进行。

一、建设工程进度控制的概念

建设工程进度控制是指对工程项目建设各阶段的工作内容、工作程序、持续时间和衔接关系根据进度总目标及资源优化配置的原则编制计划并付诸实施，然后在进度计划的实施过程中经常检查实际进度是否按计划要求进行，对出现的偏差情况进行分析，采取补救措施或调整、修改原计划后再付诸实施，如此循环，直到建设工程竣工验收交付使用。建设工程进度控制的最终目的是确保建设项目按预定的时间动用或提前交付使用，建设工程进度控制的总目标是建设工期。

在工程建设实施过程中会有各种干扰因素和风险因素使其发生变化，使人们难以执行原定的进度计划。为此，进度控制人员必须掌握动态控制原理，在计划执行过程中不断检查建设工程实际进展情况，并将实际状况与计划安排进行对比，从中得出偏离计划的信息。

二、影响进度的因素分析

由于建设工程具有规模庞大、工程结构与工艺技术复杂、建设周期长及相关单位多等特点，故决定了建设工程进度将受到许多因素的影响。要想有效地控制建设工程进度，就必须对影响进度的有利因素和不利因素进行全面、细致的分析及预测。这样，一方面可以促进对有利因素的充分利用和对不利因素的妥善预防；另一方面也便于事先制定预防措施，事中采取有效对策，事后进行妥善补救，以缩小实际进度与计划进度的偏差，实现对建设工程进度的主动控制和动态控制。

影响建设工程进度的不利因素有很多，如人为因素，技术因素，设备、材料及构配件因素，机具因素，资金因素，水文、地质与气象因素，以及其他自然与社会环境等方面的因素。其中，人为因素是最大的干扰因素。从产生的根源看，有的来源于建设单位及其上级主管部门；有的来源于勘察设计、施工及材料、设备供应单位；有的来源于政府、建设主管部门、有关协作单位和社会；有的来源于各种自然条件；也有的来源于监理单位本身。在工程建设过程中，常见的影响因素如下：

(1)业主因素。如业主使用要求改变而进行设计变更；应提供的施工场地条件不能及时提供或所提供的场地不能满足工程正常需要；不能及时向施工承包单位或材料供应商付款等。

(2)勘察设计因素。如勘察资料不准确，特别是地质资料错误或遗漏；设计内容不完善，规范应用不恰当，设计有缺陷或错误；设计对施工的可能性未考虑或考虑不周；施工图纸供应不及时、不配套，或出现重大差错等。

(3)施工技术因素。如施工工艺错误；不合理的施工方案；施工安全措施不当；不可靠技术的应用等。

(4)自然环境因素。如复杂的工程地质条件；不明的水文气象条件；地下埋藏文物的保护、处理；洪水、地震、台风等不可抗力等。

(5)社会环境因素。如外单位临近工程施工干扰；节假日交通、市容整顿的限制；临时停水、停电、断路；以及在国外常见的法律及制度变化，经济制裁，战争、骚乱、罢工、企业倒闭等。

(6)组织管理因素。如向有关部门提出各种申请审批手续的延误；合同签订时遗漏条款、表达失当；计划安排不周密，组织协调不力，导致停工待料、相关作业脱节；领导不力，指挥失当，使参加工程建设的各个单位、各个专业、各个施工过程之间交接、配合上发生矛盾等。

(7)材料、设备因素。如材料、构配件、机具、设备供应环节的差错，品种、规格、质量、数量、时间不能满足工程的需要；特殊材料及新材料的不合理使用；施工设备不配套，选型失当，安装失误，有故障等。

(8)资金因素。如有关方拖欠资金，资金不到位，资金短缺；汇率浮动和通货膨胀等。

第二节　建设工程进度计划的表示方法和编制程序

一、建设工程进度计划的表示方法

建设工程进度计划的表示方法有多种，常用的有横道图和网络图两种表示方法。

(一)横道计划

1. 横道图

横道图是结合时间坐标线，用一系列水平线段分别表示各施工过程的施工起止时间及其先后顺序，并与原计划进行对比、分析，找出偏差，及时分析原因、采取对策、纠正偏差。

横道图是以横线条图形式编制的施工进度计划，它以流水作业理论为基础进行编制，具有编制容易，绘图简便，排列整齐有序，表达形象、直观，便于统计劳动力、材料及机具的需要量等优点。

组织建筑施工时，常采用流水施工的形式绘制横道图。流水施工是将各施工对象依次连续地投入施工，各专业班组在各施工段上连续、均衡、有节奏地施工，并能最大限度地搭接展开施工方式。

流水作业保证了各工作组的工作和物资资源消耗，生产过程连续、均衡；充分利用工作面，争取了时间，工期较短；专业化生产提高了工人的技术水平，使工程质量相应提高，有利于提高劳动生产率。

流水作业组织示例：某基础工程由挖基槽、浇垫层、砌砖基、回填土四个有工艺关系的施工过程组成，它们的流水节拍均为 2 d，设挖基槽后要有 1 d 验槽，浇垫层后有 2 d 养护和基础结构验收 3 d 后才能回填土，其等节拍流水施工横道图如图 7-1 所示。

施工过程	施工进度/d																			
	1	2	3	4	5	6	7	8	9	10	11	12	13	14	15	16	17	18	19	20
挖基槽	1		2		3		4													
浇垫层				1		2		3		4										
砌砖基								1		2		3		4						
回填土													1		2		3		4	

图 7-1 流水施工横道图

2. 横道计划的缺点

(1)不能明确地反映出各项工作之间错综复杂的相互关系，因而在计划执行过程中，当某些工作的进度由于某种原因提前或拖延时，不便于分析其对其他工作及总工期的影响程度，不利于建设工程进度的动态控制。

(2)不能明确地反映出影响工期的关键工作和关键线路，也就无法反映出整个工程项目的关键所在，因而不便于进度控制人员抓住主要矛盾。

(3)不能反映出工作所具有的机动时间，看不到计划的潜力所在，无法进行最合理的组织和指挥。

(4)不能反映工程费用与工期之间的关系，因而不便于缩短工期和降低工程成本。

由于横道计划存在上述不足，给建设工程进度控制工作带来很大不便。即使进度控制人员在编制计划时已充分考虑了各方面的问题，在横道图上也不能全面地反映出来，特别是当工程项目规模大、工艺关系复杂时，横道图就很难充分暴露矛盾。而且在横道计划的执行过程中，对其进行调整也十分烦琐和费时。由此可见，利用横道计划控制建设工程进度有较大的局限性。

(二)网络计划

1. 网络图

建设工程进度计划用网络图来表示，可以使建设工程进度得到有效控制。网络图是由箭线和节点组成的、用来表示工作流程的有向、有序网状图形，一个网络图表示一项计划任务。网络图把施工过程中的各有关工作组成了一个有机的整体，能全面而明确地表达各项工作开展的先后顺序及相互之间的关系；通过网络图的计算，能确定各项工作的开始时间和结束时间，并能找出关键工作和关键线路，便于计划管理者集中力量抓主要矛盾、确保工期，避免盲目施工；能够从许多可行方案中寻求最优方案；在计划的实施过程中进行有效的控制和调整，保证以最小的资源消耗取得最大的经济效果和最理想的工期。

网络图分双代号网络图和单代号网络图。

(1)双代号网络图。以节点及其两端编号表示工作，以箭线表示工作之间逻辑关系的网络图称为双代号网络图。工作持续时间写在箭线下面，工作名称写在箭线上面，在箭线前后的衔接处画上节点，并以节点编号 i、j 代表一项工作，如图 7-2 所示。

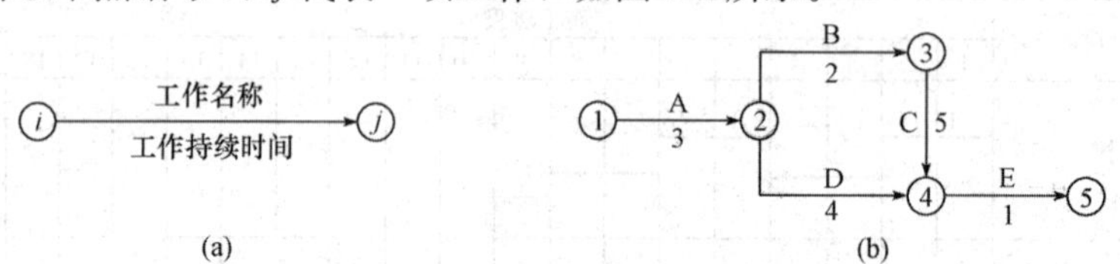

图 7-2 双代号网络图

(a)工作的表示方法；(b)工程的表示方法

(2)单代号网络图。以节点及其编号表示工作，以箭线表示工作之间逻辑关系的网络图称为单代号网络图，即每一个节点表示一项工作。节点表示的工作代号、工作名称和持续时间等标注在节点内，如图 7-3 所示。

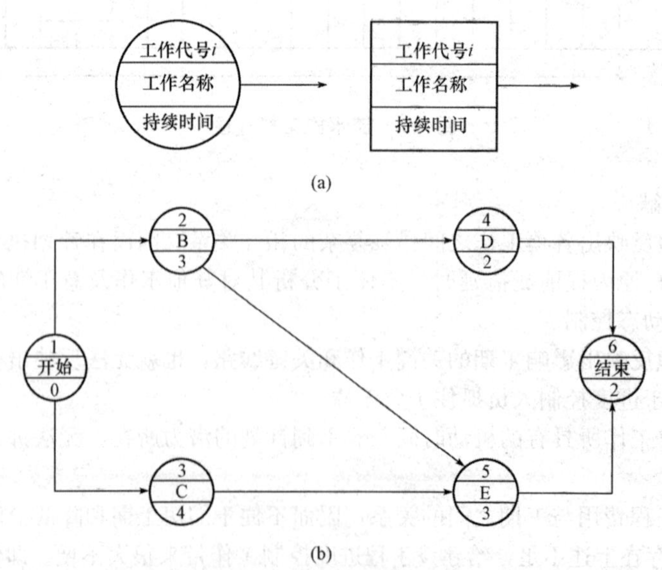

图 7-3 单代号网络图

(a)工作的表示方法；(b)工程的表示方法

2. 分类

(1)按网络计划目标分类。

1)单目标网络计划。单目标网络计划是指只有一个终点节点的网络计划，即网络图只有一个最终目标。如一个建筑物的施工进度计划只具有一个工期目标的网络计划。

2)多目标网络计划。多目标网络计划是指终点节点不止一个的网络计划。此种网络计划具有若干个独立的最终目标。

(2)按网络计划时间表达方式分类。

1)时标网络计划。时标网络计划是指以时间坐标为尺度绘制的网络计划。在网络图中，每项工作箭线的水平投影长度，与其持续时间成正比。如编制资源优化的网络计划即为时标网络计划。

2)非时标网络计划。非时标网络计划是指不按时间坐标绘制的网络计划。在网络图中，工作箭线长度与持续时间无关，可按需要绘制。通常绘制的网络计划都是非时标网络计划。

(3)按网络计划层次分类。

1)局部网络计划。以一个分部工程或施工段为对象编制的网络计划称为局部网络计划。

2)单位工程网络计划。以一个单位工程为对象编制的网络计划称为单位工程网络计划。

3)综合网络计划。以一个建筑项目或建筑群为对象编制的网络计划称为综合网络计划。

(4)按工作衔接特点分类。

1)普通网络计划。工作间关系均按首尾衔接关系绘制的网络计划称为普通网络计划，如单代号、双代号和概率网络计划。

2)搭接网络计划。按照各种规定的搭接时距绘制的网络计划称为搭接网络计划。此种网络图中既能反映各种搭接关系，又能反映相互衔接关系，如前导网络计划。

3)流水网络计划。充分反映流水施工特点的网络计划。

3. 基本符号

(1)双代号网络图的基本符号。双代号网络图的基本符号是箭线、节点及节点编号。

1)箭线。网络图中一端带箭头的线即为箭线，有实箭线和虚箭线两种，在双代号网络图中，箭线与其两端的节点一起表示一项工作。

箭线的含义有以下几个方面。

①一根实箭线表示客观存在的一项工作或一个施工过程，两者之间是一一对应的关系。根据网络计划的性质和作用的不同，一项工作既可以是一个简单的施工过程，如挖土、混凝土浇筑等分项工程；也可以是一个分部工程，如基础工程、主体工程等；还可以是一项单位工程，如某住宅楼工程等。一项工作的范围如何确定，取决于所绘制的网络计划的作用(控制性或指导性)。

②实箭线表示的每项工作一般都需要消耗一定的时间和资源。对于仅消耗时间而不消耗资源的技术间歇(如混凝土养护等)，单独考虑时也需要作为一项工作对待。

③箭线的长度与持续时间的长短无关(时标网络除外)。工作的持续时间一般用数字标注在箭线的下方。

④箭线的方向表示工作进行的方向，箭尾表示工作的开始，箭头表示工作的结束，一般应保持自左向右的总方向。箭线可以画成直线、折线和斜线，必要时也可以画成曲线，但应以水平直线为主。

⑤虚箭线仅表示工作之间的逻辑关系，既不消耗时间，也不耗用资源(称为虚工作)。虚工作不表示任何实际工作，它仅仅是为正确表达工作间的逻辑关系而虚拟出的工作。虚工作一般不需要标注。

2)节点。网络图中箭线端部的圆圈或其他形状的封闭图形就是节点。在双代号网络图中，节点表示工作之间的逻辑关系，其表达的内容包括以下几个方面。

①节点表示前面工作结束和后面工作开始的瞬间，所以，节点不需要消耗时间和资源。

②箭线的箭尾节点表示该工作的开始，箭线的箭头节点表示该工作的结束。

③根据节点在网络图中的位置不同可以分为起点节点、终点节点和中间节点。起点节点是网络图的第一个节点，表示一项任务的开始。

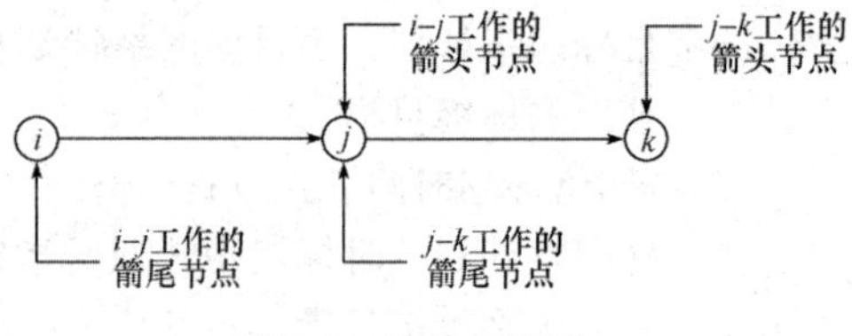

图 7-4　节点示意图

终点节点是网络图的最后一个节点，表示一项任务的完成。除起点节点和终点节点以外的节点称为中间节点，中间节点都有双重的含义，既是前面工作的箭头节点，也是后面工作的箭尾节点，如图 7-4 所示。

3)节点编号。网络图中的每个节点都有自己的编号，用于赋予每项工作代号，便于计算网络图的时间参数和检查网络图是否正确。节点编号必须满足以下基本规则。

①每个节点都应编号。

②编号使用数字，但不使用数字 0。

③节点编号不应重复。

④节点编号可不连续。

⑤节点编号应自左向右、由小到大。

(2)单代号网络图的基本符号。单代号网络图的基本符号也是箭线、节点和节点编号。

1)箭线。在单代号网络图中，箭线既不占用时间，也不消耗资源，只表示紧邻工作之间的逻辑关系，箭线应画成水平直线、折线或斜线，箭线的箭头指向工作进行方向，箭尾节点表示的工作为箭头节点工作的紧前工作。单代号网络图中无虚箭线。

2)节点。在单代号网络图中，通常将节点画成一个圆圈或方框，一个节点代表一项工作。节点所表示的工作名称、持续时间和节点编号都标注在圆圈和方框内，如图 7-3 所示。

3)节点编号。单代号网络图的节点编号是以一个单独编号表示一项工作，编号原则和双代号相同，也应从小到大、从左往右，且箭头编号大于箭尾编号。一项工作只能有一个代号，不得重号，如图 7-5 所示。

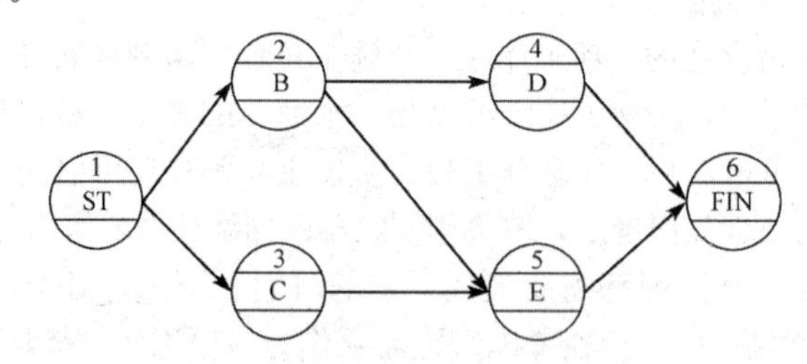

图 7-5　单代号网络图节点编号

ST—开始节点；FIN—完成节点

4. 逻辑关系

工作之间相互制约或依赖的关系称为逻辑关系(logical relation)。工作中的逻辑关系包括工艺关系和组织关系。

(1)工艺关系。生产性工作之间由工艺过程决定的、非生产性工作之间由工作程序决定的先后顺序关系称为工艺关系。如图 7-6 所示，支模Ⅰ→钢筋Ⅰ→浇筑Ⅰ为工艺关系。

(2)组织关系。工作之间由于组织安排需要或资源(劳动力、原材料、施工机具等)调配需要而规定的先后顺序关系称为组织关系。如图 7-6 所示，支模Ⅰ→支模Ⅱ，钢筋Ⅰ→钢筋Ⅱ等为组织关系。

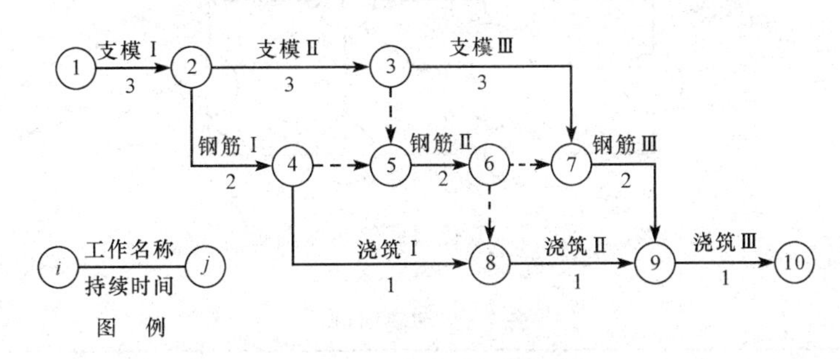

图 7-6　某现浇工程网络图

5. 紧前工作、紧后工作和平行工作

(1)紧前工作。在网络图中，相对于某工作而言，紧排在该工作之前的工作称为该工作的紧前工作。在双代号网络图中，工作与其紧前工作之间可能有虚工作存在。如图 7-6 所示，支模Ⅰ是支模Ⅱ在组织关系上的紧前工作；钢筋Ⅰ和钢筋Ⅱ之间虽然存在虚工作，但钢筋Ⅰ仍然是钢筋Ⅱ在组织关系上的紧前工作。支模Ⅰ则是钢筋Ⅰ在工艺关系上的紧前工作。

(2)紧后工作。在网络图中，相对于某工作而言，紧排在该工作之后的工作称为该工作的紧后工作。在双代号网络图中，工作与其紧后工作之间也可能有虚工作存在。如图 7-6 所示，钢筋Ⅱ是钢筋Ⅰ在组织关系上的紧后工作，浇筑Ⅰ是钢筋Ⅰ在工艺关系上的紧后工作。

(3)平行工作。在网络图中，相对于某工作而言，可以与该工作同时进行的工作即为该工作的平行工作。如图 7-6 所示，钢筋Ⅰ和支模Ⅱ互为平行工作。

6. 线路、关键线路、关键工作

网络图中从起点节点开始，沿箭头方向顺序通过一系列箭线与节点，最后到达终点节点的通路，称为线路。每一条线路都有自己确定的完成时间，它等于该线路上各项工作持续时间的总和，称为线路时间。

根据每条线路的线路时间长短，网络图的线路可分为关键线路和非关键线路两种。关键线路是指网络图中线路时间最长的线路，其线路时间代表整个网络图的计算总工期。关键线路至少有一条，并以粗箭线或双箭线表示。关键线路上的工作都是关键工作，关键工作都没有时间储备。

在网络图中，关键线路有时不只一条，可能同时存在几条关键线路，即这几条线路上的持续时间相同且是线路持续时间的最大值。但从管理的角度出发，为了实行重点管理，一般不希望出现太多的关键线路。

关键线路并不是一成不变的。在一定的条件下，关键线路和非关键线路可以相互转化。例如，当采用了一定的技术组织措施，缩短了关键线路上各工作的持续时间就有可能使关键线路发生转移，使原来的关键线路变成非关键线路，而原来的非关键线路却变成关键线路。

位于非关键线路的工作，除关键工作外，其余称为非关键工作，非关键工作具有机动时间(即时差)。非关键工作也不是一成不变的，它可以转化为关键工作；利用非关键工作的机动时间可以科学、合理地调配资源和对网络计划进行优化。以图 7-7 为例，列表计算线路时间，见表 7-1。

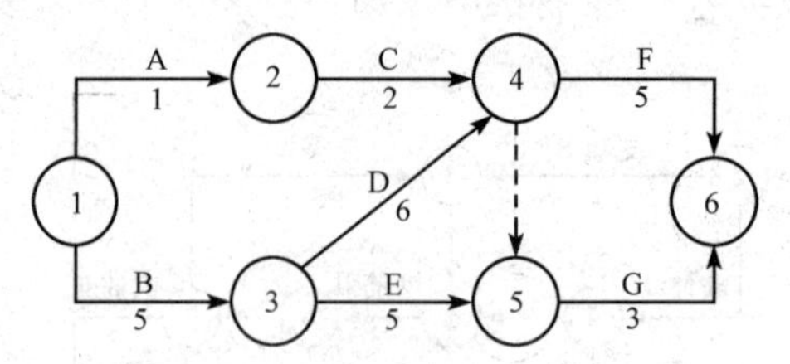

图 7-7 双代号网络示意图

表 7-1 线路时间

序　号	线　路	线　长	序　号	线　路	线长
1	①$\xrightarrow{1}$②$\xrightarrow{2}$④$\xrightarrow{5}$⑥	8	4	①$\xrightarrow{5}$③$\xrightarrow{6}$④$\xrightarrow{0}$⑤$\xrightarrow{3}$⑥	14
2	①$\xrightarrow{1}$②$\xrightarrow{2}$④$\xrightarrow{0}$⑤$\xrightarrow{3}$⑥	6	5	①$\xrightarrow{5}$③$\xrightarrow{5}$⑤$\xrightarrow{3}$⑥	13
3	①$\xrightarrow{5}$③$\xrightarrow{6}$④$\xrightarrow{5}$⑥	16			

由表 7-1 可知：图 7-6 中共有五条线路，其中，第三条线路即①—③—④—⑥的时间最长，为 16 天，这条线路即为关键线路，该线路上的工作即为关键工作。

二、建设工程进度计划的编制程序

当应用网络加计划技术编制建设工程进度计划时，其编制程序一般包括四个阶段。

(一)计划准备阶段

1. 调查研究

调查研究是为了掌握足够充分、准确的资料，从而为确定合理的进度目标、编制科学的进度计划提供可靠依据。调查研究的内容包括：①工程任务情况、实施条件、设计资料；②有关标准、定额、规程、制度；③资源需求与供应情况；④资金需求与供应情况；⑤有关统计资料、经验总结及历史资料等。

调查研究的方法有：①实际观察、测算、询问；②会议调查；③资料检索；④分析预测等。

2. 确定进度计划目标

网络计划的目标由工程项目的目标所决定，一般可分为以下三类。

(1)时间目标。时间目标也即工期目标，是指建设工程合同中规定的工期或有关主管部门要求的工期。工期目标的确定应以建筑设计周期定额和建筑安装工程工期定额为依据，同时充分考虑类似工程实际进展情况、气候条件以及工程难易程度和建设条件的落实情况等因素。建设工程设计和施工进度安排必须以建筑设计周期定额及建筑安装工程工期定额为最高时限。

(2)时间-资源目标。所谓资源，是指在工程建设过程中所需要投入的劳动力、原材料及施工机具等。在一般情况下，时间-资源目标分为两类：

1)资源有限，工期最短。即在一种或几种资源供应能力有限的情况下，寻求工期最短的计

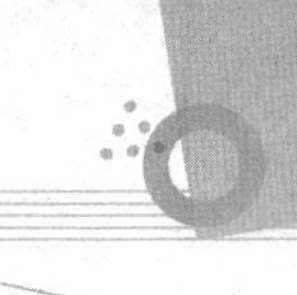

划安排。

2)工期固定，资源均衡。即在工期固定的前提下，寻求资源需用量尽可能均衡的计划安排。

(3)时间-成本目标。时间-成本目标是指以限定的工期寻求最低成本或寻求最低成本时的工期安排。

(二)绘制网络图阶段

1. 进行项目分解

将工程项目由粗到细进行分解，是编制网络计划的前提。如何进行工程项目的分解、工作划分的粗细程度如何，将直接影响到网络图的结构。对于控制性网络计划，其工作划分应粗一些，而对于实施性网络计划，工作划分应细一些。工作划分的粗细程度应根据实际需要来确定。

2. 分析逻辑关系

分析各项工作之间的逻辑关系时，既要考虑施工程序或工艺技术过程，又要考虑组织安排或资源调配需要。对施工进度计划而言，分析其工作之间的逻辑关系时，应考虑：①施工工艺的要求；②施工方法和施工机械的要求；③施工组织的要求；④施工质量的要求；⑤当地的气候条件；⑥安全技术的要求。分析逻辑关系的主要依据是施工方案、有关资源供应情况和施工经验等。

3. 绘制网络图

根据已确定的逻辑关系，即可按绘图规则绘制网络图。既可以绘制单代号网络图，也可以绘制双代号网络图。还可根据需要，绘制双代号时标网络计划。

(三)计算时间参数及确定关键线路阶段

1. 计算工作持续时间

工作持续时间是指完成该工作所花费的时间。其计算方法有多种，既可以凭以往的经验进行估算，也可以通过试验推算。当有定额可用时，还可利用时间定额或产量定额并考虑工作面及合理的劳动组织进行计算。

(1)时间定额。时间定额是指某种专业的工人班组或个人，在合理的劳动组织与合理使用材料的条件下，完成符合质量要求的单位产品所必需的工作时间，包括准备与结束时间、基本生产时间、辅助生产时间、不可避免的中断时间及工人必需的休息时间。时间定额通常以工日为单位，每一工日按 8 h 计算。

(2)产量定额。产量定额是指在合理的劳动组织与合理使用材料的条件下，某种专业、某种技术等级的工人班组或个人在单位工日中所应完成的质量合格的产品数量。产量定额与时间定额成反比，二者互为倒数。

对于搭接网络计划，还需要按最优施工顺序及施工需要，确定出各项工作之间的搭接时间。如果有些工作有时限要求，则应确定其时限。

2. 计算网络计划时间参数

网络计划是指在网络图上加注各项工作的时间参数而成的工作进度计划。网络计划时间参数一般包括工作最早开始时间、工作最早完成时间、工作最迟开始时间、工作最迟完成时间、工作总时差、工作自由时差、节点最早时间、节点最迟时间、相邻两项工作之间的时间间隔、计算工期等，应根据网络计划的类型及其使用要求选算上述时间参数。网络计划时间参数的计算方法有图上计算法、表上计算法、公式法等。

3. 确定关键线路和关键工作

在计算网络计划时间参数的基础上，便可根据有关时间参数确定网络计划中的关键线路和关键工作。

(四)网络计划优化阶段

1. 优化网络计划

当初始网络计划的工期满足所要求的工期及资源需求量能得到满足而无须进行网络优化时，初始网络计划即可作为正式的网络计划；否则，需要对初始网络计划进行优化。根据所追求的目标不同，网络计划的优化包括工期优化、费用优化和资源优化三种，应根据工程的实际需要选择不同的优化方法。

2. 编制优化后网络计划

根据网络计划的优化结果，便可绘制优化后的网络计划，同时编制网络计划说明书。网络计划说明书的内容应包括编制原则和依据、主要计划指标一览表、执行计划的关键问题。需要解决的主要问题及其主要措施，以及其他需要说明的问题。

第三节　建设工程进度计划实施的监测与调整

一、进度监测与调整的系统过程

(一)进度监测的系统过程

在进度计划的执行过程中，必须采取有效的监测手段进行监控，以便及时发现问题，并运用行之有效的进度调整方法来解决问题。

1. 进度计划执行中的跟踪检查

对进度计划的执行情况进行跟踪检查是计划执行信息的主要来源，是进度控制的关键步骤，也是进度分析和调整的依据。跟踪检查的主要工作是定期收集反映工程实际进度的有关数据，收集的数据应当全面、真实、可靠，不完整或不正确的进度数据将导致判断不准确或决策失误。为了全面、准确地掌握进度计划的执行情况，应做好以下工作。

(1)定期收集进度报表资料。进度报表是反映工程实际进度的主要方式之一。进度计划执行单位应按照进度监理制度规定的时间和报表内容，定期填写进度报表。监理工程师通过收集进度报表资料掌握工程实际进展情况。

(2)现场实地检查工程进展情况。为加强进度监测工作，应派监理人员常驻现场，随时检查进度计划的实际执行情况，掌握工程实际进度的第一手资料，使获取的数据更加及时、准确。

(3)定期召开现场会议。监理工程师与进度计划执行单位的有关人员定期召开现场会议，进行面对面的交谈，这样既可以了解工程实际进度状况，同时也可以协调有关方面的进度关系。进度检查的时间间隔与工程项目的类型、规模、监理对象及有关条件等多方面因素相关，可视工程的具体情况，每月、每半月或每周进行一次检查。在特殊情况下，甚至需要每日进行一次进度检查。

2. 实际进度数据的加工处理

为了更好地进行实际进度与计划进度的比较，必须对收集到的实际进度数据进行加工处理，形成与计划进度具有可比性的数据。例如，对检查时段实际完成工作量的进度数据进行整理、统计和分析，确定本期累计完成的工作量、本期已完成的工作量占计划总工作量的百分比等。

3. 实际进度与计划进度的对比分析

将实际进度数据与计划进度数据进行对比分析，可以确定建筑工程实际执行状况与计划目标之间的差距。为了直观反映实际进度偏差，通常采用表格或图形进行实际进度与计划进度的对比分析，从而得出实际进度比计划进度超前、滞后还是一致的结论。

(二)进度调整的系统过程

在建筑工程实施进度监测过程中，一旦发现实际进度偏离计划进度，即出现进度偏差时，必须认真分析产生偏差的原因及其对后续工作和总工期的影响，必要时采取合理、有效的进度计划调整措施，确保进度总目标的实现。

1. 分析进度偏差产生的原因

通过实际进度与计划进度的比较，发现进度偏差时，为了采取有效措施调整进度计划，必须深入现场进行调查，分析产生进度偏差的原因。

2. 分析进度偏差对后续工作和总工期的影响

当查明进度偏差产生的原因之后，要分析进度偏差对后续工作和总工期的影响程度，以确定是否应采取措施调整进度计划。

3. 确定后续工作和总工期的限制条件

当出现的进度偏差影响到后续工作或总工期而需要采取进度调整措施时，应当首先确定可调整进度的范围(主要指关键节点、后续工作的限制条件以及总工期允许变化的范围)。这些限制条件往往与合同条件有关，需要认真分析后确定。

4. 采取措施调整进度计划

采取进度调整措施，应以后续工作和总工期的限制条件为依据，确保要求的进度目标得到实现。

5. 实施调整后的进度计划

进度计划调整后，应采取相应的组织、经济、技术措施执行调整后的进度计划，并继续对其执行情况进行监测。

二、实际进度与计划进度的比较方法

项目进度检查比较与计划调整是项目进度控制的主要环节。其中，项目进度比较是调整的基础，常用的检查比较方法有以下几种。

(一)横道图比较法

用横道图编制进度计划，指导工程项目的实施，已成为人们常用的方法。它简明、形象、直观，编制方法简单，使用方便。

横道图比较法是指将项目实施过程中检查实际进度收集到的数据，经加工整理后直接用横道线平行绘于原计划的横道线处，进行实际进度与计划进度比较的方法。采用横道图比较法，可以形象、直观地反映实际进度与计划进度的比较情况。

例如，某工程的计划进度与截止到第 10 天的实际进度情况如图 7-8 所示。其中，粗实线表示计划进度，双线表示实际进度。从图中可以看出，在第 10 天检查时，A 工程按期完成计划；B 工程进度落后 2 天；C 工程因早开工 1 天，实际进度提前了 1 天。

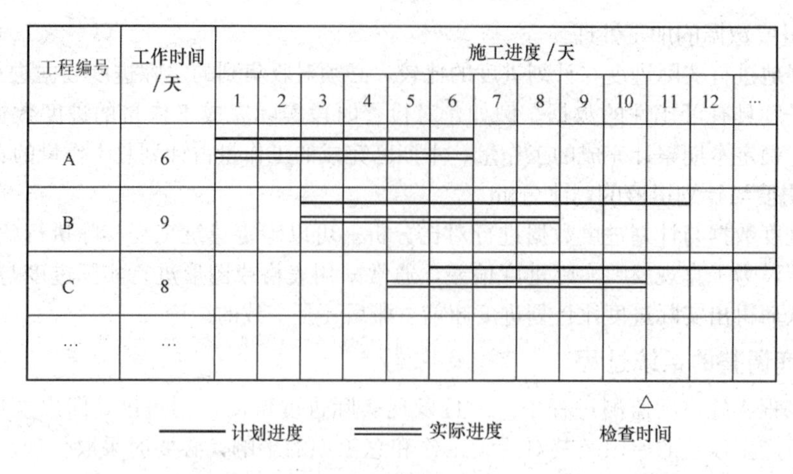

图 7-8　某工程实际进度与计划进度比较图

图 7-8 所表达的比较方法仅适用于工程项目中的各项工作都是均匀进展的情况，即每项工作在单位时间内完成任务量都相等的情况。事实上，工程项目中各项工作的进展不一定是匀速的。根据工程项目中各项工作的进展是否匀速，可分别采用以下几种方法进行实际进度与计划进度的比较。

1. 匀速进展横道图比较法

匀速进展是指在工程项目中，每项工作在单位时间内完成的任务量都是相等的，即工作的进展速度是均匀的。此时，每项工作累计完成的任务量与时间呈线性关系，如图 7-9 所示。完成的任务量可以用实物工程量、劳动消耗量或费用支出表示。为了便于比较，通常用上述物理量的百分比表示。

采用匀速进展横道图比较法的步骤如下：

(1)编制横道图进度计划。

(2)在进度计划上标出检查日期。

(3)将检查收集到的实际进度数据经加工整理后，按比例用涂黑的粗线标于计划进度的下方，如图 7-10 所示。

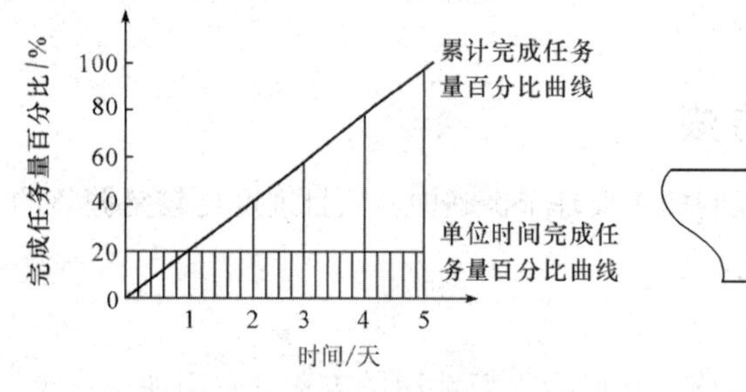

图 7-9　匀速进展工作时间与完成任务量关系曲线图

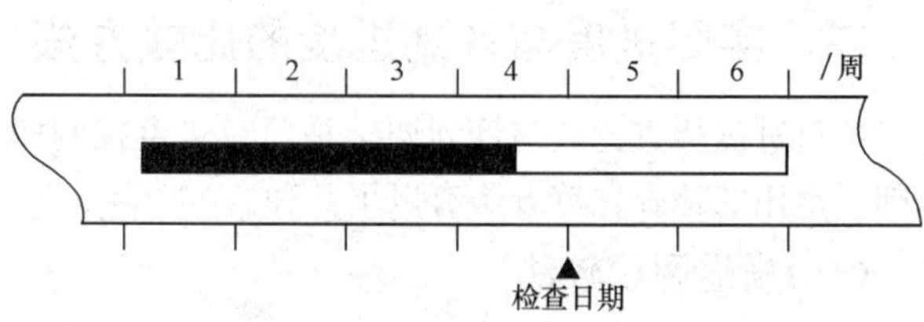

图 7-10　匀速进展横道图比较

(4)对比分析实际进度与计划进度。

1)如果涂黑的粗线右端落在检查日期左侧，表明实际进度拖后。

2)如果涂黑的粗线右端落在检查日期右侧，表明实际进度超前。

3)如果涂黑的粗线右端与检查日期重合，表明实际进度与计划进度一致。

必须指出，该方法仅适用于工作从开始到结束的整个过程中，其进展速度均为固定不变的情况。如果工作的进展速度是变化的，则不能采用这种方法进行实际进度与计划进度的比较；否则，会得出错误的结论。

2. 双比例单侧横道图比较法

双比例单侧横道图比较法是在工作进度按变速进展的情况下，对实际进度与计划进度进行比较的一种方法。该方法在表示工作实际进度的涂黑粗线的同时，标出其对应时刻完成任务的累计百分比，将该百分比与其同时刻计划完成任务的累计百分比相比较，判断工作的实际进度与计划进度之间的关系。其步骤如下：

(1)编制横道图进度计划。

(2)在横道线上方标出各主要时间工作的计划完成任务累计百分比。

(3)在横道线下方标出相应日期工作的实际完成任务累计百分比。

(4)用涂黑粗线标出实际进度线，由开工日标起，同时，反映出实际过程中的连续与间断情况。

(5)对照横道线上方计划完成任务累计量与同时刻的下方实际完成任务累计量，比较出实际进度与计划进度的偏差，可能有三种情况。

1)同一时刻上下两个累计百分比相等，表明实际进度与计划进度一致。

2)同一时刻上面的累计百分比大于下面的累计百分比，表明该时刻实际进度拖后，拖后的量为两者之差。

3)同一时刻上面的累计百分比小于下面的累计百分比，表明该时刻实际进度超前，超前的量为两者之差。

这种比较法适合于进展速度在变化情况下的进度比较；同时，除标出检查日期进度比较情况外，还能提供某一指定时间两者比较的信息。当然，这要求实施部门按规定的时间记录当时的任务完成情况。

【例 7-1】 某工程项目中的基槽开挖工作按施工进度计划安排需要 7 周完成，每周计划完成的任务量百分比如图 7-11 所示。

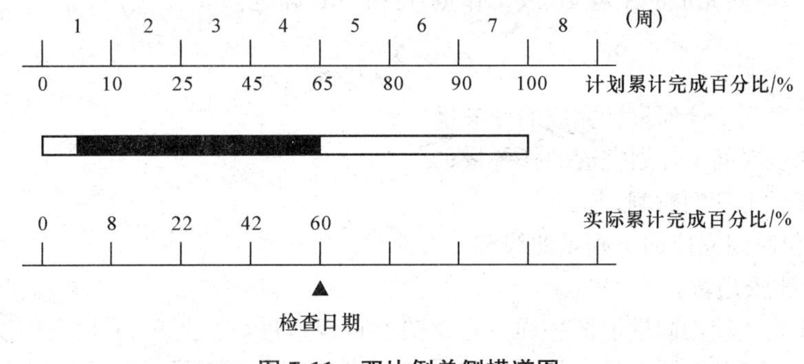

图 7-11 双比例单侧横道图

【解】 ①编制横道图计划，如图 7-11 所示。

②在横道线上方标出基槽开挖工作每周计划累计完成任务量的百分比，分别为 10%、25%、45%、65%、80%、90%和 100%。

③在横道线下方标出第 1 周至检查日期(第 4 周)每周实际累计完成任务量的百分比，分别为 8%、22%、42%和 60%。

④用涂黑粗线标出实际投入的时间。图 7-11 表明，该工作实际开始时间晚于计划开始时间，在开始后连续工作，没有中断。

⑤比较实际进度与计划进度。从图 7-11 中可以看出，该工作在第一周实际进度比计划进度

拖后 2%，以后各周末累计拖后分别为 3%、3%和 5%。

(二)S 形曲线比较法

S形曲线比较法是以横坐标表示时间、纵坐标表示累计完成任务量，绘制一条按计划时间累计完成任务量的S形曲线，然后将工程项目实施过程中各检查时间实际累计完成任务量的S形曲线也绘制在同一坐标系中，进行实际进度与计划进度比较的一种方法。

从整个工程项目实际进展全过程看，单位时间投入的资源量一般是开始和结束时较少，中间阶段较多。与其相对应，单位时间完成的任务量也呈同样的变化规律，如图 7-12(a)所示。而随工程进展累计完成的任务量则应呈 S 形变化，如图 7-12(b)所示。由于其形似英文字母“S”，S 形曲线因此而得名。

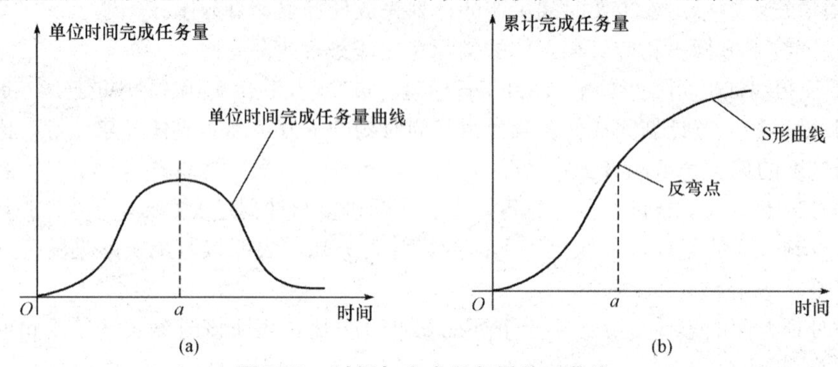

图 7-12　时间与完成任务量关系曲线

(a)单位时间完成的任务量；(b)累计完成的任务量

1. S 形曲线绘制

(1)确定工程进展速度曲线。可以根据每单位时间内完成的实物工程量或投入的劳动力与费用，计算出计划单位时间的量值 q_j，则 q_j 为离散型的。

(2)累计单位时间完成的工程量(或工作量)可按下式确定：

$$Q_j = \sum_{j=1}^{j} q_j$$

式中　Q_j——某时间 j 计划累计完成的任务量；

q_j——单位时间 j 计划完成的任务量；

j——某规定计划时刻。

(3)绘制单位时间完成的工程量曲线和 S 形曲线。

2. S 形曲线比较方法

利用 S 形曲线比较，同横道图一样，是在图上直观地进行工程项目实际进度与计划进度比较。一般情况下，进度控制人员在计划实施前绘制出计划 S 形曲线，在项目实施过程中，按规定时间将检查的实际完成任务情况，与计划 S 形曲线绘制在同一张图上，可得出实际进度 S 形曲线，如图 7-13 所示。比较两条 S 形曲线可以得到如下信息：

(1)工程项目实际进展状况。如果工程实际进展点落在计划 S 形曲线左侧，表明此时实际进度比计划进度超前，如图 7-13 中的 a 点；如果工程实际进展点落在计划 S 形曲线右侧，表明此时实际进度拖后，如图 7-13 中的 b 点；如果工程实际进展点正好落在计划 S 形曲线上，则表示此时实际进度与计划进度一致。

(2)工程项目实际进度超前或拖后的时间。在 S 形曲线比较图中可以直接读出实际进度比计划进度超前或拖后的时间。如图 7-13 所示，ΔT_a 表示 T_a 时刻实际进度超前的时间，ΔT_b 表示 T_b 时刻实际进度拖后的时间。

(3)工程项目实际超额或拖欠的任务量。在S形曲线比较图中也可直接读出实际进度比计划进度超额或拖欠的任务量。如图7-13所示，ΔQ_a 表示 T_a 时刻超额完成的任务量，ΔQ_b 表示 T_b 时刻拖欠的任务量。

(4)后期工程进度预测。如果后期工程按原计划速度进行，则可作出后期工程计划S形曲线，如图7-13中虚线所示，从而可以确定工期拖延预测值 ΔT_c。

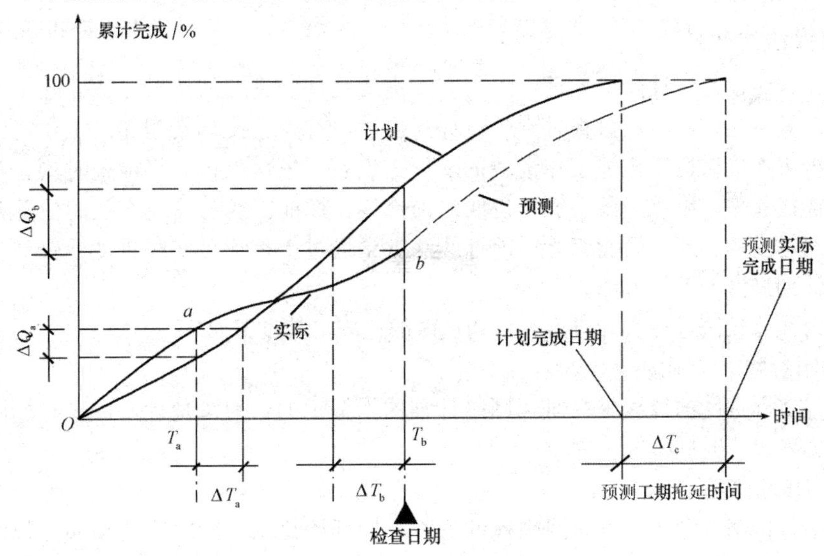

图7-13　S形曲线比较图

(三)香蕉形曲线比较法

香蕉形曲线是两条S形曲线组合成的闭合图形。如前所述，工程项目的计划时间和累计完成任务量之间的关系都可用一条S形曲线表示。在工程项目的网络计划中，各项工作一般可分为最早和最迟开始时间 $K_{i,j+1}$。于是，根据各项工作的计划最早开始时间安排进度，就可绘制出一条S形曲线，称为ES曲线；而根据各项工作的计划最迟开始时间安排进度，绘制出的S形曲线，称为LS曲线。这两条曲线都是起始于计划开始时刻，终止于计划完成之时，图形是闭合的，形似香蕉，因而得名，如图7-14所示。一般情况下，ES曲线上各点均应在LS曲线的左侧。香蕉形曲线的绘制方法与S形曲线的绘制方法基本相同，不同之处在于香蕉形曲线是以工作按最早开始时间安排进度和按最迟开始时间安排进度分别绘制的两条S形曲线组合而成的。其绘制步骤如下：

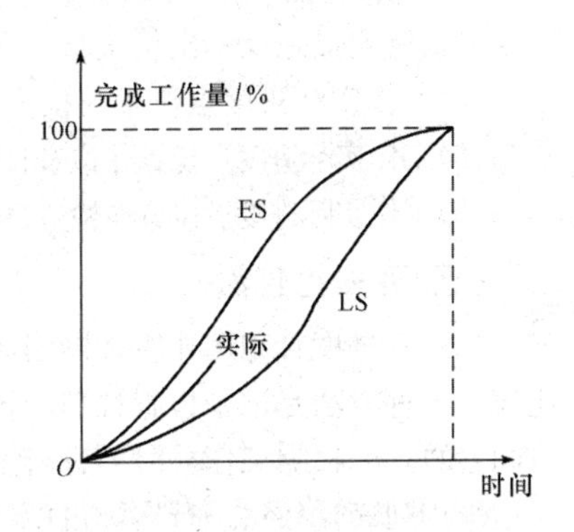

图7-14　香蕉形曲线比较图

(1)以工程项目的网络计划为基础，计算各项工作的最早开始时间和最迟开始时间。

(2)确定各项工作在各单位时间的计划完成任务量，分别按以下两种情况考虑：

1)根据各项工作按最早开始时间安排的进度计划，确定各项工作在各单位时间的计划完成任务量。

2)根据各项工作按最迟开始时间安排的进度计划，确定各项工作在各单位时间的计划完成任务量。

(3)计算工程项目总任务量，即对所有工作在各单位时间计划完成的任务量累加求和。

(4)分别根据各项工作按最早开始时间、最迟开始时间安排的进度计划，确定工程项目在各单位时间计划完成的任务量，即将各项工作在某一单位时间内计划完成的任务量求和。

(5)分别根据各项工作按最早开始时间、最迟开始时间安排的进度计划，确定不同时间累计完成的任务量或任务量的百分比。

(6)绘制香蕉形曲线。分别根据各项工作按最早开始时间、最迟开始时间安排的进度计划而确定的累计完成任务量或任务量的百分比描绘各点，并连接各点得到ES曲线和LS曲线，由ES曲线和LS曲线组成香蕉形曲线。

(四)前锋线比较法

前锋线比较法也是一种简单地进行工程实际进度与计划进度的比较方法。它主要适用于时标网络计划。其主要方法是从检查时刻的时标点出发，首先连接与其相邻的工作箭线的实际进度点，由此再去连接该箭线相邻工作箭线的实际进度点。依次类推，将检查时刻正在进行工作的点都依次连接起来，组成一条一般为折线的前锋线。按前锋线与箭线交点的位置判定工程实际进度与计划进度的偏差。简而言之，前锋线法就是通过工程项目实际进度前锋线，比较工程实际进度与计划进度偏差的方法。

采用前锋线比较法进行实际进度与计划进度的比较，其步骤如下。

1. 绘制时标网络计划图

工程项目实际进度前锋线是在时标网络计划图上标示的，为清楚计，可在时标网络计划图的上方和下方各设一时间坐标。

2. 绘制实际进度前锋线

一般从时标网络计划图上方时间坐标的检查日期开始绘制，依次连接相邻工作的实际进展位置点，最后与时标网络计划图下方坐标的检查日期相连接。

3. 比较实际进度与计划进度

前锋线明显地反映出检查日有关工作实际进度与计划进度的关系，有以下三种情况。

(1)工作实际进度点位置与检查日时间坐标相同，则该工作实际进度与计划进度一致。

(2)工作实际进度点位置在检查日时间坐标右侧，则该工作实际进度超前，超前天数为两者之差。

(3)工作实际进度点位置在检查日时间坐标左侧，则该工作实际进度拖后，拖后天数为两者之差。

(五)列表比较法

当工程进度计划用非时标网络图表示时，可以采用列表比较法进行实际进度与计划进度的比较。这种方法是记录检查日期应该进行的工作名称及其已经作业的时间，然后列表计算有关时间参数，并根据工作总时差进行实际进度与计划进度比较的方法。

采用列表比较法进行实际进度与计划进度的比较，其步骤如下：

(1)对于实际进度检查日期应该进行的工作，根据已经作业的时间，确定其尚需作业时间。

(2)根据原进度计划计算检查日期应该进行的工作从检查日期到原计划最迟完成时间尚余时间。

(3)计算工作尚有总时差，其值等于工作从检查日期到原计划最迟完成时间尚余时间与该工作尚需作业时间之差。

(4)比较实际进度与计划进度，可能有以下几种情况：

1)如果工作尚有总时差与原有总时差相等，说明该工作实际进度与计划进度一致。

2)如果工作尚有总时差大于原有总时差，说明该工作实际进度超前，超前的时间为二者之差。

3)如果工作尚有总时差小于原有总时差，且仍为非负值，说明该工作实际进度拖后，拖后的时间为二者之差，但不影响总工期。

4)如果工作尚有总时差小于原有总时差，且为负值，说明该工作实际进度拖后，拖后的时间为二者之差，此时工作实际进度偏差将影响总工期。

三、进度计划实施的调整方法

(一)分析进度偏差对后续工作及总工期的影响

在工程项目实施过程中，当通过实际进度与计划进度的比较，发现有进度偏差时，需要分析该偏差对后续工作及总工期的影响，从而采取相应的调整措施对原进度计划进行调整，以确保工期目标的顺利实现。进度偏差的大小及其所处的位置不同，对后续工作和总工期的影响程度是不同的，分析时需要利用网络计划中工作总时差和自由时差的概念进行判断。分析步骤如下。

1. 分析出现进度偏差的工作是否为关键工作

如果出现进度偏差的工作位于关键线路上，即该工作为关键工作，则无论其偏差有多大，都将对后续工作和总工期产生影响，必须采取相应的调整措施；如果出现偏差的工作是非关键工作，则需要根据进度偏差值与总时差和自由时差的关系做进一步分析。

2. 分析进度偏差是否超过总时差

如果工作的进度偏差大于该工作的总时差，则此进度偏差必将影响其后续工作和总工期，必须采取相应的调整措施；如果工作的进度偏差未超过该工作的总时差，则此进度偏差不影响总工期。至于对后续工作的影响程度，还需要根据偏差值与其自由时差的关系做进一步分析。

3. 分析进度偏差是否超过自由时差

如果工作的进度偏差大于该工作的自由时差，则此进度偏差将对其后续工作产生影响，此时应根据后续工作的限制条件确定调整方法；如果工作的进度偏差未超过该工作的自由时差，则此进度偏差不影响后续工作，因此，原进度计划可以不做调整。

通过进度偏差分析，进度控制人员可以根据进度偏差的影响程度，制定相应的纠偏措施进行调整，以获得符合实际进度情况和计划目标的新进度计划。

(二)进度计划的调整方法

当实际进度偏差影响到后续工作和总工期而需要调整进度计划时，其调整方法主要有以下几种。

1. 缩短某些工作的持续时间

缩短某些工作持续时间的方法不改变工作之间的逻辑关系，而是缩短某些工作的持续时间，使施工进度加快并保证实现计划工期的方法。这些被压缩持续时间的工作是位于由于实际施工进度的拖延而引起总工期延长的关键线路和某些非关键线路上的工作。这种方法实际上就是网络计划优化中的工期优化方法和工期与费用优化方法。具体做法如下：

(1)研究后续各工作持续时间压缩的可能性及其极限工作持续时间。

(2)确定由于计划调整，采取必要措施而引起的各工作的费用变化率。

(3)选择直接引起拖期的工作及紧后工作优先压缩，以免拖期影响扩大。

(4)选择费用变化率最小的工作优先压缩，以求花费最小代价，满足既定工期要求。

(5)综合考虑(3)、(4)，确定新的调整计划。

2. 改变某些工作之间的逻辑关系

当工程项目实施中产生的进度偏差影响到总工期，且有关工作的逻辑关系允许改变时，可以改变关键线路和超过计划工期的非关键线路上的有关工作之间的逻辑关系，达到缩短工期的目的。例如，将顺序进行的工作改为平行作业、搭接作业以及分段组织流水作业等，都可以有效地缩短工期。对于大型群体工程项目，单位工程间的相互制约相对较小，可调幅度较大；对于单位工程内部，由于施工顺序和逻辑关系约束较大，可调幅度较小。

3. 调整资源供应

对于因资源供应发生异常而引起的进度计划执行问题，应采用资源优化方法对计划进行调整或采取应急措施，使其对工期的影响最小。

4. 增减施工内容

增减施工内容应做到不打乱原计划的逻辑关系，只对局部逻辑关系进行调整。在增减施工内容以后，应重新计算时间参数，分析对原网络计划的影响。当对工期有影响时，应采取调整措施，保证计划工期不变。

5. 增减工程量

增减工程量主要是指改变施工方案、施工方法，从而导致工程量的增加或减少。

6. 改变起止时间

起止时间的改变应在相应的工作时差范围内进行，如延长或缩短工作的持续时间，或将工作在最早开始时间和最迟完成时间范围内移动。每次调整必须重新计算时间参数，观察该项调整对整个施工计划的影响。

第四节　建设工程施工阶段进度控制

一、施工进度控制目标体系

保证工程项目按期建成交付使用，是建设工程施工阶段进度控制的最终目的。为了有效地控制施工进度，首先要将施工进度总目标从不同角度进行层层分解，形成施工进度控制目标体系，从而作为实施进度控制的依据。

建设工程施工进度控制目标体系如图 7-15 所示。

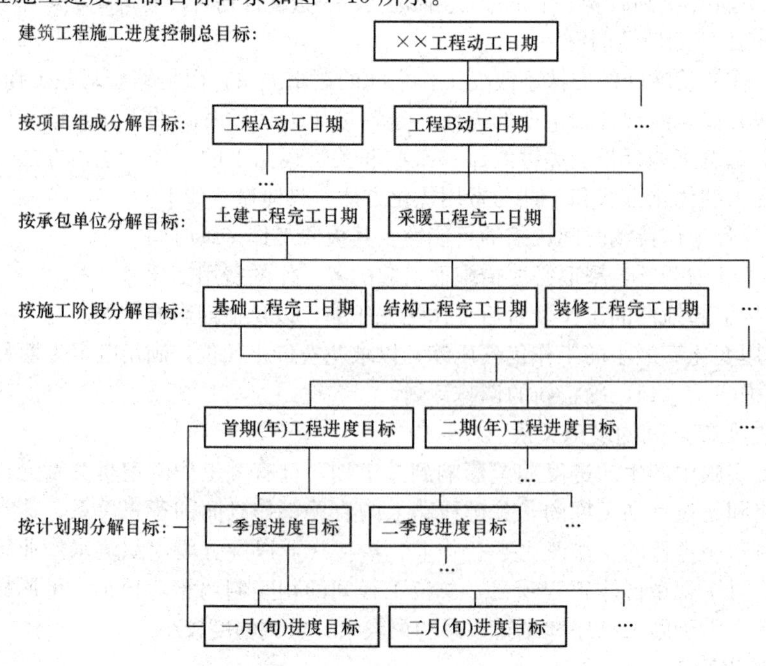

图 7-15　建设工程施工进度控制目标体系

1. 按项目组成分解，确定各单位工程开工及动用日期

各单位工程的进度目标在工程项目建设总进度计划及建筑工程年度计划中都有体现。在施工阶段应进一步明确各单位工程的开工和交工动用日期，以确保施工总进度目标的实现。

2. 按承包单位分解，明确分工条件和承包责任

在一个单位工程中有多个承包单位参加施工时，应按承包单位将单位工程的进度目标分解，确定出各分包单位的进度目标，列入分包合同，以便落实分包责任，并根据各专业工程交叉施工方案和前后衔接条件，明确不同承包单位工作面交接的条件和时间。

3. 按施工阶段分解，划定进度控制分界点

根据工程项目的特点，应将其施工分成几个阶段，如土建工程可分为基础、结构和内外装修阶段。每一阶段的起止时间都要有明确的标志，特别是不同单位承包的不同施工段之间，更要明确划定时间分界点，以此作为形象进度的控制标志，从而使单位工程动用目标具体化。

4. 按计划期分解，组织综合施工

将工程项目的施工进度控制目标按年度、季度、月(或旬)进行分解，并用实物工程量、货币工作量及形象进度表示，将更有利于监理工程师明确对各承包单位的进度要求。同时，还可以据此监督其实施，检查其完成情况。计划期越短，进度目标越细，进度跟踪就越及时，发生进度偏差时也就越能有效地采取措施予以纠正。这样，就形成一个有计划、有步骤协调施工，长期目标对短期目标自上而下逐级控制，短期目标对长期目标自下而上逐级保证，逐步趋近进度总目标的局面，最终达到工程项目按期竣工并交付使用的目的。

二、施工进度控制目标的确定

为了提高进度计划的预见性和进度控制的主动性，在确定施工进度控制目标时，必须全面细致地分析与建设工程进度有关的各种有利因素和不利因素，只有这样，才能订出一个科学、合理的进度控制目标。确定施工进度控制目标的主要依据有建设工程总进度目标对施工工期的要求；工期定额、类似工程项目的实际进度；工程难易程度和工程条件的落实情况等。

在确定施工进度分解目标时，还要考虑以下几个方面。

(1)对于大型工程建设项目，应根据尽早提供可动用单元的原则，集中力量分期分批建设，以便尽早投入使用，尽快发挥投资效益。这时，为保证每一动用单元能形成完整的生产能力，就要考虑这些动用单元交付使用时所必需的全部配套项目。因此，要处理好前期动用和后期建设的关系、每期工程中主体工程与辅助及附属工程之间的关系等。

(2)合理安排土建与设备的综合施工。要按照它们各自的特点，合理安排土建施工与设备基础、设备安装的先后顺序及搭接、交叉或平行作业，明确设备工程对土建工程的要求和土建工程为设备工程提供施工条件的内容及时间。

(3)结合本工程的特点，参考同类建设工程的经验来确定施工进度目标。避免只按主观愿望盲目确定进度目标，从而在实施过程中造成进度失控。

(4)做好资金供应能力、施工力量配备、物资(材料、构配件、设备)供应能力与施工进度的平衡工作，确保工程进度目标的要求而不使其落空。

(5)考虑外部协作条件的配合情况。包括施工过程中及项目竣工动用所需的水、电、气、通信、道路及其他社会服务项目的满足程序和满足时间。它们必须与有关项目的进度目标相协调。

(6)考虑工程项目所在地区地形、地质、水文、气象等方面的限制条件。

总之，要想对工程项目的施工进度实施控制，就必须有明确、合理的进度目标(进度总目标和进度分目标)；否则，控制便失去了意义。

三、建设工程施工进度控制工作流程

建设工程施工阶段进度控制的程序如图 7-16 所示。

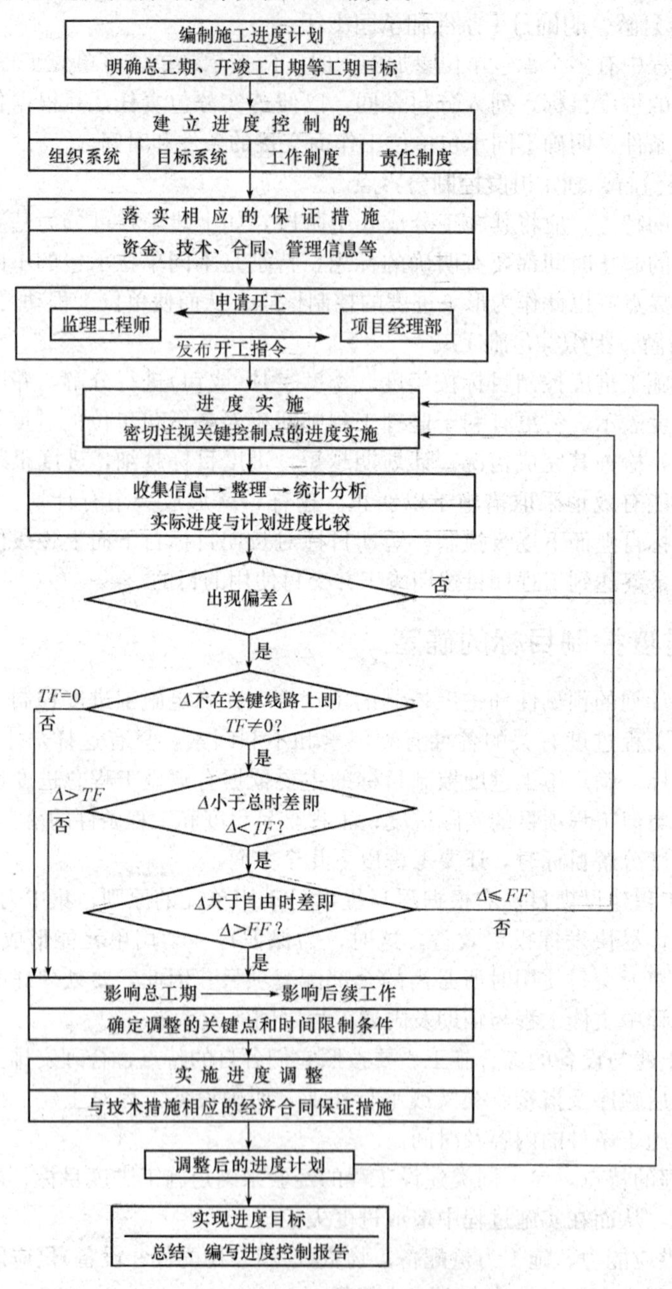

图 7-16　施工阶段进度控制的程序

四、施工阶段进度控制工作的内容

监理工程师对工程项目的施工进度控制从审核承包单位提交的施工进度计划开始，直至工程项目保修期满为止。施工阶段进度控制的主要内容包括施工前的进度控制、施工过程中的进度控制和施工完成后的进度控制。

1. 施工前的进度控制

(1)编制施工阶段进度控制方案。施工阶段进度控制方案是监理工作计划在内容上的进一步深化和补充，它是针对具体的施工项目编制的，是施工阶段监理人员实施进度控制的更详细的指导性技术文件，是以监理工作计划中有关进度控制的总部署为基础而编制的，应包括：

1)施工阶段进度控制目标分解图。

2)施工阶段进度控制的主要工作内容和深度。

3)监理人员对进度控制的职责分工。

4)进度控制工作流程。

5)有关各项工作的时间安排。

6)进度控制的方法(包括进度检查周期、数据收集方式、进度报表格式、统计分析方法等)。

7)实现施工进度控制目标的风险分析。

8)进度控制的具体措施(包括组织措施、技术措施、经济措施及合同措施等)。

9)尚待解决的有关问题等。

(2)编制或审核施工进度计划。对于大型工程项目，由于单项工程较多、施工工期长，且采取分期分批发包又没有一个负责全部工程的总承包单位时，监理工程师就要负责编制施工总进度计划；或者当工程项目由若干个承包单位平行承包时，监理工程师也有必要编制施工总进度计划。施工总进度计划应确定分期分批的项目组成，各批工程项目的开工、竣工顺序及时间安排，全场性准备工程，特别是首批准备工程的内容与进度安排等。

当工程项目有总承包单位时，监理工程师只需对总承包单位提交的施工总进度计划进行审核即可。而对于单位工程施工进度计划，监理工程师只负责审核而不管编制。

施工进度计划审核的内容主要有：

1)进度安排是否满足合同工期的要求和规定的开竣工日期。

2)项目的划分是否合理，有无重项或漏项。

3)项目总进度计划是否与施工进度分目标的要求一致，该进度计划是否与其他施工进度计划协调。

4)施工顺序的安排是否符合逻辑，是否满足分期投产使用的要求，是否符合施工程序的要求。

5)是否考虑了气候对进度计划的影响。

6)材料物资供应是否满足均衡性和连续性的要求。

7)劳动力、机具设备的计划是否能确保施工进度分目标和总进度计划的实现。

8)施工组织设计的合理性、全面性和可行性如何；应防止施工单位利用进度计划的安排造成建设单位的违约、索赔事件的发生。

9)建设单位提供资金的能力是否与进度安排一致。

10)施工工艺是否符合施工规范和质量标准的要求。

11)进度计划应留有适当的余地，如应留有质量检查、整改、验收的时间；应当在工序与工序之间留有适当空隙、机械设备试运转和检修的时间等。

监理工程师在审查过程中发现问题，应及时向施工单位提出，并协助施工单位修改进度计划；对一些不影响合同规定的关键控制工作的进度目标，允许有较灵活的安排。需进一步说明的是，施工进度计划的编制和实施，是施工单位的基本义务。将进度计划提交监理工程师审核、批准，并不解除施工单位对进度计划在合同中所承担的任何责任和义务。

同样，监理工程师审查进度计划时，也不应过多地干预施工单位的安排，或支配施工中所需的材料、机械设备和劳动力等。

(3)按年、季、月编制工程综合计划。在按计划期编制的进度计划中，监理工程师应着重解决各承包单位施工进度计划之间、施工进度计划与资源保障计划之间及外部协作条件的延伸性计划之间的综合平衡与相互衔接问题，并根据上期计划的完成情况对本期计划做必要的调整，以作为承包单位近期执行的指令性计划。

(4)下达工程开工令。在FIDIC合同的条件下，监理工程师应根据承包单位和业主双方关于工程开工的准备情况，选择合适的时机发布工程开工令。工程开工令的发布，要尽可能及时，因为发布工程开工令之日加上合同工期后为工程竣工日期。如果开工令发布拖延，就等于推迟了竣工时间，甚至可能引起承包单位的索赔。

为了检查双方的准备情况，在一般情况下应由监理工程师组织召开有业主和承包单位参加的第一次工地会议。业主应按照合同规定，做好征地拆迁工作，及时提供施工用地；同时，还应当完成法律及财务方面的手续，以便能及时向承包单位支付工程预付款。承包单位应当将开工所需要的人力、材料及设备准备好，同时，还要按合同规定为监理工程师提供各种条件。

2. 施工过程中的进度控制

监理工程师监督进度计划的实施，是一项经常性的工作，以被确认的进度计划为依据，在项目施工过程中进行进度控制，是施工进度计划能够付诸实现的关键过程。一旦发现实际进度与目标偏离，应立即采取措施，纠正这种偏差。

施工过程中进度控制的具体内容包括：

(1)经常深入现场了解情况，协调有关方面的关系，解决工程中的各种冲突和矛盾，以保证进度计划的顺利实施。

(2)协助施工单位实施进度计划，随时注意进度计划的关键控制点，了解进度计划实施的动态。监理工程师要随时了解施工进度计划执行过程中所存在的问题，并帮助承包单位予以解决，特别是承包单位无力解决的内外关系协调问题。

(3)及时检查和审核施工单位提交的月度进度统计分析资料和报表。

(4)严格进行进度检查。要了解施工进度的实际状况，避免施工单位谎报工作量的情况，为进度分析提供可靠的数据资料。这是工程项目施工阶段进度控制的经常性工作。监理工程师不仅要及时检查承包单位报送的施工进度报表和分析资料，同时，还要进行必要的现场实地检查，核实所报送的已完项目时间及工程量，杜绝虚报现象。

(5)做好监理进度记录。

(6)对收集的有关进度数据进行整理和统计，并将计划与实际进行比较，跟踪监理，从中发现进度是否出现或可能出现偏差。

(7)分析进度偏差给总进度带来的影响，并进行工程进度的预测，从而提出可行的修正措施。

(8)当计划严重拖后时，应要求施工单位及时修改原计划，并重新提交监理工程师确认。计划的重新确认，并不意味着工程延期的批准，而仅仅是要求施工单位在合理的状态下安排施工。监理工程师应监督其按调整的计划实施。

(9)通过周报或月报，向建设单位汇报工程实际进展情况，并提供进度报告。

(10)定期开会。监理工程师应每月、每周定期组织召开不同层级的现场协调会议，以解决工程施工过程中的相互协调配合问题。在平行、交叉施工单位多，工序交接频繁且工期紧迫的情况下，现场协调会甚至需要每日召开。在会上通报和检查当天的工程进度，确定薄弱环节，部署当天的赶工任务，以便为次日正常施工创造条件。

(11)监理工程师应对承包单位申报的已完分项工程量进行核实，在其质量通过检查验收后，签发工程进度款支付凭证。

3. 施工完成后的进度控制

(1)及时组织工程的初验和验收工作。

(2)按时处理工程索赔。

(3)及时整理工程进度资料，为建设单位提供信息，处理合同纠纷，积累原始资料。

(4)工程进度资料应归类、编目、存档，以便在工程竣工后归入竣工档案备查。

(5)根据实际施工进度，及时修改与调整验收阶段进度计划和监理工作计划，以保证下一阶段工作的顺利开展。

本章小结

控制建设工程进度，不仅能够确保工程建设项目按预定的时间交付使用，及时发挥投资效益，而且有益于维持国家良好的经济秩序。因此，监理工程师应采用科学的控制方法和手段来控制工程项目的建设进度。本章主要介绍建设工程进度计划的表示方法和编制程序、工程建设施工阶段进度控制。

思考与练习

一、填空题

1. 建设工程进度计划的表示方法有多种，常用的有________和________两种表示方法。

2. 网络图分为________和________。

3. 网络计划按网络计划时间表达方式分为________、________。

4. 双代号网络图的基本符号是________、________及________。

5. 网络图中箭线端部的圆圈或其他形状的封闭图形称为________。

6. 工作中的逻辑关系包括________和________。

7. 网络图中从起点节点开始，沿箭头方向顺序通过一系列箭线与节点，最后到达终点节点的通路，称为________。

二、多项选择题

1. 在工程建设过程中，影响建设工程进度的常见因素有(　　)。

A. 业主因素　　　　B. 勘察设计因素

C. 施工技术因素　　D. 自然环境因素

E. 国家及政府有关部门颁布的有关质量管理方面的法律、法规性文件

2. 网络计划按网络计划层次分为(　　)。

A. 局部网络计划　　B. 单位工程网络计划

C. 综合网络计划　　D. 单目标网络计划

E. 多目标网络计划

3. 在双代号网络图中，箭线的含义为(　　)。

A. 实箭线表示客观存在的一项工作或一个施工过程

B. 实箭线表示的每项工作一般都需要消耗一定的时间和资源

C. 箭线的长度与持续时间的长短无关(时标网络除外)

D. 箭线的方向表示工作进行的方向，箭尾表示工作的开始，箭头表示工作的结束，一般应保持自左向右的总方向

E. 箭线可以画成直线、折线和斜线，必要时也可以画成曲线，但应以折线为主

4. 节点编号必须满足(　　)的基本规则。

A. 每个节点都应编号　　B. 编号使用数字，从0开始

C. 节点编号不应重复　　D. 节点编号可不连续

E. 节点编号应自左向右、由小到大

三、简答题

1. 什么是建设工程进度控制?
2. 利用横道图表示工程进度计划，存在哪些缺点?
3. 什么是双代号网络图? 什么是单代号网络图?
4. 什么是紧前工作? 什么是紧后工作? 什么是平行工作?
5. 当应用网络计划技术编制建设工程进度计划时，其编制程序一般包括哪几个阶段?
6. 实际进度与计划进度的比较方法有哪些?
7. 在确定施工进度分解目标时，应考虑哪几个方面?

第八章　建设工程投资控制

知识目标

了解建设工程投资的概念及特点、投资控制的目标；熟悉施工阶段投资控制的工作流程和工作内容；掌握我国现行建设工程投资构成，设备、工器具购置费用的构成及计算，建筑安装工程费用的构成及计算，工程建设其他费用的构成及计算，预备费、建设期利息、铺底流动金的计算。

能力目标

具有在工程建设中进行投资控制的能力。

第一节　建设工程投资控制概述

一、建设工程投资的概念

建设项目总投资是指投资主体为获取预期收益，在选定的建设项目上所需投入的全部资金。建设项目按用途可分为生产性建设项目和非生产性建设项目。生产性建设项目总投资包括固定资产投资和流动资产投资两部分；非生产性建设项目总投资只包括固定资产投资，不含流动资产投资。建设项目总造价是指项目总投资中的固定资产投资总额。

固定资产投资是投资主体为达到预期收益的资金垫付行为。我国的固定资产投资包括基本建设投资、更新改造投资、房地产开发投资和其他固定资产投资四种。其中，基本建设投资是指利用国家预算内拨款、自筹资金、国内外基本建设贷款以及其他专项资金进行的，以扩大生产能力(或新增工程效益)为主要目的的新建、扩建工程及有关的工作量。更新改造投资是通过以先进科学技术改造原有技术、以实现内涵扩大再生产为主的资金投入行为。房地产开发投资是房地产企业开发厂房、宾馆、写字楼、仓库和住宅等房屋设施和开发土地的资金投入行为。其他固定资产投资是指按规定不纳入投资计划和利用专项资金进行基本建设和更新改造的资金投入行为。

建设项目的固定资产投资也就是建设项目的工程造价，二者在量上是等同的。其中，建筑安装工程投资也就是建筑安装工程造价，二者在量上也是等同的。从这里也可以看出工程造价两种含义的同一性。

静态投资是以某一基准年、月的建设要素的价格为依据所计算出的建设项目投资的瞬时值。静态投资包括建筑安装工程费、设备和工器具购置费、工程建设其他费用、基本预备费，以及因工程量误差而引起的工程造价的增减等。

动态投资是指为完成一个工程项目的建设，预计投资需要量的总和。动态投资除包括静态投资外，还包括建设期贷款利息、有关税费、涨价预备费等。动态投资概念较为符合市场价格运行机制，使投资的估算、计划、控制更加符合实际。

静态投资和动态投资密切相关。动态投资包含静态投资，静态投资是动态投资最主要的组成部分，也是动态投资的计算基础。

二、建设工程投资的特点

建设工程投资的特点是由建设工程的特点决定的。

(一)建设工程投资数额巨大

建设工程投资数额巨大，动辄上千万、数十亿。建设工程投资数额巨大的特点使它关系到国家、行业或地区的重大经济利益，对国计民生也会产生重大的影响。从这一点也说明了建设工程投资管理的重要意义。

(二)建设工程投资差异明显

每个建设工程都有其特定的用途、功能、规模，每项工程的结构、空间分割、设备配置和内外装饰都有不同的要求，工程内容和实物形态都有其差异性。同样的工程处于不同的地区，在人工、材料、机械消耗上也有差异。所以，建设工程投资的差异十分明显。

(三)建设工程投资需单独计算

每个建设工程都有专门的用途，所以，其结构、面积、造型和装饰也不尽相同。即使是用途相同的建设工程，技术水平、建筑等级和建筑标准也有所差别。建设工程还必须在结构、造型等方面适应工程所在地的气候、地质、水文等自然条件，这就使建设工程的实物形态千差万别。再加上不同地区构成投资费用的各种要素的差异，最终导致建设工程投资的千差万别。因此，建设工程只能通过特殊的程序(编制估算、概算、预算、合同价、结算价及最后确定竣工决算等)，就每项工程单独计算其投资。

(四)建设工程投资确定依据复杂

建设工程投资的确定依据繁多，关系复杂。在不同的建设阶段有不同的确定依据，且互为基础和指导，互相影响。如预算定额是概算定额(指标)编制的基础，概算定额(指标)又是估算指标编制的基础；反过来，估算指标又控制概算定额(指标)的水平，概算定额(指标)又控制预算定额的水平。间接费定额以直接费定额为基础，二者共同构成了建设工程投资的内容等，都说明了建设工程投资的确定依据复杂的特点。

(五)建设工程投资确定层次繁多

凡是按照一个总体设计进行建设的各个单项工程汇集的总体为一个建设项目。在建设项目中凡是具有独立的设计文件、竣工后可以独立发挥生产能力或工程效益的工程为单项工程，也可将它理解为具有独立存在意义的完整的工程项目。各单项工程又可分解为各个能独立施工的单位工程。考虑到组成单位工程的各部分是由不同工人用不同工具和材料完成的，又可以把单位工程进一步分解为分部工程。然后还可按照不同的施工方法、构造及规格，把分部工程更细致地分解为分项工程。需分别计算分部分项工程投资、单位工程投资、单项工程投资，最后才

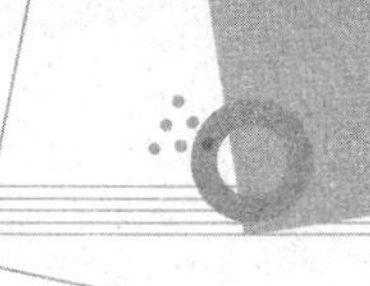

形成建设工程投资。可见建设工程投资的确定层次繁多。

(六)建设工程投资需动态跟踪调整

每个建设工程从立项到竣工都有一个较长的建设期，在此期间都会出现一些不可预料的变化因素对建设工程投资产生影响。如工程设计变更，设备、材料、人工价格变化，国家利率、汇率调整，因不可抗力出现或因承包方、发包方原因造成的索赔事件出现等，必然要引起建设工程投资的变动。所以，建设工程投资在整个建设期内都属于不确定的，须随时进行动态跟踪、调整，直至竣工决算后才能真正形成建设工程投资。

三、投资控制的目标

控制是为确保目标的实现而服务的，一个系统若没有目标，就不需要也无法进行控制。目标的设置应是很严肃的，应有科学的依据。

工程项目建设过程是一个周期长、投入大的生产过程，建设者在一定时间内占有的经验知识是有限的，不但常常受着科学条件和技术条件的限制，而且也受着客观过程的发展及其表现程度的限制，因而不可能在工程建设伊始，就设置一个科学的、一成不变的投资控制目标，而只能设置一个大致的投资控制目标，这就是投资估算。随着工程建设实践、认识、再实践、再认识，投资控制目标一步步清晰、准确，这就是设计概算、施工图预算、承包合同价等。也就是说，投资控制目标的设置应是随着工程建设实践的不断深入而分阶段设置，具体来讲，投资估算应是建设工程设计方案选择和进行初步设计的投资控制目标；设计概算应是进行技术设计和施工图设计的投资控制目标；施工图预算或建安工程承包合同价则应是施工阶段投资控制的目标。有机联系的各个阶段目标相互制约、相互补充，前者控制后者，后者补充前者，共同组成建设工程投资控制的目标系统。

目标要既有先进性又有实现的可能性，目标水平要能激发执行者的进取心和充分发挥他们的工作能力，挖掘他们的潜力。若目标水平太低，如对建设工程投资高估冒算，则对建造者缺乏激励性，建造者也没有发挥潜力的余地，目标形同虚设；若水平太高，如在建设工程立项时投资就留有缺口，建造者一再努力也无法达到，则可能产生灰心情绪，使工程投资控制成为一纸空文。

第二节 建设工程投资构成

一、我国现行建设工程投资构成

建设项目投资是指在工程项目建设阶段所需要的全部费用的总和。生产性建设项目总投资包括建设投资、建设期利息和流动资金三部分；非生产性建设项目总投资包括建设投资和建设期利息两部分。

工程造价的构成按工程项目建设过程中各类费用支出或花费的性质、途径等来确定，是通过费用划分和汇集所形成的工程造价的费用分解结构。工程造价基本构成中，包括用于购买工程项目所含各种设备的费用，用于建筑施工和安装施工所需支出的费用，用于委托工程勘察设计应支付的费用，用于购置土地所需的费用，也包括用于建设单位自身进行项目筹建和项目管理所花费的费用等。总之，工程造价是工程项目按照确定的建设内容、建设规模、建设标准、功能要求和使用要求等全部建成并验收合格交付使用所需的全部费用。

我国现行建设项目总投资的构成主要划分为设备及工器具购置费用、建筑安装工程费用、工程建设其他费用、预备费、建设期贷款利息、固定资产投资方向调节税等几项。具体构成内容如图 8-1 所示。

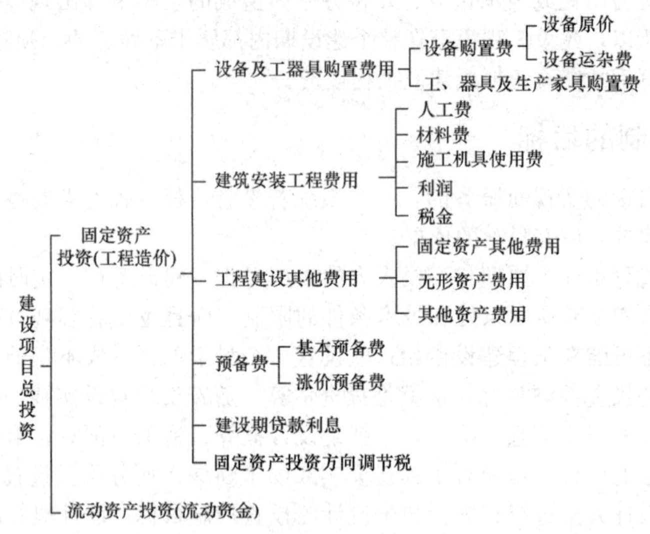

图 8-1　我国现行建设项目总投资构成

二、设备、工器具购置费用的构成

设备及工、器具费用由设备购置费和工、器具及生产家具购置费组成。它是固定资产投资中的组成部分。在生产性工程建设中，设备及工、器具费用与资本的有机构成相联系。设备及工、器具费用占工程造价比重的增大，意味着生产技术的进步和资本有机构成的提高。

(一)设备购置费的构成

设备购置费是指为建设项目购置或自制的达到固定资产标准的各种国产或进口设备、工具、器具的购置费用，由设备原价和设备运杂费构成。

设备购置费＝设备原价＋设备运杂费

式中，设备原价指国产设备或进口设备的原价；设备运杂费指除设备原价之外的关于设备采购、运输、途中包装及仓库保管等方面支出费用的总和。

1. 国产设备原价的构成及计算

国产设备原价一般指的是设备制造厂的交货价，或订货合同价。它一般根据生产厂或供应商的询价、报价、合同价确定，或采用一定的方法计算确定。国产设备原价分为国产标准设备原价和国产非标准设备原价。

(1)国产标准设备原价。国产标准设备是指按照主管部门颁布的标准图纸和技术要求，由我国设备生产厂批量生产的，符合国家质量检测标准的设备。国产标准设备原价有两种，即带有备件的原价和不带有备件的原价，在计算时，一般采用带有备件的原价。

(2)国产非标准设备原价。国产非标准设备是指国家尚无定型标准，各设备生产厂不可能在工艺过程中采用批量生产，只能按一次订货，并根据具体的设计图纸制造的设备。非标准设备原价有多种不同的计算方法，如成本计算估价法、系列设备插入估价法、分部组合估价法、定额估价法等。但无论采用哪种方法，都应该使非标准设备计价接近实际出厂价，并且计算方法要简便。按成本计算估价法，非标准设备的原价由以下各项组成。

1)材料费。其计算公式如下：

材料费＝材料净重(吨)×(1＋加工损耗系数)×每吨材料综合价

2)加工费。包括生产工人工资和工资附加费、燃料动力费、设备折旧费、车间经费等。其计算公式如下：

加工费＝设备总重量(吨)×设备每吨加工费

3)辅助材料费(简称辅材费)。包括焊条、焊丝、氧气、氩气、氮气、油漆、电石等费用。其计算公式如下：

辅助材料费＝设备总重量×辅助材料费指标

4)专用工具费。按1)～3)项之和乘以一定百分比计算。

5)废品损失费。按1)～4)项之和乘以一定百分比计算。

6)外购配套件费。按设备设计图纸所列的外购配套件的名称、型号、规格、数量、重量，根据相应的价格加运杂费计算。

7)包装费。按1)～6)项之和乘以一定百分比计算。

8)利润。可按1)～5)项加第7)项之和乘以一定利润率计算。

9)税金。主要指增值税。其计算公式如下：

增值税＝当期销项税额－进项税

当期销项税额＝销售额×适用增值税税率

销售额＝1)～8)项之和

10)非标准设备设计费。按国家规定的设计费收费标准计算。

综上所述，单台非标准设备原价可用下面的公式表达：

单台非标准设备原价＝{[(材料费＋加工费＋辅助材料费)×(1＋专用工具费费率)×(1＋废品损失费费率)＋外购配套件费]×(1＋包装费费率)－外购配套件费}×(1＋利润率)＋销项税金＋非标准设备设计费＋外购配套件费

【例8-1】 某工厂采购一台国产非标准设备，制造厂生产该设备所用材料费20万元，加工费2万元，辅助材料费0.4万元，制造厂为制造该设备，在材料采购过程中发生进项增值税额3.5万元。专用工具费费率为1.5%，废品损失费费率为10%，外购配套件费5万元，包装费费率为1%，利润率为7%，增值税率为17%，非标准设备设计费2万元。求该国产非标准设备的原价。

【解】 专用工具费＝(20＋2＋0.4)×1.5%＝0.336(万元)

废品损失费＝(20＋2＋0.4＋0.336)×10%＝2.274(万元)

包装费＝(20＋2＋0.4＋0.336＋2.274＋5)×1%＝0.3(万元)

利润＝(20＋2＋0.4＋0.336＋2.274＋0.3)×7%＝1.772(万元)

销项税额＝(20＋2＋0.4＋0.336＋2.274＋5＋0.3＋1.772)×17%＝5.454(万元)

该国产非标准设备的原价＝20＋2＋0.4＋0.336＋2.274＋0.3＋1.772＋5.454＋2＋5＝39.536(万元)

2. 进口设备原价的构成及计算

进口设备的原价是指进口设备的抵岸价，即抵达买方边境港口或边境车站，且交完关税等税费后形成的价格。进口设备抵岸价的构成与进口设备的交货类别有关。

(1)进口设备的交货类别。进口设备的交货类别可分为内陆交货类、目的地交货类、装运港交货类。

1)内陆交货类。即卖方在出口国内陆的某个地点交货。在交货地点，卖方及时提交合同规定的货物和有关凭证，并负担交货前的一切费用和风险；买方按时接收货物，交付货款，负担接货后的一切费用和风险，并自行办理出口手续和装运出口。货物的所有权也在交货后由卖方转移给买方。

2)目的地交货类。即卖方在进口国的港口或内地交货，有目的港船上交货价、目的港船边交货价(FOS)和目的港码头交货价(关税已付)及完税后交货价(进口国的指定地点)等几种交货价。它们的特点是：买卖双方承担的责任、费用和风险是以目的地约定交货点为分界线，只有当卖方在交货点将货物置于买方控制下才算交货，才能向买方收取货款。这种交货类别对卖方来说承担的风险较大，在国际贸易中卖方一般不愿采用。

3)装运港交货类。即卖方在出口国装运港交货，主要有装运港船上交货价(FOB)(习惯称离岸价格)、运费在内价(C&F)和运费、保险费在内价(CIF)(习惯称到岸价格)。它们的特点是：卖方按照约定的时间在装运港交货，只要卖方把合同规定的货物装船后提供货运单据便完成交货任务，可凭单据收回货款。

装运港船上交货价(FOB)是我国进口设备采用最多的一种货价。采用装运港船上交货价时卖方的责任是：在规定的期限内，负责在合同规定的装运港口将货物装上买方指定的船只，并及时通知买方；负担货物装船前的一切费用和风险，负责办理出口手续；提供出口国政府或有关方面签发的证件；负责提供有关装运单据。买方的责任是：负责租船或订舱，支付运费，并将船期、船名通知卖方；负担货物装船后的一切费用和风险；负责办理保险及支付保险费，办理在目的港的进口和收货手续；接收卖方提供的有关装运单据，并按合同规定支付货款。

(2)进口设备抵岸价的构成及计算。进口设备采用最多的是装运港船上交货价(FOB)，其抵岸价的构成可概括为

$$\text{进口设备抵岸价}=\text{货价}+\text{国际运费}+\text{运输保险费}+\text{银行财务费}+\text{外贸手续费}+\text{关税}+\text{增值税}+\text{消费税}+\text{车辆购置附加费}$$

1)货价。一般指装运港船上交货价(FOB)。设备货价分为原币货价和人民币货价，原币货价一律折算为美元表示，人民币货价按原币货价乘以外汇市场美元兑换人民币中间价确定。进口设备货价按有关生产厂商询价、报价、订货合同价计算。

2)国际运费。即从装运港(站)到达我国抵达港(站)的运费。我国进口设备大部分采用海洋运输，小部分采用铁路运输，个别采用航空运输。进口设备国际运费计算公式为

$$\text{国际运费(海、陆、空)}=\text{原币货价(FOB)}\times\text{运费费率}$$

$$\text{或国际运费(海、陆、空)}=\text{运量}\times\text{单位运价}$$

式中，运费费率或单位运价参照有关部门或进出口公司的规定执行。

3)运输保险费。对外贸易货物运输保险是由保险人(保险公司)与被保险人(出口人或进口人)订立保险契约，在被保险人交付议定的保险费后，保险人根据保险契约的规定对货物在运输过程中发生的承保责任范围内的损失给予经济上的补偿。其计算公式为

$$\text{运输保险费}=\frac{\text{原币货价(FOB)}+\text{国际运费}}{1-\text{保险费费率}}\times\text{保险费费率}$$

式中，保险费费率按保险公司规定的进口货物保险费费率计算。

4)银行财务费。一般是指中国银行手续费，可按下式简化计算：

$$\text{银行财务费}=\text{人民币货价(FOB)}\times\text{银行财务费费率}$$

5)外贸手续费。指委托具有外贸经营权的经贸公司采购而发生的外贸手续费率计取的费用，外贸手续费费率一般取15%。其计算公式为

外贸手续费=[装运港船上交货价(FOB)+国际运费+运输保险费]×外贸手续费费率

6)关税。由海关对进出国境或关境的货物和物品征收的一种税。其计算公式为

关税=到岸价格(CIF)×进口关税税率

式中，到岸价格(CIF)包括离岸价格(FOB)、国际运费、运输保险费，作为关税完税价格。进口关税税率分为优惠和普通两种。优惠税率适用于与我国签订关税互惠条款的贸易条约或协定的国家的进口设备；普通税率适用于未与我国签订关税互惠条款的贸易条约或协定的国家的进口设备。进口关税税率按我国海关总署发布的进口关税税率计算。

7)增值税。其是对从事进口贸易的单位和个人，在进口商品报关进口后征收的税种。我国增值税条例规定，进口应税产品均按组成计税价格和增值税税率直接计算应纳税额，即

进口产品增值税额=组成计税价格×增值税税率

组成计税价格=关税完税价格+关税+消费税

增值税税率根据规定的税率计算。

8)消费税。对部分进口设备(如轿车、摩托车等)征收，一般计算公式为

$$应纳消费税额=\frac{到岸价+关税}{1-消费税税率}\times 消费税税率$$

式中，消费税税率根据规定的税率计算。

3. 设备运杂费的构成及计算

(1)设备运杂费的构成。设备运杂费通常由下列各项构成。

1)运费和装卸费。国产设备由设备制造厂交货地点起至工地仓库(或施工组织设计指定的需要安装设备的堆放地点)为止所发生的运费和装卸费；进口设备则由我国到岸港口或边境车站起至工地仓库(或施工组织设计指定的需安装设备的堆放地点)为止所发生的运费和装卸费。

2)包装费。在设备原价中没有包含的为运输而进行的包装支出的各种费用。

3)设备供销部门的手续费。按有关部门规定的统一费率计算。

4)采购与仓库保管费。指采购、验收、保管和收发设备所发生的各种费用，包括设备采购人员、保管人员和管理人员的工资、工资附加费、办公费、差旅交通费；设备供应部门办公和仓库所占固定资产使用费、工具用具使用费、劳动保护费、检验试验费等，这些费用可按主管部门规定的采购与保管费费率计算。

(2)设备运杂费的计算。设备运杂费按设备原价乘以设备运杂费费率计算，其计算公式为

设备运杂费=设备原价×设备运杂费费率

式中，设备运杂费费率按各部门及各省、市等的规定计取。

(二)工、器具及生产家具购置费的构成

工、器具及生产家具购置费，是指新建或扩建项目初步设计规定的，保证初期正常生产必须购置的没有达到固定资产标准的设备、仪器、工卡模具、器具、生产家具和备品备件等的购置费用。此项费用一般以设备费为计算基数，按照部门或行业规定的工、器具及生产家具费率计算，其计算公式为

工、器具及生产家具购置费=设备购置费×定额费率

三、建筑安装工程费用的构成

《住房和城乡建设部、财政部关于印发〈建筑安装工程费用项目组成〉的通知》(建标〔2013〕44号)主要表述的是建筑安装工程费用项目的组成，而《建设工程工程量清单计价规范》(GB 50500—2013)的建筑安装工程造价要求的是建筑安装工程在工程交易和工程实施阶段工程造价的组价要求。两者在计算建筑安装工程造价的角度上存在差异，应引起注意。

建筑安装工程费用项目组成

(一)建筑安装工程费用项目组成(按费用构成要素划分)

按照《住房和城乡建设部、财政部关于印发〈建筑安装工程费用项目组成〉的通知》(建标〔2013〕44号)规定：建筑安装工程费用项目由人工费、材料费、施工机具使用费、企业管理费、利润、规费、税金组成，其中，人工费、材料费、施工机具使用费、企业管理费和利润包含在分部分项工程费、措施项目费、其他项目费中，如图8-2所示。

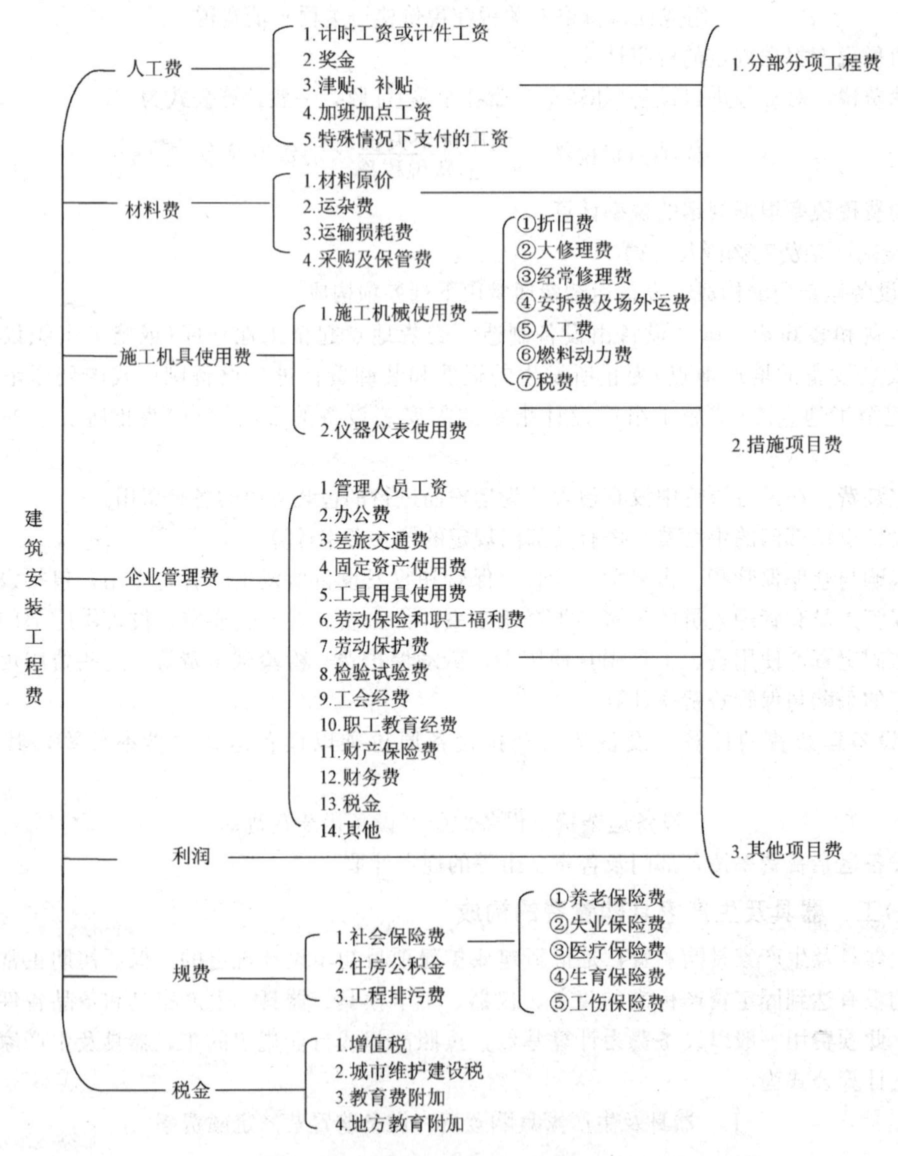

图8-2 建筑安装工程费用项目组成(按费用构成要素划分)

1. 人工费

人工费是指按工资总额构成规定，支付给从事建筑安装工程施工的生产工人和附属生产单位工人的各项费用。其内容包括：

(1)计时工资或计件工资：是指按计时工资标准和工作时间或对已做工作按计件单价支付给个人的劳动报酬。

(2)奖金：是指对超额劳动和增收节支支付给个人的劳动报酬，如节约奖、劳动竞赛奖等。

(3)津贴、补贴：是指为了补偿职工特殊或额外的劳动消耗和因其他特殊原因支付给个人的津贴，以及为了保证职工工资水平不受物价影响支付给个人的物价补贴。如流动施工津贴、特殊地区施工津贴、高温(寒)作业临时津贴、高空作业津贴等。

(4)加班加点工资：是指按规定支付的在法定节假日工作的加班工资和在法定日工作时间外延时工作的加点工资。

(5)特殊情况下支付的工资：是指根据国家法律、法规和政策规定，因病、工伤、产假、计划生育假、婚丧假、事假、探亲假、定期休假、停工学习、执行国家或社会义务等原因按计时工资标准或计时工资标准的一定比例支付的工资。

2. 材料费

材料费是指施工过程中耗费的原材料、辅助材料、构配件、零件、半成品或成品、工程设备的费用。其内容包括：

(1)材料原价：是指材料、工程设备的出厂价格或商家供应价格。

(2)运杂费：是指材料、工程设备自来源地运至工地仓库或指定堆放地点所发生的全部费用。

(3)运输损耗费：是指材料在运输装卸过程中不可避免的损耗。

(4)采购及保管费：是指为组织采购、供应和保管材料、工程设备的过程中所需要的各项费用，包括采购费、仓储费、工地保管费和仓储损耗。

工程设备是指构成或计划构成永久工程一部分的机电设备、金属结构设备、仪器装置及其他类似的设备和装置。

3. 施工机具使用费

施工机具使用费是指施工作业所发生的施工机械使用费、仪器仪表使用费。

(1)施工机械使用费：以施工机械台班耗用量乘以施工机械台班单价表示，施工机械台班单价应由下列七项费用组成。

1)折旧费：是指施工机械在规定的使用年限内，陆续收回其原值的费用。

2)大修理费：是指施工机械按规定的大修理间隔台班进行必要的大修理，以恢复其正常功能所需的费用。

3)经常修理费：是指施工机械除大修理以外的各级保养和临时故障排除所需的费用。包括为保障机械正常运转所需替换设备与随机配备工具附具的摊销和维护费用，机械运转中日常保养所需润滑与擦拭的材料费用及机械停滞期间的维护和保养费用等。

4)安拆费及场外运费：安拆费是指施工机械(大型机械除外)在现场进行安装与拆卸所需的人工、材料、机械和试运转费用以及机械辅助设施的折旧、搭设、拆除等费用；场外运费是指施工机械整体或分体自停放地点运至施工现场或由一施工地点运至另一施工地点的运输、装卸、辅助材料及架线等费用。

5)人工费：是指机上司机(司炉)和其他操作人员的人工费。

6)燃料动力费：是指施工机械在运转作业中所消耗的各种燃料及水、电等。

7)税费：是指施工机械按照国家规定应缴纳的车船使用税、保险费及年检费等。

(2)仪器仪表使用费：是指工程施工所需使用的仪器仪表的摊销及维修费用。

4. 企业管理费

企业管理费是指建筑安装企业组织施工生产和经营管理所需的费用。其内容包括：

(1)管理人员工资：是指按规定支付给管理人员的计时工资、奖金、津贴补贴、加班加点工资及特殊情况下支付的工资等。

(2)办公费：是指企业管理办公用的文具、纸张、账表、印刷、邮电、书报、办公软件、现场监控、会议、水电、热水和集体取暖降温(包括现场临时宿舍取暖降温)等费用。

(3)差旅交通费：是指职工因公出差、调动工作的差旅费、住勤补助费，市内交通费和误餐补助费，职工探亲路费，劳动力招募费，职工退休、退职一次性路费，工伤人员就医路费，工地转移费以及管理部门使用的交通工具的油料、燃料等费用。

(4)固定资产使用费：是指管理和试验部门及附属生产单位使用的属于固定资产的房屋、设备、仪器等的折旧、大修、维修或租赁费。

(5)工具用具使用费：是指企业施工生产和管理使用的不属于固定资产的工具、器具、家具、交通工具和检验、试验、测绘、消防用具等的购置、维修和摊销费。

(6)劳动保险和职工福利费：是指由企业支付的职工退职金，按规定支付给离休干部的经费，集体福利费，夏季防暑降温、冬季取暖补贴，上下班交通补贴等。

(7)劳动保护费：是企业按规定发放的劳动保护用品的支出，如工作服、手套、防暑降温饮料以及在有碍身体健康的环境中施工的保健费用等。

(8)检验试验费：是指施工企业按照有关标准规定，对建筑以及材料、构件和建筑安装物进行一般鉴定、检查所发生的费用，包括自设试验室进行试验所耗用的材料等费用，不包括新结构、新材料的试验费，对构件做破坏性试验及其他特殊要求检验试验的费用和建设单位委托检测机构进行检测的费用。对此类检测发生的费用，由建设单位在工程建设其他费用中列支。但对施工企业提供的具有合格证明的材料进行检测不合格的，该检测费用由施工企业支付。

(9)工会经费：是指企业按《中华人民共和国工会法》规定的全部职工工资总额比例计提的工会经费。

(10)职工教育经费：是指按职工工资总额的规定比例计提，企业为职工进行专业技术和职业技能培训，专业技术人员继续教育、职业技能鉴定、执业资格认定以及根据需要对职工进行各类文化教育所发生的费用。

(11)财产保险费：是指施工管理用财产、车辆等的保险费用。

(12)财务费：是指企业为施工生产筹集资金或提供预付款担保、履约担保、职工工资支付担保等所发生的各种费用。

(13)税金：是指企业按规定缴纳的房产税、车船使用税、土地使用税和印花税等。

(14)其他：包括技术转让费、技术开发费、投标费、业务招待费、绿化费、广告费、公证费、法律顾问费、审计费、咨询费和保险费等。

5. 利润

利润是指施工企业完成所承包工程获得的盈利。

6. 规费

规费是指按国家法律、法规规定，由省级政府和省级有关权力部门规定必须缴纳或计取的费用。其中，包括社会保险费、住房公积金、工程排污费。

(1)社会保险费。

1)养老保险费：是指企业按照规定标准为职工缴纳的基本养老保险费。

2)失业保险费：是指企业按照规定标准为职工缴纳的失业保险费。

3)医疗保险费：是指企业按照规定标准为职工缴纳的基本医疗保险费。

4)生育保险费：是指企业按照规定标准为职工缴纳的生育保险费。

5)工伤保险费：是指企业按照规定标准为职工缴纳的工伤保险费。

(2)住房公积金：是指企业按照规定标准为职工缴纳的住房公积金。

(3)工程排污费：是指按规定缴纳的施工现场工程排污费。

其他应列而未列入的规费，按实际发生计取。

7. 税金

税金是指国家税法规定的应计入建筑安装工程造价内的增值税、城市维护建设税、教育费附加以及地方教育附加。

(二)建筑安装工程费用项目组成表(按造价形成划分)

建筑安装工程费按照工程造价形成划分为分部分项工程费、措施项目费、其他项目费、规费、税金。分部分项工程费、措施项目费、其他项目费包含人工费、材料费、施工机具使用费、企业管理费和利润，如图 8-3 所示。

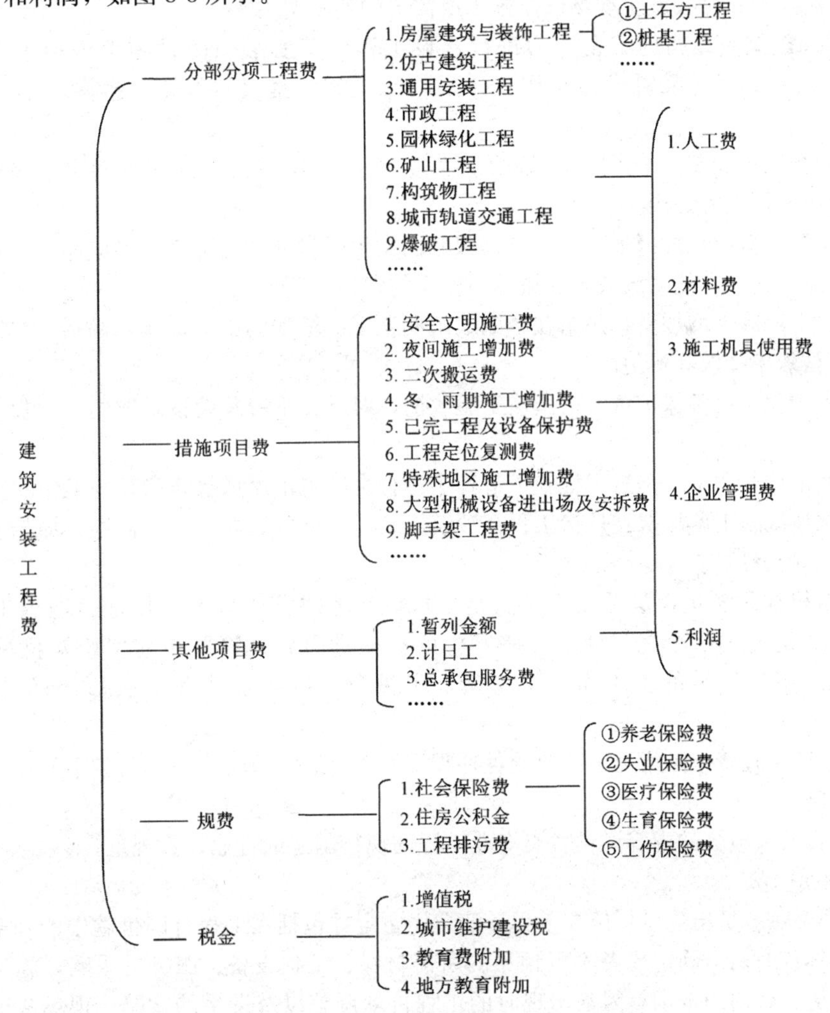

图 8-3　建筑安装工程费用项目组成表(按造价形成划分)

1. 分部分项工程费

分部分项工程费是指各专业工程的分部分项工程应予列支的各项费用。

(1)专业工程：是指按现行国家计量规范划分的房屋建筑与装饰工程、仿古建筑工程、通用安装工程、市政工程、园林绿化工程、矿山工程、构筑物工程、城市轨道交通工程、爆破工程等各类工程。

(2)分部分项工程：是指按现行国家计量规范对各专业工程划分的项目，如房屋建筑与装饰工程划分的土石方工程、地基处理与桩基工程、砌筑工程、钢筋及钢筋混凝土工程等。各类专业工程的分部分项工程划分见现行国家或行业计量规范。

2. 措施项目费

措施项目费是指为完成建设工程施工，发生于该工程施工前和施工过程中的技术、生活、安全、环境保护等方面的费用。其内容包括：

(1)安全文明施工费。

1)环境保护费：是指施工现场为达到环保部门要求所需要的各项费用。

2)文明施工费：是指施工现场文明施工所需要的各项费用。

3)安全施工费：是指施工现场安全施工所需要的各项费用。

4)临时设施费：是指施工企业为进行建设工程施工所必须搭设的生活和生产用的临时建筑物、构筑物和其他临时设施费用，包括临时设施的搭设、维修、拆除、清理费或摊销费等。

(2)夜间施工增加费：是指因夜间施工所发生的夜班补助费、夜间施工降效、夜间施工照明设备摊销及照明用电等费用。

(3)二次搬运费：是指因施工场地条件限制而发生的材料、构配件、半成品等一次运输不能到达堆放地点，必须进行二次或多次搬运所发生的费用。

(4)冬、雨期施工增加费：是指在冬期或雨期施工需增加的临时设施、防滑、排除雨雪，人工及施工机械效率降低等费用。

(5)已完工程及设备保护费：是指竣工验收前，对已完工程及设备采取的必要保护措施所发生的费用。

(6)工程定位复测费：是指工程施工过程中进行全部施工测量放线和复测工作的费用。

(7)特殊地区施工增加费：是指工程在沙漠或其边缘地区，高海拔、高寒、原始森林等特殊地区施工增加的费用。

(8)大型机械设备进出场及安拆费：是指机械整体或分体自停放场地运至施工现场或由一个施工地点运至另一个施工地点，所发生的机械进出场运输及转移费用及机械在施工现场进行安装、拆卸所需的人工费、材料费、机械费、试运转费和安装所需的辅助设施的费用。

(9)脚手架工程费：是指施工需要的各种脚手架搭、拆、运输费用以及脚手架购置费的摊销(或租赁)费用。

措施项目及其包含的内容详见各类专业工程的现行国家或行业计量规范。

3. 其他项目费

(1)暂列金额：是指建设单位在工程量清单中暂定并包括在工程合同价款中的一笔款项。用于施工合同签订时尚未确定或者不可预见的所需材料、工程设备、服务的采购，施工中可能发生的工程变更、合同约定调整因素出现时的工程价款调整以及发生的索赔、现场签证确认等的费用。

(2)计日工：是指在施工过程中，施工企业完成建设单位提出的施工图纸以外的零星项目或工作所需的费用。

(3)总承包服务费：是指总承包人为配合、协调建设单位进行的专业工程发包，对建设单位自行采购的材料、工程设备等进行保管以及施工现场管理、竣工资料汇总整理等服务所需的费用。

(三)建筑安装工程费用参考计算方法

1. 各费用构成要素参考计算方法

(1)人工费。

1)人工费计算公式1：

$$人工费=\sum(工日消耗量\times日工资单价)$$

$$日工资单价=\frac{生产工人平均月工资(计时计件)+平均月(奖金+津贴、补贴+特殊情况下支付的工资)}{年平均每月法定工作日}$$

注：公式1主要适用于施工企业投标报价时自主确定人工费，也是工程造价管理机构编制计价定额确定定额人工单价或发布人工成本信息的参考依据。

2)人工费计算公式2：

$$人工费=\sum(工程工日消耗量\times日工资单价)$$

日工资单价是指施工企业平均技术熟练程度的生产工人在每工作日(国家法定工作时间内)按规定从事施工作业应得的日工资总额。

工程造价管理机构确定日工资单价应通过市场调查，根据工程项目的技术要求，参考实物工程量人工单价综合分析确定，最低日工资单价不得低于工程所在地人力资源和社会保障部门所发布的最低工资标准的：普工1.3倍、一般技工2倍、高级技工3倍。

工程计价定额不可只列一个综合工日单价，应根据工程项目技术要求和工种差别适当划分多种日工资单价，确保各分部工程人工费的合理构成。

注：公式2适用于工程造价管理机构编制计价定额时确定定额人工费，是施工企业投标报价的参考依据。

(2)材料费及工程设备费。

1)材料费。

$$材料费=\sum(材料消耗量\times材料单价)$$

$$材料单价=(\{材料原价+运杂费)\times[1+运输损耗率(\%)]\}\times[1+采购保管费费率(\%)]$$

2)工程设备费。

$$工程设备费=\sum(工程设备量\times工程设备单价)$$

$$工程设备单价=(设备原价+运杂费)\times[1+采购保管费费率(\%)]$$

(3)施工机具使用费。

1)施工机械使用费。

$$施工机械使用费=\sum(施工机械台班消耗量\times机械台班单价)$$

$$\begin{aligned}机械台班单价=&台班折旧费+台班大修理费+台班经常修理费+台班安拆费及场外运+台\\&班人工费+台班燃料动力费+台班车船税费\end{aligned}$$

注：工程造价管理机构在确定计价定额中的施工机械使用费时，应根据《建筑施工机械台班费用计算规则》结合市场调查编制施工机械台班单价。施工企业可以参考工程造价管理机构发布的台班单价，自主确定施工机械使用费的报价，如租赁施工机械，其计算公式为

$$施工机械使用费 = \sum(施工机械台班消耗量 \times 机械台班租赁单价)$$

2)仪器仪表使用费。

$$仪器仪表使用费=工程使用的仪器仪表摊销费+维修费$$

(4)企业管理费费率。

1)以分部分项工程费为计算基础。

$$企业管理费费率(\%)=\frac{生产工人年平均管理费}{年有效施工天数\times人工单价}\times人工费占分部分项工程费比例(\%)$$

2)以人工费和机械费合计为计算基础。

$$企业管理费费率(\%)=\frac{生产工人年平均管理费}{年有效施工天数\times(人工单价+每一工日机械使用费)}\times100\%$$

3)以人工费为计算基础。

$$企业管理费费率(\%)=\frac{生产工人年平均管理费}{年有效施工天数\times人工单价}\times100\%$$

注：上述公式适用于施工企业投标报价时自主确定管理费，是工程造价管理机构编制计价定额确定企业管理费的参考依据。

工程造价管理机构在确定计价定额中企业管理费时，应以定额人工费或(定额人工费+定额机械费)作为计算基数，其费率根据历年工程造价积累的资料，辅以调查数据确定，列入分部分项工程和措施项目中。

(5)利润。

1)施工企业根据企业自身需求并结合建筑市场实际自主确定，列入报价中。

2)工程造价管理机构在确定计价定额中利润时，应以定额人工费或(定额人工费+定额机械费)作为计算基数，其费率根据历年工程造价积累的资料，并结合建筑市场实际确定，以单位(单项)工程测算，利润在税前建筑安装工程费的比重可按不低于5%且不高于7%的费率计算。利润应列入分部分项工程和措施项目中。

(6)规费。

1)社会保险费和住房公积金。社会保险费和住房公积金应以定额人工费为计算基础，根据工程所在地省、自治区、直辖市或行业建设主管部门规定费率计算。

$$社会保险费和住房公积金 = \sum(工程定额人工费 \times 社会保险费和住房公积金费率)$$

式中，社会保险费和住房公积金费率可以每万元发承包价的生产工人人工费和管理人员工资含量与工程所在地规定的缴纳标准综合分析取定。

2)工程排污费。工程排污费等其他应列而未列入的规费应按工程所在地环境保护等部门规定的标准缴纳，按实际发生计取。

(7)税金。建筑安装工程费用中的税金是指按照国家税法规定的应计入建筑安装工程造价内的增值税额，按税前造价乘以增值税税率确定。

1)采用一般计税方法时增值税的计算。

当采用一般计税方法时，建筑业增值税税率为9%。计算公式为

$$增值税=税前造价\times9\%$$

税前造价为人工费、材料费、施工机具使用费、企业管理费、利润和规费之和，各费用项目均以不包含增值税可抵扣进项税额的价格计算。

2)采用简易计税方法时增值税的计算。

①简易计税的适用范围。根据《营业税改征增值税试点实施办法》以及《营业税改征增值税试

点有关事项的规定》的规定，简易计税方法主要适用于以下几种情况：

a. 小规模纳税人发生应税行为适用简易计税方法计税。小规模纳税人通常是指纳税人提供建筑服务的年应征增值税销售额未超过500万元，并且会计核算不健全，不能按规定报送有关税务资料的增值税纳税人。年应税销售额超过500万元，但不经常发生应税行为的单位也可选择按照小规模纳税人计税。

b. 一般纳税人以清包工方式提供的建筑服务，可以选择适用简易计税方法计税。以清包工方式提供建筑服务，是指施工方不采购建筑工程所需的材料或只采购辅助材料，并收取人工费、管理费或者其他费用的建筑服务。

c. 一般纳税人为甲供工程提供的建筑服务，就可以选择适用简易计税方法计税。甲供工程是指全部或部分设备、材料、动力由工程发包方自行采购的建筑工程。

d. 一般纳税人为建筑工程老项目提供的建筑服务，可以选择适用简易计税方法计税。建筑工程老项目：《建筑工程施工许可证》注明的合同开工日期在2016年4月30日前的建筑工程项目；未取得《建筑工程施工许可证》的，建筑工程承包合同注明的开工日期在2016年4月30日前的建筑工程项目。

②简易计税的计算方法。当采用简易计税方法时，建筑业增值税税率为3%。计算公式为：

增值税＝税前造价×3%

税前造价为人工费、材料费、施工机具使用费、企业管理费、利润和规费之和，各费用项目均以包含增值税进项税额的含税价格计算。

2. 建筑安装工程计价参考公式

(1)分部分项工程费。其计算公式为

$$分部分项工程费 = \sum(分部分项工程量 \times 综合单价)$$

式中，综合单价包括人工费、材料费、施工机具使用费、企业管理费和利润以及一定范围的风险费用(下同)。

(2)措施项目费。

1)国家计量规范规定应予计量的措施项目，其计算公式为

$$措施项目费 = \sum(措施项目工程量 \times 综合单价)$$

2)国家计量规范规定不宜计量的措施项目，计算方法如下：

①安全文明施工费：

安全文明施工费＝计算基数×安全文明施工费费率(%)

计算基数应为定额基价(定额分部分项工程费＋定额中可以计量的措施项目费)、定额人工费或(定额人工费＋定额机械费)，其费率由工程造价管理机构根据各专业工程的特点综合确定。

②夜间施工增加费：

夜间施工增加费＝计算基数×夜间施工增加费费率(%)

③二次搬运费：

二次搬运费＝计算基数×二次搬运费费率(%)

④冬、雨期施工增加费：

冬、雨期施工增加费＝计算基数×冬、雨期施工增加费费率(%)

⑤已完工程及设备保护费：

已完工程及设备保护费＝计算基数×已完工程及设备保护费费率(%)

上述②～⑤项措施项目的计算基数应为定额人工费或(定额人工费＋定额机械费)，其费率由工程造价管理机构根据各专业工程特点和调查资料综合分析后确定。

(3)其他项目费。

1)暂列金额由建设单位根据工程特点，按有关计价规定估算，施工过程中由建设单位掌握使用、扣除合同价款调整后如有余额，归建设单位。

2)计日工由建设单位和施工企业按施工过程中的签证计价。

3)总承包服务费由建设单位在招标控制价中根据总包服务范围和有关计价规定编制，施工企业投标时自主报价，施工过程中按签约合同价执行。

(4)规费和税金。建设单位和施工企业均应按照省、自治区、直辖市或行业建设主管部门发布标准计算规费和税金，不得作为竞争性费用。

四、工程建设其他费用的构成

工程建设其他费用，是指从工程筹建起到工程竣工验收交付生产或使用为止的整个建设期间，除建筑安装工程费用和设备及工、器具购置费用以外的，为保证工程建设顺利完成和交付使用后能够正常发挥效益或效能而发生的各项费用。工程建设其他费用按资产属性分别形成固定资产、无形资产和其他资产(递延资产)。

(一)固定资产其他费用

固定资产其他费用是固定资产费用的一部分。固定资产费用是指项目投产时将直接形成固定资产的建设投资，包括工程费用以及在工程建设其他费用中按规定将形成固定资产的费用，后者被称为固定资产其他费用。

1. 建设管理费

建设管理费是指建设单位从项目筹建开始直至工程竣工验收合格或交付使用为止发生的项目建设管理费用。其费用内容包括：

(1)建设单位管理费。建设单位管理费是指建设单位发生的管理性质的开支。其中包括工作人员工资、工资性补贴、施工现场津贴、职工福利费、住房基金、基本养老保险、基本医疗保险费、失业保险费、工伤保险费、办公费、差旅交通费、劳动保护费、工具用具使用费、固定资产使用费、必要的办公及生活用品购置费、必要的通信设备及交通工具购置费、零星固定资产购置费、招募生产工人费、技术图书资料费、业务招待费、设计审查费、工程招标费、合同契约公证费、法律顾问费、咨询费、完工清理费、竣工验收费、印花税和其他管理性质开支。

(2)工程监理费。工程监理费是指建设单位委托工程监理单位实施工程监理的费用。

(3)工程质量监督费。工程质量监督费是指工程质量监督检验部门检验工程质量而收取的费用。

(4)招标代理费。招标代理费是指建设单位委托招标代理单位进行工程、设备材料和服务招标支付的服务费用。

(5)工程造价咨询费。工程造价咨询费是指建设单位委托具有相应资质的工程造价咨询企业代为进行工程建设项目的投资估算、设计概算、施工图预算、标底或招标控制价、工程结算等或进行工程建设全过程造价控制与管理所发生的费用。

2. 建设用地费

建设用地费是指按照《土地管理法》及其他法规的规定，建设项目征用土地或租用土地应支付的费用。任何一个建设项目都固定于一定地点与地面相连接，必须占用一定量的土地，也就必然要发生为获得建设用地而支付的费用，这就是土地使用费。

它是指通过划拨方式取得土地使用权而支付的土地征用及迁移补偿费，或者通过土地使用权出让方式取得土地使用权而支付的土地使用权出让金。

(1)土地征用及迁移补偿费。土地征用及迁移补偿费是指建设项目通过划拨方式取得无限期的土地使用权，依照《土地管理法》及其他法规的规定所支付的费用。其总和一般不得超过被征土地年产值的20倍，土地年产值则按该地被征用前3年的平均产量和国家规定的价格计算。其内容包括：

1)土地补偿费，通常是耕地被征用前3年平均年产值的6～10倍。

2)青苗补偿费和被征用土地上的房屋、水井、树木等附着物补偿费。

3)安置补助费。每一个需要安置的农业人口的安置补助费标准，为该耕地被征用前3年平均年产值的4～6倍。但是，每公顷被征用耕地的安置补助费，最高不得超过被征用前3年平均年产值的15倍。

4)缴纳的耕地占用税或城镇土地使用税、土地登记费及征地管理费等。县、市土地管理机关从征地费中提取土地管理费的比率，要按征地工作量大小，视不同情况，在1%～4%的幅度内提取。

5)征地动迁费。征用土地上的房屋及附属构筑物、城市公共设施等的拆除、迁建补偿费及搬迁运输费，企业单位因搬迁造成的减产、停工损失补贴费，拆迁管理费等。

6)水利水电工程水库淹没处理补偿费。

(2)土地使用权出让金。土地使用权出让金是指建设项目通过土地使用权出让方式，取得有限期的土地使用权，依照《中华人民共和国城镇国有土地使用权出让和转让暂行条例》规定，支付的土地使用权出让金。

3. 可行性研究费

可行性研究费是指在建设项目前期工作中，编制和评估项目建议书(或预可行性研究报告)、可行性研究报告所需的费用。

4. 研究试验费

研究试验费是指为本建设项目提供或验证设计数据、资料等进行必要的研究试验及按照设计规定在建设过程中必须进行试验、验证所需的费用。

5. 勘察设计费

勘察设计费是指委托勘察设计单位进行工程水文地质勘察、工程设计所发生的各项费用。其中包括工程勘察费、初步设计费(基础设计费)、施工图设计费(详细设计费)、设计模型制作费。

6. 环境影响评价费

环境影响评价费是指按照《环境保护法》《环境影响评价法》规定，为全面、详细评价本建设项目对环境可能产生的污染或造成的重大影响所需的费用。其中包括编制环境影响报告书(含大纲)、编制环境影响报告表和评估环境影响报告书(含大纲)、评估环境影响报告表等所需的费用。

7. 劳动安全卫生评价费

劳动安全卫生评价费是为预测和分析建设项目存在的职业危险、危害因素的种类和危险危害程度，并提出先进、科学、合理可行的劳动安全卫生技术和管理对策所需的费用。其中包括编制建设项目劳动安全卫生预评价大纲和劳动安全卫生预评价报告书，以及为编制上述文件所进行的工程分析和环境现状调查等所需费用。

8. 场地准备及临时设施费

场地准备及临时设施费是指建设场地准备费和建设单位临时设施费。

(1)场地准备费。场地准备费是指建设项目为达到工程开工条件所发生的场地平整和对建设场地余留的有碍于施工建设的设施进行拆除清理的费用。

(2)临时设施费。临时设施费是指为满足施工建设需要而供应到场地界区的、未列入工程费用的临时水、电、路、通信、气等其他工程费用和建设单位的现场临时建(构)筑物的搭设、维修、拆除、摊销或建设期间租赁费用，以及施工期间专用公路养护和维修的费用。

9. 引进技术和引进设备其他费

引进技术和引进设备其他费是指引进技术和设备发生的未计入设备费的费用，其内容包括：

(1)引进项目图纸资料翻译复制费、备品备件测绘费。

(2)出国人员费用。出国人员费用包括买方人员出国设计联络、出国考察、联合设计、监造、培训等所发生的差旅费和生活费等。

(3)来华人员费用。来华人员费用包括卖方来华工程技术人员的现场办公费用、往返现场交通费用、接待费用等。

(4)银行担保及承诺费。银行担保及承诺费指引进项目由国内外金融机构出面承担风险和责任担保所发生的费用，以及支付贷款机构的承诺费用。

10. 工程保险费

工程保险费是指建设项目在建设期间根据需要对建筑工程、安装工程、机器设备和人身安全进行投保而发生的保险费用。其中包括建筑安装工程一切保险、引进设备财产保险和人身意外伤害保险等。

11. 联合试运转费

联合试运转费是指新建项目或新增加生产能力的工程，在交付生产前按照批准的设计文件所规定的工程质量标准和技术要求，进行整个生产线或装置的负荷联合试运转或局部联动试车所发生的费用净支出(试运转支出大于收入的差额部分费用)。试运转支出包括试运转所需原材料、燃料及动力消耗、低值易耗品、其他物料消耗、工具用具使用费、机械使用费、保险金、施工单位参加试运转人员工资以及专家指导费等；试运转收入包括试运转期间的产品销售收入和其他收入。

12. 特殊设备安全监督检验费

特殊设备安全监督检验费是指在施工现场组装的锅炉及压力容器、压力管道、消防设备、燃气设备、电梯等特殊设备和设施，由安全监察部门按照有关安全检查条例和实施细则以及设计技术要求进行安全检验，应由建设项目支付的、向安全监察部门缴纳的费用。

13. 市政公用设施费

市政公用设施费是指使用市政公用设施的建设项目，按照项目所在地省一级人民政府有关规定建设或缴纳的市政公用设施建设配套费用，以及绿化工程补偿费用。

(二)形成无形资产费用

形成无形资产费用的有专利及专有技术使用费。此项费用的内容包括：

(1)国外设计及技术资料费、引进有效专利、专有技术使用费和技术保密费。

(2)国内有效专利、专有技术使用费用。

(3)商标权、商誉和特许经营权费等。

(三)形成其他资产费用(递延资产)

形成其他资产费用(递延资产)的有生产准备及开办费。它是指建设项目为保证正常生产(或营业、使用)而发生的人员培训费、提前进场费以及投产使用必备的生产办公、生活家具用具及工、器具等购置费用。其中包括：

(1)人员培训费及提前进场费。自行组织培训或委托其他单位培训的人员工资、工资性补贴、职工福利费、差旅交通费、劳动保护费和学习资料费等。

(2)为保证初期正常生产(或营业、使用)所必需的生产办公、生活家具用具购置费。

(3)为保证初期正常生产(或营业、使用)所必需的第一套不够固定资产标准的生产工具、器具、用具购置费，不包括备品备件费。

一些具有明显行业特征的工程建设其他费用项目，如移民安置费、水资源费、水土保持评价费、地震安全性评价费、地质灾害危险性评价费、河道占用补偿费、超限设备运输特殊措施费、航道维护费、植被恢复费、种植检测费、引种测试费等，在一般建设项目中很少发生，各省(自治区、直辖市)、各部门有补充规定或具体项目发生时依据有关政策规定列入。

五、预备费、建设期利息、铺底流动资金

(一)预备费

按我国现行规定，预备费包括基本预备费和涨价预备费。

1. 基本预备费

(1)基本预备费的内容。基本预备费是指在初步设计及概算内难以预料的工程费用，费用内容包括：

1)在批准的初步设计范围内，技术设计、施工图设计及施工过程中所增加的工程费用；设计变更、局部地基处理等增加的费用。

2)一般自然灾害造成的损失和预防自然灾害所采取的措施费用。实行工程保险的工程项目费用应适当降低。

3)竣工验收时为鉴定工程质量对隐蔽工程进行必要的挖掘和修复费用。

(2)基本预备费的计算。基本预备费是按设备及工、器具购置费，建筑安装工程费用和工程建设其他费用三者之和为计取基础，乘以基本预备费费率进行计算。

基本预备费=(设备及工、器具购置费+建筑安装工程费用+工程建设其他费用)×基本预备费费率

基本预备费费率的取值应执行国家及部门的有关规定。

2. 涨价预备费

(1)涨价预备费的内容。涨价预备费是指建设项目在建设期间内由于价格等变化引起工程造价变化的预测预留费用。费用内容包括人工、设备、材料、施工机械的价差费，建筑安装工程费及工程建设其他费用调整，利率、汇率调整等增加的费用。

(2)涨价预备费的测算方法：

$$PF=\sum_{t-1}^{n} I_t[(1+f)^m(1+f)^{0.5}(1+f)^{t-1}-1]$$

式中 PF——涨价预备费；

n——建设期年份数；

I_t——建设期中第 t 年的投资计划额，包括工程费用、工程建设其他费用及基本预备费，以及第 t 年的静态投资；

f ——年均投资价格上涨率；

m——建设前期年限(从编制估算到开工建设，单位：年)。

(二)建设期贷款利息

在建设投资分年计划的基础上可设定初步融资方案，对采用债务融资的项目应估算建设期利息。建设期利息是指筹措债务资金时在建设期内发生并按规定允许在投产后计入固定资产原值的利息，即资本化利息。建设期利息包括向国内银行和其他非银行金融机构贷款、出口信贷、外国政府贷款、国际商业银行贷款以及在境内外发行的债券等在建设期间应计的借款利息。对于多种借款资金来源，每笔借款的年利率各不相同，既可分别计算每笔借款的利息，也可先计算出各笔借款加权平均的年利率，并以此利率计算全部借款的利息。

建设期贷款利息的估算，根据建设期资金用款计划，可按当年借款在当年年中支用考虑，即当年借款按半年计息，前一年借款按全年计息。国外贷款利息的计算中，还应包括国外贷款银行根据贷款协议向贷款方以年利率的方式收取的手续费、管理费、承诺费，以及国内代理机构向贷款单位收取的转贷费、担保费、管理费等。

当总贷款是分年均额发放时，建设期利息的计算可按当年借款在年终支用考虑，即当年贷款按半年计息，前一年贷款按全年计息。其计算公式为

$$q_j = \sum_{j=1}^{n}(p_{j-1} + \frac{1}{2}A_j) \cdot i$$

式中 q_j——建设期第 j 年应计利息；

p_{j-1}——建设期第 $j-1$ 年年末贷款累计金额与利息累计金额之和；

A_j——建设期第 j 年贷款金额；

i——年利率；

n——建设期年份数。

(三)铺底流动资金

铺底流动资金是指生产性建设工程为保证生产和经营正常进行，按规定应列入建筑工程总投资的资金。一般按流动资金的 30%计算。

第三节 建设工程施工阶段的投资控制

一、施工阶段投资控制的工作流程

建设工程施工阶段涉及的面很广，涉及的人员很多，与投资控制有关的工作也很多，我们不能逐一加以说明，只能对实际情况适当加以简化。实施阶段投资控制的工作流程如图 8-4 所示。

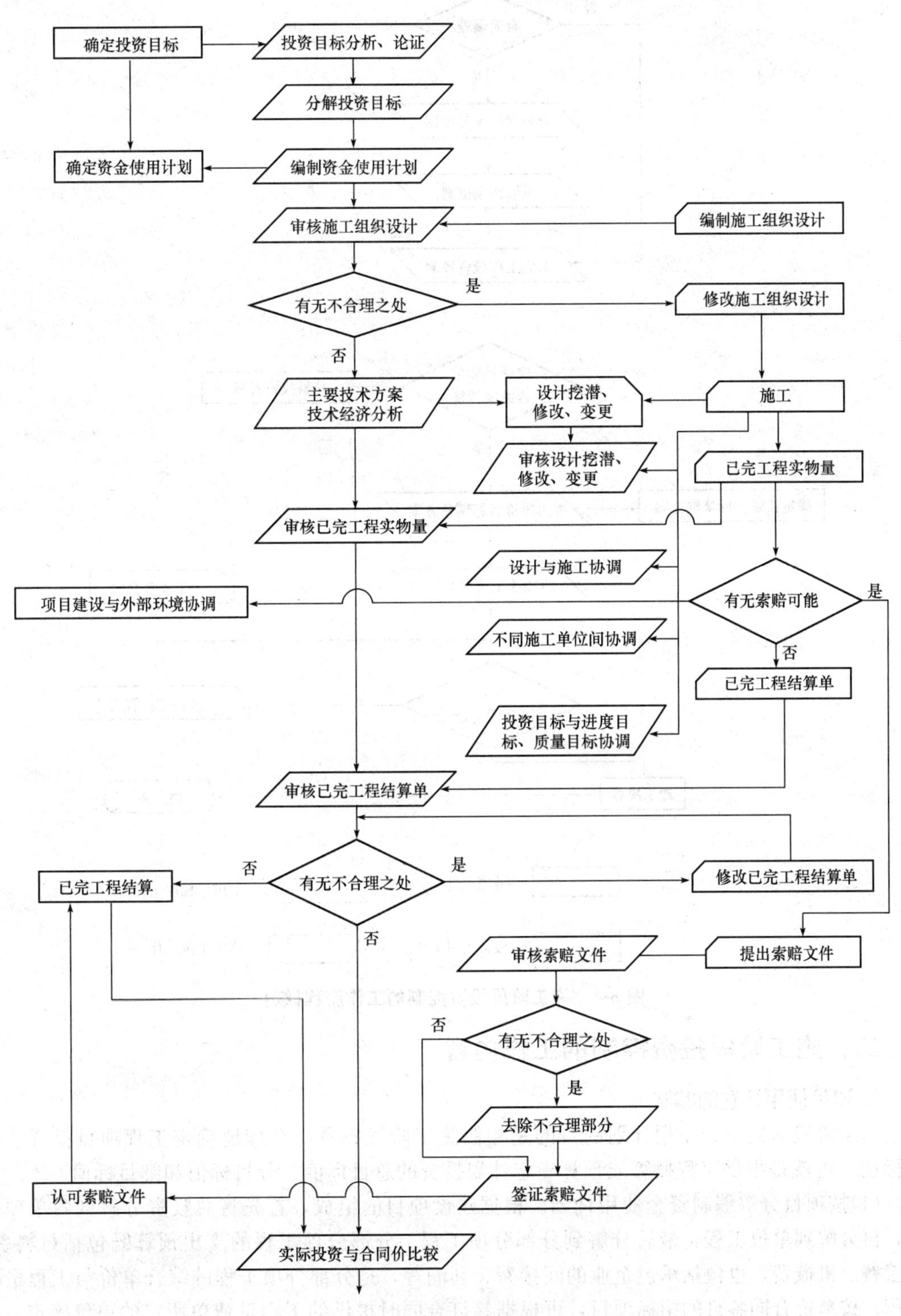

图 8-4　施工阶段投资控制的工作流程

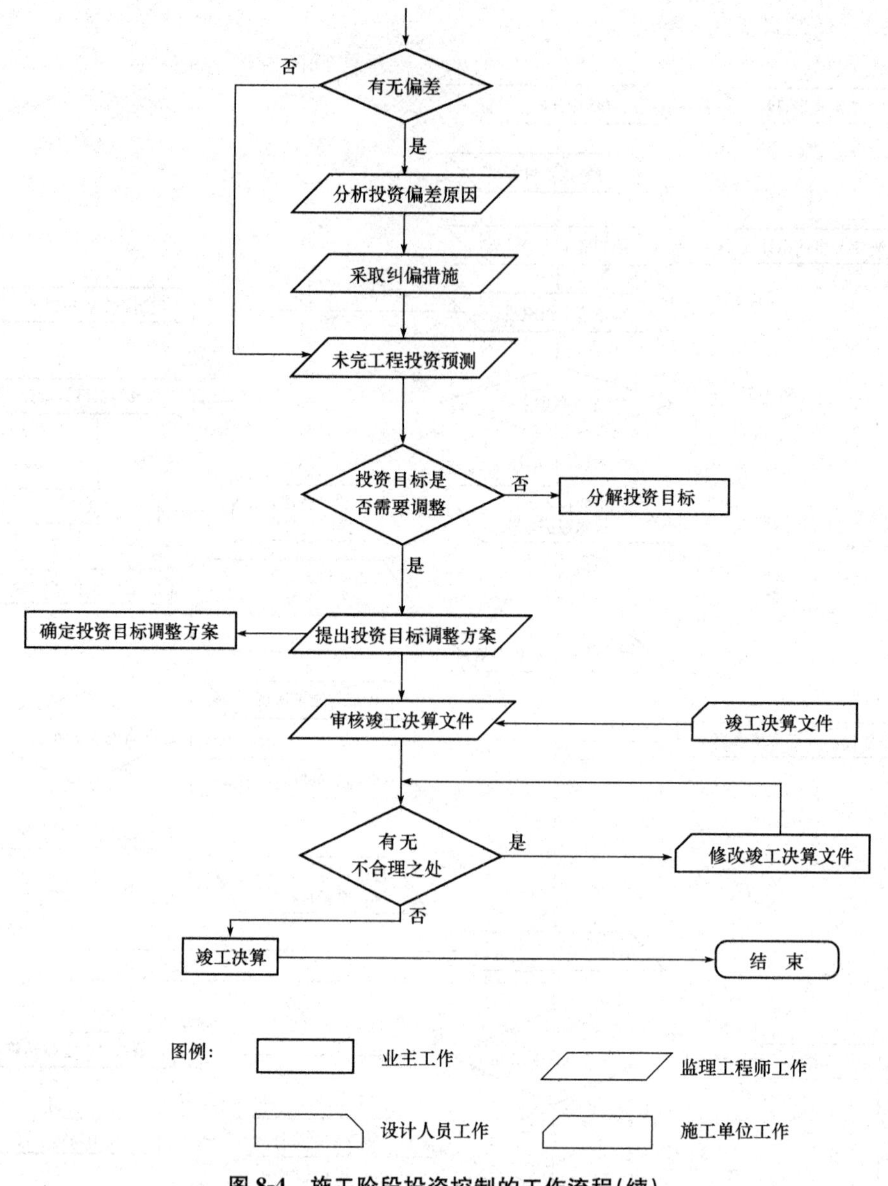

图 8-4　施工阶段投资控制的工作流程(续)

二、施工阶段投资控制的工作内容

1. 资金使用计划的编制

施工阶段编制资金使用计划的目的是控制施工阶段投资，合理地确定工程项目投资控制目标值，也就是根据工程概算或预算确定计划投资的总目标值、分目标值和细目标值。

(1)按项目分解编制资金使用计划。根据建设项目的组成，首先将总投资分解到各单项工程，再分解到单位工程，最后分解到分部分项工程。分部分项工程的支出预算既包括材料费、人工费、机械费，也包括承包企业的间接费、利润等，是分部分项工程的综合单价与工程量的乘积。按单价合同签订的招标项目，可根据签订合同时提供的工程量清单所定的单价确定。其他形式的承包合同，可利用招标编制招标控制价时所计算的材料费、人工费、机械费及考虑分摊的间接费、利润等确定综合单价，同时核实工程量。

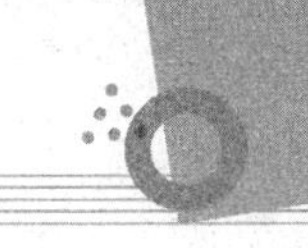

编制资金使用计划时，既要在项目总的方面考虑总预备费，也要在主要的工程分项中安排适当的不可预见费。所核实的工程量与招标时的工程量估算值有较大出入时，应予以调整并做“预计超出子项”注明。

(2)按时间进度编制资金使用计划。建设项目的投资总是分阶段、分期支出的，资金应用是否合理与资金的时间安排有密切关系。为了合理地制定资金筹措计划，尽可能减少资金占用和利息支付，编制按时间进度分解的资金使用计划是很有必要的。

通过对施工对象的分析和对施工现场的考察，结合当代施工技术特点，制定科学、合理的施工进度计划，在此基础上编制按时间进度划分的投资支出预算。其步骤如下：

1)编制施工进度计划。

2)根据单位时间内完成的工程量计算出这一时间内的预算支出，在时标网络图上按时间编制投资支出计划。

3)计算工期内各时点的预算支出累计额，绘制时间-投资累计曲线(S形曲线)，时间-投资累计曲线如图 8-5 所示。

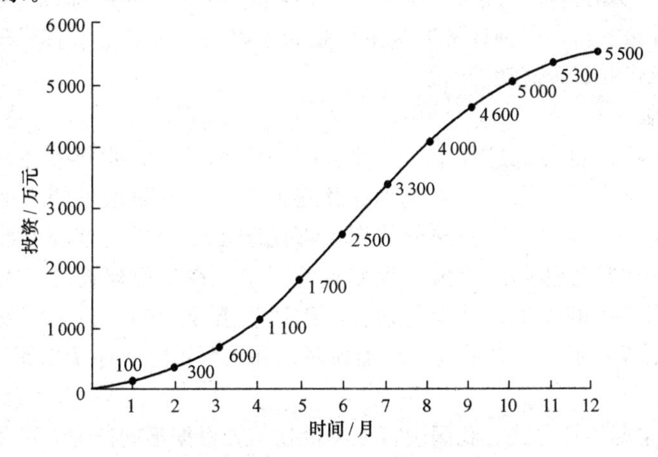

图 8-5 时间-投资累计曲线(S形曲线)

绘制时间-投资累计曲线时，根据施工进度计划的最早可能开始时间和最迟必须开始时间来绘制，则可得两条时间投资累计曲线，俗称“香蕉”形曲线(图 8-6)。一般而言，按最迟必须开始时间安排施工，对建设资金贷款利息节约有利，但同时也降低了项目按期竣工的保证率，故监理工程师必须合理地确定投资支出预算，达到既节约投资支出又能控制项目工期的目的。

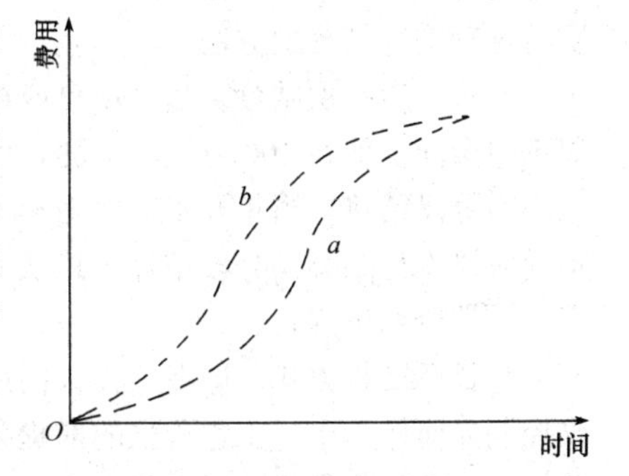

图 8-6 投资计划值的香蕉图

a—所有工作最迟开始时间开始的曲线；

b—所有工作最早开始时间开始的曲线

2. 工程计量

采用单价合同的承包工程，工程量清单中的工程量只是在图纸和规范基础上的估算值，不能作为工程款结算的依据。监理工程师必须对已完工的工程进行计量，只有经过监理工程师计量确定的数量才是向承包商支付工程款的凭证。

监理工程师一般只对如下三方面的工程项目进行计量：工程量清单中的全部项目，合同文件中规定的项目，工程变更项目。根据 FIDIC 合同条件的规定，一般可按照以下方法进行计量：

(1)均摊法。所谓均摊法，就是对清单中某些项目(这些项目都有一个共同的特点，即每月均有发生)的合同价款，按合同工期平均计量，即采用均摊法进行计量支付。

(2)凭据法。所谓凭据法，就是按照承包商提供的凭据进行计量支付。如提供建筑工程险保险费、提供第三方责任险保险费、提供履约保证金等项目，一般按凭据法进行计量支付。

(3)估价法。所谓估价法，就是按合同文件的规定，根据监理工程师估算的已完成的工程价值支付。如为监理工程师提供办公设施和生活设施，为监理工程师提供用车，为监理工程师提供测量设备、天气记录设备和通信设备等项目。这类清单项目往往要购买几种仪器设备。当承包商对于某一项清单项目中规定购买的仪器设备不能一次购进时，则需采用估价法进行计量支付。

(4)断面法。断面法主要用于取土坑或填筑路堤土方的计量。对于填筑土方工程，一般规定计量的体积为原地面线与设计断面所构成的体积。采用这种方法计量，在开工前承包商需测绘出原地形的断面，并需经监理工程师检查，作为计量的依据。

(5)图纸法。按图纸进行计量的方法，称为图纸法。在工程量清单中，许多项目都采取按照设计图纸所示的尺寸进行计量。如混凝土构筑物的体积、钻孔桩的桩长等。

(6)分解计量法。所谓分解计量法，就是将一个项目，根据工序或部位分解为若干子项。对完成的各子项进行计量支付。这种计量方法主要是为了解决一些包干项目或较大的工程项目支付时间过长，影响承包商资金流动的问题。

3. 工程变更控制

工程变更是在工程项目实施过程中，按照合同约定的程序对部分或全部工程在材料、工艺、功能、构造、尺寸、技术指标、工程数量及施工方法等方面做出的改变。建设工程施工合同签订以后，对合同文件中任何一部分的变更都属于工程变更的范畴。建设单位、设计单位、施工单位和监理单位等都可以提出工程变更的要求。在工程建设的过程中，如果对工程变更处理不当，会对工程的投资、进度计划、工程质量造成影响，甚至引发合同的有关方面的纠纷。因此，对工程变更应予以重视，严加控制，并依照法定程序予以解决。

4. 工程结算

(1)工程价款的主要结算方式。我国现行工程价款结算根据不同情况，可采取多种方式。

1)按月结算。实行旬末或月中预支、月终结算、竣工后清算的方法。跨年度竣工的工程，在年终进行工程盘点，办理年度结算。我国现行建筑安装工程价款结算中，相当一部分工程是实行这种按月结算的方法。

2)竣工后一次结算。建设项目或单项工程全部建筑安装工程建设期在12个月以内，或者工程承包合同价值在100万元以下的，可以实行工程价款每月月中预支，竣工后一次结算。

3)分段结算。当年开工，但当年不能竣工的单项工程或单位工程按照工程形象进度，划分不同阶段进行结算。分段结算可以按月预支工程款。分段的划分标准由各部门、自治区、直辖市、计划单列市规定。

4)目标结款方式。即在工程合同中，将承包工程的内容分解成不同的控制界面，以业主验收控制界面作为支付工程价款的前提条件。也就是说，将合同中的工程内容分解成不同的验收单元，当承包商完成单元工程内容并经业主(或其委托人)验收后，业主支付构成单元工程内容的工程价款。

5)结算双方约定的其他结算方式。施工企业在采用按月结算工程价款的方式时，要先取得各月实际完成的工程数量，并按照工程预算定额中的工程直接费预算单价、间接费用定额和合同中采用的利税率，计算出已完工程造价。实际完成的工程数量，由施工单位根据有关资料计算，并编制“已完工程月报表”，然后按照发包单位编制“已完工程月报表”，将各个发包单位的本月已完工程造价汇总反映。再根据“已完工程月报表”编制“工程价款结算账单”，与“已完工程月报表”一起，分送发包单位和经办银行，据以办理结算。

(2)工程竣工结算的审查。竣工结算要有严格的审查，一般可从以下几个方面入手。

1)核对合同条款。首先，应核对竣工工程内容是否符合合同条件要求，工程是否竣工验收合格，只有按合同要求完成全部工程并验收合格才能竣工结算；其次，应按合同规定的结算方法、计价定额、取费标准、主材价格和优惠条款等，对工程竣工结算进行审核，若发现合同开口或有漏洞，应请建设单位与施工单位认真研究，明确结算要求。

2)检查隐蔽验收记录。所有隐蔽工程均需进行验收，两人以上签证；实行工程监理的项目应经监理工程师签证确认。审核竣工结算时应核对隐蔽工程施工记录和验收签证，手续完整，工程量与竣工图一致方可列入结算。

3)落实设计变更签认。设计修改、变更应有原设计单位出具设计变更通知单和修改的设计图纸、校审人员签字并加盖公章，经建设单位和监理工程师审查同意、签认；重大设计变更应经原审批部门审批，否则不应列入结算。

4)按图核实工程量。竣工结算的工程量应依据竣工图、设计变更单和现场签认等进行核算，并按国家统一规定的计算规则计算工程量。

5)执行定额单价。结算单价应按合同约定或招标规定的计价定额与计价原则执行。

6)防止各种计算误差。工程竣工结算子目多、篇幅大，往往有计算误差，应认真核算，防止因计算误差多计或少算。

5. 竣工决算

竣工决算是工程项目经济效益的全面反映，是项目法人核定各类新增资产价值、办理其交付使用的依据。通过竣工决算，一方面能够正确反映工程项目的实际造价和投资结果；另一方面可以通过竣工决算与概算、预算的对比分析，考核投资控制的工作成效，总结经验教训，积累技术经济方面的基础资料，提高未来工程建设的投资效益。

竣工决算是工程建设从筹建到竣工投产全过程中发生的所有实际支出，包括设备工器具购置费、建筑安装工程费和其他费用等。竣工决算由竣工财务决算报表、竣工财务决算说明书、竣工工程平面示意图、工程造价比较分析四部分组成。其中，竣工财务决算报表和竣工财务决算说明书属于竣工财务决算的内容。竣工财务决算是竣工决算的组成部分，是正确核定新增资产价值、反映竣工项目建设成果的文件，是办理固定资产交付使用手续的依据。

(1)竣工决算的编制依据包括：

1)经批准的可行性研究报告及其投资估算。

2)经批准的初步设计或扩大初步设计及其概算或修正概算。

3)经批准的施工图设计及其施工图预算。

4)设计交底或图纸会审纪要。

5)招标投标的招标控制价或标底、承包合同、工程结算资料。

6)施工记录或施工签证单以及其他施工中发生的费用记录，如索赔报告与记录、停(交)工报告等。

7)竣工图及各种竣工验收资料。

8)历年基建资料、历年财务决算及批复文件。

9)设备、材料调价文件和调价记录。

10)有关财务核算制度、办法和其他有关资料、文件等。

(2)竣工决算的编制步骤包括：

1)收集、整理、分析原始资料。从工程建设开始就按编制依据的要求，收集、清点、整理有关资料，主要包括工程项目档案资料，如设计文件、施工记录、上级批文、概(预)算文件、工程结算的归集整理，财务处理、财产物资的盘点核实及债权债务的清偿，做到账账、账证、账实、账表相符。对各种设备、材料、工具、器具等要逐项盘点核实并填列清单，妥善保管，或按照国家有关规定处理，不得任意侵占和挪用。

2)对照、核实工程变动情况，重新核实各单位单项工程造价。将竣工资料与原设计图纸进行查对、核实，必要时可实地测量，确认实际变更情况；根据经审定的施工单位竣工结算等原始资料，按照有关规定对原概(预)算进行增减调整，重新核定工程造价。

3)将审定后的待摊投资、设备工器具投资、建筑安装工程投资、工程建设其他投资严格划分和核定后，分别计入相应的建设成本栏目内。

4)编制竣工财务决算说明书，力求内容全面、简明扼要、文字流畅、说明问题。

5)填报竣工财务决算报表。

6)做好工程造价对比分析。

7)清理、装订好竣工图。

8)按国家规定上报、审批、存档。

本章小结

投资控制实质上是控制建设项目的实际总投资不超过该项目的计划投资额，确保资金使用合理，使资金和资源得到有效的利用，以期达到最佳的投资效益。本章主要介绍建设工程投资构成、工程建设施工阶段的投资控制。

思考与练习

一、填空题

1. 我国的固定资产投资包括________、________、________和________四种。

2. 国产设备原价分为________和________。

3. ________是指进口设备的抵岸价，即抵达买方边境港口或边境车站，且交完关税等税费后形成的价格。

4. ________是指施工过程中耗费的原材料、辅助材料、构配件、零件、半成品或成品、工程设备的费用。

5. ________是指施工作业所发生的施工机械使用费、仪器仪表使用费。

6. ________是指建筑安装企业组织施工生产和经营管理所需的费用。

7. ________是指按国家法律、法规规定，由省级政府和省级有关权力部门规定必须缴纳或计取的费用。

8. ________是指国家税法规定的应计入建筑安装工程造价内的增值税、城市维护建设税、教育费附加以及地方教育附加。

9. ________是指为完成建设工程施工，发生于该工程施工前和施工过程中的技术、生活、安全、环境保护等方面的费用。

10. ________是指建设单位在工程量清单中暂定并包括在工程合同价款中的一笔款项。

11. ________是指在施工过程中，施工企业完成建设单位提出的施工图纸以外的零星项目或工作所需的费用。

二、多项选择题

1. 建设工程投资的特点是由建设工程的特点决定的，主要包括(　　)。

A. 建设工程投资数额巨大　　B. 建设工程投资需招标计算
C. 建设工程投资差异明显　　D. 建设工程投资确定层次繁多
E. 建设工程投资需动态跟踪调整

2. 生产性建设项目总投资包括(　　)部分。

A. 建设投资　　B. 建设期利息
C. 流动资金　　D. 动态投资
E. 静态投资

3. 进口设备的交货类别可分为(　　)。

A. 集装交货类　　B. 内陆交货类
C. 装运港交货类　　D. 目的地交货类
E. 始发地交货类

4. 人工费内容包括(　　)。

A. 计时工资或计件工资　　B. 奖金
C. 津贴、补贴　　D. 加班加点工资
E. 税费

5. 企业管理费内容包括(　　)。

A. 管理人员工资、办公费、差旅交通费
B. 固定资产使用费
C. 劳动保险和职工福利费
D. 工具用具使用费、检验试验费
E. 财务费、税金、规费

6. 安全文明施工费包括(　　)。

A. 环境保护费　　B. 文明施工费
C. 安全施工费　　D. 临时设施费
E. 二次搬运费

三、简答题

1. 什么是建设项目总投资？
2. 施工机械台班单价应由哪些费用组成？
3. 什么是基本预备费？其内容包括哪些？
4. 施工阶段投资控制工作内容包括哪些？

第九章 建设工程施工合同管理

知识目标

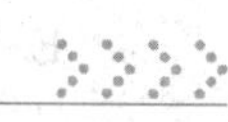

了解建设工程施工合同的概念与特点，建设工程施工合同的作用，索赔的概念、特征、分类及起因；熟悉施工合同管理的主要内容，建设工程施工进度、质量管理，建设工程施工合同变更管理；掌握建设工程施工合同的订立、履行、施工合同争议解决方式及索赔费用的计算与支付。

能力目标

能进行建设工程施工合同的订立，并具有建设工程施工合同的管理能力。

第一节 建设工程施工合同概述

一、建设工程施工合同的概念

建设工程施工合同是发包人与承包人就完成具体工程项目的建筑施工、设备安装、设备调试、工程保修等工作内容，确定双方权利和义务的协议。施工合同是建设工程合同的一种，它与其他建设工程合同一样是双务有偿合同，在订立时应遵守自愿、公平、诚实信用等原则。

建设工程施工合同是建设工程的主要合同之一，其标的是将设计图纸变为满足功能、质量、进度、造价等发包人投资预期目的的建筑产品。

作为施工合同的当事人，业主和承包商必须具备签订合同的资格和履行合同的能力。对业主而言，必须具备相应的组织协调能力，实施对合同范围内的工程项目建设的管理；对承包商而言，必须具备有关部门核定的资质等级，并持有营业执照等证明文件。

二、建设工程施工合同的特点

1. 合同标的的特殊性

施工合同的标的是各类建筑产品，建筑产品是不动产，建造过程中往往受到各种因素的影响。这就决定了每个施工合同的标的物不同于工厂批量生产的产品，具有单件性的特点。所谓“单件性”，是指不同地点建造的相同类型和级别的建筑，施工过程中所遇到的情况不尽相同，在甲工程施工中遇到的困难在乙工程不一定发生，而在乙工程施工中可能出现甲工程没有发生过的问题。这就决定了每个施工合同的标的都是特殊的，相互间具有不可替代性。

2. 合同履行期限的长期性

由于建筑产品体积庞大、结构复杂、施工周期较长，施工工期少则几个月，一般都是几年甚至十几年，在合同实施过程中不确定影响因素多，受外界自然条件影响大，合同双方承担的风险高，当主观和客观情况变化时，就有可能造成施工合同的变化，因此，施工合同的变更较频繁，施工合同争议和纠纷也比较多。

3. 合同内容的多样性和复杂性

与大多数合同相比较，施工合同的履行期限长、标的额大，涉及的法律关系则包括劳动关系、保险关系、运输关系、购销关系等，具有多样性和复杂性。这就要求施工合同的条款应当尽量详尽。

4. 合同管理的严格性

合同管理的严格性主要体现在：对合同签订管理的严格性；对合同履行管理的严格性；对合同主体管理的严格性。

施工合同的这些特点，使得施工合同无论是在合同文本结构，还是合同内容上，都要反映适应其特点，符合工程项目建设客观规律的内在要求，以保护施工合同当事人的合法权益，促使当事人严格履行自己的义务和职责，提高工程项目的综合社会、经济效益。

三、建设工程施工合同的作用

(1)明确建设单位和施工企业在施工中的权利和义务。施工合同一经签订，即具有法律效力，是合同双方在履行合同中的行为准则，双方都应以施工合同作为行为的依据。

(2)有利于对工程施工的管理。合同当事人对工程施工的管理应以合同为依据。有关的国家机关、金融机构对施工的监督和管理，也是以施工合同为其重要依据的。

(3)有利于建筑市场的培育和发展。随着社会主义市场经济新体制的建立，建设单位和施工单位将逐渐成为建筑市场的合格主体，建设项目实行真正的业主负责制，施工企业参与市场公平竞争。在建筑商品交换过程中，双方都要利用合同这一法律形式，明确规定各自的权利和义务，以最大限度地实现自己的经济目的和经济效益。施工合同作为建筑商品交换的基本法律形式，贯穿于建筑交易的全过程。无数建设工程合同的依法签订和全面履行，是建立一个完善的建筑市场的最基本条件。

(4)进行监理的依据和推行监理制的需要。在监理制度中，行政干预的作用被淡化了，建设单位(业主)、施工企业(承包商)、监理单位三者的关系是通过工程建设监理合同和施工合同来确立的。国内外实践经验表明，工程建设监理的主要依据是合同。监理工程师在工程监理过程中要做到坚持按合同办事、坚持按规范办事、坚持按程序办事。监理工程师必须根据合同秉公办事，监督业主和承包商履行各自的合同义务，因此，承发包双方签订一个内容合法，条款公平、完备，适应建设监理要求的施工合同是监理工程师实施公正监理的根本前提条件，也是推行建设监理制的内在要求。

四、《建设工程施工合同(示范文本)》(GF—2017—0201)的结构

《建设工程施工合同(示范文本)》(GF—2017—0201)由“合同协议书”“通用合同条款”“专用合同条款”组成。

1. 合同协议书

建设工程施工合同（示范文本）（GF—2017—0201）

(1)工程概况。

(2)合同工期。

(3)质量标准。

(4)签约合同价与合同价格形式。

(5)项目经理。

(6)合同文件构成。本协议书与下列文件一起构成合同文件：

1)中标通知书(如果有)；

2)投标函及其附录(如果有)；

3)专用合同条款及其附件；

4)通用合同条款；

5)技术标准和要求；

6)图纸；

7)已标价工程量清单或预算书；

8)其他合同文件。

在合同订立及履行过程中形成的与合同有关的文件均是合同文件的组成部分。

上述各项合同文件包括合同当事人就该项合同文件所作出的补充和修改，属于同一类内容的文件，应以最新签署的为准。专用合同条款及其附件须经合同当事人签字或盖章。

(7)承诺。

1)发包人承诺按照法律规定履行项目审批手续、筹集工程建设资金并按照合同约定的期限和方式支付合同价款。

2)承包人承诺按照法律规定及合同约定组织完成工程施工，确保工程质量和安全，不进行转包及违法分包，并在缺陷责任期及保修期内承担相应的工程维修责任。

3)发包人和承包人通过招标投标形式签订合同的，双方理解并承诺不再就同一工程另行签订与合同实质性内容相背离的协议。

(8)词语含义。

(9)签订时间。

(10)签订地点。

(11)补充协议。合同未尽事宜，合同当事人另行签订补充协议，补充协议是合同的组成部分。

(12)合同生效。

(13)合同份数。

2. 通用合同条款

通用合同条款包括 20 条，标题分别为：

(1)一般约定。

(2)发包人。

(3)承包人。

(4)监理人。

(5)工程质量。

(6)安全文明施工与环境保护。

(7)工期和进度。

(8)材料与设备。
(9)试验与检验。
(10)变更。
(11)价格调整。
(12)合同价格、计量与支付。
(13)验收和工程试车。
(14)竣工结算。
(15)缺陷责任与保修。
(16)违约。
(17)不可抗力。
(18)保险。
(19)索赔。
(20)争议解决。

3. 专用合同条款

专用合同条款包括20条，标题分别与“通用合同条款”相同。

第二节　建设工程施工合同的订立及履行管理

一、建设工程施工合同的订立

合同签订的过程，是当事人双方互相协商并最后就各方的权利、义务达成一致意见的过程。签约是双方意志统一的表现。

签订工程施工合同的时间很长，实际上它是从准备招标文件开始，继而招标、投标、评标、中标，直至合同谈判结束为止的一整段时间。

1. 施工合同签订的原则

施工合同签订的原则是指贯穿于订立施工合同的整个过程，对承发包双方签订合同起指导和规范作用且双方均应遵守的准则，主要有依法签订原则、平等互利协商一致原则、等价有偿原则、严密完备原则和履行法律程序原则等。具体内容见表9-1。

表9-1　施工合同签订的原则

原则	说明
依法签订的原则	(1)必须依据《合同法》等有关法律、法规。 (2)合同的内容、形式、签订程序均不得违法。 (3)当事人应当遵守法律、行政法规和社会公德，不得扰乱社会经济秩序，不得损害社会公共利益。 (4)根据招标文件的要求，结合合同实施中可能发生的各种情况进行周密、充分的准备，按照“缔约过失责任原则”保护企业的合法权益

续表

原则	说明
平等互利协商一致的原则	(1)发包方、承包方作为合同的当事人，双方均平等地享有经济权利和承担经济义务，其经济法律地位是平等的，没有主从关系。 (2)合同的主要内容，须经双方经过协商、达成一致，不允许一方将自己的意志强加于对方、一方以行政手段干预对方并压服对方等现象发生
等价有偿的原则	(1)签约双方的经济关系要合理，当事人的权利义务是对等的。 (2)合同条款中也应充分体现等价有偿原则，即 1)一方给付，另一方必须按价值相等原则作相应给付； 2)不允许发生无偿占有、使用另一方财产等现象； 3)对工期提前、质量全优要予以奖励； 4)延误工期、质量低劣应罚款； 5)提前竣工的收益由双方分享
严密完备的原则	(1)充分考虑施工期内各个阶段，施工合同主体之间可能发生的各种情况和一切容易引起争端的焦点问题，并预先约定解决问题的原则和方法。 (2)条款内容力求完备，避免疏漏，措辞力求严谨、准确、规范。 (3)对合同变更、纠纷协调、索赔处理等方面应有严格的合同条款做保证，以减少双方矛盾
履行法律程序的原则	(1)签约双方都必须具备签约资格，手续健全齐备。 (2)代理人超越代理人权限签订的工程合同无效。 (3)签约的程序符合法律规定。 (4)签订的合同必须经过合同管理的授权机关签证、公证和登记等手续，对合同的真实性、可靠性、合法性进行审查，并予以确认，方能生效

2. 施工合同签订时需要明确的内容

针对具体施工项目或标段的合同需要明确约定的内容较多，有些招标时已在招标文件的专用条款中做出了规定，另有一些还需要在签订合同时具体细化相应内容。

(1)施工现场范围和施工临时占地。发包人应明确说明施工现场永久工程的占地范围并提供征地图纸，以及属于发包人施工前期配合义务的有关事项，如从现场外部接至现场的施工用水、用电、用气的位置等，以便承包人进行合理的施工组织。

项目施工如果需要临时用地(招标文件中已说明或承包人投标书内提出要求)，也需明确占地范围和临时用地移交承包人的时间。

(2)发包人提供图纸的期限和数量。标准施工合同适用于发包人提供设计图纸，承包人负责施工的建设项目。由于初步设计完成后即可进行招标，因此，订立合同时必须明确约定发包人陆续提供施工图纸的期限和数量。

如果承包人有专利技术且有相应的设计资质，可能约定由承包人完成部分施工图设计。此时也应明确承包人的设计范围，提交设计文件的期限、数量，以及监理人签发图纸修改的期限等。

(3)发包人提供的材料和工程设备。对于包工部分包料的施工承包方式，往往设备和主要建筑材料由发包人负责提供，需明确约定发包人提供的材料和设备分批交货的种类、规格、数量、交货期限和地点等，以便明确合同责任。

(4)异常恶劣的气候条件范围。施工过程中遇到不利于施工的气候条件直接影响施工效率，甚至被迫停工。气候条件对施工的影响是合同管理中一个比较复杂的问题，“异常恶劣的气候条件”属于发包人的责任，“不利气候条件”对施工的影响则属于承包人应承担的风险，因此，应当根据项目所在地的气候特点，在专用条款中明确界定不利于施工的气候和异常恶劣的气候条件之间的界限。如多少毫米以上的降水、多少级以上的大风、多少温度以上的超高温或超低温天气等，以明确合同双方对气候变化影响施工的风险责任。

(5)物价浮动的合同价格调整。

1)基准日期。通用条款规定的基准日期指投标截止日前第28天。规定基准日期的作用是划分该日后由于政策法规的变化或市场物价浮动对合同价格影响的责任。承包人投标阶段在基准日后不再进行此方面的调研，进入编制投标文件阶段，因此，通用条款在以下两个方面做出了规定。

①承包人以基准日期前的市场价格编制工程报价，长期合同中调价公式中的可调因素价格指数来源于基准日的价格。

②基准日期后，因法律法规、规范标准等的变化，导致承包人在合同履行中所需要的工程成本发生约定以外的增减时，相应调整合同价款。

2)调价条款。合同履行期间市场价格浮动对施工成本造成的影响是否允许调整合同价格，要视合同工期的长短来决定。

①简明施工合同的规定。适用于工期在12个月以内的简明施工合同的通用条款没有调价条款，承包人在投标报价中合理考虑市场价格变化对施工成本的影响，合同履行期间不考虑市场价格变化调整合同价款。

②标准施工合同的规定。工期12个月以上的施工合同，由于承包人在投标阶段不可能合理预测一年以后的市场价格变化，因此，应设有调价条款，由发包人和承包人共同分担市场价格变化的风险。标准施工合同通用条款规定用公式法调价，但调整价格的方法仅适用于工程量清单中按单价支付部分的工程款，总价支付部分不考虑物价浮动对合同价格的调整。

3)公式法调价。

①调价公式。施工过程中每次支付工程进度款时，用该公式综合计算本期内因市场价格浮动应增加或减少的价格调整值。

$$\Delta P=\Delta P_0\left[A+\left(B_1\times\frac{F_{t1}}{F_{01}}+B_2\times\frac{F_{t2}}{F_{02}}+B_3\times\frac{F_{t3}}{F_{03}}+\cdots+B_n\times\frac{F_{tn}}{F_{0n}}\right)-1\right]$$

式中 ΔP——需调整的价格差额；

ΔP_0——付款证书中承包人应得到的已完成工程量的金额。不包括价格调整、质量保证金的扣留、预付款的支付和扣回。变更及其他金额已按现行价格计价的，也不计在内；

A——定值权重(即不调部分的权重)；

B_1、B_2、B_3、…、B_n——各可调因子的变值权重(即可调部分的权重)为各可调因子在投标函投标总报价中所占的比例；

F_{t1}、F_{t2}、F_{t3}、…、F_{tn}——各可调因子的现行价格指数，指约定的付款证书相关周期最后一天的前42天的各可调因子的价格指数；

F_{01}、F_{02}、F_{03}、…、F_{0n}——各可调因子的基本价格指数，指基准日期的各可调因子的价格指数。

②调价公式的基数。价格调整公式中的各可调因子、定值和变值权重，以及基本价格指数及其来源在投标函附录价格指数和权重表中约定，以基准日的价格为准，因此，应在合同调价条款中予以明确。

价格指数应首先采用工程项目所在地有关行政管理部门提供的价格指数，缺乏上述价格指数时，也可采用有关部门提供的价格代替。用公式法计算价格的调整，既可以用支付工程进度款时的市场平均价格指数或价格计算调整值，而不必考虑承包人具体购买材料的价格贵贱，又可以避免采用票据法调整价格时，每次中期支付工程进度款前去核实承包人购买材料的发票或单证后，再计算调整价格的烦琐程序。通用条款给出的基准价格指数约定见表 9-2。

表 9-2 价格指数(或价格)与权重

名称		基本价格指数（或基本价格）		权重			价格指数来源（或价格来源）
		代号	指数值	代号	允许范围	投标单位建议值	
定值部分				A	—		
变值部分	人工费	F_{01}		B_1	____至____		
	水泥	F_{02}		B_2	____至____		
	钢筋	F_{03}		B_3	____至____		
	…	…		…			
合计						1.0	

3. 施工合同签订的形式和程序

(1)施工合同签订的形式。《合同法》第十条规定：“当事人订立合同，有书面形式、口头形式和其他形式。法律、行政法规规定采用书面形式的，应当采用书面形式。当事人约定采用书面形式的，应当采用书面形式。”书面形式是指合同书、信件和数据电文(包括电报、电传、传真、电子数据交换和电子邮件)等可以有形地表现所载内容的形式。

《合同法》第二百七十条规定：“建设工程合同应当采用书面形式。”主要是由于施工合同涉及面广、内容复杂、建设周期长、标的金额大。

(2)施工合同签订的程序。作为承包商的建筑施工企业在签订施工合同工作中，主要的工作程序见表 9-3。

表 9-3 签订施工合同的程序

程序	内容
市场调查建立联系	(1)施工企业对建筑市场进行调查研究。 (2)追踪获取拟建项目的情况和信息，以及发包人情况。 (3)当对某项工程有承包意向时，可进一步详细调查，并与发包人取得联系
表明合作意愿投标报价	(1)接到招标单位邀请或公开招标通告后，企业领导作出投标决策。 (2)向招标单位提出投标申请书，表明投标意向。 (3)研究招标文件，着手具体投标报价工作
协商谈判	(1)接受中标通知书后，组成包括项目经理的谈判小组，依据招标文件和中标书草拟合同专用条款。 (2)与发包人就工程项目具体问题进行实质性谈判。 (3)通过协商、达成一致，确立双方具体权利与义务，形成合同条款。 (4)参照施工合同示范文本和发包人拟定的合同条件与发包人订立施工合同

续表

程序	内容
签署书面合同	(1)施工合同应采用书面形式的合同文本。 (2)合同使用的文字要经双方确定，用两种以上语言的合同文本，须注明几种文本是否具有同等法律效力。 (3)合同内容要详尽具体，责任义务要明确，条款应严密完整，文字表达应准确规范。 (4)确认甲方，即发包人或委托代理人的法人资格或代理权限。 (5)施工企业经理或委托代理人代表承包方与甲方共同签署施工合同
签证与公证	(1)合同签署后，必须在合同规定的时限内完成履约保函、预付款保函、有关保险等保证手续。 (2)送交工商行政管理部门对合同进行签证并缴纳印花税。 (3)送交公证处对合同进行公证。 (4)经过签证、公证，确认了合同真实性、可靠性、合法性后，合同发生法律效力，并受法律保护

4. 施工合同的审查

在工程实施过程中，常会出现如下合同问题：

(1)合同签订后才发现，合同中缺少某些重要的、必不可少的条款，但双方已签字盖章，难以或不可能再做修改或补充。

(2)在合同实施中发现，合同规定含混，难以分清双方的责任和权益；合同条款之间，不同的合同文件之间规定和要求不一致，甚至互相矛盾。

(3)合同条款本身缺陷和漏洞太多，对许多可能发生的情况未做估计和具体规定。有些合同条款都是原则性规定，可操作性不强。

(4)合同双方对同一合同条款的理解大相径庭，在合同实施过程中出现激烈的争执。双方在签约前未就合同条款的理解进行沟通。

(5)合同一方在合同实施中才发现，合同的某些条款对自己极为不利，隐藏着极大的风险，甚至中了对方有意设下的圈套。

(6)有些施工合同甚至合法性不足。例如，合同签订不符合法定程序，合同中的有些条款与国家或地方的法律、法规相抵触，结果导致整个施工合同或合同中的部分条款无效。为了有效地避免上述情况的发生，合同双方当事人在合同签订前要进行合同审查。所谓合同审查，是指在合同签订以前，将合同文本“解剖”开来，检查合同结构和内容的完整性以及条款之间的一致性，分析评价每一合同条款执行的法律后果及其中的隐含风险，为合同的谈判和签订提供决策依据。

通过合同审查，可以发现合同中存在的内容含糊、概念不清之处或自己未能完全理解的条款，并加以仔细研究，认真分析，采取相应的措施，以减少合同中的风险，减少合同谈判和签订中的失误，有利于合同双方的合作，促进工程项目施工的顺利进行。对于一些重大的工程项目或合同关系和内容很复杂的工程，合同审查的结果应经律师或合同法律专家核对评价，或在他们的直接指导下进行审查后，才能正式签订双方之间的施工合同。

二、建设工程施工合同的履行

1. 发包人

(1)许可或批准。发包人应遵守法律，并办理法律规定由其办理的许可、批准或备案，包括但不限于建设用地规划许可证、建设工程规划许可证、建设工程施工许可证、施工所需临时用水、临时用电、中断道路交通、临时占用土地等许可和批准。发包人应协助承包人办理法律规定的有关施工证件和批件。

因发包人原因未能及时办理完毕前述许可、批准或备案，由发包人承担由此增加的费用和(或)延误的工期，并支付承包人合理的利润。

(2)发包人代表。发包人应在专用合同条款中明确其派驻施工现场的发包人代表的姓名、职务、联系方式及授权范围等事项。发包人代表在发包人的授权范围内，负责处理合同履行过程中与发包人有关的具体事宜。发包人代表在授权范围内的行为由发包人承担法律责任。发包人更换发包人代表的，应提前7天书面通知承包人。

发包人代表不能按照合同约定履行其职责及义务，并导致合同无法继续正常履行的，承包人可以要求发包人撤换发包人代表。

不属于法定必须监理的工程，监理人的职权可以由发包人代表或发包人指定的其他人员行使。

(3)发包人员。发包人应要求在施工现场的发包人员遵守法律及有关安全、质量、环境保护、文明施工等规定，并保障承包人免于承受因发包人员未遵守上述要求给承包人造成的损失和责任。

发包人员包括发包人代表及其他由发包人派驻施工现场的人员。

(4)施工现场、施工条件和基础资料的提供。

1)提供施工现场。除专用合同条款另有约定外，发包人应最迟于开工日期前7天向承包人移交施工现场。

2)提供施工条件。除专用合同条款另有约定外，发包人应负责提供施工所需要的条件，包括：

①将施工用水、电力、通信线路等施工所必需的条件接至施工现场内。

②保证向承包人提供正常施工所需要的进入施工现场的交通条件。

③协调处理施工现场周围地下管线和邻近建筑物、构筑物、古树名木的保护工作，并承担相关费用。

④按照专用合同条款约定应提供的其他设施和条件。

3)提供基础资料。发包人应当在移交施工现场前向承包人提供施工现场及工程施工所必需的毗邻区域内供水、排水、供电、供气、供热、通信、广播电视等地下管线资料，气象和水文观测资料，地质勘察资料，相邻建筑物、构筑物和地下工程等有关基础资料，并对所提供资料的真实性、准确性和完整性负责。

按照法律规定确需在开工后方能提供的基础资料，发包人应尽其努力及时地在相应工程施工前的合理期限内提供，合理期限应以不影响承包人的正常施工为限。

4)逾期提供的责任。因发包人原因未能按合同约定及时向承包人提供施工现场、施工条件、基础资料的，由发包人承担由此增加的费用和(或)延误的工期。

(5)资金来源证明及支付担保。除专用合同条款另有约定外，发包人应在收到承包人要求提供资金来源证明的书面通知后28天内，向承包人提供能够按照合同约定支付合同价款的相应资金来源证明。

除专用合同条款另有约定外，发包人要求承包人提供履约担保的，发包人应当向承包人提供支付担保。支付担保可以采用银行保函或担保公司担保等形式，具体由合同当事人在专用合同条款中约定。

(6)支付合同价款。发包人应按合同约定向承包人及时支付合同价款。

(7)组织竣工验收。发包人应按合同约定及时组织竣工验收。

(8)现场统一管理协议。发包人应与承包人、由发包人直接发包的专业工程的承包人签订施工现场统一管理协议，明确各方的权利义务。施工现场统一管理协议作为专用合同条款的附件。

2. 承包人

(1)承包人的一般义务。承包人在履行合同过程中应遵守法律和工程建设标准规范，并履行以下义务。

1)办理法律规定应由承包人办理的许可和批准，并将办理结果书面报送发包人留存。

2)按法律规定和合同约定完成工程，并在保修期内承担保修义务。

3)按法律规定和合同约定采取施工安全和环境保护措施，办理工伤保险，确保工程及人员、材料、设备和设施的安全。

4)按合同约定的工作内容和施工进度要求，编制施工组织设计和施工措施计划，并对所有施工作业和施工方法的完备性和安全可靠性负责。

5)在进行合同约定的各项工作时，不得侵害发包人与他人使用公用道路、水源、市政管网等公共设施的权利，避免对邻近的公共设施产生干扰。承包人占用或使用他人的施工场地、影响他人作业或生活的，应承担相应责任。

6)按照环境保护的相关约定负责施工场地及其周边环境与生态的保护工作。

7)按安全文明施工的相关约定采取施工安全措施，确保工程及其人员、材料、设备和设施的安全，防止因工程施工造成的人身伤害和财产损失。

8)将发包人按合同约定支付的各项价款专用于合同工程，且应及时支付其雇用人员工资，并及时向分包人支付合同价款。

9)按照法律规定和合同约定编制竣工资料，完成竣工资料立卷及归档，并按专用合同条款约定的竣工资料的套数、内容、时间等要求移交发包人。

10)应履行的其他义务。

(2)项目经理。

1)项目经理应为合同当事人所确认的人选，并在专用合同条款中明确项目经理的姓名、职称、注册执业证书编号、联系方式及授权范围等事项，项目经理经承包人授权后代表承包人负责履行合同。项目经理应是承包人正式聘用的员工，承包人应向发包人提交项目经理与承包人之间的劳动合同，以及承包人为项目经理缴纳社会保险的有效证明。承包人不提交上述文件的，项目经理无权履行职责，发包人有权要求更换项目经理，由此增加的费用和(或)延误的工期由承包人承担。

项目经理应常驻施工现场，且每月在施工现场时间不得少于专用合同条款约定的天数。项目经理不得同时担任其他项目的项目经理。项目经理确需离开施工现场时，应事先通知监理人，并取得发包人的书面同意。项目经理的通知中应当载明临时代行其职责的人员的注册执业资格、管理经验等资料，该人员应具备履行相应职责的能力。

承包人违反上述约定的，应按照专用合同条款的约定，承担违约责任。

2)项目经理按合同约定组织工程实施。在紧急情况下为确保施工安全和人员安全，在无法与发包人代表和总监理工程师及时取得联系时，项目经理有权采取必要的措施保证与工程有关的人身、财产和工程的安全，但应在48 h内向发包人代表和总监理工程师提交书面报告。

3)承包人需要更换项目经理的，应提前14天书面通知发包人和监理人，并征得发包人书面同意。通知中应当载明继任项目经理的注册执业资格、管理经验等资料，继任项目经理继续履行第1)项约定的职责。未经发包人书面同意，承包人不得擅自更换项目经理。

承包人擅自更换项目经理的，应按照专用合同条款的约定承担违约责任。

4)发包人有权书面通知承包人更换其认为不称职的项目经理，通知中应当载明要求更换的理由。承包人应在接到更换通知后14天内向发包人提出书面的改进报告。发包人收到改进报告后仍要求更换的，承包人应在接到第二次更换通知的28天内进行更换，并将新任命的项目经理的注册执业资格、管理经验等资料书面通知发包人。继任项目经理继续履行第1)项约定的职责。承包人无正当理由拒绝更换项目经理的，应按照专用合同条款的约定承担违约责任。

5)项目经理因特殊情况授权其下属人员履行其某项工作职责的，该下属人员应具备履行相应职责的能力，应提前7天将上述人员的姓名和授权范围书面通知监理人，并征得发包人书面同意。

(3)承包人人员。

1)除专用合同条款另有约定外，承包人应在接到开工通知后7天内，向监理人提交承包人项目管理机构及施工现场人员安排的报告，其内容应包括合同管理、施工、技术、材料、质量、安全、财务等主要施工管理人员名单及其岗位、注册执业资格等，以及各工种技术工人的安排情况，并同时提交主要施工管理人员与承包人之间的劳动关系证明和缴纳社会保险的有效证明。

2)承包人派驻到施工现场的主要施工管理人员应相对稳定。施工过程中如有变动，承包人应及时向监理人提交施工现场人员变动情况的报告。承包人更换主要施工管理人员时，应提前7天书面通知监理人，并征得发包人书面同意。通知中应当载明继任人员的注册执业资格、管理经验等资料。

特殊工种作业人员均应持有相应的资格证明，监理人可以随时检查。

3)发包人对于承包人主要施工管理人员的资格或能力有异议的，承包人应提供资料证明被质疑人员有能力完成其岗位工作或不存在发包人所质疑的情形。发包人要求撤换不能按照合同约定履行职责及义务的主要施工管理人员的，承包人应当撤换。承包人无正当理由拒绝撤换的，应按照专用合同条款的约定承担违约责任。

4)除专用合同条款另有约定外，承包人的主要施工管理人员离开施工现场每月累计不超过5天的，应报监理人同意；离开施工现场每月累计超过5天的，应通知监理人，并征得发包人书面同意。主要施工管理人员离开施工现场前应指定一名有经验的人员临时代行其职责，该人员应具备履行相应职责的资格和能力，且应征得监理人或发包人的同意。

5)承包人擅自更换主要施工管理人员，或前述人员未经监理人或发包人同意擅自离开施工现场的，应按照专用合同条款约定承担违约责任。

(4)承包人现场查勘。承包人应对基于发包人按照要求提交的基础资料所做出的解释和推断负责，但因基础资料存在错误、遗漏导致承包人解释或推断失实的，由发包人承担责任。承包人应对施工现场和施工条件进行查勘，并充分了解工程所在地的气象条件、交通条件、风俗习惯以及其他与完成合同工作有关的其他资料。因承包人未能充分查勘、了解前述情况或未能充分估计前述情况所可能产生后果的，承包人承担由此增加的费用和(或)延误的工期。

(5)分包。

1)分包的一般约定。承包人不得将其承包的全部工程转包给第三人，或将其承包的全部工程肢解后以分包的名义转包给第三人。承包人不得将工程主体结构、关键性工作及专用合同条款中禁止分包的专业工程分包给第三人，主体结构、关键性工作的范围由合同当事人按照法律规定在专用合同条款中予以明确。

承包人不得以劳务分包的名义转包或违法分包工程。

2)分包的确定。承包人应按专用合同条款的约定进行分包，确定分包人。已标价工程量清单或预算书中给定暂估价的专业工程，按照“暂估价”确定分包人。按照合同约定进行分包的，承包人应确保分包人具有相应的资质和能力。工程分包不减轻或免除承包人的责任和义务，承包人和分包人就分包工程向发包人承担连带责任。除合同另有约定外，承包人应在分包合同签订后7天内向发包人和监理人提交分包合同副本。

3)分包管理。承包人应向监理人提交分包人的主要施工管理人员表，并对分包人的施工人员进行实名制管理，包括但不限于进出场管理、登记造册以及各种证照的办理。

4)分包合同价款。

①除本项第②款中约定的情况或专用合同条款另有约定外，分包合同价款由承包人与分包人结算，未经承包人同意，发包人不得向分包人支付分包工程价款。

②生效法律文书要求发包人向分包人支付分包合同价款的，发包人有权从应付承包人工程款中扣除该部分款项。

5)分包合同权益的转让。分包人在分包合同项下的义务持续到缺陷责任期届满以后的，发包人有权在缺陷责任期届满前，要求承包人将其在分包合同项下的权益转让给发包人，承包人应当转让。除转让合同另有约定外，转让合同生效后，由分包人向发包人履行义务。

(6)工程照管与成品、半成品保护。

1)除专用合同条款另有约定外，自发包人向承包人移交施工现场之日起，承包人应负责照管工程及工程相关的材料、工程设备，直到颁发工程接收证书之日止。

2)在承包人负责照管期间，因承包人原因造成工程、材料、工程设备损坏的，由承包人负责修复或更换，并承担由此增加的费用和(或)延误的工期。

3)对合同内分期完成的成品和半成品，在工程接收证书颁发前，由承包人承担保护责任。因承包人原因造成成品或半成品损坏的，由承包人负责修复或更换，并承担由此增加的费用和(或)延误的工期。

(7)履约担保。发包人需要承包人提供履约担保的，由合同当事人在专用合同条款中约定履约担保的方式、金额及期限等。履约担保可以采用银行保函或担保公司担保等形式，具体由合同当事人在专用合同条款中约定。

因承包人原因导致工期延长的，继续提供履约担保所增加的费用由承包人承担；非因承包人原因导致工期延长的，继续提供履约担保所增加的费用由发包人承担。

(8)联合体。

1)联合体各方应共同与发包人签订合同协议书。联合体各方应为履行合同向发包人承担连带责任。

2)联合体协议经发包人确认后作为合同附件。在履行合同过程中，未经发包人同意，不得修改联合体协议。

3)联合体牵头人负责与发包人和监理人联系，并接受指示，负责组织联合体各成员全面履行合同。

3. 监理人

(1)一般规定。工程实行监理的，发包人和承包人应在专用合同条款中明确监理人的监理内容及监理权限等事项。监理人应当根据发包人授权及法律规定，代表发包人对工程施工相关事项进行检查、查验、审核、验收，并签发相关指示，但监理人无权修改合同，且无权减轻或免除合同约定的承包人的任何责任与义务。

除专用合同条款另有约定外，监理人在施工现场的办公场所、生活场所由承包人提供，所发生的费用由发包人承担。

(2)监理人员。发包人授予监理人对工程实施监理的权利由监理人派驻施工现场的监理人员行使，监理人员包括总监理工程师及监理工程师。监理人应将授权的总监理工程师和监理工程师的姓名及授权范围以书面形式提前通知承包人。更换总监理工程师的，监理人应提前7天书面通知承包人；更换其他监理人员，监理人应提前48 h书面通知承包人。

(3)监理人的指示。监理人应按照发包人的授权发出监理指示。监理人的指示应采用书面形式，并经其授权的监理人员签字。紧急情况下，为了保证施工人员的安全或避免工程受损，监理人员可以口头形式发出指示，该指示与书面形式的指示具有同等法律效力，但必须在发出口头指示后24 h内补发书面监理指示，补发的书面监理指示应与口头指示一致。

监理人发出的指示应送达承包人项目经理或经项目经理授权接收的人员。因监理人未能按合同约定发出指示、指示延误或发出了错误指示而导致承包人费用增加和(或)工期延误的，由发包人承担相应责任。除专用合同条款另有约定外，总监理工程师不应将第(4)条款“商定或确定”约定应由总监理工程师做出确定的权力授权或委托给其他监理人员。承包人对监理人发出的指示有疑问的，应向监理人提出书面异议，监理人应在48 h内对该指示予以确认、更改或撤销，监理人逾期未回复的，承包人有权拒绝执行上述指示。

监理人对承包人的任何工作、工程或其采用的材料和工程设备未在约定的或合理期限内提出意见的，视为批准，但不免除或减轻承包人对该工作、工程、材料、工程设备等应承担的责任和义务。

(4)商定或确定。合同当事人进行商定或确定时，总监理工程师应当会同合同当事人尽量通过协商达成一致，不能达成一致的，由总监理工程师按照合同约定审慎作出公正的确定。总监理工程师应将确定以书面形式通知发包人和承包人，并附详细依据。合同当事人对总监理工程师的确定没有异议的，按照总监理工程师的确定执行。任何一方合同当事人有异议，则按照合同中“争议解决”约定处理。争议解决前，合同当事人暂按总监理工程师的确定执行；争议解决后，争议解决的结果与总监理工程师的确定不一致的，按照争议解决的结果执行，由此造成的损失由责任人承担。

三、建设工程施工进度管理

1. 合同进度计划的动态管理

为了保证实际施工过程中承包人能够按计划施工，监理人通过协调保障承包人的施工不受到外部或其他承包人的干扰，对已确定的施工计划要进行动态管理。标准施工合同的通用条款规定，不论何种原因造成工程的实际进度与合同进度计划不符，包括实际进度超前或滞后于计划进度，均应修订合同进度计划，以使进度计划具有实际的管理和控制作用。

承包人可以主动向监理人提交修订合同进度计划的申请报告，并附有关措施和相关资料，报监理人审批；监理人也可以向承包人发出修订合同进度计划的指示，承包人应按该指示修订合同进度计划后报监理人审批。

监理人应在专用合同条款约定的期限内予以批复。如果修订的合同进度计划对竣工时间有较大影响或需要补偿额超过监理人独立确定的范围时，在批复前应取得发包人同意。

2. 可以顺延合同工期的情况

(1)发包人原因延长合同工期。通用条款中明确规定，由于发包人原因导致的延误，承包人有权获得工期顺延和(或)费用加利润补偿的情况包括：

1)增加合同工作内容。

2)改变合同中任何一项工作的质量要求或其他特性。

3)发包人拖延提供材料、工程设备或变更交货地点。

4)因发包人原因导致的暂停施工。

5)提供图纸延误。

6)未按合同约定及时支付预付款、进度款。

7)发包人造成工期延误的其他原因。

(2)异常恶劣的气候条件。异常恶劣的气候条件是指在施工过程中遇到的，有经验的承包人在签订合同时不可预见的，对合同履行造成实质性影响的，但尚未构成不可抗力事件的恶劣气候条件。合同当事人可以在专用合同条款中约定异常恶劣的气候条件的具体情形。承包人应采取克服异常恶劣的气候条件的合理措施继续施工，并及时通知发包人和监理人。监理人经发包人同意后应当及时发出指示，指示构成变更的，按相关的变更约定办理。承包人因采取合理措施而增加的费用和(或)延误的工期由发包人承担。

(3)承包人原因的延误。未能按合同进度计划完成工作时，承包人应采取措施加快进度，并承担加快进度所增加的费用。由于承包人原因造成工期延误，承包人应支付逾期竣工违约金。

订立合同时，应在专用条款内约定逾期竣工违约金的计算方法和逾期违约金的最高限额。专用条款说明中建议，违约金计算方法约定的日拖期赔偿额，可采用每天为多少钱或每天为签约合同价的千分之几；最高赔偿限额为签约合同价的3%。

3. 暂停施工

(1)发包人原因引起的暂停施工。因发包人原因引起暂停施工的，监理人经发包人同意后，应及时下达暂停施工指示。情况紧急且监理人未及时下达暂停施工指示的，按照“紧急情况下的暂停施工”执行。

因发包人原因引起的暂停施工，发包人应承担由此增加的费用和(或)延误的工期，并支付承包人合理的利润。

(2)承包人原因引起的暂停施工。因承包人原因引起的暂停施工，承包人应承担由此增加的费用和(或)延误的工期，且承包人在收到监理人复工指示后84天内仍未复工的，视为承包人无法继续履行合同的情形处理。

(3)指示暂停施工。监理人认为有必要并经发包人批准后，可向承包人做出暂停施工的指示，承包人应按监理人指示暂停施工。

(4)紧急情况下的暂停施工。因紧急情况需暂停施工，且监理人未及时下达暂停施工指示的，承包人可先暂停施工，并及时通知监理人。监理人应在接到通知后24 h内发出指示，逾期未发出指示，视为同意承包人暂停施工。监理人不同意承包人暂停施工的，应说明理由，承包人对监理人的答复有异议按“争议解决”的相关约定处理。

(5)暂停施工后的复工。暂停施工后，发包人和承包人应采取有效措施积极消除暂停施工的影响。在工程复工前，监理人会同发包人和承包人确定因暂停施工造成的损失，并确定工程复工条件。当工程具备复工条件时，监理人应经发包人批准后向承包人发出复工通知，承包人应按照复工通知要求复工。

承包人无故拖延和拒绝复工的，承包人承担由此增加的费用和(或)延误的工期；因发包人原因无法按时复工的，按照"因发包人原因导致工期延误"的相关约定办理。

(6)暂停施工期间的工程照管。暂停施工期间，承包人应负责妥善照管工程并提供安全保障，由此增加的费用由责任方承担。

(7)暂停施工的措施。暂停施工期间，发包人和承包人均应采取必要的措施确保工程质量及安全，防止因暂停施工扩大损失。

4. 提前竣工

(1)发包人要求承包人提前竣工的，发包人应通过监理人向承包人下达提前竣工指示，承包人应向发包人和监理人提交提前竣工建议书，提前竣工建议书应包括实施的方案、缩短的时间、增加的合同价格等内容。发包人接受该提前竣工建议书的，监理人应与发包人和承包人协商采取加快工程进度的措施，并修订施工进度计划，由此增加的费用由发包人承担。承包人认为提前竣工指示无法执行的，应向监理人和发包人提出书面异议，发包人和监理人应在收到异议后7天内予以答复。任何情况下，发包人不得压缩合理工期。

(2)发包人要求承包人提前竣工，或承包人提出提前竣工的建议能够给发包人带来效益的，合同当事人可以在专用合同条款中约定提前竣工的奖励。

四、建设工程施工质量管理

1. 质量要求

(1)工程质量标准必须符合现行国家有关工程施工质量验收规范和标准的要求。有关工程质量的特殊标准或要求由合同当事人在专用合同条款中约定。

(2)因发包人原因造成工程质量未达到合同约定标准的，由发包人承担由此增加的费用和(或)延误的工期，并支付承包人合理的利润。

(3)因承包人原因造成工程质量未达到合同约定标准的，发包人有权要求承包人返工直至工程质量达到合同约定的标准为止，并由承包人承担由此增加的费用和(或)延误的工期。

2. 质量保证措施

(1)发包人的质量管理。发包人应按照法律规定及合同约定完成与工程质量有关的各项工作。

(2)承包人的质量管理。承包人向发包人和监理人提交工程质量保证体系及措施文件，建立完善的质量检查制度，并提交相应的工程质量文件。对于发包人和监理人违反法律规定和合同约定的错误指示，承包人有权拒绝实施。

承包人应对施工人员进行质量教育和技术培训，定期考核施工人员的劳动技能，严格执行施工规范和操作规程。

承包人应按照法律规定和发包人的要求，对材料、工程设备以及工程的所有部位及其施工工艺进行全过程的质量检查和检验，并做详细记录，编制工程质量报表，报送监理人审查。另外，承包人还应按照法律规定和发包人的要求，进行施工现场取样试验、工程复核测量和设备性能检测，提供试验样品、提交试验报告和测量成果以及其他工作。

3. 监理人的质量检查和检验

监理人按照法律规定和发包人授权对工程的所有部位及其施工工艺、材料和工程设备进行检查和检验。承包人应为监理人的检查和检验提供方便，包括监理人到施工现场，或制造、加工地点，或合同约定的其他地方进行勘察和查阅施工原始记录。监理人为此进行的检查和检验，不免除或减轻承包人按照合同约定应当承担的责任。

监理人的检查和检验不应影响施工正常进行。监理人的检查和检验影响施工正常进行的，

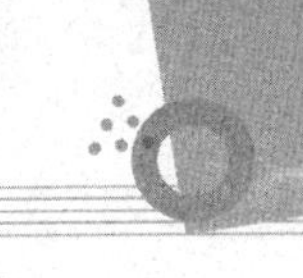

且经检查检验不合格的，影响正常施工的费用由承包人承担，工期不予顺延；经检查检验合格的，由此增加的费用和(或)延误的工期由发包人承担。

4. 隐蔽工程检查

(1)承包人自检。承包人应当对工程隐蔽部位进行自检，并经自检确认是否具备覆盖条件。

(2)检查程序。除专用合同条款另有约定外，工程隐蔽部位经承包人自检确认具备覆盖条件的，承包人应在共同检查前 48 h 书面通知监理人检查，通知中应载明隐蔽检查的内容、时间和地点，并应附有自检记录和必要的检查资料。

监理人应按时到场并对隐蔽工程及其施工工艺、材料和工程设备进行检查。经监理人检查确认质量符合隐蔽要求，并在验收记录上签字后，承包人才能进行覆盖。经监理人检查质量不合格的，承包人应在监理人指示的时间内完成修复，并由监理人重新检查，由此增加的费用和(或)延误的工期由承包人承担。

除专用合同条款另有约定外，监理人不能按时进行检查的，应在检查前 24 h 向承包人提交书面延期要求，但延期不能超过 48 h，由此导致工期延误的，工期应予以顺延。监理人未按时进行检查，也未提出延期要求的，视为隐蔽工程检查合格，承包人可自行完成覆盖工作，并做相应记录报送监理人，监理人应签字确认。监理人事后对检查记录有疑问的，可按约定重新检查。

(3)重新检查。承包人覆盖工程隐蔽部位后，发包人或监理人对质量有疑问的，可要求承包人对已覆盖的部位进行钻孔探测或揭开重新检查，承包人应遵照执行，并在检查后重新覆盖恢复原状。经检查证明工程质量符合合同要求的，由发包人承担由此增加的费用和(或)延误的工期，并支付承包人合理的利润；经检查证明工程质量不符合合同要求的，由此增加的费用和(或)延误的工期由承包人承担。

(4)承包人私自覆盖。承包人未通知监理人到场检查，私自将工程隐蔽部位覆盖的，监理人有权指示承包人钻孔探测或揭开检查，无论工程隐蔽部位质量是否合格，由此增加的费用和(或)延误的工期均由承包人承担。

5. 不合格工程的处理

(1)因承包人原因造成工程不合格的，发包人有权随时要求承包人采取补救措施，直至达到合同要求的质量标准，由此增加的费用和(或)延误的工期由承包人承担。无法补救的，按“拒绝接收全部或部分工程”约定执行。

(2)因发包人原因造成工程不合格的，由此增加的费用和(或)延误的工期由发包人承担，并支付承包人合理的利润。

五、建设工程款支付管理

1. 通用条款中涉及支付管理的概念

标准施工合同的通用条款对涉及支付管理的几个涉及价格的用词做出了明确的规定。

(1)合同价格。

1)签约合同价。签约合同价是指发包人和承包人在合同协议中确定的总金额，包括安全文明施工费、暂估价及暂列金额等。

2)合同价格。合同价格是指发包人用于支付承包人按照合同约定完成承包范围内全部工作的金额，包括合同履行过程中按合同约定发生的价格变化。

二者的区别表现为：签约合同价是写在协议书和中标通知书内的固定数额，作为结算价款的基数；而合同价格是承包人最终完成全部施工和保修义务后应得的全部合同价款，包括施工过程中按照合同相关条款的约定，在签约合同价基础上应给承包人补偿或扣减的费用之和。因此，只有在最终结算时，合同价格的具体金额才可以确定。

(2)签订合同时签约合同价内尚不确定的款项。

1)暂估价。暂估价是指发包人在工程量清单或预算书中提供的，用于支付必然发生但暂时不能确定价格的材料、工程设备的单价、专业工程以及服务工作的金额。该笔款项属于签约合同价的组成部分，合同履行阶段必然发生，但招标阶段由于局部设计深度不够；质量标准尚未最终确定；投标时市场价格差异较大等原因，要求承包人按暂估价格报价部分，合同履行阶段再最终确定该部分的合同价格金额。暂估价内的工程材料、设备或专业工程施工，属于依法必须招标的项目，施工过程中由发包人和承包人以招标的方式选择供应商或分包人，按招标的中标价确定。未达到必须招标的规模或标准时，材料和设备由承包人负责提供，经监理人确认相应的金额；专业工程施工的价格由监理人进行估价确定。与工程量清单中所列暂估价的金额差以及相应的税金等其他费用列入合同价格。

2)暂列金额。暂列金额是指发包人在工程量清单或预算书中暂定并包括在合同价格中的一笔款项，用于工程合同签订时尚未确定或不可预见变更的所需材料、工程设备、服务的采购，施工中可能发生的工程变更、合同约定调整因素出现时的合同价格调整以及发生的索赔现场签证确认等的费用。

上述两笔款项均属于包括在签约合同价内的金额，二者的区别表现为：暂估价是在招标投标阶段暂时不能合理确定价格，但合同履行阶段必然发生，发包人一定予以支付的款项；暂列金额则指招标投标阶段已经确定价格，监理人在合同履行阶段根据工程实际情况指示承包人完成相关工作后给予支付的款项。签约合同价内约定的暂列金额可能全部使用或部分使用，因此承包人不一定能够全部获得支付。

(3)费用和利润。通用条款内对费用的定义为，履行合同所发生的或将要发生的所有必需的开支，包括管理费和应分摊的其他费用，但不包括利润。

合同条款中的费用涉及两个方面：一是施工阶段处理变更或索赔时，确定应给承包人补偿的款额；二是按照合同责任应由承包人承担的开支。通用条款中很多涉及应给予承包人补偿的事件，分别明确调整价款的内容为“增加的费用”，或“增加的费用及合理利润”。导致承包人增加开支的事件如果属于发包人也无法合理预见和克服的情况，应补偿费用但不计利润；若属于发包人应予控制而未做好的情况，如因图纸资料错误导致的施工放线返工，则应补偿费用和合理利润。

利润可以通过工程量清单单价分析表中相关子项标明的利润或拆分报价单费用组成确定，也可以在专用条款内具体约定利润占费用的百分比。

(4)质量保证金。质量保证金(保留金)是将承包人的部分应得款扣留在发包人手中，用于因施工原因修复缺陷工程的开支项目。发包人和承包人需在专用条款内约定两个值：一是每次支付工程进度款时应扣质量保证金的比例(例如10%)；二是质量保证金总额，可以采用某一金额或签约合同价的某一百分比(通常为5%)。

质量保证金从第一次支付工程进度款时开始起扣，从承包人本期应获得的工程进度付款中，扣除预付款的支付、扣回以及因物价浮动对合同价格的调整三项金额后的款额为基数，按专用条款约定的比例扣留本期的质量保证金。累计扣留达到约定的总额为止。

质量保证金用于约束承包人在施工阶段、竣工阶段和缺陷责任期内，均必须按照合同要求对施工的质量和数量承担约定的责任。如果对施工期内承包人修复工程缺陷的费用从工程进度款内扣除，则可能影响承包人后期施工的资金周转，因此，规定质量保证金从第一次支付工程进度款时起扣。

监理人在缺陷责任期满颁发缺陷责任终止证书后，承包人向发包人申请到期应返还承包人质量保证金的金额，发包人应在 14 天内会同承包人按照合同约定的内容核实承包人是否完成缺陷修复责任。如无异议，发包人应当在核实后将剩余质量保证金返还承包人。如果约定的缺陷责任期满时，承包人还没有完成全部缺陷修复或部分单位工程延长的缺陷责任期尚未到期，则发包人有权扣留与未履行缺陷责任剩余工作所需金额相应的质量保证金。

2. 外部原因引起的合同价格调整

(1)物价浮动的变化。施工工期 12 个月以上的工程，应考虑市场价格浮动对合同价格的影响，由发包人和承包人分担市场价格变化的风险。通用条款规定用公式法调价，但仅适用于工程量清单中单价支付部分。在调价公式的应用中，有以下几个基本原则：

1)在每次支付工程进度款计算调整差额时，如果得不到现行价格指数，则可暂用上一次价格指数计算，并在以后的付款中再按实际价格指数进行调整。

2)由于变更导致合同中调价公式约定的权重变得不合理时，由监理人与承包人和发包人协商后进行调整。

3)因非承包人原因导致工期顺延，原定竣工日后的支付过程中，调价公式继续有效。

4)因承包人原因未在约定的工期内竣工，后续支付时应采用原约定竣工日与实际支付日的两个价格指数中较低的一个作为支付计算的价格指数。

5)人工、机械使用费按照国家或省、自治区、直辖市住房城乡建设主管部门、行业建设管理部门或其授权的工程造价管理机构发布的人工成本信息、机械台班单价或机械使用费系数进行调整；需要调整价格的材料，以监理人复核后确认的材料单价及数量，作为调整工程合同价格差额的依据。

(2)法律法规的变化。基准日后，因法律、法规变化导致承包人的施工费用发生增减变化时，监理人根据法律、国家或省、自治区、直辖市有关部门的规定，监理人采用商定或确定的方式对合同价款进行调整。

3. 工程量计量

(1)计量原则。工程量计量按照合同约定的工程量计算规则、图纸及变更指示等进行计量。工程量计算规则应以相关的国家标准、行业标准等为依据，由合同当事人在专用合同条款中约定。

(2)计量周期。除专用合同条款另有约定外，工程量的计量按月进行。

(3)单价合同的计量。除专用合同条款另有约定外，单价合同的计量按照以下约定执行。

1)承包人应于每月 25 日向监理人报送上月 20 日至当月 19 日已完成的工程量报告，并附具进度付款申请单、已完成工程量报表和有关资料。

2)监理人应在收到承包人提交的工程量报告后 7 天内完成对承包人提交的工程量报表的审核并报送发包人，以确定当月实际完成的工程量。监理人对工程量有异议的，有权要求承包人进行共同复核或抽样复测。承包人应协助监理人进行复核或抽样复测，并按监理人要求提供补充计量资料。承包人未按监理人要求参加复核或抽样复测的，监理人复核或修正的工程量视为承包人实际完成的工程量。

3)监理人未在收到承包人提交的工程量报表后的 7 天内完成审核的，承包人报送的工程量报告中的工程量视为承包人实际完成的工程量，据此计算工程价款。

(4)总价合同的计量。除专用合同条款另有约定外，按月计量支付的总价合同，按照以下约定执行。

1)承包人应于每月 25 日向监理人报送上月 20 日至当月 19 日已完成的工程量报告，并附具进度付款申请单、已完成工程量报表和有关资料。

2)监理人应在收到承包人提交的工程量报告后7天内完成对承包人提交的工程量报表的审核并报送发包人，以确定当月实际完成的工程量。监理人对工程量有异议的，有权要求承包人进行共同复核或抽样复测。承包人应协助监理人进行复核或抽样复测并按监理人要求提供补充计量资料。承包人未按监理人要求参加复核或抽样复测的，监理人审核或修正的工程量视为承包人实际完成的工程量。

3)监理人未在收到承包人提交的工程量报表后的7天内完成复核的，承包人提交的工程量报告中的工程量视为承包人实际完成的工程量。

4. 工程进度款的支付

(1)进度付款申请单。承包人应在每个付款周期末，按监理人批准的格式和专用条款约定的份数，向监理人提交进度付款申请单，并附相应的支持性证明文件。通用条款中要求进度付款申请单的内容包括：

1)截至本次付款周期末已实施工程的余款。

2)变更金额。

3)索赔金额。

4)本次应付的预付款和折减的返还预付款。

5)本次折减的种类保证金。

6)根据合同应增加和扣减的其他金额。

(2)进度款审核和支付。

1)除专用合同条款另有约定外，监理人应在收到承包人进度付款申请单以及相关资料后7天内完成审查并报送发包人，发包人应在收到后7天内完成审批并签发进度款支付证书。发包人逾期未完成审批且未提出异议的，视为已签发进度款支付证书。

发包人和监理人对承包人的进度付款申请单有异议的，有权要求承包人修正和提供补充资料，承包人应提交修正后的进度付款申请单。监理人应在收到承包人修正后的进度付款申请单及相关资料后7天内完成审查并报送发包人，发包人应在收到监理人报送的进度付款申请单及相关资料后7天内，向承包人签发无异议部分的临时进度款支付证书。存在争议的部分，按照“争议解决”的约定处理。

2)除专用合同条款另有约定外，发包人应在进度款支付证书或临时进度款支付证书签发后14天内完成支付，发包人逾期支付进度款的，应按照中国人民银行发布的同期同类贷款基准利率支付违约金。

3)发包人签发进度款支付证书或临时进度款支付证书，不表明发包人已同意、批准或接受了承包人完成的相应部分的工作。

(3)进度付款的修正。在对已签发的进度款支付证书进行阶段汇总和复核中发现错误、遗漏或重复的，发包人和承包人均有权提出修正申请。经发包人和承包人同意的修正，应在下期进度付款中支付或扣除。

六、建设工程施工合同变更管理

合同变更是指依法对原来合同进行的修改和补充，即在履行合同项目的过程中，由于实施条件或相关因素的变化，而不得不对原合同的某些条款作出修改、订正、删除或补充。

合同变更一经成立，原合同中的相应条款就应解除。

1. 合同变更的起因及影响

合同内容频繁的变更是工程合同的特点之一。一个工程，合同变更的次数、范围和影响的大小与该工程招标文件(特别是合同条件)的完备性、技术设计的正确性，以及实施方案和实施计划的科学性直接相关。合同变更一般主要有以下几方面的原因。

(1)发包人有新的意图，修改项目总计划，削减预算，即发包人要求变化。

(2)由于设计人员、工程师、承包商事先没能很好地理解发包人的意图，或设计的错误导致的图纸修改。

(3)工程环境的变化，预定的工程条件改变原设计、实施方案或实施计划，或由于发包人指令及发包人责任的原因造成承包商施工方案的变更。

(4)由于产生新的技术和知识，有必要改变原设计、实施方案或实施计划，或由于发包人指令、发包人的原因造成承包商施工方案的变更。

(5)政府部门对工程新的要求，如国家计划变化、环境保护要求、城市规划变动等。

(6)由于合同实施出现问题，必须调整合同目标，或修改合同条款。

(7)合同双方当事人由于倒闭或其他原因转让合同，造成合同当事人的变化。这通常是比较少的。

合同的变更通常不能免除或改变承包商的合同责任，但对合同实施影响很大，主要表现在以下几个方面。

(1)导致设计图纸、成本计划和支付计划、工期计划、施工方案、技术说明和适用的规范等定义工程目标和工程实施情况的各种文件做相应的修改和变更。当然，相关的其他计划也应做相应调整，如材料采购计划、劳动力安排、机械使用计划等。它不仅引起与承包合同平行的其他合同的变化，而且会引起所属的各个分合同，如供应合同、租赁合同、分包合同的变更。有些重大的变更会打乱整个施工部署。

(2)引起合同双方、承包商的工程小组之间、总承包商和分包商之间合同责任的变化。如工程量增加，则增加了承包商的工程责任和费用开支，并延长了工期。

(3)有些工程变更还会引起已完工程的返工、现场工程施工的停滞、施工秩序被打乱及已购材料的损失等。

2. 合同变更的原则

(1)合同双方都必须遵守合同变更程序，依法进行，任何一方都不得单方面擅自更改合同条款。

(2)合同变更要经过有关专家(监理工程师、设计工程师、现场工程师等)的科学论证和合同双方的协商。在合同变更具有合理性、可行性，而且由此而引起的进度和费用变化得到确认和落实的情况下方可实行。

(3)合同变更的次数应尽量减少，变更的时间也应尽量提前，并在事件发生后的一定时限内提出，以避免或减少给工程项目建设带来的影响和损失。

(4)合同变更应以监理工程师、发包人和承包商共同签署的合同变更书面指令为准，并以此作为结算工程价款的凭据。紧急情况下，监理工程师的口头通知也可接受，但必须在48小时内，追补合同变更书。承包人对合同变更若有不同意见可在7～10天内书面提出，但发包人决定继续执行的指令，承包商应继续执行。

(5)合同变更所造成的损失，除依法可以免除的责任外，如由于设计错误、设计所依据的条件与实际不符、图与说明不一致、施工图有遗漏或错误等，应由责任方负责赔偿。

3. 合同变更范围

合同变更的范围很广，一般在合同签订后所有工程范围，进度，工程质量要求，合同条款内容，合同双方责、权、利关系的变化等都可以被看作合同变更。最常见的变更有如下两种：

(1)涉及合同条款的变更，合同条件和合同协议书所定义的双方责、权、利关系或一些重大问题的变更。这是狭义的合同变更，以前人们定义合同变更即为这一类。

(2)工程变更，即工程的质量、数量、性质、功能、施工次序和实施方案的变化。

4. 合同变更程序

(1)合同变更的提出。

1)承包商提出合同变更。承包商在提出合同变更时，一种情况是工程遇到不能预见的地质条件或地下障碍。如原设计的某大厦基础为钻孔灌注桩，承包商根据开工后钻探的地质条件和施工经验，认为改成沉井基础较好。另一种情况是承包商为了节约工程成本或加快工程施工进度，提出合同变更。

2)发包人提出变更。发包人一般可通过工程师提出合同变更。但如发包人提出的合同变更内容超出合同限定的范围，则属于新增工程，只能另签合同处理，除非承包方同意变更。

3)工程师提出合同变更。工程师往往根据工地现场的工程进展的具体情况，认为确有必要时，可提出合同变更。工程承包合同施工中，因设计考虑不周，或施工时环境发生变化，工程师本着节约工程成本和加快工程与保证工程质量的原则，提出合同变更。只要提出的合同变更在原合同规定的范围内，一般是切实可行的。若超出原合同，新增了很多工程内容和项目，则属于不合理的合同变更请求，工程师应和承包商协商后酌情处理。

(2)合同变更的批准。由承包商提出的合同变更，应交与工程师审查并批准。由发包人提出的合同变更，为便于工程的统一管理，一般由工程师代为发出。

而工程师发出合同变更通知的权力，一般由工程施工合同明确约定。当然该权力也可约定为发包人所有，然后，发包人通过书面授权的方式使工程师拥有该权力。如果合同对工程师提出合同变更的权力做了具体限制，而约定其余均应由发包人批准，则工程师就超出其权限范围的合同变更发出指令时，应附上发包人的书面批准文件，否则承包商可拒绝执行。但在紧急情况下，不应限制工程师向承包商发布其认为必要的变更指示。

合同变更审批的一般原则应为：第一考虑合同变更对工程进展是否有利；第二要考虑合同变更可以节约工程成本；第三应考虑合同变更是兼顾发包人、承包商或工程项目之外其他第三方的利益，不能因合同变更而损害任何一方的正当权益；第四必须保证变更项目符合本工程的技术标准；第五为工程受阻，如遇到特殊风险、人为阻碍、合同一方当事人违约等不得不变更工程。

(3)合同变更指令的发出及执行。为了避免耽误工作，工程师在和承包商就变更价格达成一致意见之前，有必要先行发布变更指示，即分两个阶段发布变更指示：第一阶段是在没有规定价格和费率的情况下直接指示承包商继续工作；第二阶段是在通过进一步的协商之后，发布确定变更工程费率和价格的指示。

合同变更指示的发出有两种，即书面形式和口头形式。

1)一般情况要求工程师签发书面变更通知令。当工程师书面通知承包商工程变更时，承包商才执行变更的工程。

2)当工程师发出口头指令要求合同变更时，要求工程师事后一定要补签一份书面的合同变更指示。如果工程师口头指示后忘了补书面指示，承包商(需 7 天内)以书面形式证实此项指示，交予工程师签字，工程师若在 14 天之内没有提出反对意见，应视为认可。

所有合同变更必须用书面或一定规格写明。对于要取消的任何一项分部工程，合同变更应在该部分工程还未施工之前进行，以免造成人力、物力、财力的浪费，避免造成发包人多支付工程款项。

根据通常的工程惯例，除非工程师明显超越合同赋予其的权限，承包商应该无条件地执行其合同变更的指示。如果工程师根据合同约定发布了进行合同变更的书面指令，则不论承包商对此是否有异议，不论合同变更的价款是否已经确定，也不论监理方或发包人答应给予付款的金额是否令承包商满意，承包商都必须无条件地执行此种指令。即使承包商有意见，也只能是一边进行变更工作，一边根据合同规定寻求索赔或仲裁解决。在争议处理期间，承包商有义务继续进行正常的工程施工和有争议的变更工程施工，否则可能会构成承包商违约。

5. 工程变更

在合同变更中，量最大、最频繁的是工程变更。它在工程索赔中所占的份额也最大。工程变更的责任分析是工程变更起因与工程变更问题处理，即确定赔偿问题的桥梁。工程变更中有以下两大类变更。

(1)设计变更。设计变更会引起工程量的增加、减少，新增或删除工程分项，工程质量和进度的变化，实施方案的变化。一般工程施工合同赋予发包人(工程师)这方面的变更权力，可以直接通过下达指令，重新发布图纸或规范实现变更。

(2)施工方案变更。施工方案变更的责任分析有时比较复杂。

1)在投标文件中，承包商就在施工组织设计中提出比较完备的施工方案，但施工组织设计不作为合同文件的一部分。对此应注意以下问题：

①施工方案虽不是合同文件，但它也有约束力。发包人向承包商授标就表示对这个方案的认可。当然在授标前的澄清会议上，发包人也可以要求承包商对施工方案作出说明，甚至可以要求修改方案，以符合发包人的目标、发包人的配合和供应能力(如图纸、场地、资金等)。此时一般承包商会积极迎合发包人的要求，以争取中标。

②施工合同规定，承包商应对所有现场作业和施工方法的完备、安全、稳定负全部责任。这一责任表示在通常情况下由于承包商自身原因(如失误或风险)修改施工方案所造成的损失由承包商负责。

③在它作为承包商责任的同时，又隐含着承包商对决定和修改施工方案具有相应的权利，即发包人不能随便干预承包商的施工方案；为了更好地完成合同目标(如缩短工期)，或在不影响合同目标的前提下承包商有权采用更为科学和经济合理的施工方案，发包人也不得随便干预。承包商承担重新选择施工方案的风险和机会收益。

④在工程中承包商采用或修改实施方案都要经过工程师的批准或同意。

2)重大的设计变更常常会导致施工方案的变更。如果设计变更由发包人承担责任，则相应的施工方案的变更也由发包人负责；反之，则由承包商负责。

3)对不利的、异常的地质条件所引起的施工方案的变更，一般作为发包人的责任。一方面这是一个有经验的承包商无法预料现场气候条件除外的障碍或条件；另一方面发包人负责地质勘察和提供地质报告，则其应对报告的正确性和完备性承担责任。

4)施工进度的变更。施工进度的变更是十分频繁的：在招标文件中，发包人给出工程的总工期目标；承包商在投标书中有一个总进度计划(一般以横道图形式表示)；中标后承包商还要提出详细的进度计划，由工程师批准(或同意)；在工程开工后，每月都可能有进度的调整。通常只要工程师(或发包人)批准(或同意)承包商的进度计划(或调整后的进度计划)，则新进度计划就是有约束力的。如果发包人不能按照新进度计划完成按合同应由发包人完成的责任，如及时提供图纸、施工场地、水电等，则属发包人违约，应承担责任。

6. 变更估价

(1)变更估价的程序。承包人应在收到变更指示或变更意向书后的14天内，向监理人提交变更报价书，详细开列变更工作的价格组成及其依据，并附必要的施工方法说明和有关图纸。

变更工作如果影响工期，承包人应提出调整工期的具体细节。

监理人收到承包人变更报价书后的 14 天内，根据合同约定的估价原则，商定或确定变更价格。

(2)变更的估价原则。

1)已标价工程量清单中有适用于变更工作的子目，采用该子目的单价计算变更费用。

2)已标价工程量清单中无适用于变更工作的子目，但有类似子目，可在合理范围内参照类似子目的单价，由监理人商定或确定变更工作的单价。

3)已标价工程量清单中无适用或类似子目的单价，可按照成本加利润的原则，由监理人商定或确定变更工作的单价。

第三节　施工合同争议的处理

一、施工合同常见的争议

工程施工合同中，常见的争议有以下几个方面。

1. 工程进度款支付、竣工结算及审价争议

尽管合同中已列出了工程量，约定了合同价款，但实际施工中会有很多变化，包括设计变更，现场工程师签发的变更指令，现场条件变化如地质、地形等，以及计量方法等引起的工程数量的增减。这种工程量的变化几乎每天或每月都会发生，而且承包商通常在其每月申请工程进度付款报表中列出，希望得到(额外)付款，但常因与现场监理工程师有不同意见而遭拒绝或者拖延不决。这些实际已完的工程而未获得付款的金额，由于日积月累，在后期可能增大到一个很大的数字，导致发包人更加不愿支付，因而造成更大的分歧和争议。

在整个施工过程中，发包人在按进度支付工程款时往往会根据监理工程师的意见，扣除未予确认的工程量或存在质量问题的已完工程的应付款项，这种未付款项累积起来往往可能形成一笔很大的金额，使承包商感到无法承受而引起争议，而且这类争议在工程施工的中后期可能会越来越严重。承包商会认为由于未得到足够的应付工程款而不得不将工程进度放慢下来，而发包人则会认为在工程进度拖延的情况下更不能多支付给承包商任何款项，这就会形成恶性循环而使争端愈演愈烈。

更主要的是，大量的发包人在资金尚未落实的情况下就开始工程的建设，致使发包人千方百计地要求承包商垫资施工、不支付预付款、尽量拖延支付进度款、拖延工程结算及工程审价进程，致使承包商的权益得不到保障，最终引起争议。

2. 工程价款支付主体争议

施工企业被拖欠巨额工程款已成为整个建设领域中屡见不鲜的“正常事”。往往出现工程的发包人并非工程真正的建设单位，并非工程的权利人。在该种情况下，发包人通常不具备工程价款的支付能力，施工单位该向谁主张权利，以维护其合法权益将成为争议的焦点。在此情况下，施工企业应理顺关系，寻找突破口，向真正的发包方主张权利，以保证合法权利不受侵害。

3. 工程工期拖延争议

一项工程的工期延误，往往是由于错综复杂的原因造成的。在许多合同条件中都约定了竣工

逾期违约金。由于工期延误的原因可能是多方面的，要分清各方的责任往往十分困难。我们经常可以看到，发包人要求承包商承担工程竣工逾期的违约责任，而承包商则提出因诸多发包人的原因及不可抗力等工期应相应顺延，有时承包商还就工期的延长要求发包人承担停工窝工的费用。

4. 安全损害赔偿争议

安全损害赔偿争议包括相邻关系纠纷引发的损害赔偿、设备安全、施工人员安全、施工导致第三人安全、工程本身发生安全事故等方面的争议。其中，建筑工程相邻关系纠纷发生的频率已越来越高，其牵涉主体和财产价值也越来越多，业已成为城市居民十分关心的问题。《建筑法》为建筑施工企业设定了这样的义务："施工现场对毗邻的建筑物、构筑物和特殊作业环境可能造成损害的，建筑施工企业应当采取安全防护措施。"

5. 合同中止及终止争议

中止合同造成的争议有：承包商因这种中止造成的损失严重而得不到足够的补偿，发包人对承包商提出的就终止合同的补偿费用计算持有异议，承包商因设计错误或发包人拖欠应支付的工程款而造成困难提出中止合同，发包人不承认承包商提出的中止合同的理由，也不同意承包商的责难及其补偿要求等。

除非不可抗拒力外，任何终止合同的争议往往是由难以调和的矛盾造成的。终止合同一般都会给某一方或者双方造成严重的损害。如何合理处置终止合同后的双方的权利和义务，往往是这类争议的焦点。终止合同可能有以下几种情况：

(1)属于承包商责任引起的终止合同。

(2)属于发包人责任引起的终止合同。

(3)不属于任何一方责任引起的终止合同。

(4)任何一方由于自身需要而终止合同。

6. 工程质量及保修争议

质量方面的争议包括工程中所用材料不符合合同约定的技术标准要求，提供的设备性能和规格不符，或者不能生产出合同规定的合格产品，或者是通过性能试验不能达到规定的产量要求，施工和安装有严重缺陷等。这类质量争议在施工过程中主要表现为，工程师或发包人要求拆除和移走不合格材料，或者返工重做，或者修理后予以降价处置。对于设备质量问题，则常见于在调试和性能试验后，发包人不同意验收移交，要求更换设备或部件，甚至退货并赔偿经济损失。而承包商则认为缺陷是可以改正的，或者业已改正；对生产设备质量则认为是性能测试方法错误，或者制造产品所投入的原料不合格或者是操作方面的问题等，质量争议往往变成责任问题争议。

另外，在保修期的缺陷修复问题往往是发包人和承包商争议的焦点，特别是发包人要求承包商修复工程缺陷而承包商拖延修复，或发包人未经通知承包商就自行委托第三方对工程缺陷进行修复。在此情况下，发包人要在预留的保修金扣除相应的修复费用，承包商则主张产生缺陷的原因不在承包商或发包人未履行通知义务且其修复费用未经其确认而不予同意。

二、施工合同争议的解决方式

合同当事人在履行施工合同时，解决所发生争议、纠纷的方式有和解、调解、仲裁和诉讼等。

1. 和解

和解是指争议的合同当事人，依据有关法律规定或合同约定，以合法、自愿、平等为原则，在互谅互让的基础上，经过谈判和磋商，自愿对争议事项达成协议，从而解决分歧和矛盾的一种方法。和解方式无须第三者介入，简便易行，能及时解决争议，避免当事人经济损失扩大，有利于双方的协作和合同的继续履行。

2. 调解

调解是指争议的合同当事人，在第三方的主持下，通过其劝说引导，以合法、自愿、平等为原则，在分清是非的基础上，自愿达成协议，以解决合同争议的一种方法。调解有民间调解、仲裁机构调解和法庭调解三种。调解协议书对当事人具有与合同一样的法律约束力。运用调解方式解决争议，双方不伤和气，有利于今后继续履行合同。

3. 仲裁

仲裁也称公断，是双方当事人通过协议自愿将争议提交第三方(仲裁机构)做出裁决，并负有履行裁决义务的一种解决争议的方式。仲裁包括国内仲裁和国际仲裁。仲裁须经双方同意并约定具体的仲裁委员会。仲裁可以不公开审理从而保守当事人的商业秘密，节省费用，一般不会影响双方日后的正常交往。

4. 诉讼

诉讼是指合同当事人相互之间发生争议后，只要不存在有效的仲裁协议，任何一方向有管辖权的法院起诉并在其主持下，为维护自己的合法权益而进行的活动。通过诉讼，当事人的权力可得到法律的严格保护。

5. 其他方式

除上述四种主要的合同争议解决方式外，在国际工程承包中，又出现了一些新的有效的解决方式，正在被广泛应用。比如FIDIC《土木工程施工合同条件》(红皮书)中有关"工程师的决定"的规定。当业主和承包商之间发生任何争端时，均应首先提交工程师处理。工程师对争端的处理决定，通知双方后，在规定的期限内，双方均未发出仲裁意向通知，则工程师的决定即被视为最后的决定并对双方产生约束力。又比如在FIDIC《设计—建造与交钥匙工程合同条件》(橘皮书)中规定业主和承包商之间发生任何争端，应首先以书面形式提交由合同双方共同任命的争端审议委员会(DRB)裁定。争端审议委员会对争端做决定并通知双方后，在规定的期限内，如果任何一方未将其不满事宜通知对方，则该决定即被视为最终的决定并对双方产生约束力。无论是工程师的决定，还是争端审议委员会的决定，都与合同具有同等的约束力。任何一方不执行决定，另一方即可将其不执行决定的行为提交仲裁。

这种方式不同于调解，因其决定不是争端双方达成的协议；也不同于仲裁，因工程师和争端审议委员会只能以专家的身份做出决定，不能以仲裁人的身份做出裁决，其决定的效力不同于仲裁裁决的效力。

当承包商与发包人(或分包商)在合同履行的过程中发生争议和纠纷，应根据平等协商的原则先行和解，尽量取得一致意见。若双方和解不成，则可要求有关主管部门调解。双方属于同一部门或行业，可由行业或部门的主管单位负责调解；不属于上述情况的可由工程所在地的建设主管部门负责调解；若调解无效，根据当事人的申请，在受到侵害之日起一年之内，可送交工程所在地工商行政管理部门的经济合同仲裁委员会进行仲裁，超过一年期限者，一般不予受理。仲裁是解决经济合同的一项行政措施，是维护合同法律效力的必要手段。仲裁是依据法律、法令及有关政策，处理合同纠纷，责令责任方赔偿、罚款，直至追究有关单位或人员的行政责任或法律责任。处理合同纠纷也可不经仲裁，而直接向人民法院起诉。

一旦合同争议进入仲裁或诉讼，项目经理应及时向企业领导汇报和请示。因为仲裁和诉讼必须以企业(具有法人资格)的名义进行，由企业做出决策。

在一般情况下，发生争议后，双方都应继续履行合同，保持施工连续，保护好已完工程。

只有发生下列情况时，当事人方可停止履行施工合同。

(1)单方违约导致合同确已无法履行，双方协议停止施工。

(2)调解要求停止施工，且为双方接受。

(3)仲裁机关要求停止施工。

(4)法院要求停止施工。

第四节　索赔

一、索赔的概念

索赔一词来源于英语“claim”，其原意表示“有权要求”，法律上称为“权利主张”，一般是指对某事、某物权利的一种主张、要求、坚持等。施工索赔是工程项目合同当事人一方根据合同约定(包括程序、合同履行状况等)，主张他认为自己理应获得的但尚未达成协议的权利(包括时间、费用)的过程。就其实质而言，施工索赔是工程项目合同的当事人一方自认为有证据证明其理应获得支付各种费用、顺延工期、赔偿损失而未获得，而单方面向对方提出主张上述权利要求的过程。施工索赔涉及的是一种(可)期待权益。施工索赔不是工程项目合同当事人双方就相关权利意思表示一致的结果，而是追求这种结果的过程和手段。一般情况下，人们通常说的施工索赔是指承包人向发包人的索赔，其实施工索赔是双向互动的，发包人和承包人都可以提出索赔要求。索赔属于经济补偿，是工程项目合同当事人的一种正当的权利要求，是工程项目合同当事人之间一项正常的、经常开展的合同管理工作，是一种以法律和工程项目合同为依据的合情合理的行为，也是承包人在工程项目合同履行过程中保护自身正当权益、弥补工程损失、提高经济效益的重要而有效的手段。

二、索赔的特征

从索赔的基本含义可以看出索赔具有以下基本特征。

(1)索赔是双向的，不仅承包人可以向发包人索赔，发包人同样也可以向承包人索赔。由于实践中发包人向承包人索赔发生的频率相对较低，而且在索赔处理中，发包人始终处于主动和有利地位，对承包人的违约行为可以直接从应付工程款中扣抵、扣留保留金或通过履约保函向银行索赔来实现自己的索赔要求。因此，在工程实践中大量发生的、处理比较困难的是承包人向发包人的索赔，也是工程师进行合同管理的重点内容之一。承包人的索赔范围非常广泛，一般只要是非承包人自身责任造成其工期延长或成本增加的，都有可能向发包人提出索赔。有时发包人违反合同，如未及时交付施工图纸、提供合格的施工现场、决策错误等造成工程修改、停工、返工、窝工，未按合同规定支付工程款等，承包人可向发包人提出赔偿要求；也可能由于发包人应承担风险的原因，如恶劣气候条件影响、国家法规修改等造成承包人损失或损害时，也会向发包人提出补偿要求。

(2)只有实际发生了经济损失或权利损害，一方才能向对方索赔。经济损失是指因对方因素造成合同外的额外支出，如人工费、材料费、机械费、管理费等额外开支。权利损害是指虽然没有经济上的损失，但造成了一方权利上的损害，如由于恶劣气候条件对工程进度的不利影响，承包人有权要求工期延长等。因此，发生了实际的经济损失或权利损害，应是一方提出索赔的一个基本前提条件。有时上述两者同时存在，如发包人未及时交付合格的施工现场，既造成了承包人的经济损失，又侵犯了承包人的工期权利，因此，承包人既要求经济赔偿，又要求工期延长。有时两者也可单独存在，如恶劣气候条件影响、不可抗力事件等，承包人根据合同规定或惯例，则只能要求工期延长，不应要求经济补偿。

(3)索赔是一种未经对方确认的单方行为。它与我们通常所说的工程签证不同。在施工过程中，签证是承发包双方就额外费用补偿或工期延长等达成一致的书面证明材料和补充协议，它可以直接作为工程款结算或最终增减工程造价的依据，而索赔则是单方面行为，对对方尚未形成约束力，这种索赔要求能否得到最终实现，必须通过双方确认(如双方协商、谈判、调解或仲裁、诉讼)后才能实现。

许多人一听到“索赔”两字，很容易联想到争议的仲裁、诉讼或双方激烈的对抗，因此，往往认为应当尽可能避免索赔，担心因索赔而影响双方的合作或感情。实质上索赔是一种正当的权利或要求，是合情、合理、合法的行为，它是在正确履行合同的基础上争取合理的偿付，不是无中生有、无理争利。索赔同守约、合作并不矛盾、对立，索赔本身就是市场经济中合作的一部分，只要是符合有关规定的、合法的或者符合有关惯例的，就应该理直气壮地、主动地向对方索赔。大部分索赔都可以通过协商谈判和调解等方式获得解决，只有在双方坚持已见而无法达成一致时，才会提交仲裁或诉诸法院求得解决，即使诉诸法律程序，也应当被看成是遵法守约的正当行为。

三、索赔的分类

索赔由于划分的方法、标准、出发点不同，有多种类型，如按索赔的合同依据，可分合同中的明示、默示；按索赔主体，可分为承包商同业主之间、总包单位与分包单位之间、承包商同供货单位之间的索赔；按索赔的处理方式，可分为单项索赔、总索赔等。由于索赔贯穿于工程项目全过程，可能发生的范围比较广泛，其分类随标准、方法不同而不同，主要有以下几种分类方法。

1. 按索赔有关当事人分类

(1)承包人与发包人之间的索赔。这类索赔大多是有关工程量计算、变更、工期、质量和价格方面的争议，也有中断或终止合同等其他违约行为的索赔。

(2)总承包人与分包人之间的索赔。其内容与(1)大致相似，但大多数是分包人向总包人索要付款和赔偿及承包人向分包人罚款或扣留支付款等。

以上两类索赔涉及工程项目建设过程中施工条件或施工技术、施工范围等变化引起的索赔，一般发生频率高、索赔费用大，有时也称为施工索赔。

(3)发包人或承包人与供货人、运输人之间的索赔。其内容大多是商贸方面的争议，如货品质量不符合技术要求、数量短缺、交货拖延、运输损坏等。

(4)发包人或承包人与保险人之间的索赔。此类索赔大多是被保险人受到灾害、事故或其他损害或损失，按保险单向其投保的保险人索赔。

以上两类索赔在工程项目实施过程中由物资采购、运输、保管、工程保险等方面活动引起的索赔事项，又称商务索赔。

2. 按索赔的依据分类

(1)合同内索赔。合同内索赔是指索赔所涉及的内容可以在合同文件中找到依据，并可根据合同规定明确划分责任。一般情况下，合同内索赔的处理和解决要顺利一些。

(2)合同外索赔。合同外索赔是指索赔所涉及的内容和权利很难在合同文件中找到依据，但可从合同条文引申含义和合同适用法律或政府颁布的有关法规中找到索赔的依据。

(3)道义索赔。道义索赔是指承包人在合同内或合同外都找不到可以索赔的依据，因而没有提出索赔的条件和理由，但承包人认为自己有要求补偿的道义基础，而对其遭受的损失提出具有优惠性质的补偿要求。道义索赔的主动权在发包人手中，发包人一般在下列四种情况下，可能会同意并接受这种索赔：第一，若另找其他承包人，费用会更大；第二，为了树立自己的形象；第三，出于对承包人的同情和信任；第四，谋求与承包人更高效或更长久的合作。

3. 按索赔目的分类

(1)工期索赔：即由于非承包人自身原因造成拖期的，承包人要求发包人延长工期，推迟原规定的竣工日期，避免因违约误期罚款等。

(2)费用索赔：即要求发包人补偿费用损失，调整合同价格，弥补经济损失。

4. 按索赔事件的性质分类

(1)工程延期索赔。因发包人未按合同要求提供施工条件，如未及时交付设计图纸、施工现场、道路等，或因发包人指令工程暂停或不可抗力事件等原因造成工期拖延的，承包人对此提出索赔。

(2)工程变更索赔。由于发包人或工程师指令增加或减少工程量或增加附加工程、修改设计、变更施工顺序等，造成工期延长和费用增加，承包人对此提出索赔。

(3)工程终止索赔。由于发包人违约或发生了不可抗力事件等造成工程非正常终止，承包人因蒙受经济损失而提出索赔。

(4)工程加速索赔。由于发包人或工程师指令承包人加快施工速度，由此缩短工期，引起承包人的人、财、物存在额外开支而提出的索赔。

(5)意外风险和不可预见因素索赔。在工程实施过程中，因人力不可抗拒的自然灾害、特殊风险以及一个有经验的承包人通常不能合理预见的不利施工条件或客观障碍，如地下水、地质断层、溶洞、地下障碍物等引起的索赔。

(6)其他索赔。如因货币贬值、汇率变化、物价、工资上涨、政策法令变化等引起的索赔。这种分类能明确地指出每一项索赔的根源，使发包人和工程师便于审核分析。

5. 按索赔处理方式分类

(1)单项索赔。单项索赔是指采取一事一索赔的方式，即在每一索赔事项发生后，报送索赔通知书，编报索赔报告，要求单项解决支付，不与其他的索赔事项混在一起。单项索赔是针对某一干扰事件提出的，在影响原合同正常运行的干扰事件发生时或发生后，由合同管理人员立即处理，并在合同规定的索赔有效期内向发包人或工程师提交索赔要求和报告。通常单项索赔的原因单一、责任单一，分析起来相对容易，由于涉及的金额一般较小，双方容易达成协议，处理起来也比较简单。因此，合同双方应尽可能地用此种方式来处理索赔。

(2)综合索赔。综合索赔又称一揽子索赔，即对整个工程(或某项工程)中所发生的数起索赔事项，综合在一起进行索赔。一般在工程竣工前和工程移交前，承包人将工程实施过程中因各种原因未能及时解决的单项索赔集中起来进行综合考虑，提出一份综合索赔报告，由合同双方在工程交付前后进行最终谈判，以一揽子方案解决索赔问题。在合同实施过程中，有些单项索赔问题比较复杂，不能立即被解决，为了不影响工程进度，经双方协商同意后留待以后解决。有的是发包人或工程师对索赔采用拖延办法，迟迟不做答复，使索赔谈判旷日持久；有的是承包人因自身原因，未能及时采用单项索赔方式等，都有可能出现一揽子索赔。由于在一揽子索赔中许多干扰事件交织在一起，影响因素比较复杂而且相互交叉，责任分析和索赔值计算都很困难，索赔涉及的金额往往又很大，双方都不愿或不容易做出让步，使索赔的谈判和处理都很困难。因此，综合索赔的成功率比单项索赔要低得多。

四、索赔的起因

在现代承包工程中，特别是在国际承包工程中，索赔经常发生，而且索赔额很大。这主要是由以下几个方面的原因造成的。

(1)施工延期引起索赔。施工延期是指由于非承包商的各种原因而造成工程的进度推迟，施工不能按原计划时间进行。大型的土木工程项目在施工过程中，由于工程规模大，技术复杂，受天气、水文地质条件等自然因素影响，又受到来自社会的政治、经济等人为因素影响，发生施工进度延期是比较常见的。施工延期的原因有时是单一的，有时又是多种因素综合交错形成的。施工延期的事件发生后，会给承包商造成两个方面的损失：一是时间上的损失，二是经济方面的损失。因此，当出现施工延期的索赔事件时，往往在分清责任和损失补偿方面，合同双方易发生争端。常见的施工延期索赔多由于发包人征地拆迁受阻，未能及时提交施工场地；以及气候条件恶劣，如连降暴雨，使大部分的土方工程无法开展等。

(2)恶劣的现场自然条件引起索赔。这种恶劣的现场自然条件是指一般有经验的承包商事先无法合理预料的，例如，地下水、未探明的地质断层、溶洞、沉陷等；另外，还有地下的实物障碍，如经承包商现场考察无法发现的、发包人资料中未提供的地下人工建筑物，地下自来水管道、公共设施、坑井、隧道、废弃的建筑物混凝土基础等，这都需要承包商花费更多的时间和金钱去克服和除掉这些障碍与干扰。因此，承包商有权据此向发包人提出索赔要求。

(3)合同变更引起索赔。合同变更的含义是很广泛的，它包括了工程设计变更、施工方法变更、工程量的增加与减少等。对于土木工程项目实施过程来说，变更是客观存在的。只是这种变更必须是指在原合同工程范围内的变更，若属超出工程范围的变更，承包商有权予以拒绝。特别是当工程量变化超出招标时工程量清单的20%以上时，可能会导致承包商的施工现场人员不足，需另雇工人；也可能会导致承包商的施工机械设备失调、工程量增加，往往要求承包商增加新型号的施工机械设备，或增加机械设备数量等。人工和机械设备的需求增加，则会引起承包商额外的经济支出，扩大了工程成本；反之，若工程项目被取消或工程量大减，又势必会引起承包商原有人工和机械设备的窝工和闲置，造成资源浪费，导致承包商的亏损。因此，在合同变更时，承包商有权提出索赔。

(4)合同矛盾和缺陷引起索赔。合同矛盾和缺陷常出现在合同文件规定不严谨，合同中有遗漏或错误，这些矛盾常反映为设计与施工规定相矛盾、技术规范和设计图纸不符合或相矛盾，以及一些商务和法律条款规定有缺陷等。在这种情况下，承包商应及时将这些矛盾和缺陷反映给监理工程师，由监理工程师做出解释。若承包商执行监理工程师的解释指令后，造成施工工期延长或工程成本增加，则承包商可提出索赔要求，监理工程师应予以证明，发包人应给予相应的补偿。因为发包人是工程承包合同的起草者，应该对合同中的缺陷负责，除非其中有非常明显的遗漏或缺陷，依据法律或合同可以推定承包商有义务在投标时发现并及时向发包人报告。

(5)参与工程建设主体的多元性。由于工程参与单位多，一个工程项目往往会有发包人、总包商、监理工程师、分包商、指定分包商、材料设备供应商等众多参加单位，各方面的技术、经济关系错综复杂，相互联系又相互影响，只要一方失误，不仅会造成自己的损失，而且会影响其他合作者，造成他人损失，从而导致索赔和争执。

以上这些问题会随着工程的逐步开展而不断暴露出来，必然使工程项目受到影响，导致工程项目成本和工期的变化，这就是索赔形成的根源。因此，索赔的发生，不仅是一个索赔意识或合同观念的问题，从本质上讲，索赔也是一种客观存在。

现代建筑市场竞争激烈，承包商的利润水平逐步降低，大部分靠低标价甚至保本价中标，回旋余地较小。施工合同在实践中往往承发包双方风险分担不公，把主要风险转嫁于承包商一方，稍遇条件变化，承包商即处于亏损的边缘，这必然迫使他寻找一切可能的索赔机会来减轻自己承担的风险。因此，索赔实质上是工程实施阶段承包商和发包人之间在承担工程风险比例上的合理再分配，这也是目前国内外建筑市场上，施工索赔无论是在数量还是款额上呈增长趋势的一个重要原因。

五、索赔费用的计算与支付

按照国际惯例，承包商费用索赔的目的是：索赔中的费用应该是承包商为履行合同所必需的，若没有这项费用，就无法履行合同，或者无法使合同中规定的工程保质保量完工。当承包商得到合理的索赔费用补偿后，应该与假定未发生索赔事件情况下拥有同等有利或不利地位，即承包商在投、中标时自我确定的地位，使承包商不因索赔事件的发生而额外受益或额外亏损。下面将分别论述索赔费用的构成、直接费的索赔、管理费的索赔、利润及额外费用的索赔以及不允许索赔的费用、索赔费用的支付。

1. 索赔费用计算

费用索赔是整个合同索赔的重点和最终目标。工期索赔在很大程度上是为了费用索赔。因此，计算方法应按照赔偿实际损失、合同原则、符合规定的或通用的会计核算原则及工程惯例计算原则进行，必须能够为业主、工程师、调解人或仲裁人所接受。

费用索赔的计算方法有总费用法、分项费用法等。

(1)总费用法。把固定总价合同转化为成本加酬金合同，以承包商的额外成本为基点加上管理费和利润等附加费作为索赔额，这是总费用法。总费用法又称总成本法，采用这种方法计算索赔额比较简单。

1)索赔额计算公式如下：

索赔额＝该项工程的总费用－投标报价

但采用总费用法计算索赔额有严格的适用条件。

2)适用条件：

①已开支的实际总费用经审核认为是合理的。

②承包商的原始报价是比较合理的。

③费用的增加是由于业主的原因造成的。

主要是由于现场记录不足等原因，难以采用更精确的计算方法，因此，适用于此法。

3)当费用索赔只涉及某些分部分项工程时，可采用修正总费用法。修正总费用法是在总费用计算的原则上，去掉一些不确定的可能因素，对总费用法进行相应的修改和调整，使其更加合理。修正总费用法与总费用法的原理相同，只是把计算的范围缩小，使索赔额的计算更容易、更准确。可索赔的费用一般包括以下几个部分。

①人工费。包括增加工作内容的人工费、停工损失费和工作效率降低的损失费等累计，但不能简单地用计日工费计算。

②设备费。可采用机械台班费、机械折旧费、设备租赁费等几种形式。

③材料费。

④保函手续费。

⑤贷款利息。

⑥保险费。

⑦利润。

⑧管理费(包括现场管理费和公司管理费两部分，由于两者的计算方法不同，所以，在审核过程中应区别对待)。

修正总费用索赔额的计算方法如下：

费用索赔额＝索赔事件相关单项工程的实际总费用－该单项工程的投标报价

(2)分项费用法。这种方法是对每项索赔事件所引起损失的费用项目分别进行分析，计算出其索赔额，然后将各费用项目的索赔额汇总，即可得到总索赔费用额。这种方法以承包商为某项索赔工作所支付的实际开支为依据，但又仅限于由于索赔事项引起的、超过原计划的费用。在这种计算方法中，需要注意的是不要遗漏费用项目，否则承包商将遭受损失。分项费用法计算不但包括直接成本，而且还包括附加的成本，如人员在现场延长停滞时间所产生的附加费，如差旅费、工地住宿补贴、平均工资的上涨及由于推迟支付而造成的财务损失等。

费用索赔额计算的分项费用法，首先应确定每次索赔可以索赔的费用项目，然后计算每个项目的索赔额，各项目的索赔额之和即为本次索赔的补偿总额。

1)人工费索赔。人工费索赔包括额外增加工人和加班的索赔、人员闲置费用索赔、工资上涨索赔和劳动生产率降低导致的人工费索赔等，可根据实际情况择项计算。

①额外增加工人和加班时，索赔额的计算公式为

索赔额＝增加的工时(日)×人工单价

②人员闲置费用索赔时，索赔额的计算公式为

索赔额＝闲置工时(日)×人工单价×折算系数

③工资上涨索赔。由于工程变更，延期期间工资水平上调而进行的索赔计算：

工资上涨索赔额＝相关工种计划工时×相关工种工资上调幅度

④劳动生产率降低导致的人工费索赔。根据实际情况，分别选用实际成本和预算成本比较法计算索赔额。

索赔额＝实际人工成本－合同中的预算人工成本

适用条件：有正确合理的估价体系和详细的施工记录；预算成本和实际成本计算合理。

2)材料费索赔。材料费的额外支出或损失，包括消耗量增加和单位成本增加两个方面。

①材料消耗量增加的索赔。追加额外工作，变更工程性质，改变施工方法等，都将导致材料用量增加，其索赔额的计算公式为

索赔额＝新增的工程量×某种材料的预算消耗定额×该种材料单价

②材料单位成本增加的索赔。由于业主原因的延期期间材料价格(包括买价、手续费、运输费、保管费等)上涨，以及可调价格合同规定的调价因素发生时或须变更材料品种、规格、型号等，都将导致材料单位成本增加。其索赔额的计算公式为

索赔额＝材料用量×(实际材料单位成本－投标材料单位成本)

3)施工机械费索赔。施工机械费索赔的费用项目有增加机械台班使用数量索赔、机械闲置索赔、台班费上涨索赔和工作效率降低的索赔等，索赔时可根据额外支出或额外损失的实际情况择项。

①增加机械台班使用数量的索赔额计算公式为

索赔额＝增加的某种机械台班的数量×该机械的台班费

②机械闲置费的索赔额计算公式为

索赔额＝某种机械闲置台班数×该种机械行业标准台班费×折减系数

或　　索赔额＝某种机械闲置台班数×该种机械定额标准台班费

③台班费上涨索赔。对于非承包商原因的工期顺延期间，如果遇上机械台班费上涨或采用

可调价格合同时，承包商可以提出台班费上涨索赔。其计算公式为

索赔额＝相关机械计划台班数×相关机械台班费上调幅度

④机械效率降低的索赔。机械效率降低索赔的索赔额计算有两种方法，可根据掌握的以下适用条件来选择：有正确合理的估价体系和详细的施工记录，预算成本和实际成本计算合理，是业主的原因增加了成本。

对于施工机械降效，如非承包商原因导致的施工效率降低，造成工期拖后的会增加相应的施工机械费用。确定机械降低效率导致的机械费的增加。

施工机械降效可通过下列公式计算：

实际台班数量＝计划台班数量×[1＋(原定效率－实际效率)/原定效率]

增加的机械台班数量＝实际台班数量－计划台班数量

机械降效增加的机械费＝机械台班单价×增加的机构台班数量

关于正常施工期与受影响施工期比较法，其计算公式为

机械效率降低率＝正常施工期机械效率－受影响施工期机械效率

4)现场管理费索赔。这里的现场管理费是指施工项目成本中除人工费、材料费和施工机械使用费外的各项费用之和，包括项目经理部额外支出或额外损失的现场经费和其他费用。其计算公式为

现场管理费索赔额＝直接成本费用索赔额×现场管理费费率

式中　直接成本费用索赔额＝人工费索赔额＋材料费索赔额＋机械费索赔额

当事人双方通过协商选用下列方法之一确定现场管理费费率：

①合同百分比法，按签订合同时约定的现场管理费费率计算。

②行业平均水平法，执行公认的行业标准费率，例如，工程造价管理部门制定颁发的取费标准。

③原始估价法，按投标报价时确定的费率计算。

④历史数据法，采用历史上类似工程的费率。

5)总部管理费索赔。索赔款中的总部管理费主要是指工程延误期间所增加的管理费。对这项索赔款的计算，目前没有统一的方法，在国际工程施工索赔中，总部管理费索赔额的计算有以下几种。

①按照投标书中总部管理费的比例(3%～8%)计算：

总部管理费＝合同中总部管理费比率×(直接费索赔款额＋工地管理费索赔款额等)

②按照公司总部统一规定的管理费比率计算：

总部管理费＝公司管理费比率×(直接费索赔款额＋工地管理费索赔款额等)

③以工程延期的总天数为基础，计算总部管理费的索赔额，其计算公式为

$$对某一工程提取的管理费＝同期内公司的总管理费×\frac{该工程的合同额}{同期内公司的总合同额}$$

$$该工程的每日管理费＝\frac{该工程向总部上缴的管理费}{合同实施天数}$$

索赔的总部管理费＝该工程的每日管理费×工程延期的天数

6)融资成本索赔。融资成本是指为取得和使用资金所需付出的代价而支付的资金的利息。

其中，最主要的是由于承包商只能在索赔事件处理完毕后的一段时间得到索赔费用，索赔事件所需的支出，承包商不得不从银行贷款或用自己的资金垫支，这就构成了融资成本。融资成本索赔额的计算公式为

融资成本索赔额＝(施工项目成本索赔额＋总部管理费索赔额)×利率

式中，利率可参照金融机构的利率标准或预期的平均投资收益率(机会利润率)确定。

7)利息的索赔。在索赔款额的计算中，经常包括利息。利息的索赔通常发生于下列情况：①拖期付款的利息；②由于工程变更和工程延误增加投资的利息；③索赔款的利息；④错误扣款的利息。至于这些利息的具体利率应是多少，在实践中可采用不同的标准，主要有这样几种规定：①按当时的银行贷款利率；②按当时的银行透支利率；③按合同双方协议的利率。

8)利润损失的索赔。一般来说，由于工程范围的变更和施工条件变化引起的索赔，承包商是可以列入利润的。但对于工程延误的索赔，由于利润通常包括在每项实施的工程内容的价格之内，而延误工期并未影响某些项目的实施，从而导致利润减少，所以，一般工程师很难同意在延误的费用索赔中加入利润损失索赔。

索赔利润的款额计算通常是与原报价单中的利润百分率保持一致，即在分部分项工程费等费用的基础上，增加原报价单中的利润率作为该项索赔款的利润。

国际工程施工索赔实践中，承包商有时也会列入一项“机会利润损失”，要求业主予以补偿。这种机会利润损失是由于非承包商的责任致使工程被延误，承包商不得不继续在本项工程中保留相当数量的人员、设备和流动资金，而不能按原计划把这些资源转到另一个工程项目上去，因而使该承包商失去了一个创造利润的机会。这种利润损失索赔，往往由于缺乏有力而切实的证明，比较难以成功。

另外还需注意的是，施工索赔中以下几项费用是不允许索赔的。

①由于承包商的原因而增大的经济损失。如果发生了业主或其他原因造成的索赔事件，而承包商未采取适当的措施防止或减少经济损失，并由于承包商的原因使经济损失增大，则不允许进行这些经济损失的补偿索赔。对采用措施尽量减少损失的义务，FIDIC合同条件中都有具体规定。这些措施可以保护未完工程，合理、及时地重新采购器材，重新分配施工力量，如人员、材料和机械设备等。若承包商采取了措施，花费了额外的人力物力，则可向业主要求对其“所采取的减少损失措施”的费用予以补偿。因为这对业主也是有利的。

②因合同或工程变更等事件引起的费用。因合同或工程变更等事件引起的工程施工计划调整，取消材料等物品订单，以及需修改分包合同等。这些费用的发生一般不允许单独索赔，可以放在现场管理费中予以补偿。

③承包商的索赔准备费用。承包商的每一项索赔要获得成功，必须从索赔机会进行预测与把握，保持原始记录，及时提交索赔意向通知和索赔账单进行索赔的具体分析和论证，并且到举行与监理工程师和业主之间的索赔谈判已达成协议的，承包商需要花费大量的人力和精力去进行认真、细致的准备工作。对有些复杂的索赔情况，承包商还需要聘请索赔专家来进行索赔的咨询工作等。所有这些索赔的准备和聘请专家都要开支款额，但这种款额的花费是不允许从索赔费用里得到补偿的。

④索赔金额在索赔处理期间的利息。对于某些工程项目的索赔事件所发生的索赔费用是很大的金额。而索赔处理的周期总是一个比较长的过程，这中间就发生了承包商应索赔到款额的利息问题。一般情况下，不允许对索赔款额再另加入利息，除非有确凿证据证明业主或监理工程师故意拖延了对索赔事件的处理。

有关索赔费用的具体计算和归类是灵活多变的，有些不允许索赔的费用，在其他方面也可得到补偿；有些允许索赔的费用，若承包商对索赔注意不够或处理不当，也可能无法得到相应的费用补偿。另外，在处理索赔事件的过程中，往往由于承包商和监理工程师对索赔的看法、经验、计算方法等的不同，双方所计算的索赔金额差距也较大，这是值得承包商注意的一点。

2. 工期索赔计算

(1)工期索赔成立的条件。

1)发生了非承包商自身原因造成的索赔事件。

2)索赔事件造成了总工期的延误。

(2)不同类型工程拖期的处理原则。在施工过程中，由于各种因素的影响，使承包商不能在合同规定的工期内完成工程，造成工程拖期。工程拖期可以分为两种情况，即可原谅的拖期和不可原谅的拖期。可原谅的拖期是由于非承包商原因造成的工程拖期。不可原谅的拖期一般是由承包商的原因而造成的工程拖期。这两类工程拖期的索赔处理原则及结果均不相同，见表9-4。

表9-4 工程拖期索赔处理原则

索赔原因	是否可原谅	拖期原因	责任者	处理原则	索赔结果
工程进度拖延	可原谅的拖期	1. 修改设计； 2. 施工条件变化； 3. 业主原因拖期； 4. 工程师原因拖期	业主/工程师	可给予工期延长，可以补偿经济损失	工期＋经济补偿
		1. 异常恶劣气候； 2. 工人罢工； 3. 天灾	客观原因	可给予工期延长，不给予经济补偿	工期
	不可原谅的拖期	1. 工效不高； 2. 施工组织不好； 3. 设备材料供应不及时	承包商	不延长工期，不补偿经济损失，向业主支付误期损失赔偿费	索赔失败，无权索赔

(3)共同延误下的工期索赔的处理原则。在实际施工过程中，工程拖期很少是只由一方面(承包商、业主或某一方面的客观原因)造成的，往往是两三种原因同时发生(或相互作用)而形成的，这就称为共同延误。在共同延误的情况下，要具体分析哪一种延误情况是有效的，即承包商可以得到工期延长，或既可得到工期延长，又可得到费用补偿。在确定拖期索赔的有效期时，应依据下列原则。

1)首先，判别造成拖期的哪一种原因是最先发生的，即确定“初始延误”者，它应对工程拖期负责。在初始延误发生作用期间，其他并发的延误者不承担拖期责任。

2)如果初始延误者是业主，则在业主造成的延误期内，承包商既可得到工期延长，又可得到经济补偿。

3)如果初始延误者是客观因素，则在客观因素发生影响的时间段内，承包商可以得到工期延长，但很难得到费用补偿。

(4)工期索赔的计算方法。工期索赔的计算方法主要有网络图分析法和比例计算法两种。

1)网络图分析法。网络图分析方法通过分析延误发生前后的网络计划，对比两种工期计算结果，计算索赔额。分析的基本思路为：假设工程施工一直按原网络计划确定的施工顺序和工期进行，现发生了一个或多个延误，使网络中的某个或某些活动受到影响，如延长持续时间，或活动之间逻辑关系变化，或增加新的活动。将这些活动受影响后的持续时间代入网络中，重新进行网络分析，得到一新工期，则新工期与原工期之差即为延误对总工期的影响，即为工期索赔额。通常，如果延误发生在关键线路上，则该延误引起的持续时间的延长即为总工期的延长值。如果该延误发生在非关键线路，受影响后仍在非关键线路上，则该延误对工期无影响，故不能提出工期索赔。

这种考虑延误影响后的网络计划又作为新的实施计划，如果有新的延误发生，则在此基础上可进行新一轮分析，提出新的工期索赔。这样在工程实施过程中，进度计划就是动态的，不断地被调整，而延误引起的工期索赔也可以随之同步进行。

网络图分析法计算方法如下：

①由于非承包商自身原因的事件造成关键线路上的工序暂停施工时，工期索赔天数为关键线路上的工序暂停施工日历天数。

②由于非承包商自身原因的事件造成非关键线路上的工序暂停施工时，其计算公式为

工期索赔天数=工序暂停施工的日历天数-该工序的总时差天数

注：当差值为零或负数时，工期不能索赔。

2)比例计算法。在实际工程中，延误事件常常仅影响某些单项工程、单位工程，或分部分项工程的工期，要分析它们对总工期的影响，可以采用更为简单的比例方法。但这种方法只是一种粗略的估算，在不能采用其他计算方法时使用。

比例计算法的具体计算方法如下：

①以合同价所占比例计算，按引起误期的事件选用。

②对于已知部分工程的延期的时间：

工期索赔额=(受干扰部分工程的合同价/原合同价)×该受干扰部分工期拖延时间

③对于已知额外增加工程量的价格：

工期索赔额=(额外增加的工程量的价格/原合同总价)×原合同总工期

3)其他方法。在实际工程中，工期补偿天数的确定方法是多样的，例如，在延误发生前由双方商讨，在变更协议或其他附加协议中直接确定补偿天数，或按实际工期延长记录确定补偿天数等。

(5)索赔费用的支付。当承包商提供了能使监理工程师确定应付索赔款额的足够的详细资料后，监理工程师在对此类款额做了证实并与业主和承包商协商之后，可在任何中期支付证书中向承包人支付索赔款额。如果提供的详细资料不足以证实全部索赔，则监理工程师应按照足以证实而使监理工程师满意的那部分索赔的详细资料，给予承包人部分索赔的付款。

本章小结

在建设工程合同文本中，对当事人各方的权利、义务和责任做了明确、完善的规定，可操作性强，有利于合同的正常履行，保证工程建设项目的顺利实施。因而，合同管理是项目管理的核心内容，合同管理是工程建设监理的重要工作之一，是工程建设监理的依据和手段。本章主要介绍了建设工程施工合同的订立、履行，施工争议的处理及合同的解除。

思考与练习

一、填空题

1. 施工合同签订的形式有________、________和其他形式。

2. 因发包人原因未能及时办理完毕前述许可、批准或备案，由________承担由此增加的费用和(或)延误的工期，并支付________合理的利润。

3. 除专用合同条款另有约定外，发包人应在收到承包人要求提供资金来源证明的书面通知后________内，向________提供能够按照合同约定支付合同价款的相应资金来源证明。

4. 签约合同价是指发包人和承包人在合同协议中确定的总金额，包括________、________及________等。

5. ________是指发包人用于支付承包人按照合同约定完成承包范围内全部工作的金额。

6. ________是指发包人在工程量清单或预算书中提供的，用于支付必然发生但暂时不能确定价格的材料、工程设备的单价、专业工程以及服务工作的金额。

7. ________是将承包人的部分应得款扣留在发包人手中，用于因施工原因修复缺陷工程的开支项目。

8. 工程变更中有________、________两大类。

9. 监理人收到承包人变更报价书后的________内，根据合同约定的估价原则，商定或确定变更价格。

二、多项选择题

1. 建设工程施工合同的作用包括(　　)。

A. 明确建设单位和施工企业在施工中的权利和义务

B. 有利于对工程施工的管理

C. 有利于建筑市场的培育和发展

D. 有利于对施工进度的管理

E. 进行监理的依据和推行监理制的需要

2. 通用条款中明确规定，由于发包人原因导致的延误，承包人有权获得工期顺延和(或)费用加利润补偿的情况包括(　　)。

A. 增加合同工作内容

B. 改变合同中任何一项工作的质量要求或其他特性

C. 发包人拖延提供材料、工程设备或变更交货地点

D. 因发包人原因导致的暂停施工

E. 按合同约定及时支付预付款、进度款

3. 合同变更的原因一般主要包括(　　)。

A. 发包人有新的意图，修改项目总计划，削减预算，发包人要求变化

B. 由于设计人员、工程师、承包商事先没能很好地理解发包人的意图，或设计的错误导致的图纸修改

C. 工程环境的变化，预定的工程条件改变原设计、实施方案或实施计划，或由于发包人指令及发包人责任的原因造成承包商施工方案的变更

D. 由于产生新的技术和知识，有必要改变原设计、实施方案或实施计划，或由于发包人指令、发包人的原因造成承包商施工方案的变更

E. 政府部门对工程新的要求，如国家计划变化、环境保护要求、城市规划变动等

4. 合同当事人在履行施工合同时，解决所发生争议、纠纷的方式有(　　)。

A. 和解　　B. 调解

C. 仲裁　　D. 诉讼

E. 妥协

5. 索赔按事件的性质分类可分为(　　)。

A. 工程延期索赔　　B. 工程变更索赔

C. 工程终止索赔　　D. 道义索赔

E. 意外风险和不可预见因素索赔

三、简答题

1. 施工合同签订时需要明确的内容包括哪些?
2. 建设工程施工中承包人在履行合同过程中应履行哪些义务?
3. 在调价公式的应用中，有哪几个基本原则?
4. 索赔主要由哪几方面原因造成?

第十章　工程建设监理信息管理

知识目标

了解监理信息的特点、表现形式、分类及作用，建设监理文件档案资料管理的基本概念、特征、职责和要求；熟悉工程监理基本表式及其应用说明、工程监理信息系统和建筑信息建模(BIM)；掌握监理信息的加工、整理、分发、检索和储备，工程监理主要文件资料及其编制要求。

能力目标

能对工程建设项目信息进行管理；能管理工程建设监理主要文件档案。

第一节　监理信息概述

一、监理信息的特点

监理信息是在整个工程建设监理过程中发生的、反映工程建设状态和规律的信息。它具有一般信息的特征，同时也有其本身的特点。监理信息的特点见表 10-1。

表 10-1　监理信息的特点

序号	特　点	说　　明
1	信息量大	因为监理的工程项目管理涉及多部门、多专业、多环节、多渠道，而且工程建设中的情况多变化，处理的方式多样化，因此，信息量也特别大
2	信息系统性强	由于工程项目往往是一次性(或单件性)，即使是同类型的项目，也往往因为地点、施工单位或其他情况的变化而变化，因此，虽然信息量大，但却都集中于所管理的项目对象上，这就为信息系统的建立和应用创造了条件
3	信息传递中的障碍多	信息传递中的障碍来自地区的间隔、部门的分散、专业的隔阂，或传递手段的落后，或对信息的重视程度或理解能力、经验、知识的限制
4	信息的滞后现象	信息往往是在项目建设和管理过程中产生的，信息反馈一般要经过加工、整理、传递以后才能到达决策者手中，因此是滞后的。倘若信息反馈不及时，容易影响信息作用的发挥而造成失误

二、监理信息的表现形式

监理信息的表现形式就是信息内容的载体，也就是各种各样的数据。在工程建设监理过程中，各种情况层出不穷，这些情况包含了各种各样的数据。这些数据可以是文字，可以是数字，也可以是各种报表，还可以是图形、图像和声音等。

1. 文字数据

文字数据是监理信息的一种常见的表现形式。文件是最常见的用文字数据表现的信息。管理部门会下发很多文件；工程建设各方，通常规定以书面形式进行交流，即使是口头上的指令，也要在一定时间内形成书面的文字，这也会形成大量的文件，这些文件包括国家、地区、部门行业、国际组织颁布的有关工程建设的法律法规文件，还包括国际、国家和行业等制定的标准规范。具体到每一个工程项目，还包括合同及招标投标文件、工程承包(分包)单位的情况资料、会议纪要、监理月报、洽商及变更资料、监理通知、隐蔽及预检记录资料等。这些文件中包含了大量的信息。

2. 数字数据

数字数据也是监理信息常见的一种表现形式。在工程建设中，监理工作的科学性要求“用数字说话”，为了准确地说明各种工程情况，必然有大量数字数据产生，各种计算成果、各种试验检测数据，反映着工程项目的质量、投资和进度等情况。

3. 报表

报表是监理信息的另一种表现形式，工程建设各方常用这种直观的形式传播信息。承包商需要提供反映工程建设状况的多种报表，如开工申请单、施工技术方案申报表、进场原材料报验单、进场设备报验单、施工放样报验单、分包申请单、付款申请表、索赔申请书、索赔损失计算清单、延长工期申报表、复工申请、事故报告单、工程验收申请单、竣工报验单等。监理组织内部常采用规范化的表格来作为有效控制的手段，如工程开工令、工程变更通知、工程暂停指令、复工指令、工程验收证书、工程验收记录、竣工证书等。监理工程师向发包人反映工程情况也往往用报表形式传递工程信息，如工程质量月报表、项目月支付总表、工程进度月报表、进度计划与实际完成报表、施工计划与实际完成情况表、监理月报表等。

4. 图形、图像和声音

这些信息包括工程项目立面、平面及功能布置图形、项目位置及项目所在区域环境实际图形或图像等，对每一个项目，还包括分专业隐检部位图形、分专业设备安装部位图形、分专业预留预埋部位图形、分专业管线平(立)面走向及跨越伸缩缝部位图形、分专业管线系统图形、质量问题和工程进度形象图像，在施工中还有设计变更图等。图形、图像信息还包括工程录像、照片等，这些信息能直观、形象地反映工程情况，特别是能有效地反映隐蔽工程的情况。声音信息主要包括会议录音、电话录音以及其他的讲话录音等。

三、监理信息的分类

为了有效地管理和应用工程建设监理信息，需将信息进行分类。按照不同的分类标准，工程建设监理信息可分为不同的类型，具体分类见表 10-2。

表 10-2　监理信息的分类

序号	分类标准	类型	内容
1	按照工程建设监理职能划分	投资控制信息	如各种投资估算指标，类似工程造价，物价指数，概、预算定额，建设项目投资估算，设计概、预算，合同价，工程进度款支付单，竣工结算与决算，原材料价格，机械台班费，人工费，运杂费，投资控制的风险分析等

续表

序号	分类标准	类型	内容
1	按照工程建设监理职能划分	质量控制信息	如国家有关的质量政策及质量标准，项目建设标准，质量目标的分解结果，质量控制工作流程，质量控制工作制度，质量控制的风险分析，质量抽样检查结果等
		进度控制信息	如工期定额，项目总进度计划，进度目标分解结果，进度控制工作流程，进度控制工作制度，进度控制的风险分析，某段时间的施工进度记录等
		合同管理信息	如国家有关法律规定，工程建设招标投标管理办法，建设工程施工合同管理办法，工程建设监理合同，建设工程勘、察设计合同，建设工程施工承包合同，土木工程施工合同条件，合同变更协议，工程建设中标通知书、投标书和招标文件等
		行政事务管理信息	如上级主管部门、设计单位、承包商、发包人的来函文件，有关技术资料等
2	按照工程建设监理信息来源划分	工程建设内部信息	内部信息取自建设项目本身，如工程概况，可行性研究报告，设计文件，施工组织设计，施工方案，合同文件，信息资料的编码系统，会议制度，监理组织机构，监理工作制度，监理委托合同，监理规划，项目的投资目标，项目的质量目标，项目的进度目标等
		工程建设外部信息	外部信息是指来自建设项目外部环境的信息，如国家有关的政策及法规，国内及国际市场上原材料及设备价格，物价指数，类似工程的造价，类似工程的进度，投标单位的实力，投标单位的信誉，毗邻单位的有关情况等
3	按照工程建设监理信息稳定程度划分	固定信息	固定信息是指那些具有相对稳定性的信息，或者在一段时间内可以在各项监理工作中重复使用而不发生质的变化的信息，它是工程建设监理工作的重要依据。固定信息主要包括： (1)定额标准信息。这类信息内容很广，主要是指各类定额和标准，如概、预算定额，施工定额，原材料消耗定额，投资估算指标，生产作业计划标准，监理工作制度等。 (2)计划合同信息，是指计划指标体系、合同文件等。 (3)查询信息，是指国家标准、行业标准、部颁标准、设计规范、施工规范、监理工程师的人事卡片等
		流动信息	流动信息即作业统计信息，是反映工程项目建设实际进程和实际状态的信息，随着工程项目的进展而不断更新。这类信息时间性较强，一般只有一次使用价值。如项目实施阶段的质量、投资及进度统计信息就是反映在某一时刻项目建设的实际进程及计划完成情况。再如项目实施阶段的原材料消耗量、机械台班数、人工工日数等。及时收集这类信息，并与计划信息进行对比分析是实施项目目标控制的重要依据，是不失时机地发现、克服薄弱环节的重要手段。在工程建设监理过程中，这类信息的主要表现形式是统计报表
4	按照工程建设监理活动层次划分	总监理工程师所需信息	如有关工程建设监理的程序和制度，监理目标和范围，监理组织机构的设置状况，承包商提交的施工组织设计和施工技术方案，建设监理委托合同，施工承包合同等
		各专业监理工程师所需信息	如工程建设的计划信息，实际进展信息，实际进展与计划的对比分析结果等。监理工程师通过掌握这些信息，可以及时了解工程建设是否达到预期目标并指导其采取必要措施，以实现预定目标
		监理检查员所需信息	主要是工程建设实际进展信息，如工程项目的日进展情况。这类信息较具体、详细，精度较高，使用频率也高
5	按照工程建设监理阶段划分	设计阶段	如“可行性研究报告”及“设计任务书”，工程地质和水文地质勘察报告，地形测量图，气象和地震烈度等自然条件资料，矿藏资源报告，规定的设计标准，国家或地方有关的技术经济指标和定额，国家和地方的监理法规等
		施工招标阶段	如国家批准的概算，有关施工图纸及技术资料，国家规定的技术经济标准、定额及规范，投标单位的实力，投标单位的信誉，国家和地方颁布的招标投标管理办法等
		施工阶段	如施工承包合同，施工组织设计、施工技术方案和施工进度计划，工程技术标准，工程建设实际进展情况报告，工程进度款支付申请，施工图纸及技术资料，工程质量检查验收报告，工程建设监理合同，国家和地方的监理法规等

四、监理信息的作用

监理行业属于信息产业，监理工程师是信息工作者，生产的是信息，使用和处理的是信息，主要体现监理成果的也是各种信息。建设监理信息对监理工程师开展监理工作，对监理工程师进行决策具有重要的作用。

监理信息对监理工作的作用表现在以下几个方面。

(1)监理信息是监理决策的依据。决策是建设监理的首要职能，它的正确与否直接影响到工程项目建设总目标的实现及监理单位的信誉。建设监理决策正确与否取决于多种因素，其中最重要的因素之一就是信息。没有可靠、充分、系统的信息作为依据，就不可能做出正确的决策。

(2)监理信息是监理工程师实施控制的基础。控制的主要任务是将计划执行情况与计划目标进行比较，找出差异，对比较的结果进行分析，排除和预防产生差异的原因，使总体目标得以实现。

为了进行有效的控制，监理工程师必须得到充分、可靠的信息。为了进行比较分析及采取措施来控制工程项目投资目标、质量目标及进度目标，监理工程师首先应掌握有关项目三大目标的计划值，它们是控制的依据；其次，监理工程师还应了解三大目标的执行情况。只有对这两个方面的信息都充分掌握，监理工程师才能正确实施控制工作。

(3)监理信息是监理工程师进行工程项目协调的重要媒介。工程项目的建设过程涉及有关的政府部门和建设、设计、施工、材料设备供应、监理单位等，这些政府部门和企业单位对工程项目目标的实现都会有一定的影响，处理、协调好它们之间的关系，并对工程项目的目标实现起促进作用，就是依靠信息将这些单位有机地联系起来。

第二节　工程建设信息管理

工程建设信息管理是指对工程建设信息的收集、加工、整理、存储、传递、应用等一系列工作的总称。信息管理是工程建设监理的重要手段之一，及时掌握准确、完整的信息，可以使监理工程师耳聪目明，更加卓有成效地完成工程建设监理与相关服务工作。信息管理工作的好坏，将直接影响工程建设监理与相关服务工作的成败。

工程建设信息管理贯穿工程建设全过程，其基本环节包括：信息的收集、传递、加工、整理、分发、检索和存储。

一、工程建设信息的收集

在工程建设的不同进展阶段，会产生大量的信息。工程监理单位的介入阶段不同，决定了信息收集的内容不同。如果工程监理单位接受委托在建设工程决策阶段提供咨询服务，则需要收集与建设工程相关的市场、资源、自然环境、社会环境等方面的信息。如果是在建设工程设计阶段提供项目管理服务，则需要收集的信息有：工程项目可行性研究报告及前期相关文件资料；同类工程相关资料；拟建工程所在地信息；勘察、测量、设计单位相关信息；拟建工程所在地政府部门相关规定；拟建工程设计质量保证体系及进度计划等。

如果是在建设工程施工招标阶段提供相关服务，则需要收集的信息有：工程立项审批文件；工程地质、水文地质勘察报告；工程设计及概算文件；施工图设计审批文件；工程所在地工程材料、构配件、设备、劳动力市场价格及变化规律；工程所在地工程建设标准及招标投标相关规定等。

在建设工程施工阶段，项目监理机构应从下列方面收集信息：

(1)建设工程施工现场的地质、水文、测量、气象等数据；地上、地下管线，地下洞室，地上既有建筑物、构筑物及树木、道路，建筑红线，水、电、气管道的引入标志；地质勘察报告、地形测量图及标桩等环境信息。

(2)施工机构组成及进场人员资格；施工现场质量及安全生产保证体系；施工组织设计及(专项)施工方案、施工进度计划；分包单位资格等信息。

(3)进场设备的规格型号、保修记录；工程材料、构配件、设备的进场、保管、使用等信息。

(4)施工项目管理机构管理程序；施工单位内部工程质量、成本、进度控制及安全生产管理的措施及实施效果；工序交接制度；事故处理程序；应急预案等信息。

(5)施工中需要执行的国家、行业或地方工程建设标准；施工合同履行情况。

(6)施工过程中发生的工程数据，如：地基验槽及处理记录；工序交接检查记录；隐蔽工程检查验收记录；分部分项工程检查验收记录等。

(7)工程材料、构配件、设备质量证明资料及现场测试报告。

(8)设备安装试运行及测试信息，如：电气接地电阻、绝缘电阻测试，管道通水、通气、通风试验，电梯施工试验，消防报警、自动喷淋系统联动试验等信息。

(9)工程索赔相关信息，如：索赔处理程序、索赔处理依据、索赔证据等。

二、工程建设信息的加工、整理、分发、检索和存储

1. 信息的加工和整理

信息的加工和整理主要是指将所获得的数据和信息通过鉴别、选择、核对、合并、排序、更新、计算、汇总等，生成不同形式的数据和信息，目的是提供给各类管理人员使用。加工与整理数据和信息，往往需要按照不同的需求分层进行。

工程监理人员对于数据和信息的加工要从鉴别开始。一般而言，工程监理人员自己收集的数据和信息的可靠度较高；而对于施工单位报送的数据，就需要进行鉴别、选择、核对，对于动态数据需要及时更新。为了便于应用，还需要对收集来的数据和信息按照工程项目组成(单位工程、分部工程、分项工程等)、工程项目目标(质量、造价、进度)等进行汇总和组织。

科学的信息加工和整理，需要基于业务流程图和数据流程图，结合工程建设监理与相关服务业务工作绘制业务流程图和数据流程图，不仅是工程建设信息加工和整理的重要基础，而且是优化工程建设监理与相关服务业务处理过程、规范工程建设监理与相关服务行为的重要手段。

(1)业务流程图。业务流程图是以图示形式表示业务处理过程。通过绘制业务流程图，可以发现业务流程的问题或不完善之处，进而可以优化业务处理过程。某项目监理机构的工程量处理业务流程图如图 10-1 所示。

(2)数据流程图。数据流程图是根据业务流程图，将数据流程以图示形式表示出来。数据流程图的绘制应自上而下地层层细化。根据图 10-1 绘制的工程量处理数据流程图如图 10-2 所示。

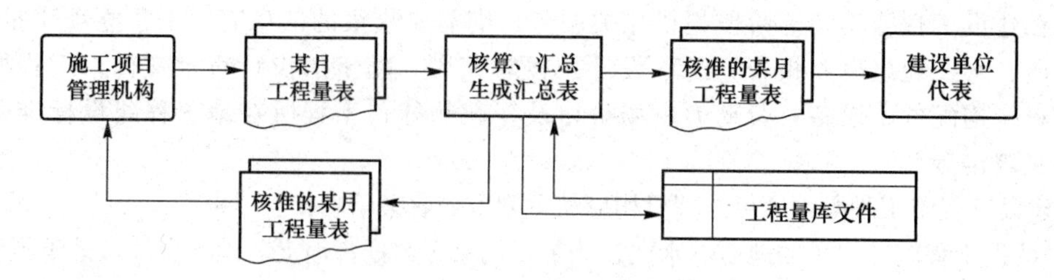

图 10-1　工程量处理业务流程图

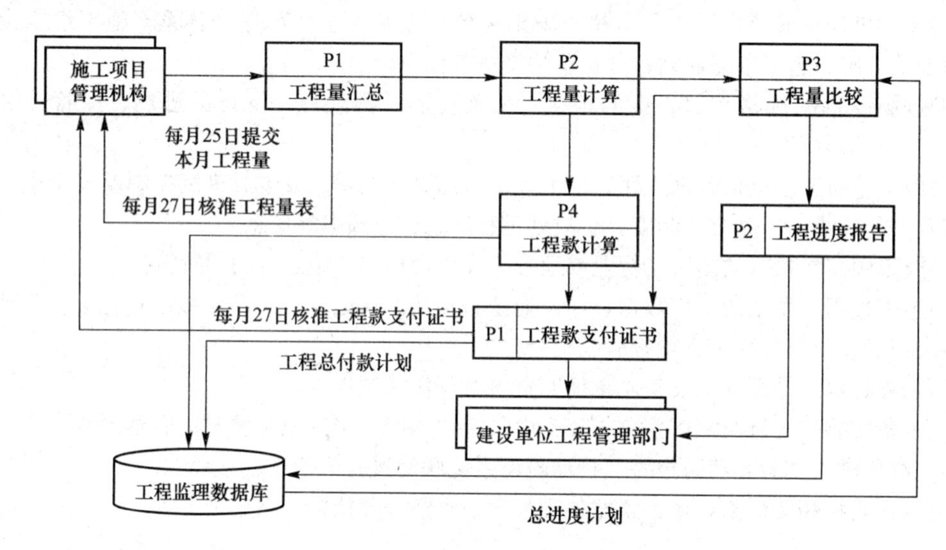

图 10-2　工程量处理数据流程图

2. 信息的分发和检索

加工整理后的信息要及时提供给需要使用信息的部门和人员，信息的分发要根据需要来进行，信息的检索需要建立在一定的分级管理制度上。信息分发和检索的基本原则是：需要信息的部门和人员，有权在需要的第一时间，方便地得到所需要的信息。

(1)信息分发。设计信息分发制度时需要考虑：

1)了解信息使用部门和人员的使用目的、使用周期、使用频率、获得时间及信息的安全要求；

2)决定信息分发的内容、数量、范围、数据来源；

3)决定分发信息的数据结构、类型、精度和格式；

4)决定提供信息的介质。

(2)信息检索。设计信息检索时需要考虑：

1)允许检索的范围，检索的密级划分，密码管理等；

2)检索的信息能否及时、快速地提供，实现的手段；

3)所检索信息的输出形式，能否根据关键词实现智能检索等。

3. 信息的存储

存储信息需要建立统一数据库。需要根据建设工程实际，规范地组织数据文件。

(1)按照工程进行组织，同一工程按照质量、造价、进度、合同等类别组织，各类信息再进一步根据具体情况进行细化；

(2)工程参建各方要协调统一数据存储方式，数据文件名要规范化，要建立统一的编码体系；

(3)尽可能以网络数据库形式存储数据，减少数据冗余，保证数据的唯一性，并实现数据共享。

第三节 建筑工程文件档案资料管理

一、建设工程文件档案资料管理的基本概念

1. 建设工程文件

建设工程文件是指在工程项目建设过程中形成的各种形式的信息记录，包括工程准备阶段文件、监理文件、施工文件、竣工图和竣工验收文件，也可简称为工程文件。

2. 建设工程档案

建设工程档案是指在项目建设活动中直接形成的具有归档保存价值的文字、图表、声像等各种形式的历史记录，也可简称为工程档案。

3. 建设工程文件档案资料

建设工程文件档案资料是在建设项目规划和实施过程中直接形成的、具有保存价值的文字、图表、数据等各种历史资料的记载，它是建设工程开展规划、勘测、设计、施工、管理、运行、维护、科研、抗灾、战略等不同工作的重要依据。

4. 建设工程文件档案资料管理

在实际工程中，许多信息由文件档案资料给出。建设工程文件档案资料管理(简称为文档管理)指的是在工程建设信息管理中对作为信息载体的资料有序地进行收集、加工、分解、编目、存档，并为项目各参加者提供专用和常用信息的过程。

二、建设工程文件档案资料管理的特征

建设工程文件档案资料与其他一般性的资料相比，有以下几个方面的特征。

(1)全面性和真实性。建设工程文件档案资料只有全面反映项目的各类信息，才更有实用价值，而且必须形成一个完整的系统。有时，只言片语的引用往往会起到误导作用。另外，建设工程文件档案资料必须真实反映工程情况，包括发生的事故和存在的隐患。真实性是对所有文件档案资料的共同要求，但在建设领域对这方面的要求更为迫切。

(2)继承性和时效性。随着建筑技术、施工工艺、新材料以及建筑企业管理水平的不断提高和发展，文件档案资料可以被继承和积累。新的工程在施工过程中可以吸取以前的经验，避免重犯以往的错误。同时，建设工程文件档案资料有很强的时效性，文件档案资料的价值会随着时间的推移而衰减，有时文件档案资料一经生成，就必须传达到有关部门，否则会造成严重后果。

(3)分散性和复杂性。由于建设工程周期长、生产工艺复杂、建筑材料种类多、建筑技术发展迅速、影响建设工程因素多种多样、工程建设阶段性强并且相互穿插，因此，导致了建设工程文件档案资料的分散性和复杂性。

(4)多专业性和综合性。建设工程文件档案资料依附于不同的专业对象而存在，又依赖不同的载体而流动，涉及建筑、市政、公用、消防、保安等多种专业，也涉及电子、力学、声学、美学等多种学科，并同时综合了质量、进度、造价、合同、组织协调等多方面内容。

(5)随机性。建设工程文件档案资料产生于工程建设的整个过程中，工程开工、施工、竣工等各个阶段、各个环节都会产生各种文件档案资料。部分建设工程文件档案资料的产生有规律性(如各类报批文件)，但还有相当一部分文件档案资料产生是由具体工程事件引发的，因此，建设工程文件档案资料是有随机性的。

三、建设工程文件档案资料管理的职责

建设工程文件档案资料管理的职责涉及建设单位、监理单位、施工单位等以及地方城建档案管理部门。

1. 各参建单位通用职责

工程各参建单位文档管理的通用职责主要有以下几个方面。

(1)工程各参建单位填写的建设工程档案应以施工及验收规范、工程合同、设计文件、工程施工质量验收统一标准等为依据。

(2)工程档案资料应随工程进度及时收集、整理，并应按专业归类，认真书写，字迹清楚，项目齐全、准确、真实，并无未了事项。表格应采用统一格式，特殊要求需增加的表格应统一归类。

(3)工程档案资料进行分级管理，工程建设项目各单位技术负责人负责本单位工程档案资料的全过程组织工作并负责审核，各相关单位档案管理员负责工程档案资料的收集、整理工作。

(4)对工程档案资料进行涂改、伪造、随意抽撤或损毁、丢失等，应按有关规定予以处罚，情节严重的应依法追究法律责任。

2. 建设单位的职责

工程建设单位文档管理的职责主要有以下几个方面。

(1)在工程招标及与勘察、设计、监理、施工等单位签订协议、合同时，应对工程文件的套数、费用、质量、移交时间等提出明确要求。

(2)负责组织、监督和检查勘察、设计、施工、监理等单位的工程文件的形成、积累和立卷归档工作；也可委托监理单位监督、检查工程文件的形成、积累和立卷归档工作。

(3)在组织工程竣工验收前，应提请当地城建档案管理部门对工程档案进行预验收；未取得工程档案验收认可文件，不得组织工程竣工验收。

(4)收集和汇总勘察、设计、施工、监理等单位立卷归档的工程档案。

(5)收集和整理工程准备阶段、竣工验收阶段形成的文件，并应进行立卷归档。

(6)必须向参与工程建设的勘察设计、施工、监理等单位提供与建设工程有关的原始资料，原始资料必须真实、准确、齐全。

(7)可委托承包单位、监理单位组织工程档案的编制工作；负责组织竣工图的绘制工作，也可委托承包单位、监理单位、设计单位完成，收费标准按照所在地相关文件执行。

(8)对列入当地城建档案管理部门接收范围的工程，工程竣工验收三个月内，向当地城建档案管理部门移交一套符合规定的工程文件。

3. 监理单位的职责

工程监理单位文档监理的职责主要有以下几个方面。

(1)应设专人负责监理资料的收集、整理和归档工作。在项目监理部，监理资料的管理应由

总监理工程师负责，并指定专人具体实施，监理资料应在各阶段监理工作结束后及时整理归档。

(2)监理资料必须及时整理、真实完整、分类有序。在设计阶段，对勘察、测绘、设计单位工程文件的形成、积累和立卷归档进行监督、检查；在施工阶段，对施工单位的工程文件的形成、积累、立卷归档进行监督、检查。

(3)可以按照委托监理合同的约定，接受建设单位的委托，监督、检查工程文件的形成、积累和立卷归档工作。

(4)编制监理文件的套数、提交内容、提交时间，应按照现行《建设工程文件归档规范(2019 年版)》(GB/T 50328—2014)和各地城建档案管理部门的要求，编制移交清单，双方签字、盖章后，及时移交建设单位，由建设单位收集和汇总。监理公司档案部门需要的监理档案，按照《建设工程监理规范》(GB/T 50319—2013)的要求，及时由项目监理部提供。

4. 施工单位的职责

工程施工单位文档管理的职责主要有以下几个方面。

(1)实行技术负责人负责制，逐级建立、健全施工文件管理岗位责任制，配备专职档案管理员，负责施工资料的管理工作。工程项目的施工文件应设专门的部门(专人)负责收集和整理。

(2)建设工程实行总承包的，总承包单位负责收集、汇总各分包单位形成的工程档案，各分包单位应将本单位形成的工程文件整理、立卷后及时移交总承包单位。工程建设项目由几个单位承包的，各承包单位负责收集、整理、立卷其承包项目的工程文件，并应及时向建设单位移交。各承包单位应保证归档文件的完整、准确、系统，能够全面反映工程建设活动的全过程。

(3)按要求在竣工前将施工文件整理汇总完毕，再移交建设单位进行工程竣工验收。

(4)可以按照施工合同的约定，接受建设单位的委托进行工程档案的组织、编制工作。

(5)负责编制的施工文件的套数不得少于地方城建档案管理部门要求，但应有完整施工文件移交建设单位及自行保存，保存期可根据工程性质以及地方城建档案管理部门的有关要求确定。

5. 地方城建档案管理部门的职责

地方城建档案管理部门的职责主要有以下几个方面。

(1)负责接收和保管所辖范围应当永久和长期保存的工程档案和有关资料。

(2)负责对城建档案工作进行业务指导，监督和检查有关城建档案法规的实施。

(3)列入向本部门报送工程档案范围的工程项目，其竣工验收应由本部门参加并负责对移交的工程档案进行验收。

四、建设工程文件档案资料管理的要求

(一)工程建设监理文件资料收文与登记

项目监理机构所有收文应在收文登记表上按监理信息分类分别进行登记，应记录文件名称、文件摘要信息、文件发放单位(部门)、文件编号以及收文日期，必要时应注明接收文件的具体时间，最后由项目监理机构负责收文人员签字。

在监理文件资料有追溯性要求的情况下，应注意核查所填内容是否可追溯。如工程材料报审表中是否明确注明使用该工程材料的具体工程部位，以及该工程材料质量证明原件的保存处等。

当不同类型的监理文件资料之间存在相互对照或追溯关系(如监理通知与监理通知回复单)时，在分类存放的情况下，应在文件和记录上注明相关文件资料的编号和存放处。

项目监理机构文件资料管理人员应检查监理文件资料的各项内容填写和记录是否真实完整，签字认可人员应为符合相关规定的责任人员，并且不得以盖章和打印代替手写签认。建设工程

监理文件资料以及存储介质的质量应符合要求，所有文件资料必须符合文件资料归档要求，如用碳素墨水填写或打印生成，以满足长期保存的要求。

对于工程照片及声像资料等，应注明拍摄日期及所反映的工程部位等摘要信息。收文登记后应交给项目总监理工程师或由其授权的监理工程师进行处理，重要文件内容应记录在监理日志中。

涉及建设单位的指令、设计单位的技术核定单及其他重要文件等，应将其复印件公布在项目监理机构专栏中。

(二)工程建设监理文件资料传阅与登记

工程建设监理文件资料需要由总监理工程师或其授权的监理工程师确定是否需要传阅。对于需要传阅的，应确定传阅人员名单和范围，并在文件传阅纸上注明，如图 10-3 所示，将文件传阅纸随同文件资料一起进行传阅。也按文件传阅纸样式刻制方形图章，盖在文件资料空白处，代替文件传阅纸。

每一位传阅人员阅后应在文件传阅纸上签名，并注明日期。文件资料传阅期限不应超过该文件资料的处理期限。传阅完毕后，文件资料原件应交还信息管理人员存档。

<table>
<tr><td colspan="2">文件名称</td><td colspan="3"></td></tr>
<tr><td colspan="2">收/发文日期</td><td colspan="3"></td></tr>
<tr><td colspan="2">责任人</td><td></td><td>传阅期限</td><td></td></tr>
<tr><td rowspan="5">传阅人员</td><td colspan="4">(　　)</td></tr>
<tr><td colspan="4">(　　)</td></tr>
<tr><td colspan="4">(　　)</td></tr>
<tr><td colspan="4">(　　)</td></tr>
<tr><td colspan="4">(　　)</td></tr>
</table>

图 10-3　文件传阅纸

(三)工程建设监理文件资料发文与登记

工程建设监理文件资料发文应由总监理工程师或其授权的监理工程师签名，并加盖项目监理机构图章。若为紧急处理的文件，应在文件资料首页标注“急件”字样。

所有工程建设监理文件资料应要求进行分类编码，并在发文登记表上进行登记。登记内容包括：文件资料的分类编码、文件名称、摘要信息、接收文件的单位(部门)名称、发文日期(强调时效性的文件应注明发文的具体日期)。收件人收到文件后应签名。

发文应留有底稿，并附一份文件传阅纸，信息管理人员根据文件签发人指示确定文件责任人和相关传阅人员。文件传阅过程中，每位传阅人员阅后应签名并注明日期。发文的传阅期限不应超过其处理期限。重要文件的发文内容应记录在监理日志中。

项目监理机构的信息管理人员应及时将发文原件归入相应的资料柜(夹)中，并在文件资料目录中予以记录。

(四)工程建设监理文件资料分类存放

工程建设监理文件资料经收文、发文、登记和传阅工作程序后，必须进行科学的分类后再进行存放。这样既可以满足工程项目实施过程中查阅、求证的需要，又便于工程竣工后文件资料的归档和移交。

项目监理机构应备有存放监理文件资料的专用柜和用于监理文件资料分类存放的专用资料

夹。大中型工程项目监理信息应采用计算机进行辅助管理。

工程建设监理文件资料的分类原则应根据工程特点及监理与相关服务内容确定，工程监理单位的技术管理部门应明确本单位文件档案资料管理的基本原则，以便统一管理并体现工程监理单位特色。工程建设监理文件资料应保持清晰，不得随意涂改记录，保存过程中应保持记录介质的清洁和不破损。

工程建设监理文件资料的分类应根据工程项目的施工顺序、施工承包体系、单位工程的划分以及工程质量验收程序等，并结合项目监理机构自身的业务工作开展情况进行，原则上可按施工单位、专业施工部位、单位工程等进行分类，以保证工程建设监理文件资料检索和归档工作的顺利进行。

项目监理机构信息管理部门应注意建立适宜的文件资料存放地点，防止文件资料受潮霉变或虫害侵蚀。

资料夹装满或工程项目某一分部工程或单位工程结束时，相应的文件资料应转存至档案袋，袋面应以相同编号予以标识。

(五)工程建设监理文件资料组卷归档

工程监理文件资料归档内容、组卷方式及工程监理档案验收、移交和管理工作，应根据《建设工程监理规范》(GB/T 50319—2013)、《建设工程文件归档规范(2019 年版)》(GB/T 50328—2014)以及工程所在地有关部门规定执行。

1. 工程建设监理文件资料编制要求

(1)归档的文件资料一般应为原件。

(2)文件资料内容及其深度须符合国家有关工程勘察、设计、施工、监理等方面的技术规范、标准的要求。

(3)文件资料内容必须真实、准确，与工程实际相符。

(4)文件资料应采用耐久性强的书写材料，如碳素墨水、蓝黑墨水，不得使用易褪色的书写材料，如红色墨水、纯蓝墨水、圆珠笔、复写纸、铅笔等。

(5)文件资料应字迹清楚、图样清晰、图表整洁、签字盖章手续完备。

(6)文件资料中文字材料幅面尺寸规格宜为 A4 幅面(297 mm×210 mm)。纸张应采用能够长时间保存的韧力大、耐久性强的纸张。

(7)文件资料的缩微制品，必须按国家缩微标准进行制作，主要技术指标(解像力、密度、海波残留量等)要符合国家标准，保证质量，以适应长期安全保管。

(8)文件资料中的照片及声像档案，要求图像清晰、声音清楚、文字说明或内容准确。

(9)文件资料应采用打印形式并使用档案规定用笔手工签字，在不能使用原件时，应在复印件或抄件上加盖公章并注明原件保存处。

应用计算机辅助管理工程建设监理文件资料时，相关文件和记录经相关负责人员签字确定、正式生效并已存入项目监理机构相关资料夹时，信息管理人员应将存储在计算机中的相应文件和记录的属性改为“只读”，并将保存的目录名记录在书面文件上，以便于进行查阅。在工程建设监理文件资料归档前，不得删除计算机中保存的有效文件和记录。

2. 工程建设监理文件资料组卷方法及要求

(1)组卷原则及方法。

1)组卷应遵循监理文件资料的自然形成规律，保持卷内文件的有机联系，便于档案的保管和利用；

2)一个建设工程由多个单位工程组成时，应按单位工程组卷；

3)监理文件资料可按单位工程、分部工程、专业、阶段等组卷。

(2)组卷要求。

1)案卷不宜过厚，文字材料卷厚度不宜超过 20 mm，图纸卷厚度不宜超过 50 mm；电子文件立卷时，应与纸质文件在案卷设置上一致，并应建立相应的标识关系；

2)案卷内不应有重份文件，印刷成册的工程文件应保持原状。

(3)卷内文件排列。

卷内文件按表的类别和顺序排列。电子文件的组织和排序可按纸质文件进行。

1)文字材料按事项、专业顺序排列。同一事项的请示与批复、同一文件的印本与定稿、主件与附件不能分开，并按批复在前、请示在后，印本在前、定稿在后，主件在前、附件在后的顺序排列。

2)图纸按专业排列，同专业图纸按图号顺序排列。

3)既有文字材料又有图纸的案卷，文字材料排前、图纸排后。

3. 工程建设监理文件资料归档范围和保管期限

(1)归档范围。《建设工程文件归档规范(2019 年版)》(GB/T 50328—2014)规定的监理文件资料归档范围，分为必须归档保存和选择性归档保存两类。其中，建筑工程文件归档范围见表 10-3。

表 10-3 建筑工程文件归档范围

<table>
<tr><th colspan="2" rowspan="2">类别</th><th rowspan="2">序号</th><th rowspan="2">类别</th><th colspan="3">保存单位及归档要求</th></tr>
<tr><th>建设单位</th><th>监理单位</th><th>城建档案馆</th></tr>
<tr><td rowspan="4">工程准备</td><td rowspan="2">招标投标文件</td><td>1</td><td>工程监理招标投标文件</td><td>必须</td><td>必须</td><td></td></tr>
<tr><td>2</td><td>监理合同</td><td>必须</td><td>必须</td><td>必须</td></tr>
<tr><td>开工审批文件</td><td>1</td><td>建设工程施工许可证</td><td>必须</td><td>必须</td><td>必须</td></tr>
<tr><td>工程建设基本信息</td><td>1</td><td>监理单位工程项目总监及监理人员名册</td><td>必须</td><td>必须</td><td>必须</td></tr>
<tr><td rowspan="16">监理文件</td><td rowspan="7">监理管理文件</td><td>1</td><td>监理规划</td><td>必须</td><td>必须</td><td>必须</td></tr>
<tr><td>2</td><td>监理实施细则</td><td>必须</td><td>必须</td><td>必须</td></tr>
<tr><td>3</td><td>监理月报</td><td>选择性</td><td>必须</td><td></td></tr>
<tr><td>4</td><td>监理会议纪要</td><td>必须</td><td>必须</td><td></td></tr>
<tr><td>5</td><td>监理工作日志</td><td></td><td>必须</td><td></td></tr>
<tr><td>6</td><td>监理工作总结</td><td></td><td>必须</td><td>必须</td></tr>
<tr><td>7</td><td>工程复工报审表</td><td>必须</td><td>必须</td><td>必须</td></tr>
<tr><td>进度控制文件</td><td>1</td><td>工程开工报审表</td><td>必须</td><td>必须</td><td>必须</td></tr>
<tr><td rowspan="4">质量控制文件</td><td>1</td><td>质量事故报告及处理资料</td><td>必须</td><td>必须</td><td>必须</td></tr>
<tr><td>2</td><td>旁站监理记录</td><td>选择性</td><td>必须</td><td></td></tr>
<tr><td>3</td><td>见证取样和送检人员备案表</td><td>必须</td><td>必须</td><td></td></tr>
<tr><td>4</td><td>见证记录</td><td>必须</td><td>必须</td><td></td></tr>
<tr><td rowspan="2">工期管理文件</td><td>1</td><td>工程延期申请表</td><td>必须</td><td>必须</td><td>必须</td></tr>
<tr><td>2</td><td>工程延期审批表</td><td>必须</td><td>必须</td><td>必须</td></tr>
<tr><td rowspan="2">监理验收文件</td><td>1</td><td>竣工移交证书</td><td>必须</td><td>必须</td><td>必须</td></tr>
<tr><td>2</td><td>监理资料移交书</td><td>必须</td><td>必须</td><td></td></tr>
</table>

续表

类别		序号	类别	保存单位及归档要求		
				建设单位	监理单位	城建档案馆
施工文件	施工管理文件	1	工程概况表	必须	必须	选择性
		2	分包单位资质报审表	必须	必须	
		3	建设单位质量事故勘查记录	必须	必须	必须
		4	建设工程质量事故报告书	必须	必须	必须
		5	见证试验检测汇总表	必须	必须	必须
	施工技术文件	1	图纸会审记录	必须	必须	必须
		2	设计变更通知单	必须	必须	必须
		3	工程洽商记录(技术核定单)	必须	必须	必须
	进度造价文件	1	工程开工报审表	必须	必须	必须
		2	工程复工报审表	必须	必须	必须
		3	工程延期申请表	必须	必须	必须
	施工物资文件	1	砂、石、砖、水泥、钢筋、隔热保温、防腐材料、轻骨料出厂证明文件	必须	必须	选择性
		2	涉及消防、安全、卫生、环保、节能的材料、设备的检测报告或法定机构出具的有效证明文件	必须	必须	选择性
		3	钢材试验报告	必须	必须	必须
		4	水泥试验报告	必须	必须	必须
		5	砂试验报告	必须	必须	必须
		6	碎(卵)石试验报告	必须	必须	必须
		7	外加剂试验报告	选择性	必须	选择性
		8	砖(砌块)试验报告	必须	必须	必须
		9	预应力筋复试报告	必须	必须	必须
		10	预应力锚具、夹具和连接器复试报告	必须	必须	必须
		11	钢结构用钢材复试报告	必须	必须	必须
		12	钢结构用防火涂料复试报告	必须	必须	必须
		13	钢结构用焊接材料复试报告	必须	必须	必须
		14	钢结构用高强度大六角头螺栓连接副复试报告	必须	必须	必须
		15	钢结构用剪型高强螺栓连接副复试报告	必须	必须	必须
		16	幕墙用铝塑板、石材、玻璃、结构胶复试报告	必须	必须	必须
		17	散热器、供暖系统保温材料、通风与空调工程绝热材料、风机盘管机组、低压配电系统电缆的见证取样复试报告	必须	必须	必须
		18	节能工程材料复试报告	必须	必须	必须

续表

类别		序号	类别	保存单位及归档要求		
				建设单位	监理单位	城建档案馆
施工文件	施工记录文件	1	隐蔽工程验收记录	必须	必须	必须
		2	工程定位测量记录	必须	必须	必须
		3	基槽验线记录	必须	必须	必须
		4	地基验槽记录	必须	必须	必须
	施工质量验收文件	1	分项工程质量验收记录	必须	必须	必须
		2	分部(子分部)工程质量验收记录	必须	必须	必须
		3	建筑节能分部工程质量验收记录	必须	必须	必须
工程竣工验收文件	竣工验收与备案文件	1	监理单位工程质量评估报告	必须	必须	必须
		2	工程竣工验收报告	必须	必须	必须
		3	工程竣工验收会议纪要	必须	必须	必须
		4	专家组竣工验收意见	必须	必须	必须
		5	工程竣工验收证书	必须	必须	必须
		6	规划、消防、环保、民防、防雷、档案等部门出具的验收文件或意见	必须	必须	必须
		7	建设工程竣工验收备案表	必须	必须	必须
	竣工决算文件	1	监理决算文件	必须	必须	选择性

建筑工程文件和市政工程文件归档范围中所列城建档案管理机构接收范围，各城市可根据本地情况适当拓宽和缩减。隧道、涵洞等工程文件的归档范围可参照市政工程文件归档范围执行。

(2)保管期限。工程档案保管期限分为永久保管、长期保管和短期保管。永久保管是指工程档案无限期地、尽可能长远地保存下去；长期保管是指工程档案保存到该工程被彻底拆除；短期保管是指工程档案保存10年以下。

保管期限的长短应根据卷内文件的保存价值确定。当同一案卷内有不同保管期限的文件时，该案卷保管期限应从长。

(六)工程建设监理文件资料验收与移交

1. 验收

城建档案管理部门对需要归档的工程监理文件资料验收要求包括：

(1)监理文件资料分类齐全、系统完整；

(2)监理文件资料的内容真实，准确反映了工程监理活动和工程实际状况；

(3)监理文件资料已整理组卷，组卷应符合《建设工程文件归档规范(2019年版)》(GB/T 50328—2014)规定；

(4)监理文件资料的形成、来源符合实际，要求单位或个人签章的文件签章手续完备；

(5)文件材质、幅面、书写、绘图、用墨、托裱等符合要求。

对国家、省市重点工程项目或一些特大型、大型工程项目的预验收和验收，必须有地方城建档案管理部门参加。

为确保监理文件资料的质量，编制单位、地方城建档案管理部门、建设行政管理部门等要对归档的监理文件资料进行严格检查、验收。对不符合要求的，一律退回编制单位进行改正、补齐。

2. 移交

(1)列入城建档案管理部门接收范围的工程，建设单位在工程竣工验收后3个月内必须向城建档案管理部门移交一套符合规定的工程档案(监理文件资料)。

(2)停建、缓建工程的监理文件资料暂由建设单位保管。

(3)对改建、扩建和维修工程，建设单位应组织工程监理单位据实修改、补充和完善监理文件资料，对改变的部位，应当重新编写，并在工程竣工验收后3个月内向城建档案管理部门移交。

(4)工程监理单位应根据城建档案管理机构要求，对归档文件完整、准确、移交情况和案卷质量进行审查，审查合格后方可向建设单位移交。

(5)工程监理单位应在工程竣工验收前将监理文件资料按合同约定的时间、套数移交给建设单位，办理移交手续。

(6)工程监理单位向建设单位移交档案时，应编制移交清单，双方签字，盖章后方可交接。

(7)建设单位向城建档案管理部门移交工程档案(监理文件资料)，应提交移交案卷目录，办理移交手续，双方签字、盖章后方可交接。

(8)项目监理机构需向本单位归档的文件，应按国家有关规定和《建设工程文件归档规范(2019年版)》(GB/T 50328—2014)要求立卷归档。

五、工程监理基本表式及其应用说明

(一)工程监理基本表式

根据《建设工程监理规范》(GB/T 50319—2013)，工程监理基本表式分为三大类，即：A类表——工程监理单位用表(共8个)；B类表——施工单位报审、报验用表(共14个)；C类表——通用表(共3个)。

1. 工程监理单位用表(A类表)

(1)总监理工程师任命书(表A.0.1)。工程建设监理合同签订后，工程监理单位法定代表人要通过《总监理工程师任命书》委派有类似工程监理经验的监理工程师担任总监理工程师。《总监理工程师任命书》需要由工程监理单位法定代表人签字，并加盖单位公章。

(2)工程开工令(表A.0.2)。建设单位对施工单位报送的《工程开工报审表》(表B.0.2)签署同意开工意见后，总监理工程师应签发《工程开工令》。《工程开工令》需要由总监理工程师签字，并加盖执业印章。

《工程开工令》中应明确具体开工日期，并作为施工单位计算工期的起始日期。

(3)监理通知单(表A.0.3)。《监理通知单》是项目监理机构在日常监理工作中常用的指令性文件。项目监理机构在工程建设监理合同约定的权限范围内，针对施工单位出现的各种问题所发出的指令、提出的要求等，除另有规定外，均应采用《监理通知单》。监理工程师现场发出的口头指令及要求也应采用《监理通知单》予以确认。

施工单位有下列行为时，项目监理机构应签发《监理通知单》：

1)施工不符合设计要求、工程建设标准、合同约定；

2)使用不合格的工程材料、构配件和设备；

3)施工存在质量问题或采用不适当的施工工艺，或施工不当造成工程质量不合格；

4)实际进度严重滞后于计划进度且影响合同工期；

5)未按专项施工方案施工；

6)存在安全事故隐患；

7)工程质量、造价、进度等方面的其他违法违规行为。

《监理通知单》应由总监理工程师或专业监理工程师签发，对于一般问题可由专业监理工程师签发，对于重大问题应由总监理工程师或经其同意后签发。

(4)监理报告(表A.0.4)。当项目监理机构发现工程存在安全事故隐患签发《监理通知单》《工程暂停令》而施工单位拒不整改或不停止施工时，项目监理机构应及时向有关主管部门报送《监理报告》。项目监理机构报送《监理报告》时，应附相应《监理通知单》或《工程暂停令》等证明监理人员履行安全生产管理职责的相关文件资料。

紧急情况下，项目监理机构通过电话、传真或者电子邮件向有关主管部门报告的，事后应形成《监理报告》。

(5)工程暂停令(表A.0.5)。建设工程施工过程中出现《建设工程监理规范》(GB/T 50319—2013)规定的停工情形时，总监理工程师应签发《工程暂停令》。《工程暂停令》中应注明工程暂停的原因、部位和范围、停工期间应进行的工作等。《工程暂停令》需要由总监理工程师签字，并加盖执业印章。

(6)旁站记录(表A.0.6)。项目监理机构对工程关键部位或关键工序的施工质量进行现场跟踪监督时，需要填写《旁站记录》。“关键部位、关键工序”是指影响工程主体结构安全、完工后无法检测其质量的或返工会造成较大损失的部位及其施工过程。

《旁站记录》中，“关键部位、关键工序的施工情况”应记录所旁站部位(工序)的施工作业内容、主要施工机械、材料、人员和完成的工程数量等内容及监理人员检查旁站部位施工质量的情况；“发现的问题及处理情况”应说明旁站所发现的问题及其采取的处置措施。

(7)工程复工令(表A.0.7)。当暂停施工的原因消失、具备复工条件时，施工单位提出复工申请的，建设单位对施工单位报送的《工程复工报审表》(表B.0.3)上签署同意复工意见后，总监理工程师应签发《工程复工令》；或者工程具备复工条件而施工单位未提出复工申请的，总监理工程师应根据工程实际情况直接签发《工程复工令》指令施工单位复工。《工程复工令》需要由总监理工程师签字，并加盖执业印章。

(8)工程款支付证书(表A.0.8)。项目监理机构收到经建设单位签署同意支付工程款意见的《工程款支付报审表》(表B.0.11)后，总监理工程师应向施工单位签发《工程款支付证书》，同时抄报建设单位。《工程款支付证书》需要由总监理工程师签字，并加盖执业印章。

2. 施工单位报审、报验用表(B类表)

(1)施工组织设计或(专项)施工方案报审表(表B.0.1)。施工单位编制的施工组织设计、施工方案、专项施工方案经其技术负责人审查后，需要连同《施工组织设计或(专项)施工方案报审表》一起报送项目监理机构。先由专业监理工程师审查后，再由总监理工程师审核签署意见；《施工组织设计或(专项)施工方案报审表》需要由总监理工程师签字，并加盖执业印章；对于超过一定规模的危险性较大的分部分项工程专项施工方案，还需要报送建设单位审批。

(2)工程开工报审表(表B.0.2)。单位工程具备开工条件时，施工单位需要向项目监理机构报送《工程开工报审表》。同时具备下列条件时，由总监理工程师签署审查意见，并报建设单位批准后，总监理工程师方可签发《工程开工令》：

1)设计交底和图纸会审已完成；

2)施工组织设计已由总监理工程师签认；

3)施工单位现场质量、安全生产管理体系已建立，管理及施工人员已到位，施工机械具备使用条件，主要工程材料已落实；

4)进场道路及水、电、通信等已满足开工要求。

《工程开工报审表》需要由总监理工程师签字，并加盖执业印章。

(3)工程复工报审表(表 B.0.3)。当暂停施工的原因消失、具备复工条件时，施工单位提出复工申请的，应向项目监理机构报送《工程复工报审表》及有关材料。经审查符合要求的，总监理工程师应及时签署审查意见，并报建设单位批准后签发《工程复工令》。

(4)分包单位资格报审表(表 B.0.4)。施工单位按施工合同约定选择分包单位时，需要向项目监理机构报送《分包单位资格报审表》及相关证明材料。专业监理工程师对《分包单位资格报审表》提出审查意见后，由总监理工程师审核签认。

(5)施工控制测量成果报验表(表 B.0.5)。施工单位完成施工控制测量并自检合格后，需要向项目监理机构报送《施工控制测量成果报验表》及施工控制测量依据和成果表。专业监理工程师审查合格后予以签认。

(6)工程材料、构配件、设备报审表(表 B.0.6)。施工单位在对工程材料、构配件、设备自检合格后，应向项目监理机构报送《工程材料、构配件、设备报审表》及清单、质量证明材料和自检报告。专业监理工程师审查合格后予以签认。

(7)报验、报审表(表 B.0.7)。该表主要用于隐蔽工程、检验批、分项工程的报验，也可用于为施工单位提供服务的试验室的报审。专业监理工程师审查合格后予以签认。

(8)分部工程报验表(表 B.0.8)。分部工程所包含的分项工程全部自检合格后，施工单位应向项目监理机构报送《分部工程报验表》及分部工程质量控制资料。在专业监理工程师验收的基础上，由总监理工程师签署验收意见。

(9)监理通知回复单(表 B.0.9)。施工单位收到《监理通知单》(表 A.0.3)并按要求进行整改、自查合格后，应向项目监理机构报送《监理通知回复单》回复整改情况，并附相关资料。项目监理机构收到施工单位报送的《监理通知回复单》后，一般可由原发出《监理通知单》的专业监理工程师进行核查，认可整改结果后予以签认。重大问题可由总监理工程师进行核查签认。

(10)单位工程竣工验收报审表(表 B.0.10)。单位(子单位)工程完成后，施工单位自检符合竣工验收条件后，应向项目监理机构报送《单位工程竣工验收报审表》及相关附件，申请竣工验收。总监理工程师在收到《单位工程竣工验收报审表》及相关附件后，应组织专业监理工程师进行审查并进行与验收，合格后签署预验收意见。《单位工程竣工验收报审表》需要由总监理工程师签字，并加盖执业印章。

(11)工程款支付报审表(表 B.0.11)。该表适用于施工单位工程预付款、工程进度款、竣工结算款等的支付申请。项目监理机构对施工单位的申请事项进行审核并签署意见，经建设单位批准后方可由总监理工程师签发《工程款支付证书》。

(12)施工进度计划报审表(表 B.0.12)。该表适用于施工总进度计划、阶段性施工进度计划的报审。施工进度计划在专业监理工程师审查的基础上，由总监理工程师审核签认。

(13)费用索赔报审表(表 B.0.13)。施工单位索赔工程费用时，需要向项目监理机构报送《费用索赔报审表》。项目监理机构对施工单位的申请事项进行审核并签署意见，经建设单位批准后方可作为支付索赔费用的依据。《费用索赔报审表》需要由总监理工程师签字，并加盖执业印章。

(14)工程临时或最终延期报审表(表B.0.14)。施工单位申请工程延期时，需要向项目监理机构报送《工程临时或最终延期报审表》。项目监理机构对施工单位的申请事项进行审核并签署意见，经建设单位批准后方可延长合同工期。《工程临时或最终延期报审表》需要由总监理工程师签字，并加盖执业印章。

3. 通用表(C类表)

(1)工作联系单(C.0.1)。该表用于项目监理机构与工程建设有关方(包括建设、施工、监理、勘察、设计等单位和上级主管部门)之间的日常工作联系。有权签发《工作联系单》的负责人有：建设单位现场代表、施工单位项目经理、工程监理单位项目总监理工程师、设计单位本工程设计负责人及工程项目其他参建单位的相关负责人等。

(2)工程变更单(C.0.2)。施工单位、建设单位、工程监理单位提出工程变更时，应填写《工程变更单》，由建设单位、设计单位、监理单位和施工单位共同签认。

(3)索赔意向通知书(C.0.3)。施工过程中发生索赔事件后，受影响的单位依据法律法规和合同约定，向对方单位声明或告知索赔意向时，需要在合同约定的时间内报送《索赔意向通知书》。

(二)基本表式应用说明

1. 基本要求

(1)应依照合同文件、法律法规及标准等规定的程序和时限签发、报送、回复各类表。

(2)应按有关规定，采用碳素墨水、蓝黑墨水书写或黑色碳素印墨打印各类表，不得使用易褪色的书写材料。

(3)应使用规范语言，法定计量单位。公历年、月、日填写各类表。各类表中相关人员的签字栏均须由本人签署。由施工单位提供附件的，应在附件上加盖骑缝章。

(4)各类表在实际使用中，应分类建立统一编码体系。各类表式应连续编号，不得重号、跳号。

(5)各类表中施工项目经理部用章样章应在项目监理机构和建设单位备案，项目监理机构用章样章应在建设单位和施工单位备案。

2. 由总监理工程师签字并加盖执业印章的表式

下列表式应由总监理工程师签字并加盖执业印章：

(1)A.0.2 工程开工令；

(2)A.0.5 工程暂停令；

(3)A.0.7 工程复工令；

(4)A.0.8 工程款支付证书；

(5)B.0.1 施工组织设计或(专项)施工方案报审表；

(6)B.0.2 工程开工报审表；

(7)B.0.10 单位工程竣工验收报审表；

(8)B.0.11 工程款支付报审表；

(9)B.0.13 费用索赔报审表；

(10)B.0.14 工程临时或最终延期报审表。

3. 需要建设单位审批同意的表式

下列表式需要建设单位审批同意：

(1)B.0.1 施工组织设计或(专项)施工方案报审表(仅对超过一定规模的危险性较大的分部分项工程专项施工方案)；

(2)B.0.2 工程开工报审表；

(3)B. 0. 3 工程复工报审表；

(4)B. 0. 11 工程款支付报审表；

(5)B. 0. 13 费用索赔报审表；

(6)B. 0. 14 工程临时或最终延期报审表。

4. 需要工程监理单位法定代表人签字并加盖工程监理单位公章的表式

只有“A. 0. 1 总监理工程师任命书”需要由工程监理单位法定代表人签字，并加盖工程监理单位公章。

5. 需要由施工项目经理签字并加盖施工单位公章的表式

“B. 0. 2 工程开工报审表”“B. 0. 10 单位工程竣工验收报审表”必须由项目经理签字并加盖施工单位公章。

6. 其他说明

对于涉及工程质量方面的基本表式，由于各行业、各部门的专业要求不同，各类工程的质量验收应按相关专业验收规范及相关表式要求办理。如没有相应表式，工程开工前，项目监理机构应根据工程特点、质量要求、竣工及归档组卷要求，与建设单位、施工单位进行协商，定制工程质量验收相应表式。项目监理机构应事前使施工单位、建设单位明确定制各类表式的使用要求。

六、工程建设监理主要文件资料及其编制要求

(一)工程建设监理主要文件资料

工程建设监理主要文件资料包括：

(1)勘察设计文件、工程建设监理合同及其他合同文件；

(2)监理规划、监理实施细则；

(3)设计交底和图纸会审会议纪要；

(4)施工组织设计、(专项)施工方案、施工进度计划报审文件资料；

(5)分包单位资格报审会议纪要；

(6)施工控制测量成果报验文件资料；

(7)总监理工程师任命书，工程开工令、暂停令、复工令，开工或复工报审文件资料；

(8)工程材料、构配件、设备报验文件资料；

(9)见证取样和平行检验文件资料；

(10)工程质量检验报验资料及工程有关验收资料；

(11)工程变更、费用索赔及工程延期文件资料；

(12)工程计量、工程款支付文件资料；

(13)监理通知单、工作联系单与监理报告；

(14)第一次工地会议，监理例会、专题会议等会议纪要；

(15)监理月报、监理日志、旁站记录；

(16)工程质量或安全生产事故处理文件资料；

(17)工程质量评估报告及竣工验收文件资料；

(18)监理工作总结。

除上述监理文件资料外，在设备采购和设备监造中还会形成监理文件资料，内容详见《建设工程监理规范》(GB/T 50319—2013)第 8.2.3 条和第 8.3.14 条规定。

(二)工程建设监理文件资料编制要求

《建设工程监理规范》(GB/T 50319—2013)明确规定了监理规划、监理实施细则、监理日志、

监理月报、监理工作总结及工程质量评估报告等监理文件资料的编制内容和要求，其中，监理规划与监理实施细则已在前面详细阐述，此处不再赘述。

1. 例会会议纪要

监理例会是履约各方沟通情况、交流信息、研究解决合同履行中存在的各方面问题的主要协调方式。会议纪要由项目监理机构根据会议记录整理，主要内容包括：

(1)会议地点及时间；

(2)会议主持人；

(3)与会人员姓名、单位、职务；

(4)会议主要内容、决议事项及其负责落实单位、负责人和时限要求；

(5)其他事项。

对于监理例会上意见不一致的重大问题，应将各方的主要观点，特别是相互对立的意见记入"其他事项"中。会议纪要的内容应真实准确，简明扼要，经总监理工程师审阅，与会各方代表会签，发至有关各方并应有签收手续。

2. 监理日志

监理日志是项目监理机构在实施工程建设监理过程中，每日对工程建设监理工作及施工进展情况所做的记录，由总监理工程师根据工程实际情况指定专业监理工程师负责记录。每天填写的监理日志内容必须真实、力求详细，主要反映监理工作情况。如涉及具体文件资料，应注明相应文件资料的出处和编号。

监理日志的主要内容包括：

(1)天气和施工环境情况。准确记录当日的天气状况(晴、雨、温度、风力等)，特别是出现异常天气时应予描述。

(2)当日施工进展情况：

1)记录当日工程施工部位、施工内容、施工班组及作业人数；

2)记录当日工程材料、构配件和设备进场情况，并记录其名称、规格、数量、所用部位以及产品出场合格证、材质检验等情况；

3)记录当日施工现场安全生产状况、安全防护及措施等情况。

(3)当日监理工作情况，包括旁站、巡视、见证取样、平行检验等情况：

1)记录当日巡视的内容、部位，包括安全防护、临时用电、消防设施，特种作业人员的资格，专项施工方案实施情况，签署的监理指令情况；

2)记录当日对工程材料、构配件和设备进场验收情况，隐蔽工程、检验批、分项工程、分部工程验收情况，监理指令、旁站、见证取样以及签认的监理文件资料等。

(4)当日存在的问题及处理情况。

(5)其他有关事项。

3. 监理月报

监理月报是项目监理机构每月向建设单位和本监理单位提交的工程建设监理工作及建设工程实施情况等分析总结报告。监理月报既要反映工程建设监理工作及建设工程实施情况，也能确保工程建设监理工作可追溯。监理月报由总监理工程师组织编写、签认后报送建设单位和本监理单位。报送时间由监理单位与建设单位协商确定，一般在收到施工单位报送的工程进度，汇总本月已完工程量和本月计划完成工程量的工程量表、工程款支付申请表等相关资料后，在协商确定的时间内提交。

监理月报应包括以下主要内容：

(1)本月工程实施情况：

1)工程进展情况。实际进度与计划进度的比较，施工单位人、机、料进场及使用情况，本期在施部位的工程照片等。

2)工程质量情况。分项分部工程验收情况，工程材料、设备，构配件进场检验情况，主要施工、试验情况，本月工程质量分析。

3)施工单位安全生产管理工作评述。

4)已完工程量与已付工程款的统计及说明。

(2)本月监理工作情况：

1)工程进度控制方面的工作情况；

2)工程质量控制方面的工作情况；

3)安全生产管理方面的工作情况；

4)工程计量与工程款支付方面的工作情况；

5)合同及其他事项管理工作情况；

6)监理工作统计及工作照片。

(3)本月工程实施的主要问题分析及处理情况：

1)工程进度控制方面的主要问题分析及处理情况；

2)工程质量控制方面的主要问题分析及处理情况；

3)施工单位安全生产管理方面的主要问题分析及处理情况；

4)工程计量与工程款支付方面的主要问题分析及处理情况；

5)合同及其他事项管理方面的主要问题分析及处理情况。

(4)下月监理工作重点：

1)工程管理方面的监理工作重点；

2)项目监理机构内部管理方面的工作重点。

4. 工程质量评估报告

(1)工程质量评估报告编制的基本要求。

1)工程质量评估报告的编制应文字简练、准确，重点突出，内容完整。

2)工程竣工预验收合格后，由总监理工程师组织专业监理工程师编制工程质量评估报告，编制完成后，由项目总监理工程师及监理单位技术负责人审核签认并加盖监理单位公章后报建设单位。工程质量评估报告应在正式竣工验收前提交给建设单位。

(2)工程质量评估报告的主要内容。

1)工程概况；

2)工程参建单位；

3)工程质量验收情况；

4)工程质量事故及其处理情况；

5)竣工资料审查情况；

6)工程质量评估结论。

5. 监理工作总结

当监理工作结束时，项目监理机构应向建设单位和工程监理单位提交监理工作总结。监理工作总结由总监理工程师组织项目监理机构监理人员编写，由总监理工程师审核签字，并加盖工程监理单位公章后报建设单位。

监理工作总结应包括以下内容：

(1)工程概况，包括：

1)工程名称、等级、建设地址、建设规模、结构形式以及主要设计参数；

2)工程建设单位、设计单位、勘察单位、施工单位(包括重点的专业分包单位)、检测单位等；

3)工程项目主要的分项、分部工程施工进度和质量情况；

4)监理工作的难点和特点。

(2)项目监理机构。监理过程中如有变动情况，应予以说明。

(3)工程建设监理合同履行情况，包括监理合同目标控制情况、监理合同履行情况、监理合同纠纷的处理情况等。

(4)监理工作成效。项目监理机构提出合理化建议并被建设、设计、施工等单位采纳；发现施工中的差错，通过监理工作避免了工程质量事故、生产安全事故、累计核减工程款及为建设单位节约建设工程投资等事项的数据(可举典型事例和相关资料)。

(5)监理工作中发现的问题及其处理情况。监理过程中产生的监理通知单、监理报告、工作联系单及会议纪要等所提出问题的简要统计；由工程质量、安全生产等问题所引起的今后工程合理、有效使用的建议等。

(6)说明与建议。

第四节　工程建设监理信息化

随着工程建设规模不断扩大，工程监理信息量不断增加，依靠传统的数据处理方式已难以适应工程监理需求。与此同时，建设信息建模(BIM)、大数据、物联网、云计算、移动互联网、人工智能、地理信息系统(GIS)等现代信息技术快速发展，也为工程监理信息化提供了重要技术支撑。

一、监理信息系统

监理信息系统是以计算机为手段，运用系统思维的方法，对各类监理信息进行收集、传递、处理、存储、分发的计算机辅助系统。

监理信息系统是一个由多个子系统构成的系统，整个系统由大量的单一功能的独立模块拼搭起来，配合数据库、知识库等组合起来，其目标是实现信息的全面管理和系统管理。

监理信息系统为监理工程师提供标准化的、合理的数据来源，提供一定要求的、结构化的数据；提供预测、决策所需的信息以及数学、物理模型；提供编制计划、修改计划、调控计划的必要科学手段及应变程序；保证对随机性问题进行处理时，为监理工程师提供多个可供选择的方案。

1. 监理信息系统的构成

监理信息系统一般由两部分构成：一部分是决策支持系统，主要借助知识库及模型库的帮助，在数据库大量数据的支持下，运用知识和专家的经验来进行推理，提出监理各层次，特别是高层次决策时所需的决策方案及参考意见；另一部分是管理信息系统，主要完成数据的收集、处理、使用及存储，产生信息提供给监理各层次、各部门和各个阶段，起沟通作用。

2. 监理信息系统的作用

(1)规范监理工作行为，提高监理工作标准化水平。监理工作标准化是提高监理工作质量的必由之路，监理信息系统通常是按标准监理工作程序建立的，带来了信息的规范化、标准化，使信息的收集和处理更及时、更完整、更准确、更统一。通过系统的应用，促使监理人员行为更规范。

(2)提高监理工作效率、工作质量和决策水平。监理信息系统实现办公自动化，使监理人员从简单烦琐的事务性作业中解脱出来，有更多的时间用在提高监理质量和效益方面；系统为监理人员提供有关监理工作的各项法律法规、监理案例、监理常识的咨询功能，能自动处理各种信息，快速生成各种文件和报表；系统为监理单位及外部有关单位的各层次收集、传递、存储、处理和分发各类数据和信息，使得下情上报、上情下达，内外信息交流及时、畅通，沟通了与外界的联系渠道。这些都有利于提高监理工作效率、监理质量和监理水平。系统还提供了必要的决策及预测手段，有利于提高监理工程师的决策水平。

(3)便于积累监理工作经验。监理成果通过监理资料反映出来，监理信息系统能规范地存储大量监理信息，便于监理人员随时查看工程信息资料，积累监理工作经验。

二、建筑信息建模(BIM)

BIM是利用数字模型对工程进行设计、施工和运营的过程。BIM以多种数字技术为依托，可以实现建设工程全寿命期集成管理。在建设工程实施阶段，借助于BIM技术，可以进行设计方案比选，实际施工模拟，在施工之前就能发现施工阶段会出现的各种问题，以便能提前处理，从而可提供合理的施工方案，合理配置人员、材料和设备，在最大范围内实现资源的合理运用。

(一)BIM技术特点

BIM具有可视化、协调性、模拟性、优化性、可出图性等特点。

1. 可视化

可视化即“所见即所得”。对于工程建设而言，可视化作用非常大。目前，在工程建设中所用的施工图纸只是将各个构件信息用线条来表达，其真正的构造形式需要工程建设参与人员去自行想象。但对于现代建筑而言，构件的形式各异、造型复杂，光凭人脑去想象，不太现实。BIM技术可将以往的线条式构件形成一种三维的立体实物图形展示在人们面前。

应用BIM技术，不仅可以用来展示效果，还可以生成所需要的各种报表。更重要地是在工程设计、建造、运营过程中的沟通、讨论、决策都能在可视化状态下进行。

2. 协调性

协调是工程建设实施过程中的重要工作。在通常情况下，工程实施过程中一旦遇到问题，就需将各有关人员组织起来召开协调会，找出问题发生的原因及解决办法，然后采取相应补救措施。应用BIM技术，可以将事后协调转变为事先协调。如在工程设计阶段，可应用BIM技术协调解决施工过程中建筑物内设施的碰撞问题。在工程施工阶段，可以通过模拟施工，事先发现施工过程中存在的问题。此外，还可对空间布置、防火分区、管道布置等问题进行协调处理。

3. 模拟性

应用BIM技术，在工程设计阶段可对节能、紧急疏散、日照、热能传导等进行模拟；在工程施工阶段可根据施工组织设计将三维模型加施工进度(四维)模拟实际施工，从而通过确定合理的施工方案指导实际施工，还可进行五维模拟，实现造价控制；在运营阶段，可对日常紧急情况的处理进行模拟，如地震人员逃生模拟及消防人员疏散模拟等。

4. 优化性

应用 BIM 技术，可提供建筑物实际存在的信息，包括几何信息、物理信息、规则信息等，并能在建筑物变化后自动修改和调整这些信息。现代建筑物越来越复杂，在优化过程中需处理的信息量已远远超出人脑的能力极限，需借助其他手段和工具来完成，BIM 技术与其配套的各种优化工具为复杂工程项目进行优化提供了可能。目前，基于 BIM 技术的优化可完成以下工作：

(1)设计方案优化。将工程设计与投资回报分析结合起来，可以实时计算设计变化对投资回报的影响。这样，建设单位对设计方案的选择就不会仅仅停留在对形状的评价上，可以知道哪种设计方案更适合自身需求。

(2)特殊项目的设计优化。有些工程部位往往存在不规则设计，如裙楼、幕墙、屋顶、大空间等处。这些工程部位通常也是施工难度较大、施工问题比较多的地方，对这些部位的设计和施工方案进行优化，可以缩短施工工期、降低工程造价。

5. 可出图性

应用 BIM 技术对建筑物进行可视化展示、协调、模拟、优化后，还可输出有关图纸或报告：

(1)综合管线图(经过碰撞检查和设计修改．消除了相应错误)；

(2)综合结构留洞图(预埋套管图)；

(3)碰撞检查侦错报告和建议改进方案。

(二)BIM 在工程监理中的应用

1. 应用目标

工程监理单位应用 BIM 的主要任务是通过借助 BIM 理念及其相关技术搭建统一的数字化工程监理信息平台，实现工程建设过程中各阶段数据信息的整合及其应用，进而更好地为建设单位创造价值，提高工程建设效率和质量。目前，工程监理过程中应用 BIM 技术期望实现如下目标：

(1)可视化展示。应用 BIM 技术可实现建设工程完工前的可视化展示，与传统单一的设计效果图等表现方式相比，由于数字化工程监理信息平台包含了工程建设各阶段所有的数据信息，基于这些数据信息制作的各种可视化展示将更准确、更灵活地表现工程项目，并辅助各专业、各行业之间的沟通交流。

(2)提高工程设计和项目管理质量。BIM 技术可帮助工程项目各参建方在工程建设全过程中更好地沟通协调，为做好设计管理工作，进行工程项目技术、经济可行性论证，提供了更为先进的手段和方法，从而可提升工程项目管理的质量和效率。

(3)控制工程造价。通过数字化工程信息模型，确保工程项目各阶段数据信息的准确性和唯一性，进而在工程建设早期发现问题并予以解决，减少施工过程中的工程变更，大大提高了对工程造价的控制力。

(4)缩短工程施工周期。借助 BIM 技术，实现对各重要施工工序的可视化整合，协助建设单位、设计单位、施工单位、工程监理单位更好地沟通协调与论证，合理优化施工工序。

2. 应用范围

现阶段，工程监理单位运用 BIM 技术提升服务价值，仍处于初级阶段，其应用范围主要包括以下几方面：

(1)可视化模型建立。可视化模型的建立是应用 BIM 的基础，包括建筑、结构、设备等各专业工种。BIM 模型在工程建设中的衍生路线就像一棵大树，其源头是设计单位在设计阶段培育的种子模型；其生长过程伴随着工程进展，由施工单位进行二次设计和重塑，以及建设单位、工程监理单位等多方审核。后端衍生的各层级应用如同果实一样。它们之间相互维系，而维系的血脉就是带有种子模型基因的数据信息，数据信息如同新陈代谢随着工程进展不断进行更新维护。

(2)管线综合。随着工程建设快速发展，对协同设计与管线综合的要求愈加强烈。但是，由于缺乏有效的技术手段，不少设计单位都未能很好地解决管线综合问题，各专业设计之间的冲突严重地影响了工程质量、造价、进度等。BIM技术的出现，可以很好地实现碰撞检查，尤其对于建筑形体复杂或管线约束多的情况是一种很好的解决方案。此类服务可使工程建设监理服务价值得到进一步提升。

(3)四维虚拟施工。当前，绝大部分工程项目仍采用横道图进度计划，用直方图表示资源计划，无法清晰描述施工进度以及各种复杂关系，难以准确表达工程施工的动态变化过程，更不能动态地优化分配所需要的各种资源和施工场地。将BIM技术与进度计划软件(如MS Project，P6等)数据进行集成，可以按月、按周、按天看到工程施工进度并根据现场情况进行实时调整，分析不同施工方案的优劣，从而得到最佳施工方案。此外，还可对工程项目的重点或难点部分进行可施工性模拟。通过对施工进度和资源的动态管理及优化控制，以及施工过程的模拟，可以更好地提高工程项目的资源利用率。

(4)成本核算。对于工程项目而言，预算超支现象是极其普遍的。而缺乏可靠的成本数据是造成工程造价超支的重要原因。BIM是一个包含丰富数据、面向对象、具有智能和参数特点的建筑数字化标识。借助这些信息，计算机可以快速对各种构件进行统计分析，完成成本核算。通过将工程设计和投资回报分析相结合，实时计算设计变更对投资回报的影响，合理控制工程总造价。

由于工程项目本身的特殊性，工程建设过程中随时都可能出现无法预计的各类问题，而BIM技术的数字化手段本身也是一项全新技术。因此，在工程建设监理与项目管理服务过程中，使用BIM技术具有开拓性意义，同时，也对工程建设监理与项目管理团队带来极大的挑战，不仅要求工程建设监理与项目管理团队具备优秀的技术和服务能力，还需要强大的资源整合能力。

本章小结

工程建设监理信息是在工程建设监理过程中发生的、反映建设工程状态和规律的信息资料，具有来源广、信息量大、动态性强、形式多样的特征。工程建设监理信息是监理工程师进行目标控制的基础，是监理工程师进行科学决策的依据，是监理工程师进行组织协调的纽带。监理资料是工程建设监理的重要保障。本章主要介绍工程建设监理文件资料管理、工程建设监理信息管理和工程建设监理信息化。

思考与练习

一、填空题

1. ________是在整个工程建设监理过程中发生的、反映工程建设状态和规律的信息。

2. ________是指对工程建设信息的收集、加工、整理、存储、传递、应用等一系列工作的总称。

3. 科学的信息加工和整理，需要基于________和________，结合工程建设监理与相关服务业务工作绘制。

4. ________是指在项目建设活动中直接形成的具有归档保存价值的文字、图表、声像等各种形式的历史记录，也可简称为工程档案。

5. 工程建设监理文件资料组卷卷内文件按表的________和________排列。

6. 工程档案保管期限分为________、________和________。

7. 列入城建档案管理部门接收范围的工程，建设单位在工程竣工验收后________必须向城建档案管理部门移交一套符合规定的工程档案(监理文件资料)。

8. ________是履约各方沟通情况、交流信息、研究解决合同履行中存在的各方面问题的主要协调方式。

9. BIM具有________、________、________、________、________等特点。

二、多项选择题

1. 监理信息的表现形式有(　　)。

A. 文字数据　　B. 数字数据

C. 各种报表　　D. 图形、图像和声音等

E. 文献数据

2. 监理信息按照工程建设监理职能划分为(　　)。

A. 投资控制信息　　B. 质量控制信息

C. 进度控制信息　　D. 合同管理信息

E. 固定信息

3. 监理信息对监理工作的作用表现在(　　)。

A. 信息是监理评估的依据　　B. 信息是监理决策的依据

C. 信息是监理工程师实施控制的基础　　D. 信息是监理索赔的基础

E. 信息是监理工程师进行工程项目协调的重要媒介

4. 工程各参建单位文档管理的通用职责主要有(　　)等方面。

A. 工程各参建单位填写的建设工程档案应以施工及验收规范、工程合同、设计文件、工程施工质量验收统一标准等为依据

B. 工程档案资料应随工程进度及时收集、整理，并应按专业归类，认真书写，字迹清楚，项目齐全、准确、真实，并无未了事项。表格应采用统一格式，特殊要求需增加的表格应统一归类

C. 工程档案资料进行分级管理，工程建设项目各单位技术负责人负责本单位工程档案资料的全过程组织工作并负责审核，各相关单位档案管理员负责工程档案资料的收集、整理工作

D. 对工程档案资料进行涂改、伪造、随意抽撤或损毁、丢失等，应按有关规定予以处罚，情节严重的应依法追究法律责任

E. 负责组织、监督和检查勘察、设计、施工、监理等单位的工程文件的形成、积累和立卷归档工作；也可委托监理单位监督、检查工程文件的形成、积累和立卷归档工作

5. 城建档案管理部门对需要归档的工程监理文件资料验收要求包括(　　)。

A. 监理文件资料分类齐全、系统完整

B. 监理文件资料的内容真实，准确反映工程监理活动和工程实际状况

C. 监理文件资料的形成、来源符合实际，要求单位或个人签章的文件，签章手续完备

D. 文件材质、幅面、书写、绘图、用墨、托裱等符合要求

E. 工程监理单位应根据城建档案管理机构要求，对归档文件完整、准确、移交情况和案卷质量进行审查，审查合格后方可向建设单位移交

6. 会议纪要由项目监理机构根据会议记录整理，主要内容包括(　　)。

A. 会议地点及时间　　B. 工程进度控制方面的工作情况

C. 会议主持人　　D. 与会人员姓名、单位、职务

E. 会议主要内容、决议事项及其负责落实单位、负责人和时限要求

7. 工程监理单位运用 BIM 技术提升服务价值，仍处于初级阶段，其应用范围主要包括(　　)几方面。

A. 可视化模型建立　　B. 进度控制

C. 管线综合　　D. 4D 虚拟施工

E. 成本核算

三、简答题

1. 监理信息具有哪些特点?
2. 工程建设信息管理基本环节包括哪些?
3. 信息分发和检索的基本原则是什么?
4. 建设工程文件档案资料与其他一般性的资料相比具有哪几个方面的特征?
5. 工程建设监理文件资料组卷方法及要求有哪些?
6. 工程监理基本表式的基本要求有哪些?
7. 监理日志的主要内容包括哪些?
8. 什么是监理信息系统? 监理信息系统一般由哪两部分构成?

第十一章　工程建设风险管理

知识目标

了解工程建设风险的概念、特点、类型，工程建设风险管理的概念、过程，风险识别的特点、原则；熟悉风险评估的内容、工程建设风险响应、工程建设风险控制；掌握风险识别的过程、方法，风险评估分析的步骤和分析方法。

能力目标

能进行工程建设风险识别；能进行工程建设风险评估和风险程度分析；能进行风险控制。

第一节　工程建设风险管理概述

一、工程建设风险的概念及特点

风险是指一种客观存在的、损失的发生具有不确定性的状态。而工程项目中的风险则是指在工程项目的筹划、设计、施工建造以及竣工后投入使用各个阶段可能遭受的风险。风险在任何项目中都存在。风险会造成项目实施的失控现象，如工期延长、成本增加、计划修改等，最终导致工程经济效益降低，甚至项目失败。而且，现代工程项目的特点是规模大、技术新颖、持续时间长、参加单位多、与环境接口复杂。可以说，在项目过程中危机四伏。许多项目，由于它的风险大、危害性大，例如国际工程承包、国际投资和合作，所以被人们称为风险型项目。

工程建设风险具有风险多样性、存在范围广、影响面大、具有一定的规律性等特点。

1. 风险具有多样性

在一个工程项目中存在着许多种类的风险，如政治风险、经济风险、法律风险、自然风险、合同风险、合作者风险等。这些风险之间存在复杂的内在联系。

2. 风险存在范围广

风险在整个项目生命期中都存在，而不仅在实施阶段。例如，在目标设计中可能存在构思的错误，重要边界条件的遗漏，目标优化的错误；可行性研究中可能有方案的失误，调查不完全，市场分析错误；技术设计中存在专业不协调，地质不确定，图纸和规范错误；施工中物价上涨，实施方案不完备，资金缺乏，气候条件变化；运行中市场变化，产品不受欢迎，运行达不到设计能力，操作失误等。

3. 风险影响面大

在工程建设中，风险影响常常不是局部的，而是全局的。例如，反常的气候条件造成工程的停滞，则会影响整个后期计划，影响后期所有参加者的工作。它不仅会造成工期的延长，而且还会造成费用的增加，造成对工程质量的危害。即使局部的风险，其影响也会随着项目的发展逐渐扩大。例如，一个活动受到风险干扰，可能影响与它相关的许多活动，所以，在项目中风险影响随时间推移有扩大的趋势。

4. 风险具有一定的规律性

工程项目的环境变化、项目的实施有一定的规律性，所以，风险的发生和影响也有一定的规律性，是可以进行预测的。重要的是人们要有风险意识，重视风险，对风险进行有效的控制。

二、工程建设风险的类型

工程建设项目投资巨大、工期漫长、参与者众多，整个过程都存在着各种各样的风险，如业主可能面临着监理失职、设计错误、承包商履约不力等人为风险，恶劣气候、地震、水灾等自然风险；承包商可能面临工程管理不善等履约风险、员工行为不当等责任风险；设计、监理单位可能面临职业责任风险等。这些风险按不同的标准，可划分为多种不同的类型。

1. 按风险造成的后果划分

(1)纯风险，是指只会造成损失而不会带来收益的风险。其后果只有两种，即损失或无损失，不会带来收益，如自然灾害、违规操作等。

(2)投机风险，是指既存在造成损失的可能性，也存在获得收益的可能性的风险。其后果有造成损失、无损失和收益三种结果，即存在三种不确定状态，如某工程项目中标后，其实施的结果可能会造成亏本、保本和盈利。

2. 按风险产生的根源划分

(1)经济风险，是指在经济领域中各种导致企业的经营遭受厄运的风险，即在经济实力、经济形势及解决经济问题的能力等方面潜在的不确定因素构成经营方面的可能后果。有些经济风险是社会性的，对各个行业的企业都产生影响，如经济危机和金融危机、通货膨胀或通货紧缩、汇率波动等；有些经济风险的影响范围限于建筑行业内的企业，如国家基本建设投资总量的变化、房地产市场的销售行情、建材和人工费的涨落；还有的经济风险是伴随工程承包活动而产生的，仅影响具体施工企业，如业主的履约能力、支付能力等。

(2)政治风险，是指政治方面的各种事件和原因给自己带来的风险。政治风险包括战争和动乱、国际关系紧张、政策多变、政府管理部门的腐败和专制等。

(3)技术风险，是指工程所处的自然条件(包括地质、水文、气象等)和工程项目的复杂程度给承包商带来的不确定性。

(4)管理风险，是指人们在经营过程中，因不能适应客观形势的变化或因主观判断失误或对已经发生的事件处理不当而造成的威胁。包括施工企业对承包项目的控制和服务不力、项目管理人员水平低不能胜任自己的工作、投标报价时具体工作的失误、投标决策失误等。

3. 从风险控制的角度划分

(1)不可避免又无法弥补损失的风险，如天灾人祸(地震、水灾、泥石流，战争、暴动等)。

(2)可避免或可转移的风险，如技术难度大且自身综合实力不足时，可放弃投标达到避免的目的，可组成联合体承包以弥补自身不足，也可采用保险对风险进行转移。

(3)有利可图的投机风险。

三、工程建设风险管理的概念及重要性

风险管理是指人们对潜在的意外损失进行辨识、评估，并根据具体情况采取相应的措施进行处理，即在主观上尽可能做到有备无患，或在客观上无法避免时也能寻求切实可行的补救措施，从而减少意外损失或化解风险为我所用。

工程建设风险管理是指参与工程项目的各方，包括发包方、承包方和勘察、设计、监理单位等在工程项目的筹划、设计、施工建造以及竣工后投入使用等各阶段采取的辨识、评估、处理项目风险的措施和方法。

工程建设风险管理的重要性主要体现为以下几个方面。

(1)风险管理事关工程项目各方的生死存亡。工程建设项目需要耗费大量人力、物力和财力。如果企业忽视风险管理或风险管理不善，则会增加发生意外损失的可能，扩大意外损失的后果。轻则工期迟延，增加各方支出；重则这个项目难以继续进行，使巨额投资无法收回。而工程质量如果遭受影响，更会给今后的使用、运行造成长期损害；反之，重视并善于进行风险管理的企业则会降低发生意外的可能，并在难以避免的风险发生时减少自己的损失。

(2)风险管理直接影响企业的经济效益。通过有效的风险管理，有关企业可以对自己的资金、物资等资源作出更合理的安排，从而提高其经济效益。例如，在工程建设中，承包商往往需要库存部分建材以防备建材涨价的风险。但若承包商在承包合同中约定建材价格按实结算或根据市场价格予以调整，则有关价格风险将转移，承包商便无须耗费大量资金库存建材，而节省出的流动资金将成为企业新的利润来源。

(3)风险管理有助于项目建设顺利进行，化解各方可能发生的纠纷。风险管理不仅预防风险，更是在各方之间合理平衡、分配风险。对于某一特定的工程项目风险，各方预防和处理的难度不同。通过平衡、分配，由最适合的当事方进行风险管理，负责、监督风险的预防和处理工作，这将大大降低发生风险的可能性和风险带来的损失。同时，明确各类风险的负责方也可在风险发生后明确责任，及时解决善后事宜，避免互相推诿，导致进一步纠纷。

(4)风险管理是业主、承包商和设计、监理单位等在日常经营、重大决策过程中必须认真对待的工作。它不单纯是消极避险，更有助于企业积极地避害趋利，进而在竞争中处于优势地位。

四、工程建设风险管理的过程

工程建设风险管理的过程主要包括以下内容。

(1)风险识别。即确定项目的风险的种类，也就是可能有哪些风险发生。

(2)风险评估。即评估风险发生的概率及风险事件对项目的影响。

(3)风险响应。即制定风险对策措施。

(4)风险控制。即在实施中的风险控制。

第二节　工程建设风险识别

风险识别是风险管理的基础，是指对企业所面临的风险和潜在的风险加以判断、归类，鉴定风险性质的过程，必要时，还需对风险事件的后果作出定性的估计。对风险的识别可以依据

各种客观的统计、类似建设工程的资料和风险记录等，通过分析、归类、整理、感性认识和经验等进行判断，从而发现各种风险的损失情况及其规律。

一、风险识别的特点和原则

(一)风险识别的特点

风险识别有以下几个特点。

(1)个别性。任何风险都有与其他风险的不同之处，没有两个风险是完全一致的。不同类型建设工程的风险不同，而同一建设工程如果建造地点不同，其风险也不同。即使是建造地点确定的建设工程，如果由不同的承包商承建，其风险也不同。因此，虽然不同建设工程的风险有不少共同之处，但一定存在不同之处，在风险识别时尤其要注意这些不同之处，突出风险识别的个别性。

(2)主观性。风险识别都是由人来完成的，由于个人的专业知识水平(包括风险管理方面的知识)、实践经验等方面的差异，同一风险由不同的人识别，其结果会有较大差异。风险本身是客观存在，但风险识别是主观行为。在风险识别时，要尽可能地减少主观性对风险识别结果的影响，关键在于提高风险识别的水平。

(3)复杂性。建设工程所涉及的风险因素和风险事件很多，而且关系复杂、相互影响，这给风险识别带来了很强的复杂性。因此，工程建设风险识别对风险管理人员要求很高，并且需要准确、详细的数据，尤其是定量的资料和数据。

(4)不确定性。这一特点可以说是主观性和复杂性的结果。在实践中，可能因为风险识别的结果与实际不符而造成损失，这往往是由于风险识别结论错误导致风险对策决策错误而造成的。由风险的定义可知，风险识别本身也是风险。因而，避免和减少风险识别的风险也是风险管理的内容。

(二)风险识别的原则

在风险识别过程中应遵循以下原则。

(1)由粗及细，由细及粗。由粗及细是指对风险因素进行全面分析，并通过多种途径对工程风险进行分解，逐渐细化，以获得对工程风险的广泛认识，从而得到工程初始风险清单。由细及粗是指从工程初始风险清单的众多风险中，根据同类建设工程的经验以及对拟建建设工程具体情况的分析和风险调查，确定那些对建设工程目标实现有较大影响的工程风险作为主要风险，即将其作为风险评价以及风险对策决策的主要对象。

(2)严格界定风险内涵并考虑风险因素之间的相关性。对各种风险的内涵要严格加以界定，不要出现重复和交叉现象。另外，还要尽可能地考虑各种风险因素之间的相关性，如主次关系、因果关系、互斥关系、正相关关系、负相关关系等。应当说，在风险识别阶段考虑风险因素之间的相关性有一定的难度，但至少要做到严格界定风险内涵。

(3)先怀疑，后排除。对于所遇到的问题都要考虑其是否存在不确定性，不要轻易否定或排除某些风险，要通过认真分析进行确认或排除。

(4)排除与确认并重。对于肯定可以排除与确认的风险，应尽早予以排除和确认。对于一时既不能排除又不能确认的风险应进一步分析，予以排除或确认。最后，对于肯定不能排除但又不能予以确认的风险应按确认考虑。

(5)必要时，可进行试验论证。对于某些按常规方式难以判定其是否存在，也难以确定其对建设工程目标影响程度的风险，尤其是技术方面的风险，必要时可进行试验论证，如抗震试验、风洞试验等。这样做的结论虽然可靠，但要以付出费用为代价。

二、风险识别的过程

工程建设自身及其外部环境的复杂性，给工程风险的识别带来了许多具体的困难，同时也要求明确工程建设风险识别的过程。

工程建设风险的识别往往是通过对经验数据的分析、风险调查、专家咨询以及试验论证等方式，在对工程建设风险进行多维分解的过程中认识工程风险，建立工程风险清单。

工程建设风险识别的过程如图 11-1 所示。

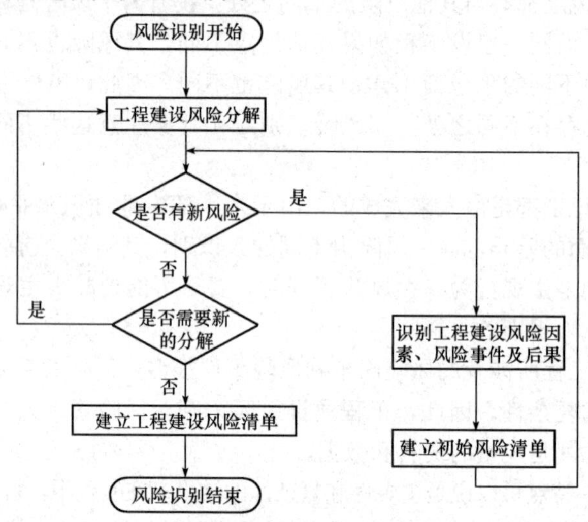

图 11-1　工程建设风险识别过程

由图 11-1 可知，风险识别的结果是建立工程建设风险清单。在工程建设风险识别过程中，核心工作是“工程建设风险分解”和“识别工程建设风险因素、风险事件及后果”。

三、风险识别的方法

工程建设风险的识别可以根据其自身特点，采用相应的方法，即专家调查法、财务报表法、流程图法、初始风险清单法、经验数据法和风险调查法。

1. 专家调查法

专家调查法分为两种方式：一种是召集有关专家开会，让专家各抒己见，充分发表意见，起到集思广益的作用；另一种是采用问卷式调查，各专家不知道其他专家的意见。采用专家调查法时，所提出的问题应具体，并具有指导性和代表性，具有一定的深度。对专家发表的意见要由风险管理人员加以归纳分类、整理分析，有时可能要排除个别专家的个别意见。

2. 财务报表法

财务报表法有助于确定一个特定企业或特定的工程建设可能遭受到的损失以及在何种情况下遭受这些损失。通过分析资产负债表、现金流量表、营业报表及有关补充资料，可以识别企业当前的所有资产、责任及人身损失风险。将这些报表与财务预测、预算结合起来，可以发现企业或工程建设未来的风险。

采用财务报表法进行风险识别，要对财务报表中所列的各项会计科目作深入的分析研究，并提出分析研究报告，以确定可能产生的损失，还应通过一些实地调查以及其他信息资料来补充财务记录。由于工程财务报表与企业财务报表不尽相同，因而对工程建设进行风险识别时，需要结合工程财务报表的特点。

3. 流程图法

流程图法是指将一项特定的生产或经营活动按步骤或阶段顺序以若干个模块形式组成一个流程图，在每个模块中都标出各种潜在的风险因素或风险事件，从而给决策者一个清晰的总体印象。一般来说，对流程图中各步骤或各阶段的划分比较容易，关键在于找出各步骤或各阶段不同的风险因素或风险事件。

由于流程图的篇幅限制，采用这种方法所得到的风险识别结果较粗。

4. 初始风险清单法

如果对每一个工程建设风险的识别都从头做起，至少有三方面缺陷：第一，耗费时间和精力多，风险识别工作的效率低；第二，由于风险识别的主观性，可能导致风险识别的随意性，其结果缺乏规范性；第三，风险识别成果资料不便积累，对今后的风险识别工作缺乏指导作用。因此，为了避免以上三方面的缺陷，有必要建立初始风险清单。

初始风险清单只是为了便于人们较全面地认识风险的存在，而不至于遗漏重要的工程风险，但并不是风险识别的最终结论。在初始风险清单建立后，还需要结合特定工程建设的具体情况进一步识别风险，从而对初始风险清单作一些必要的补充和修正。为此，需要参照同类工程建设风险的经验数据或针对具体工程建设的特点进行风险调查。

5. 经验数据法

经验数据法也称为统计资料法，即根据已建各类工程建设与风险有关的统计资料来识别拟建工程建设的风险。不同的风险管理主体都应有自己关于工程建设风险的经验数据或统计资料。在工程建设领域，可能有工程风险经验数据或统计资料的风险管理主体包括咨询公司(含设计单位)、承包商以及长期有工程项目的业主(如房地产开发商)。由于这些不同的风险管理主体所处的角度不同、数据或资料来源不同，其各自的初始风险清单一般多少有些差异。但是，工程建设风险本身是客观事实，有客观的规律性，当经验数据或统计资料足够多时，这种差异性就会大大减小。何况，风险识别不仅是对工程建设风险的初步认识，还是一种定性分析，因此，这种基于经验数据或统计资料的初始风险清单可以满足对工程建设风险识别的需要。

6. 风险调查法

风险调查法是工程建设风险识别的重要方法。风险调查应当从分析具体工程建设的特点入手，一方面对通过其他方法已识别出的风险(如初始风险清单所列出的风险)进行鉴别和确认；另一方面，通过风险调查有可能发现此前尚未识别出的重要的工程风险。通常，风险调查可以从组织、技术、自然及环境、经济、合同等方面分析拟建工程的特点以及相应的潜在风险。由于风险管理是一个系统的、完整的循环过程，因而风险调查并不是一次性的，应该在工程建设实施全过程中不断地进行，这样才能了解不断变化的条件对工程风险状态的影响。

第三节　工程建设风险评估

风险评估是对风险的规律性进行研究和量化分析。工程建设中存在的每一个风险都有自身的规律和特点、影响范围和影响量，通过分析可以将它们的影响统一成成本目标的形式，按货币单位来度量，并对每一个风险进行评估。

一、风险评估的内容

1. 风险因素发生的概率

风险发生的可能性可用概率表示。风险的发生有一定的规律性，但也有不确定性。既然被视为风险，则它必然在必然事件(概率=1)和不可能事件(概率=0)之间。风险发生的概率需要利用已有数据资料和相关专业方法进行估计。

2. 风险损失量的估计

风险损失量是个非常复杂的问题，有的风险造成的损失较小，有的风险造成的损失很大，可能引起整个工程的中断或报废。风险之间通常是有联系的，某个工程活动因受到干扰而拖延，则可能影响它后面的许多活动。

工程建设风险损失包括投资风险、进度风险、质量风险和安全风险。

(1)投资风险导致的损失可以直接用货币形式来表现，即法规、价格、汇率和利率等的变化或资金使用安排不当等风险事件引起的实际投资超出计划投资的数额。

(2)进度风险导致的损失包括以下几种。

1)货币的时间价值。进度风险的发生可能会对现金流动造成影响，在利率的作用下引起经济损失。

2)为赶上计划进度所需的额外费用。包括加班的人工费、机械使用费和管理费等一切因追赶进度所发生的非计划费用。

3)延期投入使用的收入损失。这方面损失的计算相当复杂，不仅仅是延误期间内的收入损失，还可能由于产品投入市场过迟而失去商机，从而大大降低市场份额，因而这方面的损失有时是相当巨大的。

(3)质量风险导致的损失包括事故引起的直接经济损失，以及修复和补救等措施发生的费用以及第三者责任损失等，可分为以下几个方面。

1)建筑物、构筑物或其他结构倒塌所造成的直接经济损失；

2)复位纠偏、加固补强等补救措施和返工的费用；

3)造成工期延误的损失；

4)永久性缺陷对于建设工程使用造成的损失；

5)第三者责任损失。

(4)安全风险导致的损失包括以下几个方面。

1)受伤人员的医疗费用和补偿费；

2)财产损失，包括材料、设备等财产的损毁或被盗；

3)引起工期延误带来的损失；

4)为恢复工程建设正常实施所发生的费用；

5)第三者责任损失，即在工程建设实施期间，对因意外事故可能导致的第三者的人身伤亡和财产损失所做的经济赔偿以及必须承担的法律责任。

由以上四方面风险的内容可知，投资增加可以直接用货币来衡量；进度的拖延则属于时间范畴，同时也会导致经济损失；而质量事故和安全事故既会产生经济影响又可能导致工期延误和第三者责任，显得更加复杂。而第三者责任除了法律责任之外，一般都是以经济赔偿的形式来实现的。因此，这四方面的风险最终都可以归纳为经济损失。

3. 风险等级评估

风险因素涉及各个方面，但人们并不是对所有的风险都十分重视，否则将大大提高管理费用，干扰正常的决策过程。所以，组织应根据风险因素发生的概率和损失量确定风险程度，进行等级评估。

通常对一个具体的风险，它如果发生，则损失为 R_H，发生的可能性为 E_w，则风险的期望值 R_w 为

$$R_w = R_H \cdot E_w$$

引用物理学中位能的概念，损失期望值高的，则风险位能高。可以在二维坐标上作等位能线(即损失期望值相等)(图 11-2)，则具体项目中的任何一个风险可以在图上找到一个表示它位能的点。

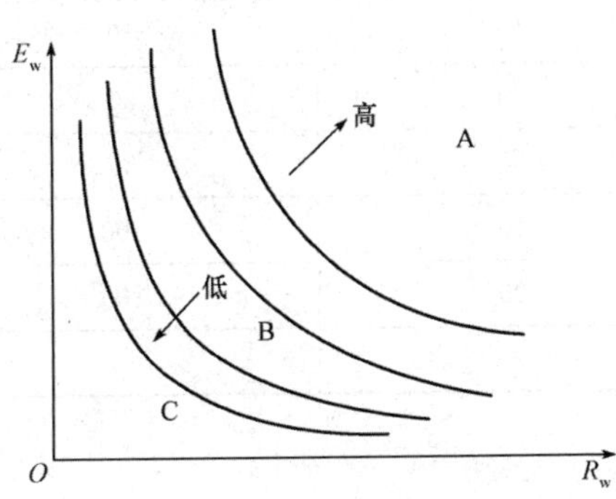

图 11-2　风险等位能线

不同位能的风险可分为不同的类别，用 A 类、B 类、C 类表示。

(1)A 类：高位能，即损失期望值很大的风险。通常发生的可能性很大，而且一旦发生损失也很大。

(2)B 类：中位能，即损失期望值一般的风险。通常发生的可能性不大，损失也不大，或发生的可能性很大但损失极小，或损失比较大但可能性极小。

(3)C 类：低位能，即损失期望值极小的风险。发生的可能性极小，即使发生损失也很小。

在工程项目风险管理中，A 类是重点，B 类要顾及，C 类可以不考虑。

另外，也可用Ⅰ级、Ⅱ级、Ⅲ级、Ⅳ级、Ⅴ级表示风险类型，见表 11-1。

表 11-1　风险等级评估表

风险等级 后果 / 可能性	轻度损失	中度损失	重大损失
极大	Ⅱ	Ⅳ	Ⅴ
中等	Ⅱ	Ⅱ	Ⅳ
极小	Ⅰ	Ⅱ	Ⅱ
注：表中Ⅰ为可忽略风险；Ⅱ为可容许风险；Ⅲ为中度风险；Ⅳ为重大风险；Ⅴ为不容许风险。			

二、风险评估的步骤

1. 收集信息

风险评估分析时必须收集的信息包括承包商类似工程的经验和积累的数据、与工程有关的资料、文件等，以及对上述信息来源的主观分析结果。

2. 整理加工信息

根据收集的信息和主观分析加工，列出项目所面临的风险，并将发生的概率和损失的后果列成一个表格，风险因素、发生概率、损失后果、风险程度一一对应，见表11-2。

表11-2 风险程度分析

风险因素	发生概率 P/%	损失后果 C/万元	风险程度 R/万元
物价上涨	10	50	5
地质特殊处理	30	100	30
恶劣天气	10	30	3
工期拖延罚款	20	50	10
设计错误	30	50	15
业主拖欠工程款	10	100	10
项目管理人员不胜任	20	300	60
合　计	—	—	133

3. 评价风险程度

风险程度是风险发生的概率和风险发生后的损失后果严重性的综合结果。其表达式为

$$R=\sum_{i=1}^{n}R_i=\sum_{i=1}^{n}(P_i\times C_i)$$

式中 R——风险程度；

R_i——每一风险因素引起的风险程度；

P_i——每一风险发生的概率；

C_i——每一风险发生的损失后果。

4. 提出风险评估报告

风险评估分析结果必须用文字、图表进行表达说明，作为风险管理的文档，即以文字、表格的形式编制风险评估报告。评估分析结果不仅作为风险评估的成果，而且应作为风险管理的基本依据。

对于风险评估报告中所用表的内容，可以按照分析的对象进行编制。对于在项目目标设计和可行性研究中分析的风险及对项目总体产生的风险(如通货膨胀影响、产品销路不畅、法律变化、合同风险等)，可以按风险的结构进行分析研究。

三、风险程度分析方法

风险程度分析主要应用在项目决策和投标阶段，常用的方法包括专家评分比较法、风险相关性评价法、期望损失法和风险状态图法。

1. 专家评分比较法

专家评分比较法主要是找出各种潜在的风险，并对风险后果做出定性估计。它对那些风险很难在较短时间内用统计方法、试验分析方法或因果关系论证得到的情形特别适用。该方法的具体步骤如下：

(1)由投标小组成员及有投标和工程施工经验的成员组成专家小组，共同就某一项目可能遇到的风险因素进行分类、排序。

(2)列出表格，见表11-3。确定每个风险因素的权重 W，W 表示该风险因素在众多因素中

影响程度的大小，所有风险因素权重之和为1。

表 11-3　专家评分比较法分析风险表

可能发生的风险因素	权重 W	风险因素发生的概率 P					风险因素得分 $W\times P$
		很大	比较大	中等	较小	很小	
		1.0	0.8	0.6	0.4	0.2	
1. 物价上涨	0.15		√				0.12
2. 报价漏项	0.10				√		0.04
3. 竣工拖期	0.10			√			0.06
4. 业主拖欠工程款	0.15	√					0.15
5. 地质特殊处理	0.20				√		0.08
6. 分包商违约	0.10			√			0.06
7. 设计错误	0.15					√	0.03
8. 违反扰民规定	0.05				√		0.02
合　计							0.56

(3)确定每个风险因素发生的概率等级值 P，按发生概率很大、比较大、中等、较小、很小五个等级，分别以1.0、0.8、0.6、0.4、0.2给 P 值打分。

(4)每一个专家或参与的决策人，分别按表11-3判断概率等级。判断结果画"√"表示，计算出每一风险因素的 $W\times P$，合计得出 $\sum(W\times P)$。

(5)根据每位专家和参与的决策人的工程承包经验、对投标项目的了解程度、投标项目的环境及特点、知识的渊博程度，确定其权威性，即权重值 k，k 可取0.5～1.0。再确定投标项目的最后风险度值。风险度值的确定采用加权平均值的方法，见表11-4。

表 11-4　风险因素得分汇总表

决策人或专家	权威性权重 k	风险因素得分 $W\times P$	风险度 $(W\times P)\times(k/\sum k)$
决策人	1.0	0.58	0.176
专家甲	0.5	0.65	0.098
专家乙	0.6	0.55	0.100
专家丙	0.7	0.55	0.117
专家丁	0.5	0.55	0.083
合　计	3.3	—	0.574

(6)根据风险度判断是否投标。一般风险度在0.4以下可视为风险很小，可较乐观地参加投标；0.4～0.6可视为风险属中等水平，报价时不可预见费也可取中等水平；0.6～0.8可看作风险较大，不仅投标时不可预见费取上限值，还应认真研究主要风险因素的防范；超过0.8时风险很大，应采用回避此风险的策略。

2. 风险相关性评价法

风险之间的关系可以分为三种，即两种风险之间没有必然联系；一种风险出现，另一种风险一定会发生；一种风险出现后，另一种风险发生的可能性增加。

后两种情况的风险是相互关联的，有交互作用。设某项目中可能会遇到 i 个风险，$i=1$，2，…，P_i 表示各种风险发生的概率（$0 \leqslant P_i \leqslant 1$），$R_i$ 表示第 i 个风险一旦发生给项目造成的损失值。其评价步骤如下：

(1)找出各种风险之间相关概率 P_{ab}。设 P_{ab} 表示一旦风险 a 发生后风险 b 发生的概率（$0 \leqslant P_a b \leqslant 1$）。$P_{ab}=0$，表示风险 a、b 之间无必然联系；$P_{ab}=1$，表示风险 a 出现必然会引起风险 b 发生。根据各种风险之间的关系，可以找出各风险之间的 P_{ab}（表 11-5）。

表 11-5　风险相关概率分析表

风险		1	2	3	…	i	…
1	P_1	1	P_{12}	P_{13}	…	P_{1i}	…
2	P_2	P_{21}	1	P_{23}	…	P_{2i}	…
⋮	⋮	⋮	⋮	⋮	⋮	⋮	⋮
i	P_i	P_{i1}	P_{i2}	P_{i3}	…	1	…
⋮	⋮	⋮	⋮	⋮	⋮	⋮	⋮

(2)计算各风险发生的条件概率 $P(b/a)$。已知风险 a 发生概率为 P_a，风险 b 的发生概率为 P_b，则在 a 发生情况下 b 发生的条件概率 $P(b/a)=P_a \cdot P_{ab}$（表 11-6）。

表 11-6　风险发生的条件概率分析表

风险	1	2	3	…	i	…
1	P_1	$P(2/1)$	$P(3/1)$	…	$P(i/1)$	…
2	$P(1/2)$	P_2	$P(3/2)$	…	$P(i/2)$	…
⋮	⋮	⋮	⋮	⋮	⋮	⋮
i	$P(1/i)$	$P(2/i)$	$P(3/i)$	…	P_i	…
⋮	⋮	⋮	⋮	⋮	⋮	⋮

(3)计算出各种风险损失情况 R_i。

$$R_i = \text{风险 } i \text{ 发生后的工程成本} - \text{工程的正常成本}$$

(4)计算各风险损失期望值 W。

$$W=\begin{bmatrix} P_1 & P(2/1) & P(3/1) & \cdots & P(i/1) & \cdots \\ P(1/2) & P_2 & P(3/2) & \cdots & P(i/2) & \cdots \\ \vdots & \vdots & \vdots & \vdots & \vdots & \vdots \\ P(1/i) & P(2/i) & P(3/i) & \cdots & P_i & \cdots \\ \vdots & \vdots & \vdots & \vdots & \vdots & \vdots \end{bmatrix} \times \begin{bmatrix} R_1 \\ R_2 \\ \vdots \\ R_i \\ \vdots \end{bmatrix} = \begin{bmatrix} W_1 \\ W_2 \\ \vdots \\ W_i \\ \vdots \end{bmatrix}$$

式中，$W_i = \sum [P(j/i) \cdot R_i]$。

(5)将损失期望值按从大到小的顺序进行排列，并计算出各期望值在总损失期望值中所占百分率。

(6)计算累计百分率并分类。损失期望值累计百分率在 80%以下的风险为 A 类风险，是主要风险；累计百分率在 80%～90%的风险为 B 类风险，是次要风险；累计百分率在 90%～100%的风险为 C 类风险，是一般风险。

3. 期望损失法

风险的期望损失指的是风险发生的概率与风险发生造成的损失的乘积。期望损失法首先要

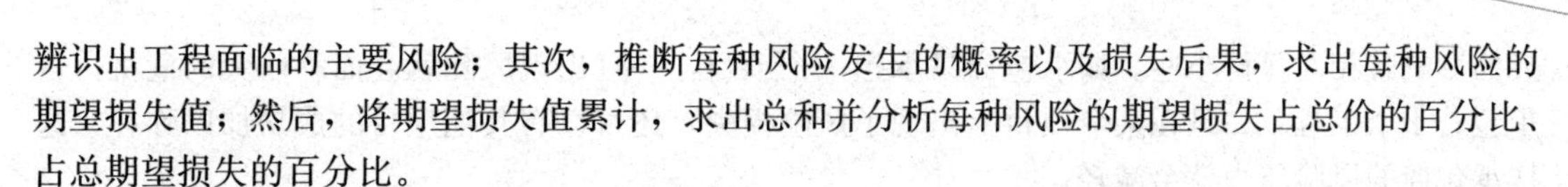

辨识出工程面临的主要风险；其次，推断每种风险发生的概率以及损失后果，求出每种风险的期望损失值；然后，将期望损失值累计，求出总和并分析每种风险的期望损失占总价的百分比、占总期望损失的百分比。

4. 风险状态图法

工程建设项目风险有时会有不同的状态，根据其各种状态的概率累计，可画出风险状态曲线，从风险状态曲线上可以反映出风险的特性和规律，如风险的可能性、损失的大小及风险的波动范围等。

第四节　工程建设风险响应

对分析出来的风险应有响应，即确定针对风险的对策。风险响应是通过采用将风险转移给另一方或将风险自留等方式，对风险进行管理，包括风险规避、风险减轻、风险转移、风险自留及其组合等策略。

一、风险规避

风险规避是指承包商设法远离、躲避可能发生的风险的行为和环境，从而避免风险的发生，其具体做法有三种。

1. 拒绝承担风险

承包商拒绝承担风险大致有以下几种情况：

(1)对某些存在致命风险的工程拒绝投标。

(2)利用合同保护自己，不承担应该由业主承担的风险。

(3)不与实力差、信誉不佳的分包商和材料、设备供应商合作。

(4)不委托道德水平低下或综合素质不高的中介组织或个人。

2. 承担小风险回避大风险

在项目决策时要注意放弃明显可能导致亏损的项目。对于风险超出自己的承受能力、成功把握不大的项目，不参与投标，不参与合资，甚至有时在工程进行到一半时，预测后期风险很大，必然有更大的亏损，不得不采取中断项目的措施。

3. 为了避免风险而损失一定的较小利益

利益可以计算，但风险损失是较难估计的，在特定情况下，采用此种做法。如在建材市场有些材料价格波动较大，承包商与供应商提前订立购销合同并付一定数量的定金，从而避免因涨价带来的风险；采购生产要素时应选择信誉好、实力强的供应商，虽然价格略高于市场平均价，但供应商违约的风险减小了。

规避风险虽然是一种风险响应策略，但应该承认这是一种消极的防范手段。因为规避风险固然避免损失，但同时也失去了获利的机会。如果企业想谋生存、图发展，又想回避其预测的某种风险，最好的办法是采用除规避以外的其他策略。

二、风险减轻

承包商的实力越强，市场的占有率越高，抵御风险的能力也就越强，一旦出现风险，其造成的影响就相对显得小些。如承包商只承担一个项目，一旦出现风险就会面临巨大的危机；若承包若干个工程，一旦在某个项目上出现了风险损失，还可以有其他项目的成功加以弥补，这样承包商的风险压力就会减轻。

在分包合同中，通常要求分包商接受建设单位合同文件中的各项合同条款，使分包商分担一部分风险。有的承包商直接把风险比较大的部分分包出去，将建设单位规定的误期损失赔偿费如数写入分包合同，将这项风险分散。

三、风险转移

风险转移是指承包商不能回避风险的情况下，将自身面临的风险转移给其他主体来承担。风险的转移并非转嫁损失，因为有些承包商无法控制的风险因素，其他主体却可以控制。

1. 转移给分包商

工程风险中的很大一部分可以分散给若干分包商和生产要素供应商。例如：对待业主拖欠工程款的风险，可以在分包合同中规定在业主支付给总包方若干日内向分包方支付工程款。承包商在项目中投入的资源越少越好，以便一旦遇到风险，可以进退自如。可以通过租赁或指令分包商自带设备等措施，减少自身资金、设备损失。

2. 工程保险

工程保险是指业主和承包商为了工程项目的顺利实施，向保险人(公司)支付保险费，保险人根据合同约定对在工程建设中可能发生的财产和人身伤害承担赔偿保险金责任。购买保险是一种非常有效的转移风险的手段，可以将自身面临的很大一部分风险转移给保险公司来承担。

3. 工程担保

工程担保是指担保人(一般为银行、担保公司、保险公司以及其他金融机构、商业团体或个人)应工程合同一方(申请人)的要求向另一方(债权人)做出的书面承诺。工程担保是工程风险转移的一项重要措施，它能有效地保障工程建设的顺利进行。许多国家政府都在法规中要求进行工程担保，在标准合同中也含有关于工程担保的条款。

四、风险自留

风险自留是指承包商将风险留给自己承担，不予转移。这种手段有时是无意识的，即当初并不曾预测的，不曾有意识地采取种种有效措施，以致最后只好由自己承受；但有时也可以是主动的，即经营者有意识、有计划地将若干风险主动留给自己。

决定风险自留必须符合以下条件之一。

(1)自留费用低于保险公司所收取的费用。

(2)企业的期望损失低于保险人的估计。

(3)企业有较多的风险单位，且企业有能力准确地预测其损失。

(4)企业的最大潜在损失或最大期望损失较小。

(5)短期内企业有承受最大潜在损失或最大期望损失的经济能力。

(6)风险管理目标可以承受年度损失的重大差异。

(7)费用和损失支付分布于很长的时间里，因而导致很大的机会成本。

(8)投资机会很好。

(9)内部服务或非保险人服务优良。

如果实际情况不符合以上条件，则应放弃风险自留的决策。

第五节　工程建设风险控制

在整个工程建设风险控制过程中，应收集和分析与项目风险相关的各种信息，获取风险信号，预测未来的风险并提出预警，纳入项目进展报告。同时，还应对可能出现的风险因素进行监控，根据需要制订应急计划。

一、风险预警

工程建设项目过程中会遇到各种风险，要做好风险管理，就要建立完善的项目风险预警系统，通过跟踪项目风险因素的变动趋势，测评风险所处状态，尽早地发出预警信号，及时向业主、项目监管方和施工方发出警报，为决策者掌握和控制风险争取更多的时间，尽早采取有效措施防范和化解项目风险。

在工程中需要不断地收集和分析各种信息。捕捉风险前奏的信号，可通过以下几条途径进行。

(1)天气预测警报。

(2)股票信息。

(3)各种市场行情、价格动态。

(4)政治形势和外交动态。

(5)各投资者企业状况报告。

(6)在工程中通过工期和进度的跟踪、成本的跟踪分析、合同监督、各种质量监控报告、现场情况报告等手段，了解工程风险。

(7)在工程的实施状况报告中应包括风险状况报告。

二、风险监控

在工程建设项目推进过程中，各种风险在性质和数量上都是在不断变化的，有可能会增大或者衰退。因此，在项目整个生命周期中，需要时刻监控风险的发展与变化情况，并确定随着某些风险的消失而带来的新的风险。

1. 风险监控的目的

(1)监视风险的状况，例如风险是已经发生、仍然存在还是已经消失。

(2)检查风险的对策是否有效，监控机制是否在运行。

(3)不断识别新的风险并制定对策。

2. 风险监控的任务

(1)在项目进行过程中跟踪已识别风险、监控残余风险并识别新风险。

(2)保证风险应对计划的执行并评估风险应对计划执行效果。评估的方法可以是项目周期性回顾、绩效评估等。

(3)对突发的风险或“接受”风险采取适当的权变措施。

3. 风险监控的方法

(1)风险审计。专人检查监控机制是否得到执行，并定期做风险审核。例如，在大的阶段点重新识别风险并进行分析，对没有预计到的风险制定新的应对计划。

(2)偏差分析。与基准计划比较，分析成本和时间上的偏差。例如，未能按期完工、超出预算等都是潜在的问题。

(3)技术指标。比较原定技术指标和实际技术指标的差异。例如，测试未能达到性能要求，缺陷数大大超过预期等。

三、风险应急计划

在工程项目建设实施的过程中必然会遇到大量未曾预料到的风险因素，或风险因素的后果比已预料的更严重，使事先编制的计划不能奏效，所以，必须重新研究应对措施，即编制附加的风险应急计划。

风险应急计划应当清楚地说明当发生风险事件时要采取的措施，以便可以快速有效地对这些事件做出响应。风险应急计划的编制要求见以下文件。

(1)中华人民共和国国务院第549号《特种设备安全监察条例》。

(2)《职业健康安全管理体系　要求及使用指南》(GB/T 45001—2020)。

(3)《环境管理体系　要求及使用指南》(GB/T 24001—2016)。

(4)《施工企业安全生产评价标准》(JGJ/T 77—2010)。

风险应急计划的编制程序如下：

(1)成立预案编制小组。

(2)制定编制计划。

(3)现场调查，收集资料。

(4)环境因素或危险源的辨识和风险评价。

(5)控制目标、能力与资源的评估。

(6)编制应急预案文件。

(7)应急预案评估。

(8)应急预案发布。

风险应急计划的编写内容主要包括：

(1)应急预案的目标。

(2)参考文献。

(3)适用范围。

(4)组织情况说明。

(5)风险定义及其控制目标。

(6)组织职能(职责)。

(7)应急工作流程及其控制。

(8)培训。

(9)演练计划。

(10)演练总结报告。

本章小结

风险管理是项目投资、进度、质量、安全目标控制系统的重要组成部分，是一个系统、完整的过程，一般也是一个循环过程。本章主要介绍了工程建设风险识别、风险评估和风险控制。

思考与练习

一、填空题

1. 风险识别有________、________、________、________几个特点。
2. 风险发生的可能性可用________表示。
3. ________是风险发生的概率和风险发生后的损失后果严重性的综合结果。
4. 作为风险管理的文档，即以________、________的形式编制风险评估报告。
5. 风险程度分析常用的方法包括________、________、________和________。
6. ________主要是找出各种潜在的风险并对风险后果作出定性估计。
7. ________指的是风险发生的概率与风险发生造成的损失的乘积。
8. ________是指承包商不能回避风险的情况下，将自身面临的风险转移给其他主体来承担。

二、多项选择题

1. 工程建设风险具有(　　)的特点。
   A. 风险多样性　　B. 存在范围广
   C. 影响面大　　D. 具有一定的规律性
   E. 风险差异明显
2. 工程建设风险按风险产生的根源划分为(　　)。
   A. 投机风险　　B. 经济风险
   C. 政治风险　　D. 技术风险
   E. 管理风险
3. 工程建设风险管理的过程主要包括(　　)。
   A. 风险识别　　B. 风险评估
   C. 风险响应　　D. 风险控制
   E. 风险转移
4. 在风险识别过程中应遵循(　　)原则。
   A. 由细及粗，由粗及细
   B. 严格界定风险内涵并考虑风险因素之间的相关性
   C. 先怀疑，后排除
   D. 排除与确认并重
   E. 必要时，可进行试验论证
5. 工程建设风险损失包括(　　)。
   A. 投资风险　　B. 管理风险
   C. 进度风险　　D. 质量风险
   E. 安全风险
6. 安全风险导致的损失包括(　　)。
   A. 受伤人员的医疗费用和补偿费
   B. 财产损失，包括材料、设备等财产的损毁或被盗
   C. 引起工期延误带来的损失
   D. 为恢复工程建设正常实施所发生的费用

E. 建筑物、构筑物或其他结构倒塌所造成的直接经济损失

7. 决定风险自留必须符合下列(　　)条件之一。

A. 自留费用低于保险公司所收取的费用

B. 企业的期望损失低于保险人的估计

C. 企业有较多的风险单位，且企业有能力准确地预测其损失

D. 企业的最大潜在损失或最大期望损失较小

E. 长期内企业有承受最大潜在损失或最大期望损失的经济能力

三、简答题

1. 什么是工程建设风险管理？工程建设风险管理的重要性主要体现为哪几个方面？
2. 工程建设风险的识别方法有哪些？
3. 风险评估分析时必须收集的信息包括哪些？
4. 什么是风险响应？风险响应是对风险采取哪些策略进行管理？
5. 风险规避具体做法有哪几种？
6. 捕捉风险前奏的信号，可通过哪几条途径进行？

第十二章 工程建设监理项目管理服务

知识目标

了解项目管理知识体系；熟悉工程建设监理与项目管理服务的区别，工程建设监理与项目管理一体化的实施条件和组织职责，项目全过程集成化管理的模式；掌握勘察设计阶段服务内容、工程勘察过程中的服务、工程设计过程中的服务及保修阶段服务内容。

能力目标

能理解项目管理知识体系的内容，能明确工程建设监理与项目管理一体化、项目全过程集成化管理。

第一节 项目管理知识体系(PMBOK)

美国项目管理学会(PMI)提出的项目管理知识体系(PMBOK)是项目管理者应掌握的基本知识体系。PMBOK包括五个基本过程组(Process Group)和十大知识领域(Knowledge Areas)，在每一个知识领域都需要掌握许多工具和技术。

一、项目管理基本过程组

PMBOK将项目管理活动归结为五个基本过程组，即：启动(Initiating)、计划(Planning)、执行(Executing)、监控(Monitoring and Controlling)和收尾(Closing)。项目作为临时性工作，必然以启动过程组开始，以收尾过程组结束。项目管理的集成化要求项目管理的监控过程组与其他过程组相互作用，形成一个整体。项目管理基本过程组如图12-1所示。

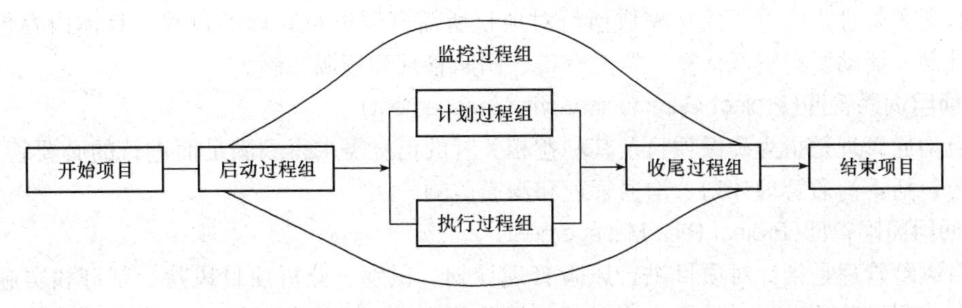

图12-1 项目管理基本过程组

1. 启动过程组(Initiating Processes)

启动过程组是指获得授权，定义一个新项目或现有项目的一个新阶段，正式开始该项目或阶段的一组过程。

2. 计划过程组(Planning Processes)

计划过程组是指明确项目范围，优化目标，为实现目标而制定行动方案的一组过程。

3. 执行过程组(Executing Processes)

执行过程组是指完成项目计划中确定的工作以实现项目目标的一组过程。

4. 监控过程组(Monitoring and Controlling Processes)

监控过程组是指跟踪、检查和调整项目进展和绩效，识别必要的计划变更和启动相应变更的一组过程。

5. 收尾过程组(Closing Processes)

收尾过程组是指为完结所有项目管理过程组的所有活动，以正式结束项目或阶段而实施的一组过程。

二、项目管理知识领域

PMBOK 中项目管理知识领域包括：

1. 项目集成管理(Project Integration Manage-ment)

项目集成管理是指在项目管理过程组中识别、定义、组合、统一和协调各类过程和项目管理活动的过程。具体内容包括：项目章程编制、项目管理计划、项目工作指挥与管理、项目知识管理、项目工作监控、整体变更控制、项目或阶段收尾。

2. 项目范围管理(Project Scope Management)

项目范围管理是指为成功完成项目而确保项目应包括且仅需包括的工作的过程。具体内容包括：范围管理计划、需求收集、范围定义、工作分解结构(WBS)创建、范围核实和范围控制。

3. 项目进度管理(Project Schedule Management)

项目进度管理是指管理项目及时完成的过程。具体内容包括：进度管理计划、活动定义、活动排序、活动时间估算、进度计划和进度控制。

4. 项目费用管理(Project Cost Management)

项目费用管理是指为了在批准的预算内完成项目所需进行的管理过程。具体内容包括：费用管理计划、费用估算、预算确定和费用控制。

5. 项目质量管理(Project Quality Management)

项目质量管理是指为满足项目利益相关者目标而开展的计划、管理和控制活动。具体内容包括：质量管理计划、质量管理和质量控制。

6. 项目资源管理(Project Resource Management)

项目资源管理是指为了成功完成项目对项目所需资源进行管理的过程。具体内容包括：资源管理计划、活动所需资源估算、资源获得、团队管理和资源控制。

7. 项目沟通管理(Project Communications Management)

项目沟通管理是指为确保项目及其利益相关者的信息需求得到满足而进行的必要管理过程。具体内容包括：沟通管理计划、沟通管理和沟通监测。

8. 项目风险管理(Project Risk Management)

项目风险管理是指针对项目进行风险管理计划，识别、分析项目风险，制订和实施风险应对计划并监测风险的过程。具体内容包括：风险管理计划、识别风险、风险定性分析、风险定量分析、风险应对计划、风险对策实施和风险监测。

9. 项目采购管理(Project Procurement Management)

项目采购管理是指从项目团队外部采购或获得所需产品、服务或结果的过程。具体内容包括：采购管理计划、采购实施和采购控制。

10. 项目利益相关者管理(Project Stake Holders Management)

项目利益相关者管理是指识别影响项目或被项目所影响的人员或组织，分析这些利益相关者期望和对项目的影响，并制定适宜的管理策略以便使利益相关者在项目决策和实施过程中积极参与的过程。具体内容包括：利益相关者识别、利益相关者互动计划、利益相关者互动管理和利益相关者互动监测。

三、多项目管理

项目管理不仅是指单一项目管理(Individual Project Management)，还包括多项目管理，即项目群管理(Program Management)和项目组合管理(Portfolio Management)。

1. 项目群管理

项目群管理是指组织为实现战略目标、获得收益而以一种综合协调方式对一组相关项目进行的管理。由多个项目组成的通信卫星系统是一个典型的项目群实例，该项目群包括卫星和地面站的设计、卫星和地面站的施工、系统集成、卫星发射等多个项目。

2. 项目组合管理

项目组合管理是指将若干项目或项目群与其他工作组合在一起进行有效管理，以实现组织的战略目标。项目组合中的项目或项目群之间没必要相互关联或直接相关。例如，一个基础设施公司为实现其投资回报最大化的战略目标，可将石油天然气、能源、水利、道路、铁道、机场等多个项目或项目群组合在一起，实施项目组合管理。

第二节　建设工程勘察、设计、保修阶段服务内容

建设工程勘察、设计、保修阶段的项目管理服务是工程监理企业需要拓展的业务领域。工程监理企业既可接受建设单位委托，将建设工程勘察、设计、保修阶段项目管理服务与工程建设监理一并纳入工程建设监理合同，使建设工程勘察、设计、保修阶段项目管理服务成为工程建设监理相关服务；也可单独与建设单位签订项目管理服务合同，为建设单位提供建设工程勘察、设计、保修阶段项目管理服务。

根据《建设工程监理合同(示范文本)》(GF—2012—0202)，建设单位需要工程监理单位提供的相关服务(如勘察阶段、设计阶段、保修阶段服务及其他专业技术咨询、外部协调工作等)的范围和内容应在合同附录A中约定。

一、勘察设计阶段服务内容

1. 协助委托工程勘察设计任务

工程监理单位应协助建设单位编制工程勘察设计任务书和选择工程勘察设计单位，并协助建设单位签订工程勘察设计合同。

2. 工程勘察设计任务书的编制

工程勘察设计任务书应包括以下主要内容：

(1)工程勘察设计范围，包括：工程名称、工程性质、拟建地点、相关政府部门对工程的限制条件等。

(2)建设工程目标和建设标准。

(3)对工程勘察设计成果的要求，包括：提交内容、提交质量和深度要求、提交时间、提交方式等。

3. 工程勘察设计单位的选择

(1)选择方式。根据相关法律法规要求，采用招标或直接委托方式。如果是采用招标方式，需要选择公开招标或邀请招标方式。有的工程可能需要采用设计方案竞赛方式选定工程勘察设计单位。

(2)工程勘察设计单位的审查。应审查工程勘察设计单位的资质等级、勘察设计人员资格、勘察设计业绩以及工程勘察设计质量保证体系等。

4. 工程勘察设计合同谈判与订立

(1)合同谈判。根据工程勘察设计招标文件及任务书要求，在合同谈判过程中，进一步对工程勘察设计工作的范围、深度、质量、进度要求予以细化。

(2)合同订立。应注意以下事项：

1)应界定由于地质情况、工程变化造成的工程勘察、设计范围变更，工程勘察设计单位的相应义务。

2)应明确工程勘察设计费用涵盖的工作范围，并根据工程特点确定付款方式。

3)应明确工程勘察设计单位配合其他工程参建单位的义务。

4)应强调限额设计，将施工图预算控制在工程概算范围内。鼓励设计单位应用价值工程优化设计方案，并以此制定奖励措施。

二、工程勘察过程中的服务

1. 工程勘察方案的审查

工程监理单位应审查工程勘察单位提交的勘察方案，提出审查意见，并报建设单位。工程勘察单位变更勘察方案时，应按原程序重新审查。

工程监理单位应重点审查以下内容：

(1)勘察技术方案中工作内容与勘察合同及设计要求是否相符，是否有漏项或冗余。

(2)勘察点的布置是否合理，其数量、深度是否满足规范和设计要求。

(3)各类相应的工程地质勘察手段、方法和程序是否合理，是否符合有关规范的要求。

(4)勘察重点是否符合勘察项目特点，技术与质量保证措施是否还需要细化，以确保勘察成果的有效性。

(5)勘察方案中配备的勘察设备是否满足本工程勘察技术要求。

(6)勘察单位现场勘察组织及人员安排是否合理，是否与勘察进度计划相匹配。

(7)勘察进度计划是否满足工程总进度计划。

2. 工程勘察现场及室内试验人员、设备及仪器的检查

工程监理单位应检查工程勘察现场及室内试验主要岗位操作人员的资格，所使用设备、仪器计量的检定情况。

(1)主要岗位操作人员。现场及室内试验主要岗位操作人员是指钻探设备操作人员、记录人

员和室内试验的数据签字和审核人员，这些人员应具有相应的上岗资格。

(2)工程勘察设备、仪器。对于工程现场勘察所使用的设备、仪器，要求工程勘察单位做好设备、仪器计量使用及检定台账。工程监理单位不定期检查相应的检定证书。发现问题时，应要求工程勘察单位停止使用不符合要求的勘察设备、仪器，直至提供相关检定证书后方可继续使用。

3. 工程勘察过程控制

(1)工程监理单位应检查工程勘察进度计划执行情况，督促工程勘察单位完成勘察合同约定的工作内容，审核工程勘察单位提交的勘察费用支付申请。对于满足条件的，签发工程勘察费用支付证书并报建设单位。

(2)工程监理单位应检查工程勘察单位执行勘察方案的情况，对重要点位的勘探与测试应进行现场检查。发现问题时，应及时通知工程勘察单位一起到现场进行核查。当工程监理单位与勘察单位对重大工程地质问题的认识不一致时，工程监理单位应提出书面意见供工程勘察单位参考，必要时可建议邀请有关专家进行专题论证并及时报建设单位。工程监理单位在检查勘察单位执行勘察方案的情况时，需重点检查以下内容：

1)工程地质勘察范围、内容是否准确、齐全；

2)钻探及原位测试等勘探点的数量、深度及勘探操作工艺、现场记录和勘探测试成果是否符合规范要求；

3)水、土、石试样的数量和质量是否符合要求；

4)取样、运输和保管方法是否得当；

5)试验项目、试验方法和成果资料是否全面；

6)物探方法的选择、操作过程和解释成果资料是否准确、完整；

7)水文地质试验方法、试验过程及成果资料是否准确、完整；

8)勘察单位操作是否符合有关安全操作规章制度；

9)勘察单位内业是否规范。

4. 工程勘察成果审查

工程监理单位应审查工程勘察单位提交的勘察成果报告，并向建设单位提交工程勘察成果评估报告，同时应参与工程勘察成果验收。

(1)工程勘察成果报告。工程勘察报告的深度应符合国家、地方及有关部门的相关文件要求，同时需满足工程设计和勘察合同相关约定的要求。

1)岩土工程勘察应正确反映场地工程地质条件，查明不良地质作用和地质灾害，并通过对原始资料的整理、检查和分析，提出资料完整、评价正确、建议合理的勘察报告。

2)工程勘察报告应有明确的针对性。详勘阶段报告应满足施工图设计的要求。

3)勘察文件的文字、标点、术语、代号、符号、数字均应符合有关标准要求。

4)勘察报告应有完成单位的公章(法人公章或资料专用章)，应有法人代表(或其委托代理人)和项目主要负责人签章。图表均应有完成人、检查人或审核人签字。各种室内试验和原位测试，其成果应有试验人、检查人或审核人签字。测试、试验项目委托其他单位完成时，受托单位提交的成果还应有该单位公章、单位负责人签章。

(2)工程勘察成果评估报告。勘察评估报告由总监理工程师组织各专业监理工程师编制，必要时可邀请相关专家参加。工程勘察成果评估报告的内容包括：勘察工作概况；勘察报告编制深度、与勘察标准的符合情况；勘察任务书的完成情况；存在问题及建议；评估结论。

三、工程设计过程中的服务

1. 工程设计进度计划的审查

工程监理单位应依据设计合同及项目总体计划要求审查各专业、各阶段设计进度计划。审查内容包括以下几项：

(1)计划中各个节点是否存在漏项；

(2)出图节点是否符合建设工程总体计划进度节点要求；

(3)分析各阶段、各专业工种设计工作量和工作难度，并审查相应设计人员的配置安排是否合理；

(4)各专业计划的衔接是否合理，是否满足工程需要。

2. 工程设计过程控制

工程监理单位应检查设计进度计划执行情况，督促设计单位完成设计合同约定的工作内容，审核设计单位提交的设计费用支付申请。对于符合要求的，签认设计费用支付证书并报建设单位。

3. 工程设计成果审查

工程监理单位应审查设计单位提交的设计成果，并提出评估报告。评估报告应包括以下主要内容：

(1)设计工作概况；

(2)设计深度、与设计标准的符合情况；

(3)设计任务书的完成情况；

(4)有关部门审查意见的落实情况；

(5)存在的问题及建议。

4. 工程设计"四新"的审查

工程监理单位应审查设计单位提出的新材料、新工艺、新技术、新设备在相关部门的备案情况，必要时应协助建设单位组织专家评审。

5. 工程设计概算、施工图预算的审查

工程监理单位应审查设计单位提出的设计概算、施工图预算，提出审查意见，并报建设单位。设计概算和施工图预算的审查内容包括以下几项：

(1)工程设计概算和工程施工图预算的编制依据是否准确。

(2)工程设计概算和工程施工图预算内容是否充分反映自然条件、技术条件、经济条件，是否合理运用各种原始资料提供的数据，编制说明是否齐全等。

(3)各类取费项目是否符合规定，是否符合工程实际，有无遗漏或在规定之外的取费。

(4)工程量计算是否正确，有无漏算、重算和计算错误，对计算工程量中各种系数的选用是否有合理的依据。

(5)各分部分项套用定额单价是否正确，定额中参考价是否恰当。编制的补充定额，取值是否合理。

(6)若建设单位有限额设计要求，则审查设计概算和施工图预算是否控制在规定的范围以内。

四、工程勘察设计阶段其他相关服务

1. 工程索赔事件防范

工程勘察设计合同履行中，一旦发生约定的工作、责任范围变化或工程内容、环境、法规等变化，势必导致相关方索赔事件的发生。为此，工程监理单位应对工程参建各方可能提出的索赔事件进行分析，在合同签订和履行过程中采取防范措施，尽可能减少索赔事件的发生，避免对后续工作造成影响。

工程监理单位对工程勘察设计阶段索赔事件进行防范的对策包括以下几项：

(1)协助建设单位编制符合工程特点及建设单位实际需求的勘察设计任务书、勘察设计合同等；

(2)加强对工程设计勘察方案和勘察设计进度计划的审查；

(3)协助建设单位及时提供勘察设计工作必需的基础性文件；

(4)保持与工程勘察设计单位沟通，定期组织勘察设计会议，及时解决工程勘察设计单位提出的合理要求；

(5)检查工程勘察设计工作情况，发现问题及时提出，减少错误；

(6)及时检查工程勘察设计文件及勘察设计成果，并报送建设单位；

(7)严格按照变更流程，谨慎对待变更事宜，减少不必要的工程变更。

2. 协助建设单位组织工程设计成果评审

工程监理单位应协助建设单位组织专家对工程设计成果进行评审。工程设计成果评审程序如下：

(1)事先建立评审制度和程序，并编制设计成果评审计划，列出预评审的设计成果清单；

(2)根据设计成果特点，确定相应的专家人选；

(3)邀请专家参与评审，并提供专家所需评审的设计成果资料、建设单位的需求及相关部门的规定等；

(4)组织相关专家对设计成果评审的会议，收集各专家的评审意见；

(5)整理、分析专家评审意见，提出相关建议或解决方案，形成会议纪要或报告，作为设计优化或下一阶段设计的依据，并报建设单位或相关部门。

3. 协助建设单位报审有关工程设计文件

工程监理单位可协助建设单位向政府有关部门报审有关工程设计文件，并根据审批意见，督促设计单位予以完善。

工程监理单位协助建设单位报审工程设计文件时，第一，需要了解政府设计文件审批程序、报审条件及所需提供的资料等信息，以做好充分准备；第二，提前向相关部门进行咨询，获得相关部门咨询意见，以提高设计文件质量；第三，应事先检查设计文件及附件的完整性、合规性；第四，及时与相关政府部门联系，根据审批意见进行反馈和督促设计单位予以完善。

4. 处理工程勘察设计延期、费用索赔

工程监理单位应根据勘察设计合同，协调处理勘察设计延期、费用索赔等事宜。

五、保修阶段服务内容

1. 定期回访

工程监理单位承担工程保修阶段服务工作时，应进行定期回访。为此，应制订工程保修期回访计划及检查内容，并报建设单位批准。保修期期间，应按保修期回访计划及检查内容开展工作，做好记录，定期向建设单位汇报。遇突发事件时应及时到场，分析原因和责任并妥善处理，将处理结果报建设单位。保修期相关服务结束前，应组织建设单位、使用单位、勘察设计单位、施工单位等相关单位对工程进行全面检查，编制检查报告，作为工程保修期相关服务工作总结内容一起报建设单位。

2. 工程质量缺陷处理

对建设单位或使用单位提出的工程质量缺陷，工程监理单位应安排监理人员进行现场检查和调查分析，并与建设单位、施工单位协商确定责任归属。同时，要求施工单位予以修复，还应监督实施过程，合格后予以签认。对于非施工单位原因造成的工程质量缺陷，应核实施工单位申报的修复工程费用，并应签认工程款支付证书，同时报建设单位。工程监理单位核实施工单位申报的修复工程费用时应注意以下内容：

(1)修复工程费用核实应以各方确定的修复方案作为依据；

(2)修复质量合格验收后，方可计取全部修复费用；

(3)修复工程的建筑材料费、人工费、机械费等价格应按正常的市场价格计取，所发生的材料、人工、机械台班数量一般按实结算，也可按相关定额或事先约定的方式结算。

第三节　工程建设监理与项目管理一体化

一、工程建设监理与项目管理服务的区别

尽管工程建设监理与项目管理服务均是由社会化的专业单位为建设单位(业主)提供服务，但在服务的性质、范围及侧重点等方面有着本质区别。

1. 服务性质不同

工程建设监理是一种强制实施的制度。属于国家规定强制实施监理的工程，建设单位必须委托工程建设监理，工程监理单位不仅要承担建设单位委托的工程项目管理任务，还需要承担法律法规所赋予的社会责任，如安全生产管理方面的职责和义务。工程项目管理服务属于委托性质，建设单位的人力资源有限、专业性不能满足工程建设管理需求时，才会委托工程项目管理单位协助其实施项目管理。

2. 服务范围不同

目前，工程建设监理定位于工程施工阶段，而工程项目管理服务可以覆盖项目策划决策、建设实施(设计、施工)的全过程。

3. 服务侧重点不同

工程监理单位尽管也要采用规划、控制、协调等方法为建设单位提供专业化服务，但其中心任务是目标控制。工程项目管理单位能够在项目策划决策阶段为建设单位提供专业化的项目管理服务，更能体现项目策划的重要性，更有利于实现工程项目的全寿命期、全过程管理。

二、工程建设监理与项目管理一体化的实施条件和组织职责

工程建设监理与项目管理一体化是指工程监理单位在实施工程建设监理的同时，为建设单位提供项目管理服务。由同一家工程监理单位为建设单位同时提供工程建设监理与项目管理服务，既符合国家推行工程建设监理制度的要求，也能满足建设单位对于工程项目管理专业化服务的需求，而且从根本上避免了工程建设监理与项目管理职责的交叉重叠。

推行工程建设监理与项目管理一体化，对于深化我国工程建设管理体制和工程项目实施组织方式的改革，促进工程监理企业的持续健康发展具有十分重要的意义。

1. 实施条件

实施工程建设监理与项目管理一体化，须具备以下条件：

(1)建设单位的信任和支持是前提。建设单位的信任和支持是顺利推进工程建设监理与项目管理一体化的前提。首先，建设单位要有工程建设监理与项目管理一体化的需求；其次，建设

单位要严格履行合同，充分信任工程监理单位，全力支持工程建设监理与项目管理机构的工作，尊重工程建设监理与项目管理机构的意见和建议，这是鼓舞和激发工程建设监理与项目管理机构人员积极主动开展工作的重要条件。

(2)工程建设监理与项目管理队伍素质是基础。高素质的专业队伍是提供优质工程建设监理与项目管理一体化服务的基础。工程建设监理与项目管理一体化服务对工程建设监理与项目管理人员提出了更高的要求，专业管理人员必须是复合型人才，需要懂技术、会管理、善协调。如果没有集工程技术、工程经济、项目管理、法规标准于一体的综合素质，不具有工程项目集成化管理能力，则很难得到建设单位的认可和信任。

(3)建立健全相关制度和标准是保证。工程建设监理与项目管理一体化模式的实施，需要相关制度和标准加以规范。对工程建设监理与项目管理机构而言，需要在总监理工程师的全面管理和指导下，建立健全相关规章制度，并进一步明确工程建设监理与项目管理一体化服务的工作流程，不断完善工程建设监理与项目管理一体化服务的工作指南，实现工程建设监理与项目管理一体化服务的规范化、标准化。

2. 组织机构及岗位职责

对于工程监理企业而言，实施工程建设监理与项目管理一体化，首先需要结合工程项目特点、工程建设监理与项目管理要求，建立科学的组织机构，合理划分管理部门和岗位职责。

(1)组织机构设置。实施工程建设监理与项目管理一体化，仍应实行总监理工程师负责制。在总监理工程师全面管理下，工程监理单位派驻工程现场的机构可下设工程监理部、规划设计部、合同信息部、工程管理部等。工程建设监理与项目管理一体化组织机构如图 12-2 所示。

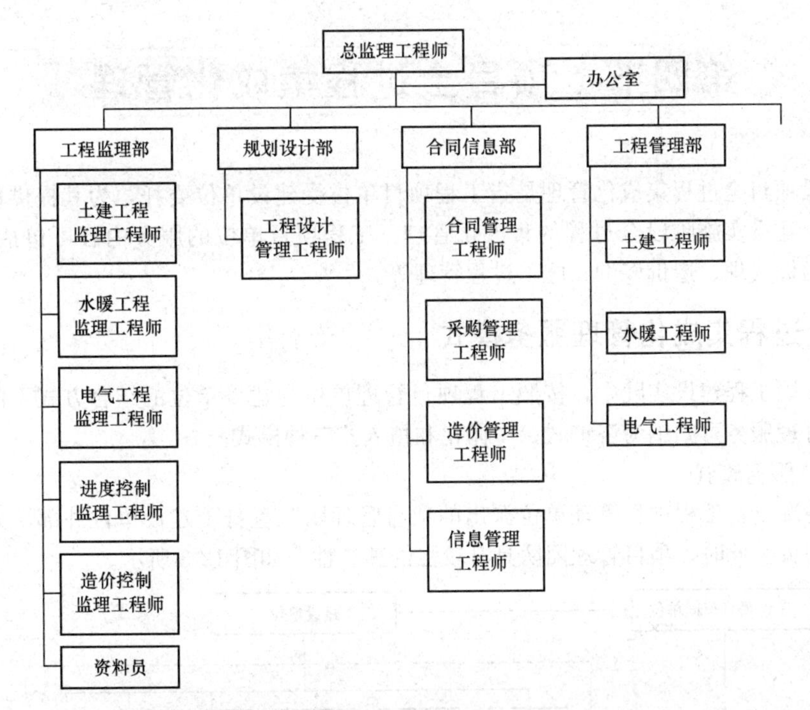

图 12-2　工程建设监理与项目管理一体化组织机构

(2)部门及岗位职责。总监理工程师是工程监理单位在工程建设项目的代表人。总监理工程师将全面负责履行工程建设监理与项目管理合同、主持工程建设监理与项目管理机构的工作。

总监理工程师负责确定工程建设监理与项目管理机构的人员分工和岗位职责；组织编写工程监理与项目管理计划大纲，并负责工程建设监理与项目管理机构的日常工作；负责对工程建设监理与项目管理情况进行监控和指导；组织、制定和实施工程建设监理与项目管理制度；组织工程建设监理与项目管理会议；定期组织形成工程监理与项目管理报告；发布有关工程建设监理与项目管理指令；协调有关各方之间的关系等。

除工程建设监理部负责完成工程建设监理合同和《建设工程监理规范》(GB/T 50319—2013)中规定的监理工作外，规划设计、合同信息、工程管理等部门将分别负责承担工程项目管理服务相关职责。

1)规划设计部职责。规划设计部负责协助建设单位进行工程项目策划以及设计管理工作。

工程项目策划包括：项目方案策划、融资策划、项目组织实施策划、项目目标论证及控制策划等。工程设计管理工作包括：协助建设单位组织重大技术问题的论证；组织审查各阶段设计方案；组织设计变更的审核和咨询；协助建设单位组织设计交底和图纸会审会议等。

2)合同信息部职责。合同信息部协助建设单位组织工程勘察、设计、施工及材料设备的招标工作；协助建设单位进行各类合同管理工作；审核与合同有关的实施方案、变更申请、结算申请；协助建设单位进行材料设备的采购管理工作；负责工程项目信息管理工作等。

3)工程管理部职责。协助建设单位编制工程项目管理计划、办理前期有关报批手续、进行外部协调等工作，为建设工程顺利实施创造条件。

第四节　项目全过程集成化管理

工程建设项目全过程集成化管理是指工程项目单位受建设单位委托，为其提供覆盖工程项目策划决策、建设实施阶段全过程的集成化管理。工程项目单位的服务内容可包括项目策划、设计管理、招标代理、造价咨询、施工过程管理等。

一、全过程集成化管理服务模式

目前在我国工程建设实践中，按照工程项目管理单位与建设单位的结合方式不同，全过程集成化项目管理服务可归纳为咨询式、一体化和植入式三种模式。

1. 咨询式服务模式

在通常情况下，工程项目管理单位派出的项目管理团队置身于建设单位外部，为其提供项目管理咨询服务。此时，项目管理团队具有较强的独立性，如图 12-3 所示。

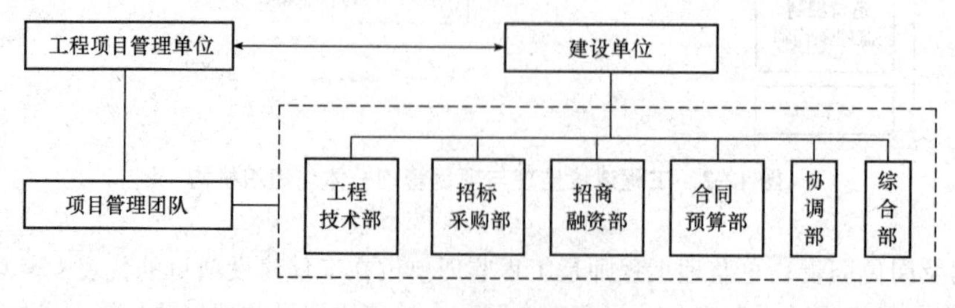

图 12-3　咨询式服务模式

2. 一体化服务模式

工程项目管理单位不设立专门的项目管理团队或设立的项目管理团队中留有少量管理人员，而将大部分项目管理人员分别派到建设单位各职能部门中，与建设单位项目管理人员融合在一起，如图 12-4 所示。

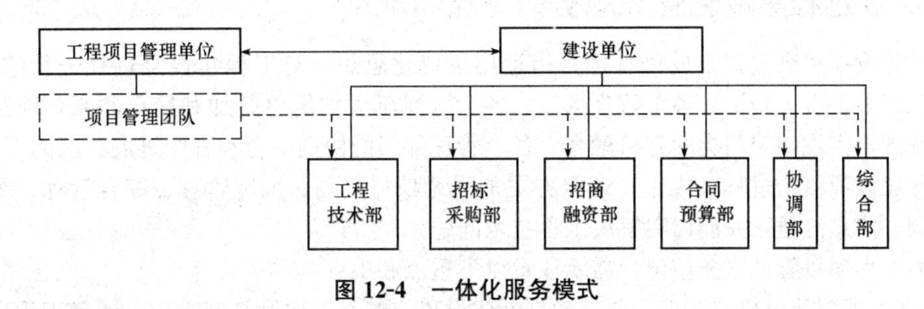

图 12-4　一体化服务模式

3. 植入式服务模式

在建设单位充分信任的前提下，工程项目管理单位设立的项目管理团队直接作为建设单位的职能部门。此时，项目管理团队具有项目管理和职能管理的双重功能，如图 12-5 所示。

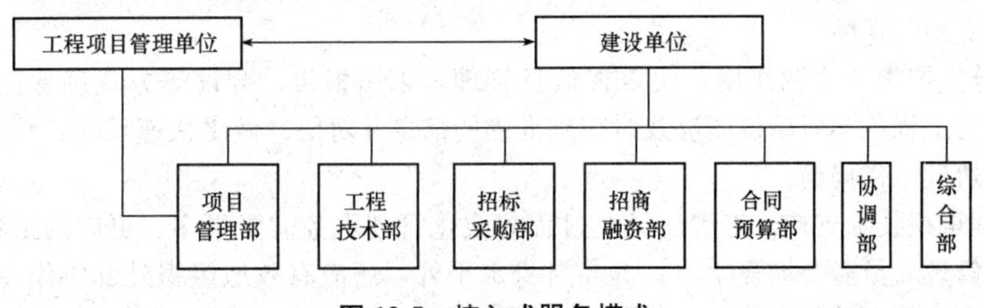

图 12-5　植入式服务模式

需要指出的是，对于属于强制监理范围内的工程项目，无论采用何种项目管理服务模式，由具有高水平的专业化单位提供工程建设监理与项目管理一体化服务是值得提倡的；否则，建设单位既委托项目管理服务，又委托工程建设监理，而实施单位不是同一家单位时，会造成管理职责重叠，降低工程效率，增加交易成本。

二、全过程集成化管理服务内容

工程项目策划决策与建设实施全过程集成化管理服务可包括以下内容：

(1)协助建设单位进行工程项目策划、投资估算、融资方案设计、可行性研究、专项评估等。

(2)协助建设单位办理土地征用、规划许可等有关手续。

(3)协助建设单位提出工程设计要求、组织工程勘察设计招标；协助建设单位签订工程勘察设计合同并在其实施过程中履行管理职责。

(4)组织设计单位进行工程设计方案的技术经济分析和优化，审查工程概预算；组织评审工程设计方案。

(5)协助建设单位组织工程建设监理、施工、材料设备采购招标；协助建设单位签订工程总承包或施工合同、材料设备采购合同并在其实施过程中履行管理职责。

(6)协助建设单位提出工程实施用款计划，进行工程变更控制，处理工程索赔，结算工程价款。

(7)协助建设单位组织工程竣工验收，办理工程竣工结算，整理、移交工程竣工档案资料。

(8)协助建设单位编制工程竣工决算报告，参与生产试运行及工程保修期管理，组织工程项目后评估。

三、全过程集成化管理服务的重点和难点

工程建设项目全过程集成化管理是指运用集成化思想，对工程建设全过程进行综合管理。这种“集成”不是有关知识、各个管理部门、各个进展阶段的简单叠加和简单联系，而是以系统工程为基础，实现知识门类的有机融合、各个管理部门的协调整合和各个进展阶段的无缝衔接。

工程建设项目全过程集成化管理服务更加强调项目策划、范围管理、综合管理，更加需要组织协调、信息沟通，并能切实解决工程技术问题。

作为工程项目管理服务单位，需要注意以下重点和难点：

(1)准确把握建设单位需求。要准确判断建设单位的工程项目管理需求，明确工程项目管理服务范围和内容，这是进行工程项目管理规划、为建设单位提供优质服务、获得用户满意的重要前提和基础。

(2)不断加强项目团队建设。工程项目管理服务主要依靠项目团队。要配备合理的专业人员组成项目团队。结构合理、运作高效、专业能力强、综合素质高的项目团队，是高水平工程项目管理服务的组织保障。

(3)充分发挥沟通协调作用。要重视信息管理，采用报告、会议等方式确保信息准确、及时、畅通，使工程各参建单位能够及时得到准确的信息并对信息做出快速反应，形成目标明确、步调一致的协同工作局面。

(4)高度重视技术支持。工程建设全过程集成化管理服务需要更多、更广的工程技术支持。除工程项目管理人员需要加强学习、提高自身水平外，还应有效地组织外部协作专家进行技术咨询。工程项目管理单位应将切实帮助建设单位解决实际技术问题作为首要任务，技术问题的解决也是使建设单位能够直观感受服务价值的重要途径。

本章小结

项目管理服务是指具有工程项目管理服务能力的单位受建设单位委托，按照合同约定，对建设工程组织实施进行全过程或若干阶段的管理服务。本章主要介绍了项目管理知识体系，建设工程勘察、设计、保修阶段服务内容，工程建设监理与项目管理一体化、项目全过程集成化管理。

思考与练习

一、填空题

1. ________是指组织为实现战略目标、获得收益而以一种综合协调方式对一组相关项目进行的管理。

2. ________是指将若干项目或项目群与其他工作组合在一起进行有效管理，以实现组织的战略目标。

3. 工程监理单位应审查设计单位提出的“四新”即：________、________、________、________在相关部门的备案情况。

4. 工程监理单位承担工程保修阶段服务工作时，应进行定期________。

5. 目前在我国工程建设实践中，按照工程项目管理单位与建设单位的结合方式不同，全过程集成化项目管理服务可归纳为________、________和________三种模式。

二、多项选择题

1. 设计概算和施工图预算的审查内容包括(　　)几项。

A. 工程设计概算和工程施工图预算的编制依据是否准确

B. 工程设计概算和工程施工图预算内容是否充分反映自然条件、技术条件、经济条件，是否合理运用各种原始资料提供的数据，编制说明是否齐全等

C. 各类取费项目是否符合规定，是否符合工程实际，有无遗漏或在规定之外的取费

D. 工程量计算是否正确，有无漏算、重算和计算错误，对计算工程量中各种系数的选用是否有合理的依据

E. 是否及时检查工程勘察设计文件及勘察设计成果，并报送建设单位

2. 实施工程建设监理与项目管理一体化，须具备的条件包括(　　)。

A. 建设单位的信任和支持是前提

B. 建设单位的资金和质量是前提

C. 工程建设监理与项目管理队伍素质是基础

D. 协助建设单位及时提供勘察设计工作必需的基础性文件

E. 建立健全相关制度和标准是保证

三、简答题

1. 项目管理基本过程组是什么？

2. PMBOK 中项目管理知识领域包括哪些？

3. 勘察设计阶段服务内容包括哪些？

4. 工程勘察过程中的服务内容包括哪些？

5. 简述工程建设监理与项目管理服务的区别。

6. 作为工程项目管理服务单位需要注意的重点和难点有哪些？

References

参考文献

[1] 刘伊生．建设工程项目管理理论与实务[M]. 2 版．北京：中国建筑工业出版社，2018.
[2] 中国建设监理协会．建设工程监理概论[M]. 北京：中国建筑工业出版社，2020.
[3] 王军，董世成．建设工程监理概论[M]. 3 版．北京：机械工业出版社，2017.
[4] 赵亮，刘光忱．建设工程监理概论[M]. 大连：大连理工大学出版社，2009.
[5] 米军，闫兵．工程监理概论[M]. 天津：天津科技大学出版社，2013.
[6] 周国恩．工程监理概论[M]. 北京：化学工业出版社，2010.
[7] 黄林青．建设工程监理概论[M]. 重庆：重庆大学出版社，2009.
[8] 郭阳明．工程建设监理概论[M]. 北京：北京理工大学出版社，2009.